JN268038

森林の科学

―森林生態系科学入門―

中村太士・小池孝良［編著］

朝倉書店

執筆者一覧 (執筆順)

中村 太士　北海道大学大学院農学研究院	小泉 章夫　北海道大学大学院農学研究院
小池 孝良　北海道大学大学院農学研究院	石田　清　弘前大学農学生命科学部
亀山　章　東京農工大学名誉教授	門松 昌彦　北海道大学北方生物圏フィールド科学センター
高木 健太郎　北海道大学北方生物圏フィールド科学センター	清和 研二　東北大学大学院農学研究科
船田　良*　東京農工大学大学院共生科学技術研究部	吉田 俊也*　北海道大学北方生物圏フィールド科学センター
船越 三朗　前 北海道大学	紺野 康夫　帯広畜産大学畜産学部
渋谷 正人*　北海道大学大学院農学研究院	松田　彊　北海道大学名誉教授
市栄 智明　高知大学農学部	矢島　崇　北海道大学大学院農学研究院
藤川 清三　北海道大学名誉教授	小山 浩正　山形大学農学部生物環境学科
寺沢　実　北海道大学名誉教授	林田 光祐　山形大学農学部生物環境学科
吉田 憲一　(有)樹木コンサルタント	高橋 邦秀　北海道大学名誉教授
渡邊 陽子　北海道大学北方生物圏フィールド科学センター	春木 雅寛　北海道大学大学院地球環境科学研究院
香山 雅純　森林総合研究所	揚妻 直樹*　北海道大学北方生物圏フィールド科学センター
甲山 隆司　北海道大学大学院地球環境科学研究院	村上 正志　千葉大学大学院理学系研究院
日浦　勉　北海道大学北方生物圏フィールド科学センター	松木 佐和子　岩手大学農学部
並川 寛司　北海道教育大学教育学部	原　秀穂　北海道総合研究機構林業試験場
佐野 淳之　鳥取大学農学部フィールドサイエンスセンター	梶　光一　東京農工大学大学院共生科学技術研究院
齋藤 秀之　北海道大学大学院農学研究院	青井 俊樹　岩手大学農学部
植村　滋　北海道大学北方生物圏フィールド科学センター	玉井　裕*　北海道大学大学院農学研究院
工藤　岳　北海道大学大学院地球環境科学研究院	宮本 敏澄　北海道大学大学院農学研究院
中村 隆俊　東京農業大学生物産業学部	車　柱榮　北海道大学北方生物圏フィールド科学センター
田中 健太　筑波大学大学院生命環境科学研究科	崔　東壽　東京農工大学大学院共生科学技術研究院

三宅　洋	愛媛大学工学部	幸田圭一	北海道大学大学院農学研究院
前川光司	北海道大学名誉教授	岸本崇生	富山県立大学工学部
井上幹生	愛媛大学理学部	柿澤宏昭	北海道大学大学院農学研究院
山田浩之	北海道大学大学院農学研究院	石井　寛	北海道大学名誉教授
佐藤冬樹	北海道大学北方生物圏フィールド科学センター	小鹿勝利	前 筑波大学
松浦陽次郎	森林総合研究所	秋林幸男	前 北海道大学
平野高司	北海道大学大学院農学研究院	尾張敏章	東京大学大学院農学生命科学研究科
柴田英昭*	北海道大学北方生物圏フィールド科学センター	神沼公三郎	北海道大学北方生物圏フィールド科学センター
伊豆田猛	東京農工大学大学院共生科学技術研究院	山本美穂	宇都宮大学農学部
野村　睦	北海道大学北方生物圏フィールド科学センター	佐野雄三	北海道大学大学院農学研究院
柳井清治	石川県立大学生物資源環境学部	石川幸男	専修大学北海道短期大学
野田真人	前 北海道大学	夏目俊二	北海道大学北方生物圏フィールド科学センター
佐竹研一	立正大学地球環境科学科	笹　賀一郎	北海道大学北方生物圏フィールド科学センター
安江　恒	信州大学農学部	丸谷知己	北海道大学大学院農学研究院
菊池俊一	山形大学農学部	山田　孝	三重大学生物資源科学部
水垣　滋	寒地土木研究所	布和敖斯尔	酪農学園大学環境システム学部
長坂晶子	北海道総合研究機構林業試験場	金子正美	酪農学園大学環境システム学部
平井卓郎	北海道大学大学院農学研究院	亀山　哲	国立環境研究所
小島康夫	新潟大学農学部	池上佳志	元 北海道大学
浦木康光	北海道大学大学院農学研究院	栗山浩一	京都大学大学院農学研究科
生方　信	北海道大学大学院農学研究院		

* 編集協力者

まえがき

「まいぼく調査に行くので，準備して下さい．」と新入生，といっても大学院生に声を掛けたら，「スコップがいりますね．」との返事が返ってきた．こちらは，**毎木**調査（生産力や現存量推定に必須の野外調査）のつもりであっただけに，驚いた．理学部出身（ミクロ系）の彼女は，「埋もれ木」の調査と思ったとか．その数日後，「**やちょうとり**，あなたに御願い！」と頼んだら，「え！ そんなことしたら，罰せられますよ．」とのこと．はじめは私の方言のため，標準語で話す方には理解されないのか，と，ちょっと考えた．が，根本的な問題があることに気づくのに時間はかからなかった．真意は解らないままだが，自分たちが常識と思って使う「用語」は，結構，専門的なのだと「都合のよい理解」をした．大学院生は（本当は**野帳**なのだが）野鳥取りと間違えたのだろう．

緑への憧れと切望，資源と環境問題への関心の高まりとともに，森林科学への期待が，そこで長年暮らしてきた同僚達へも含め大きいこと，そして他分野（＝森林科学以外）から，大学院で勉強しようと進学する学生には，当該分野の学部生と同じく基礎知識が必要であることを，認識した瞬間であった．

このような「笑い話」を北海道大学・北方生物圏フィールド科学センターと森林科学科の教員と話すと，大なり小なり共通する体験であることが認識できた．常識と思っていることが，実は意外と専門的だったりする．また，森林科学とは総合科学であり巨大科学であること，その中にはさまざまなレベルの科学が包含され，同じ森林科学という用語を用いても，対象にすることが，実は大きく異なることも認識できた．生物多様性が，遺伝子・種・生態系（＝景観）レベルで語られるのと同様に，森林科学も対象とする水準があり，その中に興味深い話題が多くあることを知ってほしい．これが，本書を企画したきっかけである．森林科学は資源生産から利用に至るフィールドの科学であり，人類生存の根幹を護る科学であることを知ってほしい．

本書は，フィールド科学の最前線である北海道で研究してきたことのある方々によって執筆されている．東アジアで巨大科学としての「森林の科学」を推進・発展できる場所は，北海道しかない！ そして，世の中は，特定分野の森林（空気，水，緑，動物など）の「切り身」が欲しいのではなく，システムとしての森林，すなわち「森林生態系の能力に期待している」，この思いで執筆された．編集作業には北海道大学農学研究科森林管理保全学講座の乾　優紀子さんと田畑早紀子さんの献身的な支援を得た．本文中の愛らしい挿絵は森林科学科卒業生の矢崎（山田）祐子氏の手による．また，企画から編集には朝倉書店編集部の励ましと支援を得た．さらに，北海道大学農学研究科環境資源学専攻の大学院生諸氏にも各項の素稿に対して意見を頂いた．ここに記して感謝したい．

2005 年 8 月

小池孝良・中村太士

目　次

　　森林生態系の構造・機能と保全 ……………………………[中村太士・小池孝良]　vii
　　個葉の見方から景観の歴史へ ……………………………………[亀山　章]　xi

森林の生産機能

　　森林生態系における「生産機能」 …………………………………[小池孝良]　2
　　森林生態系の二酸化炭素吸収量を調べる ……………………[高木健太郎]　6
　　肥大成長の意味 ……………………………………………………[船田　良]　8
　　芽の成長周期とシュート伸長 ……………………………………[船越三朗]　10
　　樹木の相対成長関係 ………………………………………………[渋谷正人]　12
　　マスティング現象 …………………………………………………[市栄智明]　14
　　樹木の冬越し ………………………………………………………[藤川清三]　16
　　木質バイオマスの役割 ……………………………………………[寺沢　実]　18
　　木の病の診断と治療 ………………………………………………[吉田憲一]　22
　　[コラム] 細胞壁の構造と成分 ……………………………………[渡邊陽子]　26
　　[コラム] 街路樹の活力を調べる …………………………………[香山雅純]　27

森林の分布形態

　　森林の構造が多くの樹種の共存を促進する ………………………[甲山隆司]　28
　　攪乱と生物多様性 …………………………………………………[日浦　勉]　30
　　針広混交林の植生構造 ……………………………………………[並川寛司]　34
　　落葉広葉樹林の構造と更新 ………………………………………[佐野淳之]　36
　　北のブナ林 …………………………………………………………[齋藤秀之]　38
　　林床植物の生活史と機能群 ………………………………………[植村　滋]　40
　　積雪分布の違いが作り出す高山植物の分布と生活サイクル ………[工藤　岳]　42
　　湿原植生の分布機構 ………………………………………………[中村隆俊]　44
　　樹木の交配 …………………………………………………………[田中健太]　46
　　樹木の強度を調べる ………………………………………………[小泉章夫]　48
　　樹木の近親交配と近交弱勢 ………………………………………[石田　清]　50
　　樹木の遺伝的改良 …………………………………………………[門松昌彦]　52

森林の動態

　　森林の遷移 …………………………………………………………[清和研二]　54
　　人為攪乱と森林の構造・動態 ……………………………………[吉田俊也]　60

森林の更新とササの生活史	[紺野康夫]	62
生産材の年輪解析による森林の動態解析	[松田　彊・矢島　崇]	64
樹木の発芽を調べる	[小山浩正]	68
動物による種子の散布	[林田光祐]	72
森林火災の功罪	[高橋邦秀]	74
有珠山の復活を調べる	[春木雅寛]	76

森林の食物（栄養）網

食物網	[揚妻直樹]	80
樹木-昆虫-鳥の三者関係	[村上正志]	86
おいしい葉っぱ，まずい葉っぱ	[松木佐和子]	88
森林昆虫による食害	[原　秀穂]	90
エゾシカの爆発的増加	[梶　光一]	92
クマ類の生態を探る	[青井俊樹]	96
きのこの働きを調べる	[玉井　裕]	98
落ち葉の分解過程とリグニン分解菌	[宮本敏澄]	100
キノコの分類方法	[車　柱榮]	102
コラム　土壌酸性化と高 CO_2 環境下での外生菌根菌の役割	[崔　東壽]	107
森林河川に生息する水生昆虫	[三宅　洋]	108
地球温暖化と渓流魚	[前川光司]	110
森は魚を育む？	[井上幹生]	112
細粒土砂汚染が河川生物相に及ぼす影響を調べる	[山田浩之]	114

環境と環境指標

北海道の自然環境と環境指標	[佐藤冬樹]	116
北方林の土壌環境と形態	[松浦陽次郎]	120
北方林と気候との相互作用	[平野高司]	124
森林生態系での無機物質の循環	[柴田英昭]	126
樹木に対する大気汚染の影響を調べる	[伊豆田　猛]	130
融雪と水の流れ	[野村　睦]	134
炭素・窒素安定同位体比分布から見た森と海の関係	[柳井清治]	136
環境史のタイムカプセル	[野田真人・佐竹研一]	138
年輪の持つ環境情報	[安江　恒]	140
アテ材から見た地すべり斜面の傾動	[菊池俊一]	142
放射性物質から見た土砂移動現象	[水垣　滋]	144
コラム　サケの遡上と窒素運搬	[長坂晶子]	146

目　　次

森林の役割：バイオマス利用

　森林バイオマスの利用 …………………………………………[玉井　裕・寺沢　実] 148
　都市の中のもう 1 つの森林 …………………………………………[平井卓郎] 152
　木質バイオマスのエネルギー利用 …………………………………[小島康夫] 156
　バイオマス成分の利用 ………………………………………………[浦木康光] 158
　森林の持つソフトに学び，人類の役にたつモノを創る ……………[生方　信] 160
　コラム　リグニンを調べる ……………………………………………[幸田圭一] 162
　コラム　樹木成分の魅力 ………………………………………………[岸本崇生] 163

森林の管理と利用

　森林の利用・管理 ……………………………………………………[柿澤宏昭] 164
　世界の森林政策 ………………………………………………………[石井　寛] 170
　合自然的な森林施業 …………………………………………………[小鹿勝利] 172
　北海道の天然生林の炭素吸収と便益評価 …………………………[秋林幸男] 176
　森林作業と林業機械について知る …………………………………[尾張敏章] 178
　地域発展を考える ……………………………………………………[神沼公三郎] 182
　農山村の活力をはかる ………………………………………………[山本美穂] 184
　埋もれ木の出所を調べる ……………………………………………[佐野雄三] 186
　石狩平野の防風林の特性と多面的機能 ……………………………[石川幸男] 190
　みなみ北海道に里山をつくる ………………………………………[夏目俊二] 192

流域と景観

　流域景観の変化と保全 ………………………………………………[中村太士] 194
　流域における水環境の保全 …………………………………………[笹　賀一郎] 198
　河川地形と流域での土砂流出管理 …………………………………[丸谷知己] 200
　森林管理と土石移動 …………………………………………………[山田　孝] 202
　リモートセンシング技術と森林環境モニター ……………………[布和敖斯尔・金子正美] 204
　宇宙からの地球環境モニタリング …………………………………[亀山　哲] 208
　地理情報を利用して広域空間をはかる ……………………………[池上佳志] 210
　環境の価値をはかる …………………………………………………[栗山浩一] 212

索　　引 ……………………………………………………………………………… 215

カット（1，33，147 ページ）………矢崎祐子

森林生態系の構造・機能と保全　　　　　　　　　　中村太士，小池孝良

　本書は，北海道を舞台に活躍している研究者を中心に，森林生態系の構造と機能を，細胞から個体，個体群，そして群集，生態系，流域，ランドスケープ（景観）まで，スケールを横断するさまざまな角度から，最新の知見を踏まえて明らかにしようとしたものである（図1）．さらに現存する森林生態系の保全や再生，そしてその利用についても自然・社会科学両面から解説している．

　森林ならびに森林生態系の科学は，基礎から応用まできわめて幅広い．以下，この本で扱われている内容を概観してみたい．

樹木の適応：細胞・器官レベルの戦略

　樹木は根から吸いあげた水と光エネルギーを用いて大気中の二酸化炭素を固定し，光合成産物を生産する．この樹木による二酸化炭素吸収機能は，地球温暖化問題と関連して注目されている．同化産物は，葉や茎，樹幹などの各器官に配分され，細胞の構造が決定される．また，枝葉や幹の量とそれらの時間的および空間的な配列様式，根の量には，樹種ごとに一定の相互

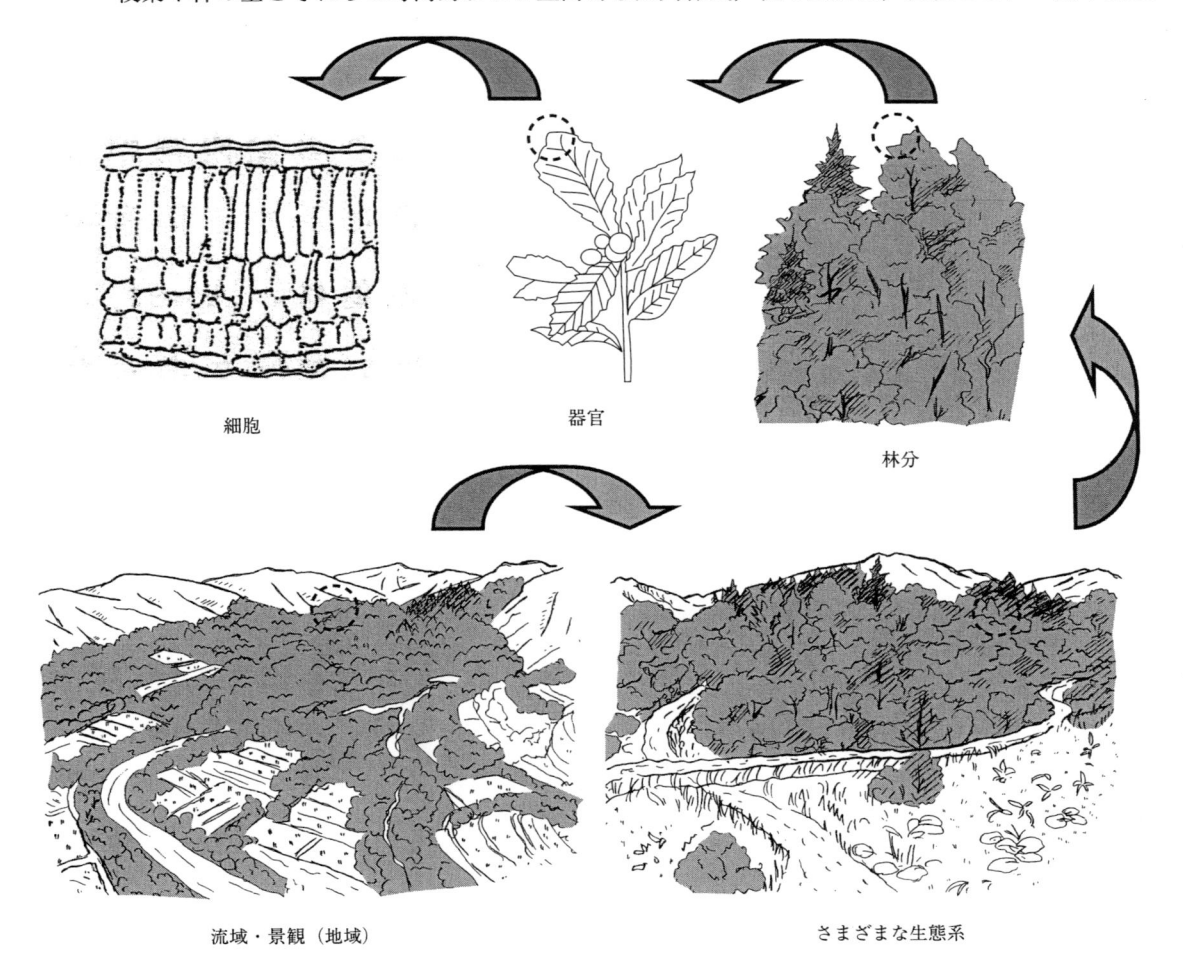

図1　スケール

関係がある．さらに，樹木は長年にわたり成長を続けるため，さまざまな環境ストレスにさらされる．樹体内における冬季の細胞外の水分凍結はその1つであり，細胞レベルでさまざまな工夫をしながら適応している．また，病虫害に対してもタンニンに代表される二次代謝産物を防御機構として備えている．

森林の構造と多様性

　森林は，多様な樹種によって構成され，上層から下層など，垂直的に複雑な構造を維持しながら成立している．森林の多様性を説明する1つのカギは，この垂直的な階層構造にあると考えられている．樹木個体は光エネルギーをめぐってさまざまな順化・適応をしており，それは発芽する段階から，林冠木に達するまでの生活史を通じて変化する．それぞれの樹種が，多様な生活史戦略を生かしながら，光資源を階層的に分割する仕組みは興味深い．さらに，冷温帯の森林林床に広く分布するササは，稚樹の更新を阻害することによって，森林の更新動態や多様性に深く関わっている．

　垂直的階層構造のみならず，水平的な不均質性も森林の多様性を生む．尾根と沢沿いには，水分，光環境や土壌環境の違いを反映して，異なる種類の樹木が生育している．

　多様性を説明するもう1つのカギは，攪乱である．攪乱には，個体レベルの風倒ギャップから台風や山火事による大規模攪乱，火山噴火さらに地形的に特殊な場所に発生する地すべり・崩壊や洪水までさまざまな現象が含まれる．かつてこうした攪乱は，森林を破壊するマイナス要因として捉えられてきたが，現在ではその規模にもよるが，森林の更新動態や多様性維持に，必要不可欠なものとして捉えられるようになっている．また，それぞれの種は，種子の散布量，散布様式，散布時期，豊凶，種子バンク，稚樹バンク，萌芽，繁殖開始時期，寿命などさまざまな戦略を用意しながら，これらの攪乱に適応している．

　最後に，多様性を維持する仕組みとして注目されているのが，生物間のつながりである．生物間相互作用には，樹木が花粉を飛ばして，もしくは昆虫に運ばせてタネを生産する仕組みや，タネを風や動物に運ばせて散布する仕組み，また食害に対する防衛手段，菌との共生など，網目のような共生関係が存在し，何かの原因で一方のパートナーがいなくなると，樹木それ自体も生存できなくなることも考えられる．

森林に生きる生物相

　森林にはさまざまな生物がいっしょに生活している．そこには，「食う食われる」の関係が食物網を通して存在する．樹木の葉を昆虫が食べ，その昆虫を鳥が食べるような関係である．一方で，この関係がバランスを崩す，もしくは人間にとって不利益を与える場合，それらは害獣もしくは害虫として扱われる．シカが増えすぎて下層植生が消え，最後には樹皮を食べられた樹木が次々に枯れて行く姿は，北海道のみならず全国で起こっている現象である．壊れてしまったバランスをどう取り戻すか，人間の知恵が試されている．

　森林は食べ物だけでなく，生息場所も提供している．また森林には河川が流れており，魚類や水生昆虫も森林のさまざまな恩恵を受けながら生育している．さらに，サケ科魚類や羽化昆虫を通じた海や川から陸への栄養循環も存在することが近年の研究からわかってきた．陸域と水域生態系のつながりは流域レベルの保全を考える意味からも重要である．

森林生態系の管理と利用

　森林生態系が生み出す財とサービスは，これまでにもさまざまな形で利用されてきた．建築用木材，暖房用燃料，紙，高分子材料，炭素繊維，医療品など，再生可能な資源として注目されている．さらに，水土保全機能や野生生物生息場の提供，レクリエーション空間としての利

用など，森林がもつ公益的機能の発揮も，今後の森林管理を考える上で重要な柱となっている．

一方，林業就業者の減少と高齢化はますます進んでおり，採算性の悪化から，人工林に対して十分な森林整備が行われなくなっている．そのためにも機械化・省力化や新たな施業技術の確立が待たれている．

21世紀の森林生態系の管理と利用はいかにあるべきか，世界の森林政策を比較しながら，自然科学，社会科学双方から検討しなければならないテーマである．

流域・地域における森林生態系の役割

森林生態系は大気循環，水循環，物質循環を通じて，河川や湿原，農地や都市など，さまざまな生態系とつながっている．近年の酸性雨に代表される大気汚染は，森林生態系さらに河川生態系の衰退を招いている．無秩序な土地利用や自然災害は，流域の土砂や栄養塩の生産・流送バランスを崩し，湿原や河川・湖沼・沿岸生態系，さらに都市生態系に対しても悪影響を及ぼしている．こうした生態系間の相互作用を扱う分野を景観生態学と呼び，森林生態系も含めた広域の保全を考える上で重要な学問分野になっている．

空間情報を収集する手法としては，地理情報システム（GIS）やリモートセンシングを利用した調査・解析方法が有効であり，地球規模の環境悪化が叫ばれる現在，ますます重要なツールとなるだろう．さらに，時間情報を収集する手法として年輪や同位体による年代学的手法が，10～1000年オーダーの情報を提供してくれる．

以上のように，森林生態系に係わる科学論は，きわめて多様であるが，本書はその内容を体系立てて説明するものではない．むしろ，各執筆者が取り組んでいる先端の研究課題を，トピック的に説明することにより，森林科学に興味を持たれている学部学生の問題意識を切り開くことを目的とした．つまり，森林科学への入口を，この本のどこかに見つけていただければ，編集者としては望外の喜びである．

個葉の見方から景観の歴史へ　　　　　　　　　　　　　　　　　　亀山　章
――森林生態系の科学の視点

　これまで，つながりがないものと考えられてきたものや，つながりを見出すことができなかったもののなかに，新たな関係を見出すことができるのは科学の至上のよろこびであり，森林生態系の科学は，そのような可能性をもった新しい科学である．

　ここでは，樹木の1枚ずつの葉（これを個葉という）の見方から，それがつくりだす森林を中心に置いて，地域における自然と人間の関係（これを景観という）の歴史を，森林生態系の科学の視点で述べてゆくこととする．

個葉の見方

　樹木の分類と分布に関する研究を集大成した図鑑に，倉田悟の『原色日本林業樹木図鑑』全5巻（1964〜1976）がある．この図鑑の図版には，樹木の種ごとに花枝，花序，花，果枝，果実，種子などが詳細に描かれており，それぞれのページは一幅のボタニカルアート（植物画）ともいえる芸術作品になっている．それらの図は，各巻とも日本理科美術協会の数人の画家が描いたものである．描かれる材料は倉田が山野で探し出して採取してきたものであり，採取してきた枝や花は，すぐさま画家に渡され，図に描かれたものに細かい修正の指摘がなされて図版が完成するのだと，本人からうかがったことがある．

　この図鑑が秀逸なのは図版のリアルさにあり，写真では表現することができない迫真のものである．なかでも感動するのは，葉の虫食い状態の描写である（図1）．40年も前のことであるが，図鑑に虫食いの葉を見たときには唖然として，虫食いのない葉を選んで描かせればよいものを，と思ったものである．しかし，よくみると虫食いの葉はリアルであり，まさにその木の特徴をしっかりととらえていることがよくわかる．分類学者の鋭い目が感じられるのである．

　それから30年以上も経って，樹木生理生態学の小池氏の研究を知った．植物の葉は，動物に食べられる分を計算に入れてつくられており，食べられて困るようになると食に適さない物質を出して食べられるのを回避することがある，という内容であった．この研究を知って，あらためて図版を見ると，ある程度の餌を動物に与えることによって，森林の生態系を成り立たせている個葉の姿が描かれていることがよくわかる．物質循環をとらえる生態学者の目にはそのように見える図版である．

　最近，この図版を見ていると，葉の裏に隠れた虫の姿が想像される．いつも似たような食べあと（食痕という）が残されているのは，特定の種類の虫が食べているからである．と考えると，この樹木の葉と，葉の裏に隠れた虫とは，長い進化の歴史のなかで共に生きてきたものであることが理解される．この図は，個葉と虫との，人類の歴史をはるかにこえた長い進化の歴史を物語るものとして，新たな感動を与えてくれる．進化の歴史を読み解く生態学の目にはそのように見える図版である．

　この図に描かれているウダイカンバは，北海道に多く産する有用樹木であり，木材になるとマカバと呼ばれて，高級家具材などに使われている．

　ここまで書いてきて，気付いたことがある．私が述べてきたのは，個葉の見方の進歩であり，生態学が進化の歴史に視

図1　ウダイカンバの葉の虫食い状態の描写
　　　（倉田（1964），図36より引用）

野を広げるまでに進歩してきたということである．40年前から現在まで，図に描かれた自然は変わらないが，自然に対する見方は確実に進化してきている，ということである．

国土利用の歴史と森林

1) 弥生時代から中世までの国土と森林　森林は多くの植物の集まりであり，個葉の集合ともいえるものである．国土のなかで，森林は最大の生産者であり，それがつくりだした生産物を基盤として，それぞれの時代の土地利用がなされ，国土の歴史が形成されてきた．そのような視点から，森林生態系に支えられてきた国土利用の歴史について考えてみたい．

日本列島が現在のような気候環境になったのは，弥生時代以降とされている．縄文時代には年平均気温が5℃程度高くて，現在よりもはるかに暖かく，極地の氷が融けたために海面は上昇して，現在の低地の多くは海面下にあった．そのため，現在と同様の自然を前提として，国土利用の歴史と森林の関係を論じることはできない．

日本に稲作が伝えられたのは，紀元前300年より前の頃のことであり，縄文時代の晩期から弥生時代の初期のことである．はじめの頃の水田稲作は，奈良盆地の唐古の遺跡にみられるように，盆地底の低湿地に稲籾を直播きするようなやり方であり，増水等の被害を受けやすいために収穫は不安定なものであった．その後，300年程を経て，水路を伴う灌漑水田がつくられるようになるが，水は天水に依存していたために，水田は流れに沿った低湿地で小規模なものに限られていた．

3世紀になると大陸から古墳の築造技術が伝来したのに伴って，溜池がつくられるようになり，畿内地方を中心として開田が著しくすすめられた．このころから，森林が大規模に伐採されて農地が造成されはじめたと考えられる．大陸から持ち込まれていた青銅器や鉄器に替わり，この時代から製鉄が行なわれるようになると，良質な木炭を得るために，森林の伐採がさらにすすめられた．鉄器はまた，森林を伐採する道具として飛躍的な力を発揮することになる．

5世紀末から6世紀初にかけて，大和朝廷による国家の統一がすすめられるのにともなって，軍馬の需要が高まってきたために，各地に馬を放牧して育てる牧（まき）がつくられるようになり，森林の伐採が行なわれた．

6世紀の中頃に大陸から仏経が伝えられると，それまでの神道と合わせて宗教が権力者の支配の道具として使われるようになり，6世紀末から寺院や神社の巨大建築物が大和地方を中心として建設されるようになった．7世紀になると，天皇は飛鳥，難波，大津に宮殿を移し，7世紀末には中国に倣って飛鳥に都を建設するようになり，寺院や神社の巨大建築とともに，都市建設のために大量の木材が必要とされた．巨大建築の時代は9世紀の平安時代初期まで続けられ，その結果として，畿内地方の森林は大きく改変されてきた（タットマン，1998）．

平安時代から鎌倉時代にかけて，農耕に畜力が多く使われるようになり，牛馬を飼育するための採草地や放牧地が森林を伐り開いてつくられるようになった．森林が蓄積してきた土壌の生産力が草地の生産力に転化されたのである．また，この時代から，焼畑農業も森林土壌の生産力に依存して盛んに行なわれるようになる．森林を伐採して，倒れた木や枯草を燃やすと，燃やされてできた灰と森林土壌が肥料となり，陸稲やイモ類や雑穀などの栽培が行なわれる．栽培が数年間続けられると，地力が低下するために土地は放棄され，他の場所に移動することから，焼畑は移動耕作ともいわれる．放棄された土地は長い年月をかけて再び森林化されるが，土地が長期に渡って荒廃することも多い．

このようなさまざまな開発が行なわれてきたものの，中世までは国土の大部分は未開発の森林であり，多くの自然林が残されてきた．

2) 近世の国土と森林　日本の土地利用が大きく変わるのは戦国時代の16世紀の中頃か

らであり，近世の幕開けである．

近世は中世の宗教的呪縛から解き放されて，機能性や合理性の考え方が広範にゆきわたる．土地利用においては，近世の農書が物語るように，適地適作や適地適木の思考が技術化されてゆく．江戸時代の初期に書かれたわが国最初の農書とされる「清良記」は，戦国時代を生き抜いた伊予国宇和郡三間中村の領主土居清良の一代記であり，その第7巻が老農松浦宗案の知識として記された農書である．宗案は領地の土壌分類を行ない，土壌に対する作目の立地適性を評価して適地適作の営農を示している．そのなかで最良の土壌とされているのは，山地斜面にある森林土壌であった（井手，1978）．現在のように肥料が容易に得られない時代には，森林がつくりだす土壌の生産力に大きく依存しており，階段耕作の段々畑や棚田が斜面につくられたのはそのためである．

戦国時代の信玄堤などで知られる治水の技術は，大河川の氾濫原を肥沃で安全な土地に変え，大河川からの引水によって水利用の高度化がはかられるようになった．水不足のため開発できなかった台地上でも大規模な新田開発が可能になり，そこに肥料を供給するためのカヤ場が森林を伐採してつくられた．海辺の内湾では，河川の上流の森林地域から運ばれてきた肥沃な土壌が堆積されていたのを利用して，干拓による農地の造成が行なわれた．

大規模な城郭や寺院の建設と，城下町の整備に大量の木材が必要とされ，古代の巨大建築の時代をはるかにしのぐ森林伐採が行なわれた．農業生産が増大するのにつれて人口が著しく増加し，薪炭需要に応じて短い期間で伐採を繰り返す二次林の薪炭林経営が広く行なわれるようになった．運搬の容易さから奥山はカヤ場にして，その手前には炭焼き山を置き，里には薪山を置くという，1950年代まで続いた農村の土地利用の配置がこの頃から確立されてきた．

16世紀の中頃から江戸時代の前期までのおよそ百年の間に，土地利用は大きく変化し，未開発の森林は著しく減少した．その後，建築用材の需要に応じるために，各地で植林が行なわれるようになり，江戸時代中期以降に林業地帯がしだいに確立されてきた．

3） 近代から現代の国土と森林

明治時代以降の近代国家の建設は，森林に対する新たな，より大きな需要を発生させてきた．産業革命に伴う工業化は，工場の建設や鉄道の敷設などで大量の木材を必要とし，人口の増加と都市への人口集中は，薪炭需要を増大させた．そのため，蓄積量を超えた森林の伐採が行なわれて，林地の荒廃化が著しくすすんだ．その状態は，1900（明治33）年に本多静六によって著された「我国地力の衰弱と赤松」に詳しく述べられている．本多は，この頃までの乱伐の繰り返しによって林地の乾燥化が各地ですすみ，乾燥地に耐えられるアカマツが関東以西の日本を被いつくし，東北地方から北海道南部まで全国的に分布を広げている，と説いている．

木材の不足は，日清戦争後の台湾の統治（1895年），日露戦争後の樺太の領有（1905年）およびそれ以前からの千島列島の領有によって得られた南方材と北方材で緩和されることになる．昭和初期から戦前までのわずかの期間ではあったが，この時代には人工造林一辺倒を脱して天然更新技術を開発しようとする気運が盛り上がり，森林生態学を理解するために河田の「森林生態学講義」（1932年）が多くの関係者に読まれた．

戦後，領土を失った日本は再び深刻な木材不足に陥り，奥地林の伐採と拡大造林が急速にすすめられた．その結果，奥地に残されてきた天然林の多くが失われることとなり，一方では広大な面積の植林地が新たに生じることとなった．

1960年代から高度経済成長期になり，工業製品の輸出と引き換えに大量の木材が輸入されるようになった．特に，途上国では輸出品が乏しいために，木材の輸出への依存度が高くなり，結果として，途上国の森林資源を略奪して食い潰しているという批判を受けてきた．輸入が増大するのにつれて木材の自給率は低下しつづけ，1964年の73％から1992年には25％に激減し，2003年には18％にまで低下している．その結果，日本国内での奥地林の開発は行な

われなくなり，自然保護がなされるようになってきているが，拡大造林された植林地は管理が不十分なため「荒廃化」が大きな問題となっている．食料においても自給率は50％以下となっており，同様に大きな問題となっている．

　地球温暖化物質の削減は，森林に依存する部分が大きく，各国間の森林の賦存状態の不均衡は国際的な不平等の問題を引き起こしている．また，木材や食料などの大量の輸入は，他国の水資源や土地資源などの自然資源を大量に輸入していることになり，他国の国土に大きく依存するという国際的なゆがみ状態を生じさせており，同時に自国の土地自然と土地利用の関係を著しくゆがめている．

4）国土利用と森林のあり方　これまでに述べてきたように，わが国の国土の土地利用は，森林の生産力を基盤にして発展してきた．国土利用の歴史は，地域に住む人々の文明の歴史であり，それを支える人々の知の文化の歴史である．歴史を振り返ったのは，将来を展望するためであり，誤りを繰り返さずに，より賢い利用をつくりだすためである．

　わが国の土地利用の歴史は近世になって急激に変化し，薪炭林とカヤ場を広大な面積でもった農村の土地利用が，化石燃料が使われる以前の1950年代まで続いてきた．その後，カヤ場はほとんどが植林されたり，放置されて森林化しており，自然公園の風景として保護されて残されたもの以外はほとんど消滅している．一方，広大な面積を占めるかつての薪炭林や荒廃した植林地をどのような土地利用にしていくかは，私達に課せられた今後の大きな課題である．

　国土の再生には，自然再生を含む土地利用の再構築が必要であり，長期的な視点で国土利用のグランドデザインを構築する必要がある．森林生態系の科学は，21世紀のわが国の国土利用の課題を解くかぎを握っている．そのためには，森林生態系の科学は，以下に述べる4つの視点を見据えて発展していくことが求められる．

　その1は，生態系の保全とそのための環境ポテンシャルの評価の基礎となる生態学の視点であり，その2は，森林の資源を後世に持続的に残しながら利用し続ける資源管理学の視点であり，その3は，生物多様性保全，地球温暖化対策，地域環境保全などに役立つ環境科学の視点であり，その4は，地域における森林と住民生活の関係を考究する地域科学の視点である．

　はじめに個葉の見方で述べたように，自然を解明する科学は確実に進化してきており，上述した4つの視点をもつことによって，国土利用のグランドデザインを構築することが可能にされる．

おわりに

　個葉の生態学は樹木の生理生態学であり，土地利用の生態学は景観生態学である．景観生態学は，地域における人と自然の関係を明らかにする生態学である．

　本書では，このようなさまざまな分野の生態学が集まって森林生態系の科学を構築しようとしている．個葉が集まって森林が形成されるように，森林生態系の科学は，森林生態系に係わる多様な生態学が集まってつくりだされる科学であり，人類の幸福に役立つことを目指した科学である．

参考文献

本多静六（1900）：我国地力の衰弱と赤松，東洋学芸学雑誌．
井手久登（1978）：自然立地的土地利用の思想，応用植物社会学研究，7．
河田　杰（1932）：森林生態学講義，養賢堂．
倉田　悟（1964）：原色日本林業樹木図鑑，第1巻，地球出版．
タットマン，C. 著，熊崎　実訳（1998）：日本人はどのように森をつくってきたのか，築地書館．
筒井迪夫（1987）：日本林政の系譜，地球社．

森林の科学

―森林生態系科学入門―

森林の生産機能

森林生態系における「生産機能」 　　　　　　　　　　　小池孝良

　森林の生産は樹木を中心にした緑色植物の光合成作用から始まる．光合成作用は太陽光を利用して水と大気中のCO_2から炭水化物を合成する働きであり，大部分の生物は光合成生産物に依存して生活している．ここで樹木とは，茎や根が肥大成長を続け細胞壁が木化した木部が強固になり，支持器官として働く多年生植物の総称で，便宜上，高木と低木に分けられる．多年生であることから長期間に渡り変動する環境に対応しながら生育し，例えば，高山帯や高緯度の寒冷地にも生育できる環境適応能力が高い．また，樹木では成長部位の先端が花にならない種が多く，初めてタネを生産する（初産齢）までに長年月を要する，などの特徴を持つ．

成長周期の制御

　落葉や冬芽の形成などの成長制御に関わる環境からの信号は，主に日長である．日長は温暖化により気温が上昇しても変わらない環境シグナルとして，受光体であるファイトクロムを通じて植物の生活環の制御に大きな影響を与える．シグナルとして暗期の長さが重要で，街路灯横に生育する街路樹の葉が秋深くなっても落葉しないのは，暗期の短いために離層が発達しないためである．なお，中緯度地帯では10時間，高緯度の植物では8時間以上の暗期が離層の発達を促す．

光合成生産

　光合成生産は物質生産とも呼ばれ，主に3つの手法で測定できる．第1は積み上げ法（樹木成長を一定期間ごとに追跡する方法）で，$P_n = \Delta P + \Delta L + \Delta G$ で表すことができる．ここで，P_n：純生産量（net production），ΔP：一定期間（t_1からt_2の期間）の成長量（$= P_{t_2} - P_{t_1}$），ΔL：落葉落枝量，ΔG：被食量，である．ΔLとΔGは封筒のような一方の開放した袋を用いて回収し，乾燥重量を測定する．

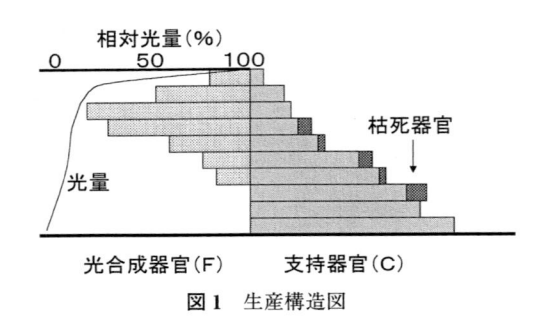

　もう1つは光合成量を直接計測する方法で，Monsi und Saeki（1953）による生産構造図（図1）から葉群での光吸収をモデル化し光合成生産量を推定する（MS理論）手法である．MS理論はデンマークの植物生理学者ボイセン・イェンセン（B. J）の研究を発展させた内容である．さらに，Hozumi et al.（1968）によって森林へも適用できるように改良された．その結果，樹木葉の光合成能力は生育する光環境を反映させ評価できることを示した．ここで，純生産量（P_n）は一定期間の総生産量から呼吸消費量（R）を除いた値を意味し，総生産量（P_g）とは一定期間に生産された生物体総量である．多用される積み上げ法であるが，この手法では短期的な環境変動に対する植物群落の応答は評価できない．

　3つめの方法は森林を大きな葉と見なし森林内にタワーを設置して，その上下部に設置したCO_2分析装置によって，CO_2のフラックス（単位面積当たりのCO_2の流れ）を測定する方法も近年多用されている．この方法では，下向きのフラックスが光合成作用によるCO_2固定速度とされる．

制限要因

　光合成生産は，温度，水分，光，栄養塩などの無機環境によって大きく制限される．モンスーン地帯に位置する日本列島では，光合成生産が降水量によって極端に制限されることは少ないので，植生帯は温度（温量指数：毎月の平均気温から5℃を差し引いた値の積算値）で大まかに決定される．しかし，北海道中央部付近の植生は，積算温度だけでは樹種の分布を説明できず，針葉樹と広葉樹が混交する「汎針広混交帯」として北大の舘脇　操氏によって命名された．すなわち，温帯林と亜寒帯林の移行帯として位置づけられる．

図1　生産構造図

このような移行帯森林は，北米のマサチューセッツ州から五大湖周辺とモスクワからエストニアを経てスウェーデン南部にも広がる．

　熱帯で乾燥を回避するために進化したという落葉性が，同じく冬期乾燥害からの回避のメカニズムとして機能している．北海道のような中高緯度地域では，冬期の低温が成長を抑制する．この低温を回避するように樹木はさまざまな生理過程を経て越冬する．低温による生化学的な抑制はあるが，温度－光合成速度関係では，低温域では呼吸量が低いため，適温を超えてからの光合成速度の低下は高温域より小さい．なお，常緑樹では5℃以下の低温に遭遇すると光合成速度の回復には1日程度必要である．

　ユーラシア大陸東部には永久凍土地帯が存在する．そこにはカラマツ類が優占した森林が広がるが，水が流れる場所にのみ堤防のように常緑性のトウヒ類が生育する．それ以外の場所では春先，土壌凍結の生じている時期には常緑のトウヒ類は大きな水ストレスを受けるため生存できない．また，北海道を代表する常緑針葉樹トドマツの芽鱗の層数は，多雪地帯では少なく寡雪地帯では多い傾向があった．これは冬期乾燥に対する適応と考えられる．寡雪地帯では日中，陽光によって常緑樹の気孔が開き蒸散するが，土壌凍結のため吸水できず脱水して枯死に至る．カラマツ属の多くのメバエでは越冬葉を持つが，生育期の乾燥によって落葉する．アカエゾマツは開芽が遅いため，トドマツが霜にあいやすい場所に植えられることがある．しかし，開芽期，旧葉のデンプン量が減少し新葉が展開するわずか2～3日に−5℃程度の低温に遭遇すると旧葉も全て枯死する．

　若齢の落葉広葉樹二次林の内部では，光利用特性が樹種によって異なり，階層ごとに光利用特性に特徴のある樹種が生育する．上層には成長が速く光要求性の高い先駆的（遷移前期）樹種が，中下層にはゆっくり成長する耐陰性（暗い環境で生存・生育できる能力）の高い遷移後期樹種が生育する．先駆的な樹種では，葉の生産枚数は多くて生産期間が長く，また厚い葉を持つ（図2）．これに対して遷移後期種では薄い葉を一斉に展開し，その葉を入れ替えることはほとんどない．林床には遷移後期種やギャップ依存種の稚樹が生育し，上層木の開葉前と落葉から降雪までの期間を

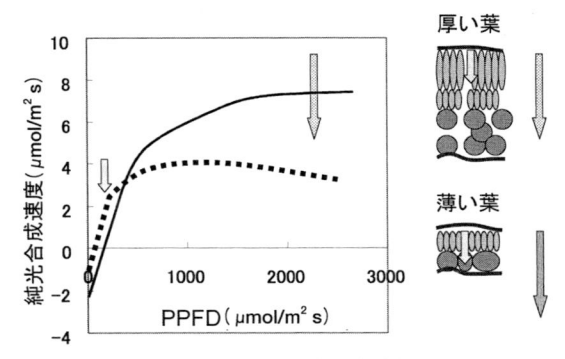

図2　葉の厚さと光－光合成速度関係
PPFDは光合成有効放射束密度（最近ではPPFと表示されることもある）．

効率よく利用して光合成作用を営む．ここで，ギャップとは倒木などにより林内にできた裸地を意味する．

　林床や林内ギャップで更新した比較的耐陰性の高い稚樹は，後述するが上方からの光を効率よく受け止めるように枝を張り葉を配列する．さらに葉は光環境に対して形態・機能分化を示す．陰葉では葉は薄く緑色が深く，クロロフィルb量が多くて光を効率よく吸収する能力が高いことも特徴である．従来，クロロフィルaからクロロフィルbが誘導されると考えられたが，中間的物質を経てクロロフィルbからクロロフィルaの反応も存在することがわかった．

光合成産物の分配

　樹木は多年生植物なので貯蔵養分に依存した成長をするが，樹種によって貯蔵養分の利用の仕方が異なる．これは，シュート（枝と葉）伸長のパターンに見られる特徴に反映される．葉が順次展開しシュートの伸長期間の長い樹種は，一般的に自由成長型で，貯蔵養分への依存程度が小さく，前年に用意される葉原基の数が少なく，生育環境に対して柔軟である．これに対して発達した森林の構成種では，葉を一斉に展開し，シュートを短期間に完成させる．これらは前年のうちに次年度展開する葉原基数をほぼ決めており，貯蔵養分に依存した成長をするので固定成長型と呼ぶ．

　1）　貯蔵　遷移前期樹種では，根系への光合成産物の分配は遷移後期樹種に比べると少ない．先駆的なカンバ・ハンノキ類の根系はやや太い主根と細根を持つが，遷移中後期種のミズナラでは

太く大きな根を持ち，貯蔵養分を利用して春先に大きな伸長成長を行う．また，遷移後期種のブナでは貯蔵デンプンが放射柔細胞に蓄積され，次年度の成長に大きく貢献する．一方，常緑樹では，葉自体が貯蔵器官として機能する．したがって新しく成長を続けるときも，落葉樹とは異なり光合成産物を根や幹などから樹冠先端へあまり移動させることなく新しい器官を形成できる．ただし，熱帯では見かけ上はつねに葉が着いていて常緑だが，樹冠内部での葉の入れ替わりの速い先駆的な樹種も生育する．

2）**繁殖** 樹木が一定以上の大きさに達すると繁殖への投資も始まる．シラカンバでは3年目からタネの生産が始まるが，ブナなどでは30〜40年経て，胸高直径が5 cm程度になると繁殖に参加できるようになる（「マスティング現象」参照）．

3）**防御** 葉の寿命の長短は樹種の成長特性に反映されるが，葉の寿命の短い樹種は一般に先駆的樹種が多く，シラカンバを除いて植食者に対する化学的防御能力は低い．これに対して遷移後期樹種は葉の寿命が長く，またカエデ類などでは被食防御物質である縮合タンニンやフェノール類などの含量が高い．広葉樹の被食防衛物質はシキミ酸合成経路を経て生産され，またその際，リグニンの前駆体でもあるフェニールアラニン（タンパク質合成にも利用される）を介して合成されるため，防御物質の生産は成長に必要とされるリグニン量の低下をもたらす．一方，針葉樹の主要な防御物質はメバロン酸合成系を経て生産されるテルペンとなるので，広葉樹とは防御の対応が異なると考えられる．

一方，葉の被食防御は硬さやトリコーム（毛状体）による，いわば物理的防御も重要である．硬さは植食者（ハムシ類や鱗翅目幼虫）の食べにくさと直結している．さらに，トリコームが存在することにより植食者は食い付きにくく，また葉の表面を移動しにくいため天敵に見つかりやすくなる．またトリコームは体表面を傷つけることで植食者を死に至らしめる．いずれにしてもこれらを構成するのは高分子化合物なので，生産に大きなコストが必要と考えられる（「おいしい葉っぱ，まずい葉っぱ」参照）．

成長の可塑性

一般に，個体サイズが大きくなると光合成器官の割合よりも非同化器官とされる枝・幹（緑色部は光合成作用を営み自らの呼吸を賄う）・根の割合が増え，呼吸量の割合が増加するために個体としては耐陰性が低下する．しかし，落葉広葉樹の中には成長とともに形態的・生理的にも急激な変化を示す樹種が存在する．ヤチダモ，ホオノキ，ハリギリなどのギャップ依存種では，稚樹の個葉サイズは小さく，枝分れはほとんど見られず比較的耐陰性が高いが，林床の明るさが林冠部の20％を超えて明るくなると急激に枝分れを始め，強光を利用する大きな葉を着ける．これらの葉は葉柄が長く羽状複葉や掌状葉（葉の面積に対する周囲長が極端に長い）を持ち，葉表面のCO_2拡散を促すことで高いCO_2濃度勾配をもたらして光合成低下を防ぐ．これに対して，典型的な強光利用樹種であるカンバ類あるいは弱光利用樹種であるブナやカエデ類では，個葉のサイズや光合成特性には個体サイズに関わらず大きな変化はない．更新面の特徴が，成長に伴う樹種ごとの成長応答に対応している．

固定成長するブナ，ホオノキ，ミズナラでは，葉の葉数だけではなく柵状組織の層数までを決めている．このような樹種の稚樹は比較的暗い林床環境で形成された場合，葉原基中に柵状組織を1層持ち，弱光利用に適した解剖特性を示す．倒木や伐採などにより生じる突発的な光環境の変化に対しては，クロロフィルの量や組成（Chl.a/b）を変化させ，葉面積を大きくして受集光面を発達させる．しかし，イヌブナでは同属のブナと異なり，柵状組織層数ではなく柵状組織細胞を長くすることで強光に対応する．このように環境への順化・適応には，種による固有の能力が備わっている．

樹高成長と木部構造

樹木は光資源を求めて伸長成長を行う．このため葉をどのように空間に配置できるか，また，どのように葉を構造的に配置できるかは生存と成長に重要な役割を持つ．一般に，先駆的樹種では樹冠葉が多層に，遷移後期樹種では一層に配列される傾向がある．

米国西海岸のように強風が少なく降水量が十分

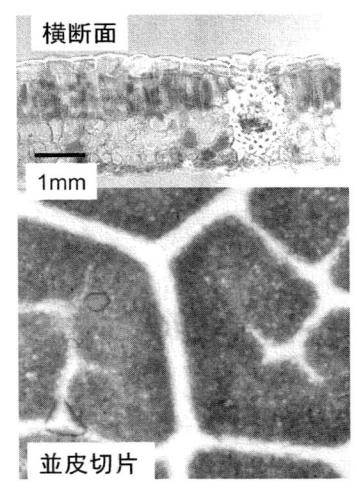

図3 維管束延長部で区切られた異圧葉（ハウチワカエデ葉）

にある生育環境では，ジャイアント・セコイアのように樹高が100 mにも達する樹種が生育する．重力に逆らい水を樹冠上部に引き上げるには，蒸散による凝集力とある種のタンパク質が水に溶け込むことにより可能とされる．しかし，樹冠上部への給水の遅れや不足によって樹高成長が制限される hydraulic limitation（水力学的制限）が生じる．水分供給の遅れなどによる水ストレス回避のために，樹冠先端部では気孔を頻繁に開閉させる．維管束延長部で葉肉部が区切られる異圧葉を持つ樹種では（図3），1枚の葉の中で気孔の閉鎖が不均一に起こり，日射・気温の高い日中には葉のほぼ全面の気孔を閉鎖していた．その他の防御反応としては，樹冠先端部ではキャビテイション（cavitation：道管内の水中切断に伴う空洞化）を生じさせることにより，過度な蒸散を抑制することで水ストレスを避ける．

樹木の木部は針葉樹では仮道管，広葉樹では散孔材と環孔材とに大別されるが，通水に関わるのは主に辺材部で，この面積と葉量との間には高い正の相関がある．針葉樹と散孔材樹種では，木部のほぼ全体を使って水を螺旋状に運搬するが，環孔材樹種では辺材の一部を利用して給水する．このため根系と枝葉の結びつきが高いといえる．さらに，道管径が太く流速が速い（通水速度は道管半径の4乗に比例する）ため道管内部には圧力を生じる．このために発生するキャビテイションによって，道管内部には短時間に柔細胞が侵入し（チロースと呼ぶ）閉塞が生じる．このために古い道管には水分通道の機能はない．

熱帯では明瞭な温度の変化がないため温帯樹木のような年輪は形成されず，代わって乾燥条件に対応して肥大成長が制御されるため，年輪様の組織が形成される．

【C3植物】

光合成作用の初期産物の炭素骨格が3で，光呼吸が明瞭に見られる．これに対し，トウモロコシを中心としたC4植物では熱帯に広く生育し，初期産物の炭素骨格が4である．維管束鞘細胞にはCO_2濃縮機構（クランツ構造）が存在する．一方，乾燥に適応したCAM植物では（ベンケイソウ科植物の頭文字からとった名称で，サボテン類やパイナップルなど多肉植物に多く見られる），夜間CO_2を取り込み日中気孔を閉じて光合成作用を営む．

参考文献

Monsi, M. und Saeki, T. (1953): Über den lichtfaktor in den Pflanzengesellschaften und seine Bedeutung für die Stoffproduktion. *Japan Journal of Botany.* **14**, 22-52.

Hozumi, K. *et al.* (1968): Estimation of canopy photosynthesis and its seasonal change in warm temperate evergreen oak forest at Minamata (Japan), *Photosynthetica*, **6**, 158-168.

森林生態系の二酸化炭素吸収量を調べる　　　高木健太郎

　地球規模の二酸化炭素濃度の増加が明らかになって以降，森林生態系の持つ二酸化炭素固定能力が注目されるようになっている．地上観測によって森林の二酸化炭素吸収量を推定する方法としては，林木の幹材積の変化量や落葉量の測定を基に推定する方法や，個葉の光合成量や非光合成部位の呼吸量の測定を基にモデルを用いて推定する方法などがある．その中の1つに気象観測によって森林生態系と大気間の二酸化炭素の移動量を計測し，森林生態系への二酸化炭素移動量の積算値を吸収量と考える方法がある．ここでは，この気象観測による吸収量評価方法について説明する．

気象観測による吸収量評価方法

　幹材積変化量の測定等の他の方法では，個々の木を対象にして成長量を測定し，群落全体の炭素の吸収量を推定するのに対して，気象観測による評価方法では，大気と森林生態系の間に仮想面を設けて，その面を移動する二酸化炭素の量を測定する（図1）．移動量の積算値が下向きであれば，森林は二酸化炭素を吸収していると考え，逆ならば放出していると考える．タワーを建設して，群落上の数～十数mくらいの高さで移動量の観測を行うため，観測値は半径数100m程度の範囲の代表的な値となる．したがって1点による観測でこの範囲の森林における二酸化炭素の移動量を評価することができる．

　気象観測による移動量評価方法のうち近年標準とされている方法を渦相関法という．この方法を使う場合には，縦方向の風速と二酸化炭素密度を計測する必要がある．図1のように二酸化炭素が a g/m^3 入った，底面積が 1 m^2 の箱を考える．この箱が仮想面を下側に b m/s の速度で通過するとき，移動する二酸化炭素の量は a（二酸化炭素密度）× b（箱の体積）g/s となる．面積が 1 m^2 当たりの移動量なので正確に記述すると，$a \times b$ g/m^{2}s となる．この値は単位面積・時間当たりの物質の移動量を表し，一般にはフラックス（正確には単位面積当たりの移動量の場合フラックス密度というが，省略されることが多い）と呼ばれる．このため気象観測による二酸化炭素吸収量の観測をフラックス観測と呼ぶことも多い．

　図1で模式的に表した移動量の計算は，実際には二酸化炭素密度（a）と縦方向の風速（b）の掛け算をしていることに等しく，これがフラックス観測の基本的な原理である．しかし縦方向の風速は数十分程度平均すると $\fallingdotseq 0$（上方向と下方向の空気塊の移動量がほとんど等しい）となってしまい，このような観測値を用いて二酸化炭素フラックスを計算すると0となってしまう．そのため，フラックス観測では0.1秒程度の間隔で二酸化炭素密度と縦方向の風速の観測を行い，その都度両値の掛け算を行うことによって移動現象を捉えている．計算されたフラックスは30分～1時間ごとに平均化してその時間の代表値とする．このような測定間隔や平均化時間は，物質の移動に寄与する風速の周期が大よそ数秒～数十分程度であることが根拠になっている．0.1秒といった短い間隔で長期間の測定に耐えうる測器群は1980年代以降製品化されるようになったため，フラックス観測が盛んに行われるようになったのは1990年代以降である．図2にフラックス観測風景を示す．二酸化炭素密度の計測は，赤外線ガス分析器を用い，縦方向の風速は x, y, z の3軸方向の風速を計測することができる超音波風向風速計を用いる．

　図3に北海道北部の針広混交林における，盛夏期の二酸化炭素フラックスの経日変化を示してい

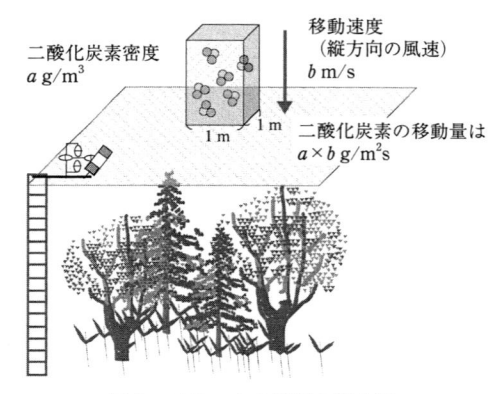

図1　フラックス観測の概念図

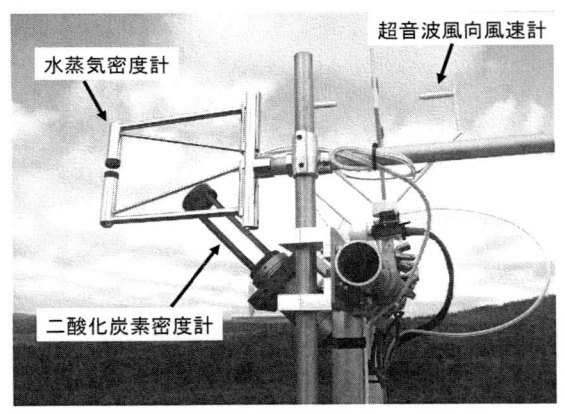

図2 森林上におけるフラックス観測風景

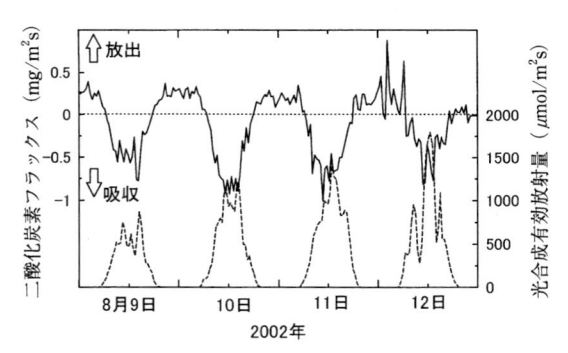

図3 針広混交林における二酸化炭素フラックスの経日変化
実線は二酸化炭素フラックスで，破線は光合成有効放射量（光合成によって使われる波長域の日射）．

る．日中に大気から森林群落の方向に二酸化炭素が移動し，逆に夜間には森林から大気に二酸化炭素が移動していることがわかる．前者は森林の光合成によるもので，後者は呼吸によるものである．さらには，曇天日には下向きの移動量が少なくなる傾向や，日中の過度の日射によって下向きの移動量が少なくなる光合成の昼寝現象など，個葉の光合成研究で明らかにされてきた特徴が群落レベルでも認められることがわかる．このような観測を1年間連続で行うことによって，森林が1年間に吸収する二酸化炭素の量を評価することができるのである．図で示したように，フラックス観測では他の吸収量評価方法に比べて，短期的な特徴を非破壊で連続的に測定できるといった利点を持っている．反面，悪天日や風速が弱くなる夜間における観測や，複雑地形やモザイク状植生における観測では精度の高いデータが得られない場合があり，詳細な解析手順については観測と平行して今なお研究が進んでいる．

フラックス観測ネットワーク

観測上の問題が残されているものの，フラックス観測によって広域の吸収量を非破壊・連続で評価できることや，吸収量を評価する上での仮定が少ないことから，近年世界中で観測サイトが増えている．観測期間の長いもので約10年の連続観測を行っており，エルニーニョなどの気候変動によって森林の年間二酸化炭素吸収量が変化する現象なども捉えられている．個々の観測サイトでは，リモートセンシング技術を用いた，より広域の吸収量評価方法確立のためのグランドトゥルースとしてフラックス観測データが活用されていたり，他の物質循環研究と連携し，森林生態系の物質循環過程を総合的に評価する観測サイトとして機能している場合が多い．一方全球の炭素循環の評価に資するために，世界中に点在するサイト間のデータや情報の交換を促進させるネットワークが組織されている．アメリカやヨーロッパでは多地点の吸収量のデータを用いて，緯度や生育期間，森林タイプによって二酸化炭素の吸収特性を説明する試みも行われている（Valentini *et al.*, 2000; Baldocchi *et al.*, 2001）．

参考文献

Baldocchi, D. *et al.* (2001): *Bulletin of the American Meteorological Society*, **82**, 2415-2434.
Valentini, R. *et al.* (2000): *Nature*, **404**, 861-865.

肥大成長の意味

船田　良

樹木は形成層が発達し肥大成長を行う

　樹木（木本植物）は，地上部が枯れずに長期間生育し，伸長成長（樹高成長）とともに肥大成長（樹幹成長）を行う．その肥大成長は，維管束形成層（形成層）の継続的な分裂活動により行われる．地球上には多くの植物が存在するが，その中で樹木と呼ばれる植物群は，裸子植物と被子植物の中の双子葉植物の一部である．樹木は，裸子植物と被子植物という遺伝学的にも離れたグループに属するが，肥大成長という共通した特徴を持つ植物群の総称であるといえる．すなわち，発達した形成層が存在し肥大成長を行うかどうかにより，樹木と他の植物群が区別される．

　樹木の先端にある頂端分裂組織（伸長成長を行う）が増殖した細胞は，前表皮，基本分裂組織，前形成層に分化し，一次組織と呼ばれる．形成層は前形成層を起源とする二次組織であり，樹幹，枝，根を包んでいる分裂能力の高い薄い細胞層である．形成層始原細胞と始原細胞から派生した木部母細胞と師部母細胞を形態や細胞学的な違いで区別することはできないため，一括して形成層帯の細胞と呼ぶことが多い．

　形成層細胞は，並層分裂（樹幹の表面に対して平行な方向に分裂面をつくる；接線面分裂）により内側に二次木部（二次組織である形成層由来の細胞であるため二次木部と呼ばれる）の細胞を生産しながら形成層自体は外側に押し出され，外側には二次師部の細胞を生産する．したがって，樹幹の横断面（木口面）においては，外側から外樹皮，内樹皮（二次師部），形成層，二次木部，髄，の順に存在している（図1）．また形成層細胞は，並層分裂の頻度にあわせて垂層分裂（樹幹の表面に対して垂直な方向に分裂面をつくる；放射面分裂や偽横分裂）を行って形成層細胞の数を増加させ，形成層自体の円周を拡大する．

　形成層からは二次木部と二次師部が形成されるが，二次木部の量は二次師部に比べ著しく多いため，樹木の肥大成長は二次木部の増加によって起こる．したがって，樹幹の大部分は二次木部が占め，二次木部が蓄積した部分を木材・木質材料として利用できる．樹幹を横方向に拡大する肥大成長が，地球上に大量の植物バイオマスを供給しているといえる．

形成層活動は変化する

　形成層細胞の分裂活動には，分裂期と休眠期を繰り返す周期性が認められ，成長輪が形成される．季節性が明確な温帯や冷温帯では，この周期が1年であるため年輪が形成される．温帯や冷温帯では，春に形成層細胞の分裂活動が始まり活発な分裂活動が行われ，夏から初秋にかけて分裂活動が低下する．最終的には細胞分裂は停止して，ある一定期間の休眠期を経た後，翌年の春に分裂活動を再開する．

　形成層細胞数は，季節や樹木の生育状態で異なる．活動休眠中における形成層帯の細胞は半径方向に2〜5層であり，分裂活動が活発な時期には10層以上にもなり，多くの二次木部細胞が生産される（図2）．また，被圧木や枝打ちなどで樹冠量が少ない劣勢木において，分裂活動が活発な時期の形成層細胞数は，優勢木に比べ少ない．また，劣勢木は形成層細胞の分裂停止が優勢木に比べ早い時期に起こる．したがって，劣勢木は優勢木に比べ二次木部の生産期間が短く生産速度が低い．その結果，劣勢木の二次木部の生産量は少な

図1　ストローブマツ樹幹の横断面（半　智史氏　提供）

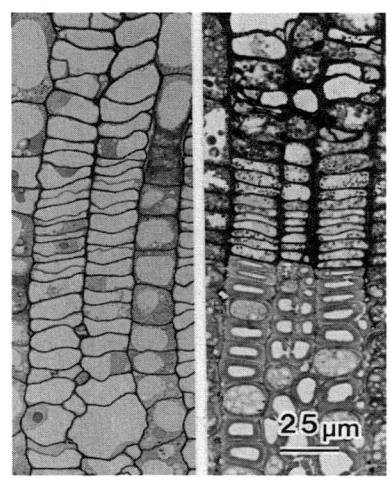

図2 アカナラ樹幹の形成層細胞数の季節的変化（光学顕微鏡写真，岩立朋子氏 提供）
左：形成層活動期，右：休眠期．

く，肥大成長量（年輪幅）が減少する．また，降水量や気温など気象条件の違いは，樹冠や根の活性の変化を引き起こし，さらに形成層活動に影響を及ぼして肥大成長量を変化させる．したがって，肥大成長量の違いは樹木の生育環境の変化を反映しており，肥大成長量は過去の生育環境の変遷を推定する上で有効な指標として利用できる．

形成層活動が二酸化炭素を固定する

　形成層細胞は分裂能力を失うと伸長や拡大を開始し，異なる形態と機能を持つ細胞に分化する．道管要素に分化した細胞は，半径方向に30倍以上拡大する場合もある．したがって，樹幹直径の増加は，形成層細胞分裂による二次木部細胞の増加と個々の細胞の半径方向径の増加によるものである．仮道管，道管要素，木部繊維などに分化した二次木部細胞の多くは，細胞の伸長や拡大，厚い二次壁の肥厚，壁孔やせん孔など修飾構造の形成（細胞壁の局部的な肥厚と分解），リグニンの沈着等の分化過程を経ると，ただちに核など細胞内容物の分解と消失が起こり死細胞となる．したがって，ある一定の大きさを持った樹幹の大部分は，死細胞の集合体で形成されている．これに対し，放射柔細胞など木部柔細胞に分化した細胞は細胞死がすぐには起こらず，細胞内容物を数年以上保持し，心材に移行するまで生細胞として機能をもつ．

　仮道管，道管要素，木部繊維，木部柔細胞など樹幹の二次木部細胞は，根から葉までの水分の通道，重い樹体の機械的支持，長期間にわたる養分の貯蔵や供給，などの機能を担っている．これらの機能を保つために，二次木部細胞は高度に分化した厚い細胞壁を形成する．二次木部細胞における二次壁は多層構造であり，セルロース・ミクロフィブリルの配向が連続的に変化する．二次壁に堆積するセルロース・ミクロフィブリルの細胞長軸に対する角度（ミクロフィブリル傾角）は，二次木部細胞壁の物理的な性質を決定し，さらには樹木全体の力学的特性を制御する．二次壁の主成分は，セルロース，ヘミセルロース，リグニンである．これら細胞壁成分は，葉で生産され二次師部を移動する光合成同化産物を前駆体として，形成層細胞や分化中の二次木部細胞内の合成酵素により生合成される．樹木において，光合成同化産物がソースと考えると，最大のシンクは細胞壁成分である．

　温室効果のある二酸化炭素の大気中濃度が増加し続けており，急激な温暖化が危惧されている．近年，樹木の光合成能力を利用して，二酸化炭素をより吸収・固定することが注目されている．二酸化炭素の吸収・固定は，樹幹の形成層細胞が分裂を活発に行って二次木部細胞数を増加させ，光合成同化産物が細胞壁成分として堆積・沈着することにより達成される．したがって，樹木の活発な肥大成長は地球環境の保全にも重要である．

参考文献

Funada, R. (2000): Plant Microtubules (Nick, P. ed.), Springer-Verlag, pp.51-81.
Funada, R. et al. (2000): Cell and Molecular Biology of Wood Formation (Savidge, R.A. et al. eds.), BIOS Scientific Publishers, pp.255-264.
Funada, R. (2002): Wood Formation in Trees: Cell and Molecular Biology Techniques (Chaffey, N. ed.), Taylor and Francis Publisher, pp.143-157.
船田　良 (2003)：木質の形成―バイオマス科学への招待―（福島和彦ほか編著），海青社，pp.11-88.
船田　良 (2004)：樹木生理生態学（小池孝良編著），朝倉書店，pp.125-137.

芽の成長周期とシュート伸長

船越三朗

木本植物は地上と地中の空間を占めて生活している．葉と茎とからなる1つの単位をシュートと呼び，これが複合して樹体を作っている．地中の根系はシュートを持たない．地上は地中に較べると気温と水分の変化が大きく，木本植物はその変化に巧みに対応して生活している．環境変化に対応する工夫が芽の構造に現れている．

芽は未発達な状態にあるシュートである．それゆえ，シュート伸長は芽の形成とそれが発達，成熟するという2つの過程に区分できる．木本植物にはそれらが同時に進行する樹種も，また別々に進行するものもある．

特定樹種のシュート伸長特性を理解するには，芽の分裂組織において，葉的，茎的器官原基が発生，発達する過程に注目する必要がある．

シュートの伸長型

Kozlowski（1971）はシュートを前年形成型シュート（preformed shoot）と異形葉型シュート（heterophyllous shoot）に分類している．

前年形成型シュートにおいては春先から初夏にかけて展開する葉原基は全て前年に形成されている．

異形葉型シュートでは春先に開く春葉（early leaf）の原基は前年に形成されているが，初夏から秋にかけて展開する夏葉の原基は成育期間中に形成される．すなわち，一部の新葉が葉原基分化から葉への発達の間に冬をはさまないで成熟する伸長型である．夏葉は夏遅くまで開く．同時に葉と葉の間（節間）も広がり，シュートは秋まで連続して伸長する．カバノキ科，ブナ科，ヤナギ科など被子植物木本が多く属する．

裸子植物のカラマツ（*Larix kaempferi*）は長枝と短枝を持つ．短枝は前年形成型の芽であるが，長枝は前年に形成された葉原基から発達した葉と春以後に分化した葉原基からの葉をつけ（藤本，1978），異形葉型といえる．

ここでは異形葉型については詳述せず，トドマツ（*Abies sachalinensis* Mast.）を例（船越，1985）として前年形成型について話を進める．

前年形成型シュート

トドマツは北海道と樺太に分布し，汎針広混交林を代表する針葉樹である．冬には気温が−30℃以下になるので寒さに対応した体制を持つ（酒井，2003）．

トドマツの芽の構造

3月下旬，越冬した芽は5月に開く全ての葉の原基を持っている（図1）．

シュートの倍化と腋芽の分化

芽は3月下旬に細胞分裂を開始する．葉原基は細胞分裂と成長によって葉へと発達する．将来の髄，皮層部分の細胞も分裂を開始し，茎となる．葉が茎に付着する節間も広がる．このようにしてシュートは未成熟な状態から一気に成熟する．この成熟過程をこれまでは「シュート伸長」と呼んでいた．実態は「芽」の中に準備された葉原基と茎原基が葉と茎に急激に拡大することを指すので，芽がシュートに倍加したと表現できる．シュートの倍化は，おおよそ6月下旬から7月上旬まで続く．

越冬した芽鱗に覆われたままの4月下旬，葉原基の上腋には活発に分裂する細胞集団が現れ，5月上旬に腋芽となる．頂芽と腋芽の茎頂は次の成長周期に入り，芽鱗原基，葉原基を分化する．こ

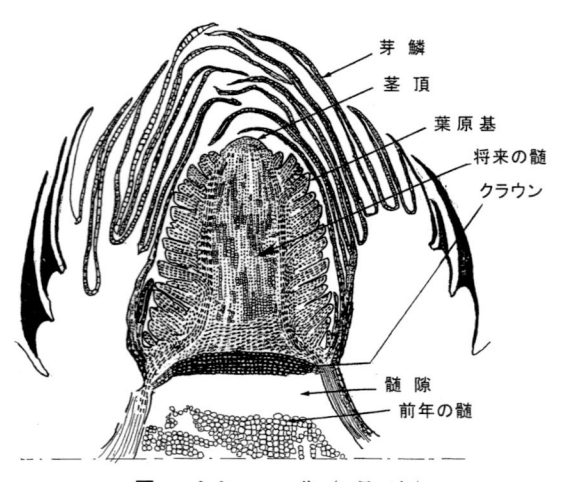

図1 トドマツの芽（3月下旬）

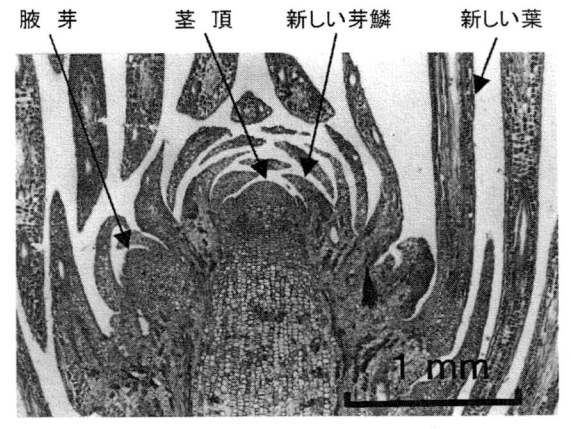

図2 芽鱗原基の発生（5月下旬）

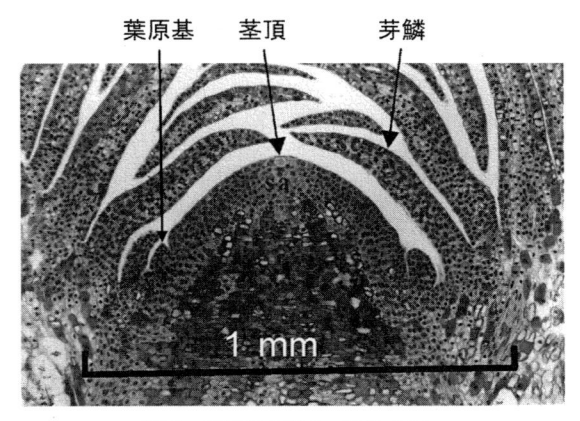

図3 葉原基の発生（7月中旬）

れらの芽はその成育期間には開かず，越冬して次の春に開葉する．

芽鱗原基の発生

茎頂の細胞分裂活動は5月上旬から6月上旬にかけて高まる．とりわけ茎頂周辺の分裂組織が活発に分裂し，5月中旬，茎頂の基部に新しい葉的器官を発生する．それは茎頂側に湾曲し，芽鱗となる．最初の芽鱗は引き続いて発生する新たな芽鱗によって外側へと押し出される．隣り合う芽鱗の間にある皮層の細胞は表面に平行な分裂面を持つ並層分裂をして厚くなり，盛り上がる．しかし，表面に垂直な分裂面を持つ垂層分裂は行わないので節間は伸長せず，芽鱗どうしは接している（図2）．

このようにして，6月下旬には新しいシュートの先端にすり鉢状構造ができあがり，その底に茎頂が位置する．

葉原基の発生

7月中旬，茎頂（図3）は突起状の細胞集団を分化する．それぞれの細胞集団は外側へ押し出されずに側壁についたままである．この細胞集団は葉原基で，9月下旬まで増加する．茎頂と茎原基とで釣鐘を伏せた形を作り，その側壁に葉原基が左右の斜列線の交点上に並ぶ．葉原基へは前形成層が入り込み，芽基部のクラウンで当年の形成層と接続している．

芽の休眠

10月下旬，茎頂の細胞は分裂せず，新たな葉原基は発生しない．葉原基の細胞も11月上旬に分裂を停止し，芽は休眠に入り，越冬する．

前年形成型シュートは春先から初夏にかけて一気に倍加する．春先に細胞分裂を再開した頂芽茎頂は7月上旬まで芽鱗原基を形成し，それ以後は葉原基を形成する．

異形葉型シュートは春先に茎頂が新たに葉原基を形成し，それらは越冬した葉原基の上部に積み重なる．その後シュートが倍化する．倍化期間は前年形成型より長い．前年形成型シュートと同様に，倍化期間中に茎頂は芽鱗原基と葉原基を形成する．

前年形成型シュートと異形葉型シュートがどのようにして出現したか，またそれらを支配する機作については解明されていない．

自主解答問題

問1．芽鱗は葉全体やその一部が変化したものである．葉柄，托葉起源の芽鱗を持つ例を挙げよ．
問2．種子の胚と芽との違いを述べよ．

参考文献

藤本征司（1978）：北海道大学農学部演習林研究報告，**35**，1-28.
船越三朗（1985）：北海道大学農学部演習林研究報告，**42**，785-808.
酒井 昭（2003）：植物の耐寒戦略—寒極の森林から熱帯雨林まで—，北海道大学図書刊行会．
Kozlowski, T.T.（1971）: Growth and Development of Trees, vol.1-2, Academic Press.

樹木の相対成長関係

渋谷正人

　動物, 植物を問わず, 生物の個体内の各器官（例えば動物の手や足の重量, 植物の茎や葉の量など）の成長の仕方には一定の規則性がみられる. 樹木について考えると, 樹高数十 m にも達する個体が, 多くの枝葉を茂らせながら直立するという形態であるため, 枝葉量と幹の量, および根の量との間には一定の制約があり, 各器官の成長の仕方にも相互関係が存在する. この生物の器官量間の相互関係には相対成長関係（英語ではallometry）と呼ばれる関係が認められている. 生物の 2 つの器官の重量を x, y とすると, それらの器官の相対成長率間に, 一般に次の関係が成り立つ.

$$\frac{1}{y}\frac{dy}{dt} = h\frac{1}{x}\frac{dx}{dt}$$

　$(1/x)(dx/dt)$, $(1/y)(dy/dt)$ は, それぞれの器官のある瞬間における単位重量当たりの成長速度を表すので相対成長率といわれ, h は定数で相対成長係数という. h が 1 であれば, 単に比例的な関係を表すが, 多くの場合 $h \neq 1$ であり, 生物の異なる 2 つの器官の成長は比例的ではない場合が多い. この式を積分すると,

$$\log y = c + h \log x$$

となり（c は積分定数）, つまり相対成長関係が成り立つ場合, x, y の対数値間には直線関係が成り立つ. 2 変数間の関係が直線であれば, 直線回帰という統計手法によって, ばらつきのあるデータに最もよく当てはまる x-y 関係を求めることができる. 森林あるいは樹木に関する研究では, ① 現存量（バイオマス）の推定, ② 個体内の器官量配分パタンの解析に, 相対成長関係を利用することが多い.

現存量の推定

　森林の現存量（単位面積当たりの生体量, 乾燥重量）の推定に相対成長関係を利用できる. 樹木では, 胸高直径（地上 1.3 m における幹の直径）や樹高といった樹木のサイズと幹重量や葉重量との間に相対成長関係が成り立つ（図 1）.

　したがって, 一度相対成長関係を求めておけば, 森林内の樹木のサイズを測定することによって, 調査区内の個体重量を直接測定せずに, 全樹木の重量を推定できる. 地上部重量や幹重量と D^2H との関係は安定した関係で, 林分によるばらつきも小さい. 葉重量や枝重量と個体サイズの関係はやや不安定で, 基本的には林分ごとに求めるのがよい. なお, 測定はやや難しいが, 樹冠（葉の着いている部分）直下の幹の太さ（生枝下直径）と葉量の関係は林分間の差がない. 根の重量と個体サイズとの間にも安定した相対成長関係が成り立つが, 根重量は地上部重量の約 25% として推定されることも多い.

　現存量を推定することで, 森林の生産量（ある期間に光合成によって固定された有機物量, 乾燥重量）を求めることが可能となる. 森林の生産量は次のような要素に分解できる（これを積み上げ法という）.

$$\Delta P = \Delta Y + \Delta L + \Delta G$$

　ここで ΔP：（純）生産量, ΔY：現存量の増加量, ΔL：落葉落枝（リター）量, ΔG：昆虫などによる被食量である. ΔL や ΔG は別途測定す

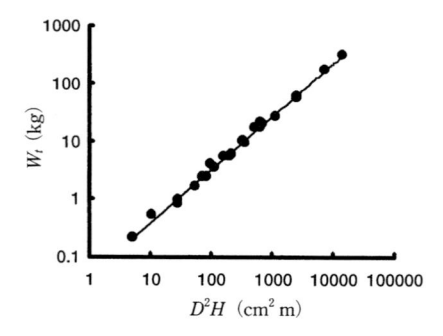

図 1　シラカンバの地上部重量とサイズの相対成長関係の例（渋谷, 未発表）
D：胸高直径（cm）, H：樹高（m）, W_t：地上部重量（乾燥重量, kg）, 数値は対数値であることに注意.

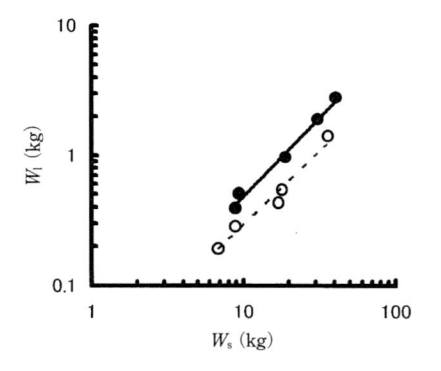

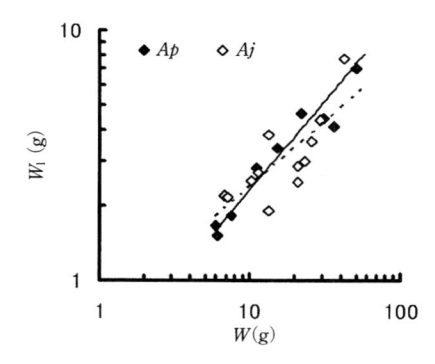

図2 種や環境によって変化する器官量配分パタン
（左）密度が異なるダケカンバ林の幹重量（W_s）と葉重量（W_l）の相対成長関係（黒丸：低密度区，白丸：高密度区，渋谷，未発表）．（右）被陰下の地上部重量（W）と葉重量（W_l）の相対成長関係（Ap：ヤマモミジ，Aj：ハウチワカエデ，伊藤・渋谷，未発表）．

る必要があるが，測定が最も困難である ΔY は，樹木のサイズ測定を2度行うことにより推定できる．樹木組織の炭素含有率は，生体量（乾燥重量）の約50%なので，ΔP を0.5倍し，ある期間における森林樹木の炭素固定量を推定できる．

器官量配分パタン

樹木の幹や葉などの量的な関係（器官量配分パタン）は，種や環境条件によって変化する．とくに環境ストレスがある場合（水養分の不足，被陰，個体間競争など），樹木は器官量配分を変化させストレスに対応することが多い．図2の左図は個体間競争の強さが異なる場合の例，右図は強い被陰下での樹種間の違いの例である．

ダケカンバは，除伐（成長や形質の悪い木を除く保育作業）を行い6年後の例であるが，低密度区で葉重量が増加していて，個体成長量も大きい．また被陰下では，ヤマモミジ（実線）の方が葉量の多い傾向があり，暗い環境への順応力が高いようである．このように，相対成長関係によって樹木のストレス対応を理解することもできる．

一方の器官の成長が飽和する場合

樹木では，例えば胸高直径に比較すると，樹高の成長の仕方は上限値のある飽和型となることが多い．このような場合は，従属変数の成長にロジスティック成長を仮定した相対成長関係（拡張相対成長式）が提唱されている．

$$\frac{1}{y}\frac{dy}{dt} = h\frac{dx}{dt}\left(1 - \frac{y}{Y}\right)$$

ここで Y は y の上限値である．積分形では，

$$\frac{1}{y} = \frac{1}{gx^h} + \frac{1}{Y}$$

となる（g は定数）．図3は，北海道の林齢45年のトドマツ天然林の樹高と胸高直径の関係の例である．この関係を利用すると，胸高直径の測定値から容易に樹高を推定することができる．

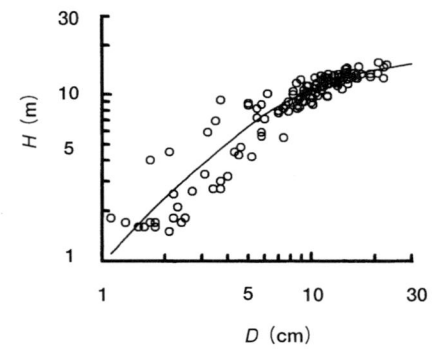

図3 北海道のトドマツ天然林の樹高（H）と胸高直径（D）の関係

マスティング現象
―― 数年に一度の大勝負

市栄智明

　私たち人間にとっても，植物にとっても，自らの子孫（遺伝子）を後世に残すことは生物として究極的に重要な問題だ．そのために植物はさまざまな繁殖の仕方をとって巧みに生命活動を継続している．その代表的な例の1つが，温帯林のブナやミズナラ，北方林のマツ，モミ類，東南アジア熱帯雨林のフタバガキ科の樹種など，数多くの樹木で見られるマスティング現象だ（図1）．マスティング現象とは，タネ（種子）の生産量が年ごとに大きく変動し，その豊凶が林内の同じ樹種で同調する現象のことを意味する．例えばブナの場合，5～8年に一度豊作になるといわれており，豊作年には林床一面を埋め尽くすほどの種子が落下するが，凶作年には全く種子が見られない．ブナ以外にも豊凶の間隔の長い樹木はたくさんあり，極端な種では数十年に一度しかマスティングしないものもある．ササやタケに至っては60年以上もの時間をおいて一斉に開花・結実し，しかもその後一斉に枯死するという一回繁殖型のマスティングを示す（monocarpic）．近年では，同種の個体だけでなく，実は林内のさまざまな樹種が広い範囲で同調してマスティングを行っていることが，日本の落葉広葉樹林や東南アジアの熱帯雨林でも報告されており，特に熱帯雨林で起こる群集レベルでの同調したマスティングは「一斉開花」と呼ばれている．

図1　一斉開花期間中に鈴なりに結実したフタバガキ科の *Vatica sp.*

マスティングの起こる理由
　では，なぜ樹木はマスティングを行うのか？その理由（究極要因）については，多くの研究者が関心を寄せ，これまでいくつかの仮説が提出されてきた（Kelly, 1994）．例えば，年によって種子の数を大きく変動させることによって，ネズミや昆虫といった種子を食べる捕食者の個体数を抑制し，豊作年には彼らが食べ切れないほどの種子を実らせ，種子や実生が生き残る確率を高めるという種子捕食者飽食仮説．風で花粉を運ぶ風媒花の多い温帯の樹木の場合，多くの同種個体が同調してたくさんの花を咲かせることによって，受粉の効率を上げ健全な種子を増やす受粉効率仮説などがある．また，熱帯雨林では，動物によって花粉が運ばれる樹種が多く，しかも種の多様性が著しく高いために同じ樹種が近隣にきわめて少ない．そのため，多くの樹種や個体が花を集中して開花させることによってできるだけ多くの送粉者を誘引させている送粉者誘引仮説もあり，どの仮説についても近年精力的に検証実験が試みられている．

マスティングの仕組み
　それでは，マスティングの起こる仕組み（至近要因）はどのようになっているのだろうか？　これまでの研究により，マスティングの仕組みには，気温や降水量の変化といった環境要因と，樹体内の貯蔵物質の蓄積・消費という資源要因が深くかかわっているという仮説が有力視されている．環境に関する仮説とは，樹木が同調して開花するためには，花芽をつける（開花する）ためにそれらが共通して認識できる何らかの信号が必要となり，それを可能にするのは温度や日長，降水量などの変動ではないかというものである．また，資源に関する仮説とは，大量の開花や種子の生産を行うためには大量の貯蔵物質が要求され，またその後は必然的に次のマスティングに必要な資源の蓄積に時間を費やすために，種子生産に豊凶が生まれるというものである．特にマスティングを行う樹木は大型で栄養価の高い種子をつける

ものが多いため，豊作年にかかる母樹の負担は余計に大きくなることが予想される．

何を頼りに同調するのか？

しかし，四季のはっきりした日本と，1年中温暖多雨で明瞭な季節変化がないといわれる熱帯多雨林とでは，樹木のマスティングの仕組みは同じなのであろうか？

意外と思われる方もいるかもしれないが，実は温帯よりも熱帯の方が，数年に一度のマスティングに対して樹木が共通に認識できるような環境要因を特定するのは容易かもしれない．マレーシア・ランビル国立公園の低地フタバガキ林で調べた結果，不定期ではあるが1年に約2回，月間の降水量の記録では見出せないような数週間程度の短期的な乾燥があり，多くの樹木はこの乾燥の後に同調して葉を展開していた（Ichie et al., 2004）．また，ランビルでは2～5年に一度，さらに極端な乾燥が起こり，この乾燥が樹木のマスティング（一斉開花）のタイミングとよく適合するらしい．そして，この極端な乾燥には，最近新聞やニュースでよく話題に出るエルニーニョやラニーニャ現象といった世界レベルでの異常気象が関係している場合が多いようだ．つまり，熱帯雨林の樹木は安定した気象条件を逆手に取り，たまに起こる異常乾燥とその乾燥度合いを共通に認識して同調した開葉や開花を行っているようである．

一方，東南アジアの一斉開花に比べれば種間での同調性の低い日本の落葉広葉樹林では，今のところはっきりした同調の仕組みは明らかになっていない．ただ，温帯でマスティングを行う樹木のほとんどは，開花の前年の内に翌年の花芽を形成する．そのため，この前年の花芽形成期の環境条件がマスティングを決める要因になっているという説がある．しかし，残念ながらそれを群集レベルで体系的に明らかにした例はなく，今後の進展が待たれるところである．

マスティングに果たす貯蔵物質の役割

それでは，温帯樹木のマスティングと樹体内の貯蔵物質との関係はどうなっているのだろうか？落葉小高木のハクウンボクでは，豊作になる年には種子が着いている枝の最も先端部分で貯蔵デンプン量がかなり減少する（Miyazaki et al., 2002）．同じ個体でも，花や種子の着いていない枝では，デンプン量があまり変化しないことから，ハクウンボクのマスティングに必要な炭水化物資源は，主として種子が着いている枝から供給されていると考えられている．また，2～3年周期でマスティングの見られる落葉高木のヤマハンノキでは，樹体内の炭水化物の流れを追跡することのできる安定同位体が用いられ，開花枝と非開花枝での炭水化物資源の移動を調べたところ，ハクウンボクと同様に，主として枝単位で繁殖に対する資源のやりとりが行われていることがわかった（Hasegawa et al., 2003）．これらの結果から，結実量の豊凶には，枝ごとの資源の蓄積が重要な意味を持ち，枝に蓄積した養分の量によって，開花や結実の成功や失敗が決まるということが考えられる．今後は，さらに多くの樹種について調査を進めるとともに，枝への貯蔵物質の蓄積過程を明らかにしていくことによって，樹木のマスティングと資源要因との関係がより詳細に見えてくると期待される．

おわりに

毎年同じように過ごしているように見える樹木だが，花芽の形成や資源の蓄積など，樹体内では次のマスティングに向けた準備を数年越しで行っているようである．多くの樹木にとっては，数年に1度の大イベントともいえるマスティング現象．生き残りをかけた樹木の大勝負を次に見られるのは何年後になるのだろうか？

参 考 文 献

Hasegawa, S. *et al.* (2003): *Journal of Plant Research*, **116**. 183-188.
Ichie, T. *et al.* (2004): *Journal of Tropical Ecology*, **20**, 697-700.
Kelly, D. (1994): *Trends in Ecology and Evolution*, **9**, 465-470.
Miyazaki, Y. *et al.* (2002): *Annals of Botany*, **89**, 767-772.

樹木の冬越し

藤川清三

樹木は長年月にわたり成長を続け巨大な樹幹を形成する．この巨大性のため樹木は直接環境ストレスにさらされる宿命を持つ．特に，冬季には，他の植物は地上部を枯らして地下のみで越冬したり，植物全体が雪に覆われることで寒さを回避するが，巨大な樹木は直接冬の寒さにさらされることになる．札幌でも冬の寒い朝に樹の小枝を折ってみると，水分が凍結していることがわかる．さらに，太い樹幹内の水分も凍結することは，樹幹内部の水分が凍結して樹木が避ける，凍裂という現象の発生によっても知られている．このように寒冷地の樹木の水分は氷点下温度で容易に凍るが，樹木は季節的に繰り返される冬の寒さに耐え，何百年も成長を続けている．これは，寒冷地に生育する樹木の生きた細胞（柔細胞，分裂細胞など）が凍結に対する特殊な適応機構を発達させている結果であり，巧妙な適応機構により樹木は生物の中でも最も凍結に対して強い抵抗性を獲得しているためである．

季節的低温馴化機構

寒冷地に生育する樹木も，四季を通して恒常的に高い凍結抵抗性を持っている訳ではない．北海道さらにはシベリアなどの寒冷地に生育する樹木でも，生育期である春・夏期にほとんど凍結抵抗性を持たない．凍結抵抗性は，秋季から初冬にかけて外気温の低下により徐々に増し，北海道以北に生育するほとんどの樹木は冬季には−70℃以下の凍結抵抗性を示す．一方，春に向かい気温の上昇とともに凍結抵抗性は徐々に減少する．これらの過程をそれぞれ季節的低温馴化，脱馴化という．

生育地の緯度により絶対的な時間は異なるが，樹木は成長を停止し休眠するための限界日長を持つ．冬越しのための最初のシグナルは光周期ということになる．樹木は長日下では成長を続けるが，短日（暗期が長い）下では成長を止め冬芽の形成を始める．短日は葉のファイトクロムの関与により，成長ホルモンであるジベレリン（GA_1）の合成を阻害し，茎頂への成長抑制物質であるアブシジン酸（ABA）の増大をもたらす．短日下で成長を止めた樹木にはさまざまな生理的変化が起こり，来るべき，凍結を伴う冬の寒さに適応するための準備を始める．さらに，短日により休眠に入った樹木は低温にさらされることにより，遺伝子発現の変化を伴うさまざまな変化が起こり凍結抵抗性を獲得していく．寒さのシグナルの感知，伝達，凍結抵抗性因子の発現についてはモデル植物であるシロイヌナズナを用いて近年精力的な研究が行われている．樹木でもシロイヌナズナ由来の転写制御因子（CBF/DREB）を発現させることにより凍結抵抗性が上昇することが知られている．

低温馴化の結果生じる変化は非常に多様である．これらの変化は，液胞が小型化するなどの細胞微細構造の変化，細胞含水率の低下，細胞内への可溶性糖質など浸透ポテンシャルを調整する適合溶質の増加，細胞膜を構成する脂質および蛋白質の量的・組成的変化，細胞内への熱に強く，親水性であるという共通特徴を持つさまざまな低温誘導性蛋白質の蓄積，細胞壁の硬さおよび水分透過性の変化，さらに，細胞外への不凍蛋白質あるいは氷核形成物質などの蓄積である．これらの多様な変化の総合として，樹木は冬季に高い凍結抵抗性を獲得する．

樹木構成細胞の凍結適応の多様性

樹木のアポプラストの水，すなわち，道管，仮道管などの通道組織細胞のルーメン内や細胞間隙の水は，氷点下近くの温度（−1〜−2℃）で容易に凍結する．しかし，生きた細胞内の水は氷点下近くの温度では凍りにくい性質を持つ．細胞内の水が凍ることを細胞内凍結といい，細胞内凍結は全ての生物細胞にとって致死的である．このために細胞は細胞内凍結を防ぐ機構を発達させている．この適応機構は樹木の場合は組織によって多様である．

1）細胞外凍結　ほとんどの草本植物のほとんど全ての構成細胞，および樹木の師部，形成層，葉・芽の組織細胞では，細胞壁が比較的薄く，柔らかいために細胞壁は容易に水分を透過さ

せる性質を持つ．同じ温度において，過冷却している細胞内の水と細胞外の氷とでは蒸気圧が異なるため，このような組織細胞では細胞外に氷ができると細胞内水分は容易に脱水され細胞は収縮する．温度が低下するにつれ脱水力は徐々に強くなり，細胞は徐々に水分を失っていく．この脱水によって致死的な細胞内凍結は起こらなくなる．このような細胞の凍結挙動を細胞外凍結と呼び，脱水耐性の度合いに応じて細胞はより低温まで生存が可能になる．北方樹木のこれら組織細胞は夏期には$-3 \sim -4°C$の凍結による脱水に対する耐性しか持たないが，冬季には液体窒素温度（$-196°C$）までの凍結にさえ耐えるようになる．他の植物と比べて冬季の樹木細胞が持つ高い（凍結）脱水抵抗性がどのようなメカニズムによるかを知ることが今後の重要な研究課題として残されている．

2）深過冷却 樹木の木部柔細胞に特徴的な凍結適応機構として，深過冷却という適応機構がある．樹木では巨体を支えるために細胞壁が著しく発達している．特に木部でその傾向が顕著であり，木部柔細胞もその例外でない．厚い，硬い細胞壁を持つ木部柔細胞の細胞壁は水を透過させにくい性質を持つ．さらに，木部では組織が緊密なため細胞外の細胞間隙などで氷が成長するスペースが少ない．これらの細胞外凍結を起こしづらい組織・細胞構造から，樹木の木部柔細胞は深過冷却という特殊な凍結適応機構を発達させたと考えられる．木部柔細胞では，氷点下温度になり細胞外に氷ができても細胞内の水は脱水されず，過冷却により液体状態を保ち続ける．この過冷却は数週間以上のレベルで安定なため深過冷却と呼ばれる．しかし，過冷却には物理的限度があり多くの樹種の木部柔細胞では水の過冷却限度である$-40°C$付近で過冷却は破れ，致死的な細胞内凍結が起こる．リンゴ，ナシなどの果樹が年間の最低気温が$-40°C$以下を記録する地域に育たない原因が，木部柔細胞の過冷却限度温度と関連づけられている．シベリアなどの最低気温が$-70°C$前後に達する地域に生育するシラカンバやカラマツなどの樹木の木部柔細胞も深過冷却により凍結に適応するが，細胞内の溶質濃度を上昇させるなどして過冷却限度温度を$-70°C$付近まで低下させて適応している．木部柔細胞が深過冷却を起こすメカニズムについては，細胞壁の構造特性のみにより説明されていたが，他の細胞内要因の関与についての検討がようやく開始され始めた．

3）器官外凍結 樹木の冬芽は細胞が高密度に充填された構造をもつ重要な胚器官であり，その構造は複雑である．冬芽は樹種によって異なった凍結適応機構を示す．多くの樹種の冬芽は細胞外凍結により適応する一方，過冷却による適応を示す樹種も知られている．しかし，冬芽の凍結挙動として特筆すべきは器官外凍結という特殊な凍結適応機構である．ある種の樹種の冬芽では胚器官に氷は形成されず，氷は鱗片にのみ形成される．鱗片の氷，すなわち胚器官にとっては器官外にできた氷により胚細胞は脱水されることになる．しかし，胚細胞は過度の脱水では傷害を受けるため部分的な脱水のみを起こし，本質的に過冷却で越冬する．寒冷地に生育するマツ科の針葉樹には氷が析出するためのクラウンという特殊な組織が存在することが知られている．器官外凍結は，本質的に凍結には強くない芽の胚細胞を保護するための寒冷地に生育している樹木の凍結適応機構と考えられるが，複雑なメカニズムの分子レベルでの理解は今後の研究を待たねばならない．

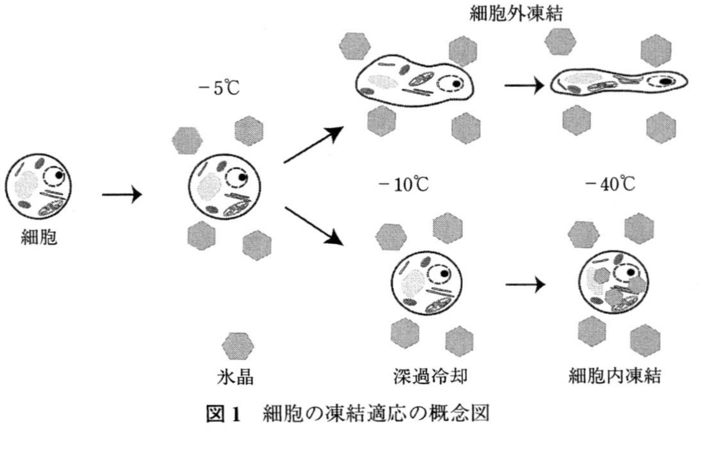

おわりに

多年生植物の代表である長寿命の樹木の成長を理解する上において，成長期のみならず，季節的な適応機構を含めた総合的な理解が必要である．

図1 細胞の凍結適応の概念図

木質バイオマスの役割
——新しい森林資源利用：樹木の生活組織に注目して

寺沢　実

伐倒なき森林資源利用

これまでの林業・森林資源利用では，重要なのは材であった．当然，伐倒後の諸作業をした後の，製材に回される部分が重要であった．したがって，樹木は，通直であり，大径木であることが期待された．市場に回って少しでも高価に売買される樹種が好まれた．傷も汚れも少ない素性のよい材である必要があった．植栽から伐倒に至るまでに長時間を要し，育成に手間と時間とを要した．したがって，林の密度調節の結果生み出される間伐木もそれなりに市場価値のあるものであることが必須であった．しかし，日本の林業の現状では，このような条件に当てはまる林業を組み立てて経営している林業家はあまり多くない．従来型の日本の林業の衰退が深刻化している．

ここでは，新しい林業・森林資源利用の可能性について考えてみたい．地域は，日本国内では北海道や東北地方の一部に限られてしまうが，シラカンバの利用による伐倒なき林業の試みである．樹木の成長する間にも，樹木の生活組織を利用することで毎年少しずつではあるが収益を上げようとする新しい森林資源利用の試みである．

樹木の生活組織の利用

シラカンバの生活組織を利用の対象にする．ここで，生活組織とは，芽，葉，花，種子，コルク形成層，内樹皮，形成層，辺材などを指す．また，カバノアナタケといったカバノキ科樹木につく活物寄生の担子菌の菌核なども利用対象とする．

これらの生活組織を活用するとなると，必ずしも大径木が必要というわけではない．小径木でもよく，また，必ずしも通直である必要はない．生きていて，光合成作用を行っていれば，アテ材（幹の曲がった部分に生産される特殊な材部）を形成しているような曲った樹木でも良い．また，生きていてカバノアナタケを寄生させていればよい．概算であるが，1本の成木のシラカンバの毎年生み出す潜在的価値は，約18万円/年ほどになる（表1）．

表1　シラカンバの生活組織を利用した場合の収入（1本/年）

生活組織	利用方法	利用成分	潜在価値（円）
芽	——	テルペノイド	——
葉	熱水抽出　ハーブティー*	テルペノイド，カロチノイド，フラボノイド，葉緑素，無機成分	280×100＝28,000
花	熱水抽出　ハーブティー*	テルペノイド（香気成分）	
葉	茶葉粉の利用　クッキー*	テルペノイド，カロチノイド，フラボノイド，葉緑素，無機成分	10×300＝3,000
種子	発芽シュート　スプラウト	無機成分，葉緑体，ビタミン	——
コルク形成層	外樹皮のなめし　ブックカバー*，バッグ	スベリン，ベチュリン，外樹皮繊維の利用	500×6＝3,000
形成層と辺材	樹液の採取，飲料*，水を使う全ての製品へ	樹液，無機成分，単糖類，キシラン	280×500＝140,000
カバノアナタケ	抽出物，健康飲料*	トリテルペン，多糖類，ポリフェノール，無機成分	400×？＝α
計			174,000＋α

注）ハーブティーおよび樹液の180 mL詰めは1本280円．1本から採取できる平均100 Lの樹液を180 mL瓶に詰めると，加工ロスを加味して約500本をつくることができる．ブックカバーなら1個500円．茶雅（チャーガの熱水抽出液）180 mL詰めは1本400円．クッキー用，1箱用の葉の代金は10円程度．

樹液の利用

特に，樹液の採取により，毎年14万円/1本に近い収入がある（柳生ほか，1995；寺沢，1995）．これは実に，シラカンバによる全収入の80%を占める．

シラカンバを対象に早春に樹幹に小さな穴を開け樹液を採取する．20年生のシラカンバで，開花・開葉までの約1か月間に100～180Lの樹液が溢出する．シラカンバは，優秀な水汲み上げポンプであるといえる．樹液の採取地は北海道北部の美深町仁宇布である．採取を開始する4月の初旬，採取地はまだ雪に閉ざされている．5月の初旬に開花・開葉を迎えると，樹液の溢出が停止する．この頃には雪は完全に溶け去っている．商業的採液は，地面が見え始めた時点で終了としている．雪が消え地面が見え始めると，急激に土壌バクテリアや天然酵母などの微生物の活動が活発になり，採液の品質管理に支障が出るからである．したがって，1本のシラカンバから採取され，利用される樹液の量を平均すると1本当たり100L程度になる．

飲む森林浴のキャッチフレーズで樹液の瓶詰めが市販されて始めて20年になる．抗酸化能，抗ストレス能，労働容量増大能などの効果が，ラットやマウスのレベルで証明され，抗酸化能については，ヒトの血中の過酸化脂質量の測定比較によっても証明された（沈ほか，2000；ドラゾーバほか，2000）．樹液を利用すれば，その他の利用は，してもしなくても変わりがないくらい，生み出す価値が大きい．純益は，設備投資の年償却，採液・工場稼動のための人件費，製品出荷などの運搬・保管費用，借入金返済などを十分まかなえる．樹液採取を開始して20年以上になるシラカンバは，既に，1本で総計280万円以上の収入を生み出してきたことになる．これから先，枯れるまで毎年収益を出し続ける．仮に，あと20年間採取できるとして，シラカンバからの生涯収入総計は，計算上，500万円/1本を超える．1本で200万円以上で取引される丸太は，極上のスギ，ヒノキであってもそうざらにないであろう．シラカンバは，河川敷，休耕田，土砂崩れの後など，その辺に生えている普通の木であることがすごい．

図1 シラカンバ樹液の採取状況（美深町，仁宇布）

これまで，日本には樹液を飲むという習慣はなかった．一方，ユーラシア大陸の北方圏諸国では，飲料や煮物に伝統的に利用されていたが，日本人の多くは樹液を普段の生活に利用するということはなかった．しかしながら，樹液利用の後進国であった日本は，世界に先駆けて無添加100%樹液の瓶詰工程を確立し，長期保存を可能にした（柳生ほか，1995）．森に住む人々の特権であった樹液飲料を，森の恵みとして，飲む森林浴として，都会に住む人々にも楽しんでもらえるようになった．樹液利用先進国の多くは，現在でも長期保存のために，防腐剤の添加や，砂糖やレモン汁，あるいは炭酸などの添加を余儀なくされている．

現在の日本では，シラカンバ樹液は，単に飲料とするのみではなく，樹液の各種食品への活用の開発が進んでいる．また，化粧品，シャンプーなどにも使われるなど，樹液の利用に広がりが見え始めている．水を使う製品ならば何にでも活用でき，出来上がった製品は，他の類似製品よりも高くしても消費者が利用してくれる．シラカンバの樹液は，その利用製品の付加価値を高め，差別化を可能にする特効薬でもある．

「樹液を飲む，樹液を利用する」というこれまで日本になかった新しい森林文化の定着に期待したい．

葉の利用

シラカンバの芽，新葉，花などを陰干しした後に熱水で抽出した抽出液は，独特の香気と独特の旨みを有するハーブティーとして好評である．このハーブティーは，ブルガリア地方の伝統的飲み物であり，日本でも飲料としての利用が始まっている．

一方，シラカンバの葉を粉にして，クッキー等に混ぜて利用することも始まった．葉に含まれるフラボノイドを始めとする含有化学成分の抗酸化能や抗ヒスタミン能が注目されている．

茶の木のように低木にとどめ，葉の採取がしやすいような形態に改良を行う試みも始まった．樹木葉の利用は，樹液の採取とととともに，樹木を伐倒することなく毎年収入を得るという意味において，持続可能な新しい森林資源利用方法である．

カバノアナタケの利用

カバノアナタケは，カバノキ属樹木に寄生する担子菌である．その菌核は，高価な取引商品であり，かなり特殊な市場を形成している．トリテルペン，多糖類，ポリフェノール，無機成分などが，抗がん，免疫能増大，抗高血糖値，抗高血圧，抗ウィルスなど，多岐にわたる効能の可能性が，注目を浴びる理由である（申・寺沢，2003）．菌核1kg当たり，数万円で取引される場合もある．しかしながら，天然もののカバノアナタケは，採取量に限りがある．したがって，シラカンバ1本当たりに換算するとほとんど収益はないに等しい．

その他の利用

樹皮を含むその他の利用は，実際に市場に出たことはこれまでなく，未知数である．シラカンバの外樹皮の白い部分の成分は，ベチュリンを主成分としたトリテルペン類の混合物である．このベチュリンは，エイズ特効薬の原料として注目されており，将来的に高価な医薬品に「大化け」する可能性を秘めている．しかしながら，現時点では，外樹皮の繊維質を利用したグッズが市場に出ているだけで，取り立てて高付加価値を生み出しているわけではない．内樹皮中には各種のフェノール配糖体が存在し，生理活性も知られているが，まだ，本格的な利用に至っていない．種子の利用もこれからである．

したがって実際に利用され，現在市場に出ているのは，樹液や葉など，＊印をつけたものだけである（表1）．これらからの収入だけでも，16万円/年ほどとなる．

先駆樹種—シラカンバの利用—

シラカンバは，開けた土地（皆伐地，山火事後地，放棄農耕地など）に進んで自生する先駆樹種（パイオニアツリー）である．先に述べたように既存の林業的観点からは，価値のほとんどないとされている樹木であった．しかし，伐倒することなく，その生活組織を利用することで，十分に価値のある樹木に変身が可能であることが判明した．北方圏の林業家は，この事実を直視し，もっとシラカンバの有する潜在的価値に注目すべきではなかろうか．材にのみ価値があるという従来の林業的価値観からの脱皮に期待したい．

1） 材部の利用 シラカンバは，林業的に価値がないとされてきた．したがって，材に期待せず，その生活組織に注目し，利用価値を見出す新しい試みを紹介した．しかし，シラカンバもいずれ寿命が来て死に至る．シラカンバ枯死木の利用方法は，果たしてあるのであろうか．この場合，林産業界がこれまで培ってきた各種の木材利用技術の出番である．① 材中のキシランを抽出し，キシリトールの原料とする，② セルロースを加水分解してエタノール発酵の原料とする，③ 炭や燃料にする，④ バイオマス発電に利用する，⑤ ボードなどへの成型利用なども可能である，などである．

しかしながら，もっとも今日的で，しかも効果的なのは，⑥ 人工土壌マトリックス資材として，生ゴミや屎尿，家畜の糞尿などのバイオマス廃棄物の資源化処理に使うことである（寺沢，2000a）．オガ屑を人工土壌マトリックスとして利用した，水を使わないバイオトイレの出現は，水資源の乏しくなった21世紀，時代の要請に答えるべく登場した（寺沢，2000b；寺沢，2004）．生きているときに十二分に活用されたシラカンバは，死に至った後は，チップ化され，粉体化されて（オガ屑として），キシランなどの有用成分を抽出した後，最後のご奉公として人工土壌マトリックスとして使用される．いったん，人工土壌マトリック

スとして使用されると，使用後のマトリックスは，多機能性資材として種々の活用の道が再び開ける．すなわち，①キノコの培養培地，②農用ボード，③耐火ボード，④ペレット状に成型した肥料などに変身する．人工土壌マトリックスとして使用された使用済みのオガ屑は，単なるオガ屑にはない有機肥料としての新しい機能を発揮し，資源の循環に貢献する．

　2）農用地備蓄林のすすめ　放棄農耕地をシラカンバ林として活用したい．樹木があることで腐葉土の形成によって土地は肥え，雑草の種子の集積を防ぎ，その生活組織の利用によって毎年収益が上がる．農地であるから木を植えさせないという理屈はおかしい．放棄農耕地の林業への活用を提言したい．この場合，「農用地備蓄林」という名称での活用が当を得ているであろう．いつでも，必要なときに農地に戻すという約束のもとに利用する．1本1本，人力で伐採し，抜根した先祖の苦労の記憶が，林地の畑作地へ復帰の困難さを想像させ，木を耕地に植えることへの拒否反応が強い．しかしながら，当時とは機械力が違うことを思い起こすべきである．シラカンバ林を農地に戻す作業は，地下10階20階を掘り下げる現在の土木工事の能力の高さからいってそれほど困難ではない．腐葉土で肥えたシラカンバ林後地の耕作の容易さや効率の良さは，各種雑草の種子が集積した旧農耕地（休耕地，放棄農耕地）からの復帰の困難さに比べて，はるかに勝ることははっきり断言できる．

　先にシラカンバ材の人工土壌マトリックスとして使用後の多機能性に触れたが，最終的にはシラカンバ植栽地等に施肥し，大地に還元する．シラカンバの早成樹としての性質に加えて，施肥を行うことで成長をさらに速め，水吸い上げポンプとしての活用の時期を早めてやろうというものである．このシラカンバ材の人工土壌マトリックスとしての活用，大地への還元，早成樹の育成によって，ここに大きな循環の輪が完成し，真の意味での新しい林業の確立が可能となる．

　ここにいう新しい林業，森林資源利用は，あくまでも撫育に長期間を要する本格林業生産の存続のための補助的方策である．孫子の代に向けての有用樹木の育成に力を注ぐことには変わりがない．しかしながら，息の長い本格林業生産の継続には，年々収入のある道を確保することは，もっとも基本的・重要な課題である．

参　考　文　献

沈　艶波ほか（2000）：Tree Sap II（寺沢　実編），北海道大学図書刊行会，pp.149-153.

G. ドラゾーバほか（2000）：Tree Sap II（寺沢　実編），北海道大学図書刊行会，pp.135-140.

申　有秀，寺沢　実（2003）：日本木材学会北支講演集，**35**, 29-32.

寺沢　実（1995）：森林文化研究，**16**, 143-172.

寺沢　実（2000a）：木材工業，**155**, 623-627.

寺沢　実（2000b）：国立公園，**594**, 8-15.

寺沢　実（2004）：現代農業，9月号，318-324.

柳生圭樹ほか（1995）：Tree Sap（寺沢　実ほか編），北海道大学図書刊行会，pp.105-110.

木の病の診断と治療 　　　　　　　　　　　　　　　　　　　　　　　　　吉田憲一

木の病

　「木の病」といってもその種類は非常に多く，その原因もさまざまな要因が複雑に絡み合い，「主犯格」を特定することがなかなか難しい．「老衰」段階の古木の衰弱症状を「病気」と捉えるか「天命」と捉えるかで，その後の調査研究および治療（処置）の方向は全く異なってゆく．

　人間の場合「病は気から」とよくいわれる．どれだけ医療機器や技術が進歩しても，この言葉には含蓄があり奥は深い．最近は癌に一番よく効く薬は「笑い」であると，まじめに答える人も増えてきている．しかし木の場合はどうだろうか．「木の病はどこから？」来るのだろうか．「木が病気か否か」は言い換えると「樹勢があるかないか」「成長力が旺盛か否か」という視点で対象木を見（診）ることから始まる．そして「樹勢がない」「成長力が乏しい」と評価された木を，「元気がない木」「病気の木」と認識する．また「樹勢が旺盛」でも特に根元付近に大きな傷やポッカリと開いた穴（空洞：ウロ）のある木の場合は，「病気の木」というよりも「危険木」と診断され，所見に今後の樹勢回復や倒木危険回避処置が盛り込まれることになる．

　「樹木診断」では「木の病はどこから来たのか？」つまり「この木が弱ったのは何故か？」「木の病気の（主たる）原因は何か？」と，いわば「刑事のような目と感」が必要で，その原因特定の精度が高いほど，誤診や無駄な（かえって悪化させることもある）処置が少なくなり，より的確な処置が提言されることになる．

　ここでは「木の病の診断と治療」について，そのフィールドを「樹木診断」という新たな分野に焦点を当て，病気そのものを引き起こした原因究明のプロセスと今後の処置（治療）・管理方法を重点に，より実践的な活動事例として報告したい．

木の診断

　最近都市部では，街路樹や公園・緑地の樹木の健康状態や倒木危険度を調査する「樹木診断業務」がある．樹木診断結果により危険木と評価された樹木の取り扱いは，安全性を重視する管理者側の立場と，緑や環境保護に対する市民の意識の高まりとが交錯し合い，危険だからといって即伐採というわけにはいかない難しい事例が出てきている．このような流れを踏まえて，危険評価木に焦点をあてて樹木診断から処置までの作業の流れを簡単にまとめてみた．

図1　大ウロヤチダモ

【樹木診断】
↓

① **容姿診断**（衰退度評価）：地上部の樹勢度に関して，1～4の4段階．
（前段階として，樹形や枝枯などの調査項目（項目数5～7）について1～4のポイントで評価し，その平均値から1～4のランクに評価）

↓

② **健康診断**：根元周囲の傷・腐朽の大きさ，進行度に関して1～4の4段階．

↓

総合評価
① 容姿診断と② 健康診断の結果を比較し，どちらかの高い方（より危険な方）を採用して，**1健全，2やや注意，3要注意，4危険**の4段階に評価．

↓

危険木評価
① 容姿診断4または② 健康診断4の該当木は主として以下に示すA～Dの4点を重視し，倒木危険度チェックをする．また倒木危険度チェックから最終評価の過程で，特に必要と判断される場合は，樹体内部腐朽（空洞）状況の検査機器（レジストグラフ，インパルスハンマーなど）を用いて「精密診断」を行う場合もある．

　A．主幹の傾斜角度（20°以上）
　B．木材腐朽菌（キノコ）の有無，範囲，度合
　C．主幹のクラック（ひび割れ）の有無
　D．推定倒木方向の状況（園路，歩道，道路，民家等の有無，通行者・車両の頻度など）

↓

危険木評価（最終）
（検査機器による精密診断）

1) 慎重になる危険木の評価と処置方法　倒木危険度のチェックを経て「4危険」

↓

倒木危険度再チェック
これは診断中にも行われているが，危険の評価においては再チェックを行う．再チェックと評価されるケースは大きく分けて表1に示す4通りになるが，同じ「危険木」でも樹勢や傷・腐朽の部位・範囲とのかね合い，そして立地条件等の組み合わせによって処置方法の優先順位が違ってくる．

図2　レジストグラフによる「精密診断」

表1　危険評価木の処置方法と優先順位

	容姿診断	健康診断	ランク合計 容姿＋健康		処置方法			
					現状維持	倒木危険回避	樹勢回復	伐採
①	1, 2	4	5, 6	やや危険	○	◎		△
②	4	1, 2	5, 6			○	◎	△
③	3, 4	4	7, 8	かなり危険		○	△	◎
④	4	3, 4	7, 8			○	△	◎
参考	1～3	1～3	2～6（健全～要注意）		◎	△	○	

注）　優先順位：◎→○→△．
　　現状維持：要注意木に準じ，年1回程度の定期観察．倒木危険回避：枯枝剪定，主幹切断，支柱・ワイヤー掛け（ブレーシング）など．樹勢回復：腐朽部除去（治療），根元周囲土壌改良，不用枯枝・病虫害枝切除，剪定の休止など．

①過剰な剪定（主幹切断含む）　②過剰な根切（断根）　③過剰な盛土（20 cm 以上）

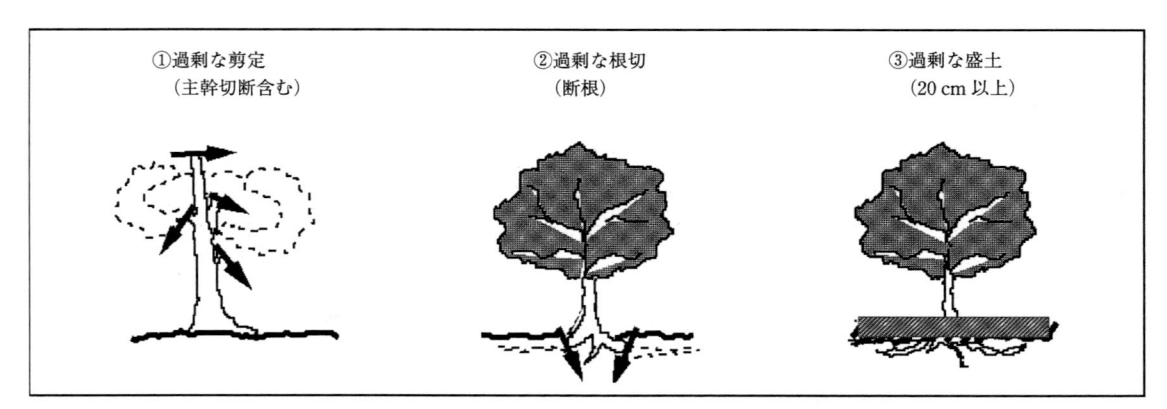

図3　危険木製造の3過剰

　ここで問題となるのは①の場合である．これは根元主幹部に大きな空洞（ウロ）があるが地上部の樹勢が旺盛な木で，このクラスの木には歴史のある名木や大径木も多い．このような「危険木」に対し「即伐採」という処置を選択すると「元気な木を何故切るのか」との声があがることになる．

　このため「危険木＝即伐採」の必要（緊急）性を吟味するため，危険評価木の容姿診断と健康診断のランク合計（5～8）を1つの目安として，合計5，6を「やや危険」，合計7，8を「かなり危険」と区分する．傷・腐朽は大きいが樹勢旺盛な「やや危険木」においては，伐採も処置方法の1つではあるが，必ずしも最優先とは限らないということを示した．また合計が7，8の「かなり危険木」であっても，伐採以前の倒木危険回避や樹勢回復処置を行い，保存の道を選ぶ場合もある．

　2）　危険木製造の3過剰　　危険木に至る原因は，植栽状況（掘取・植栽技術）や周囲環境，そして管理技術によるものから樹種特性に至るまでのさまざまな要因が絡み合っている．しかし，都市部における多くの衰弱木（病気の木）を診断した結果，その原因のほとんどが①**過剰な剪定**（主幹切断含む），②**過剰な根切**（断根），③**過剰な盛土**（20 cm 以上）の3点であることがわかった．これらの要因が全て「人為的要因」であることを，関係者は再認識する必要があろう．「過剰」な「対応」は新たな「仕事（不必要な）」を生み出し，長期的にはコスト高になることを考えなければならない．

木の治療

　樹勢回復処置の1つに腐朽部の治療（外科手術）がある．「腐朽防止」のためにかつては空洞部（ウロ）にモルタルや土を詰めたりしていたが，現在では腐朽部除去後に防腐剤を施し，その後ウレタンを充填して，最後に表面保護材を塗布するのが一般的となっている．しかし腐朽部の掘削段階で健全部を傷つけたり，結果的に腐朽部が密閉状態になることで逆に腐朽を進行させるという弊害も指摘されるようになり，最近では患部の外科的処置よりも根系域の土壌改良や周囲環境の改善を優先する事例も増えてきている．

　外科治療を選択する場合は，その目的と効果を明確にしておく必要がある．木材腐朽菌を完全に殺菌消滅することは不可能であり，逆に木材腐朽菌そのものが自然界では最終分解者として重要な役割を担っている．腐朽進行の抑制と樹勢回復が見込まれない外科治療はすべきではない．また「ウロの閉鎖」がイコール倒木危険度の軽減とはならないということも認識しなければならない（図4）．倒木あるいは太枝などの折損落下の危険性を回避するためには，支柱やワイヤー掛け（ブレーシング）または剪定・主幹切断（芯止めによる風圧低減）などの処置を優先しなければならない．

常に「生き物」を意識して

　近年都市から緑の空間がなくなるにつれ，都市住民が樹木や土に触れる機会が著しく減り，四季感覚も薄らいできている．樹木を含めた自然の営みのありのままの姿が伝わりにくくなってきてい

図4 北大手術後折損ハルニレ

図5 道路東側（風下側）だけが倒れた北大ポプラ並木倒木（風倒）危険度評価の判断材料として現場検証は欠かせない（H16.9.8 台風18号による）．

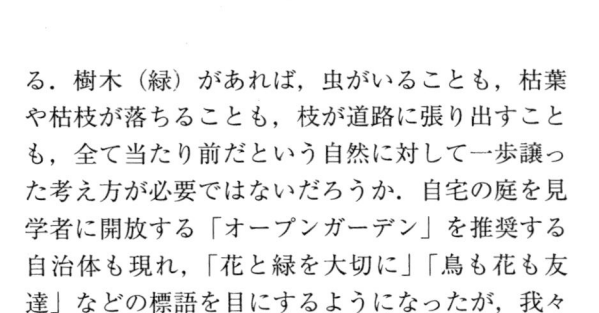

図6 「樹勢旺盛」でも風倒（幹折れ）したイタヤカエデの大木
風上側主幹に部分的心材腐朽が見られたが，通常範囲内での診断では，倒木危険の予知は難しい（H16.9.8 札幌では最大瞬間風速50.2mを記録）．

る．樹木（緑）があれば，虫がいることも，枯葉や枯枝が落ちることも，枝が道路に張り出すことも，全て当たり前だという自然に対して一歩譲った考え方が必要ではないだろうか．自宅の庭を見学者に開放する「オープンガーデン」を推奨する自治体も現れ，「花と緑を大切に」「鳥も花も友達」などの標語を目にするようになったが，我々一人一人が「殺虫剤をまいてバードテーブル設置」式の「きれいな自然破壊」「無為な殺生」をしていないかどうか自問自答する必要があろう．地球規模の自然環境問題も，実は目の前の街路樹の「葉っぱ1枚」から始まっている．そして，**「緑」を愛するとは「虫」を愛することに他ならないのである．**

細胞壁の構造と成分　　　　　　　　　　　　　　　　　　　　　　渡邊陽子

　樹木の幹の横断面を顕微鏡で観察すると，細胞壁を持ったさまざまな種類の細胞を観察することができる．この細胞壁は，主に，骨格となるセルロースミクロフィブリル，細胞壁に強度を付与する疎水性高分子化合物のリグニン，そしてセルロースミクロフィブリルとリグニンをつなぐ役目をする多糖類のヘミセルロースから構成されていて，樹体支持や根から葉までの水分通道および養分供給通路などの役割を細胞に与えている．特に二次木部（以下，木部と略す）は，我々が木材と認識する部位で，仮道管（主に針葉樹）や木部繊維，道管要素などの死細胞から構成されており，これらの細胞壁は多層構造を有し（福島ほか，2003），細胞壁の化学成分や物理的性質が，紙パルプの製造や建築・音響材料としての木材の性質に影響を及ぼす．したがって，木部細胞壁の構造や細胞壁成分の分布を明らかにすることは，樹木の理解だけでなく利用を考える上でも重要である．

　では，このような細胞壁の構造や細胞壁成分の分布はどのように調べるのだろうか？　それには主に化学成分の分析や後述する組織化学的分析が有効である．細胞壁成分の同定や定量には化学的分析を用いることで，各樹種の細胞壁成分の化学構造や割合が明らかになる．樹木木部細胞壁の主要成分比は，セルロースは約50％，ヘミセルロースは20〜25％，リグニンは20〜30％である（深澤，1997）．これらの細胞壁成分のうちヘミセルロースや3つの単位（H：p-ヒドロキシフェニルプロパン，G：グアイアシルプロパン，S：シリンギルプロパン）から構成されるリグニンは針葉樹材と広葉樹材で構造や割合が異なり（福島ほか，2003），リグニン量は針葉樹材の方が広葉樹材より多い傾向にある．またこれらの樹種間変異，個体間変異や樹幹内変異は生命の進化の産物でもあり神秘的だ．

　では，細胞壁成分は実際にどのような状態で細胞壁に分布しているのだろうか？　また，仮道管壁や木部繊維壁，道管要素壁など各細胞の細胞壁は全て同じ構造なのだろうか？　木部細胞の細胞壁を破砕してしまう化学分析だけでは，これらの疑問に答えることができない．そこで光学顕微鏡や電子顕微鏡を用いる組織化学的分析が行われる．この方法は，染色などで切片上に特定の細胞壁成分を選択的に可視化させて顕微鏡観察を行い，非破壊的にその成分の分布を調べる方法である．この手法の1つにUV顕微分光法があるが，これはリグニンの各単位の構造の違いによるUV領域での最大吸収波長の相違を利用して，各単位の分布を検出する方法である（Fukazawa，1992）．図1はカエデ類の木口面切片を280 nmの波長で写真撮影したものである．化学分析ではカエデ類はSおよびG単位が含まれていることがわかっているが，組織化学的にみると道管要素壁では280 nmを強く吸収するG単位が多く，木部繊維壁では最大吸収波長が若干短いS単位が多い（渡邊・深澤，1993）．このように組織化学的分析は，細胞壁成分やその生合成酵素の局在を可視化することができる．この他にも呈色反応や抗原抗体反応を利用した免疫標識法などがあるが，これらの方法は化学的分析のような定量分析ではなく，また細胞壁成分の全体構造の特定も難しい．

　したがって，樹木木部の細胞壁の構造や細胞壁成分の分布を調べる場合，化学的な方法と組織化学的方法を組み合わせることで，より詳細な分析が可能となる．これらの手法によって木部細胞の細胞壁形成過程（維管束形成層からの分裂から細胞死まで）がかなり解明された（福島ほか，2003）．また最近では，細胞壁形成に関わる遺伝子情報とともに，形質転換樹木（例えば紙パルプ用材としてリグニン生合成を抑制された形質転換体）の作出も報告されており，細胞壁の構造についての詳細な情報が今後ますます必要とされるだろう．

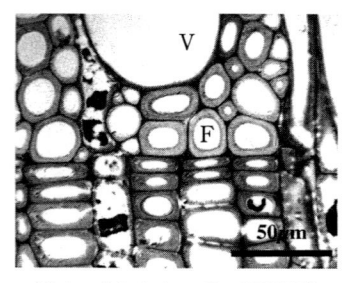

図1　イタヤカエデのUV写真
F：木繊維，V：道管．

参考文献

Fukazawa, K (1992): Ultraviolet microscopy. Methods in Lignin Chemistry (Lin, S.Y. and Dence, C.W., ed.), Springer-Verlag, pp.110–121.
深澤和三 (1997)：樹体の解剖，海青社．
福島和彦ほか編 (2003)：木質の形成，海青社．
渡邊陽子，深澤和三 (1993)：北海道大学農学部演習林研究報告，**50**, 349–389．

街路樹の活力を調べる

香山雅純

街路樹の活力の測定法

都市に植栽されている街路樹は，手入れされているにもかかわらず枯れることがある．街路樹は自然状態に近い条件で生育する樹木と比較すると，多くのストレスを受けている．街路樹が受けるストレスは，温度，光，水，養分や人間活動によって放出された有害物質などの無機ストレスと，病害虫の影響による生物ストレスに大別される．しかし，これらのストレスは複合的に関与している場合が多く，枯死の原因を特定するのは難しいが，樹木の活力を多面的に調べることで樹勢回復の手がかりが得られる．

樹木の健全性を把握するには，葉の着いている場所（樹冠）の状態に注目する必要がある．ストレスを受けている樹木は，樹冠が透けたり枯れ下がったり（ダイバック），葉が黄変する事がある．これらの原因として，酸性降下物をはじめとする大気汚染物質の影響が予想される．また，寒冷地に植栽された針葉樹は，冬期の寒風害を受けて葉が褐変し枯死することもある．そこで，樹木の活力を評価するのにする手法として，光合成反応の測定が有効である．光合成反応の測定には，二酸化炭素（CO_2）の濃度差を測定し機能全般を評価する方法と，蛍光反応により酸素発生・電子伝達系の診断を行う方法がある．樹木がストレスを受けるとCO_2吸収量が低下し，蛍光反応の測定から算出される最大光利用効率（F_v/F_m）の値も低下するので，活力評価ができる．また，光合成（P）と蒸散速度（T）の同時測定から算出される水利用効率（$WUE = P/T$）から耐乾性がわかる．気孔の開閉度を示す指標である気孔コンダクタンス（gs）は，大気中の有害物質などを吸収すると低下するので，ガス交換能力の評価ができる．乾燥ストレスを受けると蒸散速度や水ポテンシャル（葉の乾燥程度の指標）の値は大きく低下する．

さらに，養水分を吸収する根の状態からも樹木の健全性の推定は可能であり，根からキノコ臭がするかどうかが健全性の指標になる．また，キノコである外生菌根菌と共生するトウヒ・カンバ類などは，ストレスを受けると新根が生産されなくなり，新根に感染している外生菌根菌も消失するため，宿主の樹木は窒素，リン等の養分吸収や，吸水が妨げられ衰退する．

北海道における街路樹の衰退とその原因

ここで，ストレスを受けた街路樹として，北海道の高速道路法面に植栽されたヨーロッパトウヒとアカエゾマツを紹介する．高速道路法面に植栽された両樹種は，成長が低下し針葉が早期に落葉していた．そこで，両樹種の衰退原因を解明するために，さまざまな生理活性の調査を実施した（Kayama et al, 2003）．その結果，① 光合成速度が低下，② 水利用特性の低下，③ 気孔が付着物で覆われている，④ 外生菌根菌の感染がない，ことが分かった．また生育環境として土壌 pH が被害区で高かった．pH の高い原因として，何らかの塩が多く含まれている可能性があるので土壌分析をしたところ，ナトリウムと塩素が多量に含まれていたことがわかったのである．寒冷地では冬期に路面の凍結防止剤として塩化ナトリウムを散布することから，この塩が樹木の衰退に大きく関与していることが示唆された（図1参照）．

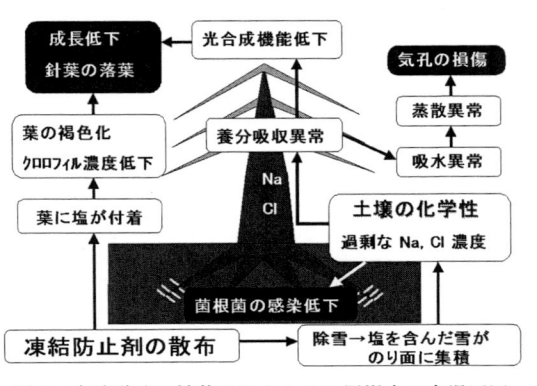

図1 高速道路に植栽されたトウヒ属樹木の衰退原因

参 考 文 献

Kayama, M. et al. (2003): *Environmental Pollution*, **124**, 127-137.

森林の分布形態

森林の構造が多くの樹種の共存を促進する 　　　　　　　　甲山隆司

　森林の樹木は，光合成作用によって有機物を生産して生活している．光合成作用に有効な波長の光エネルギーは，独立栄養を営む植物の生活に不可欠な資源である．この太陽からの放射エネルギーは，時刻や季節による太陽高度の推移，そして天候によって変動するものの，垂直方向に発達した葉群構造のなかでは，上にある葉によって吸収されて減衰していく．

　植物の葉が種ごとに異なる光適応をしているとき，こうした光の減衰構造に対応した種間の光資源分割によって，高木種（強光適応型）と低木種（弱光適応型）が共存できる，と考えられる．しかし，この説明は，樹種共存の説明としては致命的欠陥がある．高木種も必ず地表の芽生えからその一生を始めるのだから，一生を通して林床から林冠までの光環境で生活しなければならない．

　甲山（1992, 1993）が提出した，森林のサイズ構造とそのなかでの光資源減衰を組み込んだ多種系動態モデルによって，実生からの生活史を通して，到達サイズを種間で分けることによって樹種が共存する様子が明らかになってきた．ここでは，樹木の多種共存の森林構造仮説（forest architecture hypothesis; Kohyama, 1993）について概説しよう．

　林内の光の減衰は，その高さ以上にある積算葉量と指数関数関係にあることが知られている．したがって，あるサイズの個体への被陰効果の強さは，そのサイズより大きい（全ての種を込みにした）全個体の積算葉量に比例する．幹の断面積はその個体の葉量とほぼ比例関係にある．したがって，あるサイズの個体への被陰効果の指数として，そのサイズ以上の全林木個体について累積した幹断面積密度を用いることができる．

　実際に熱帯雨林と暖温帯雨林の追跡調査で得られたデータから，サイズ成長速度と繁殖速度がより大きい個体の累積幹断面積によって抑制されるとして経験式を求め，計算した結果，実際の森林の発達過程をよく再現でき，安定した成熟林で観察されるサイズ分布によく合致する定常分布に収束することがわかった．

　興味深いことに，このモデルによるシミュレーションでは，さらに森林内で階層を分ける種間で，安定的な共存が可能になることがわかった．その共存できる理由は，各樹種がそれ以上は成長できない最大到達サイズを分けていることにあった．下層では全種の個体が出現するが，上層には

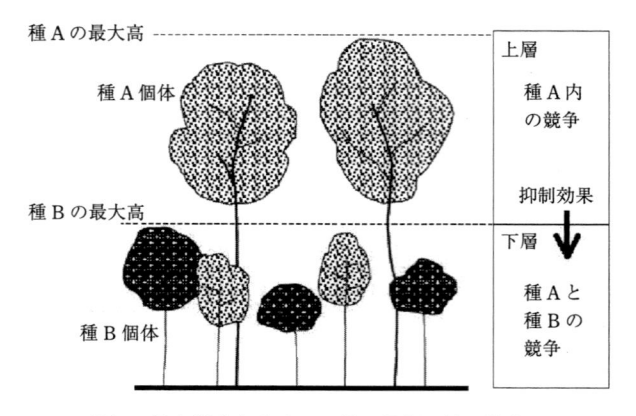

図1　最大樹高を分ける2種の競争関係の模式図
下層では2種が競争するが，種Bが到達できない上層では，種Aどうしの種内競争だけになる．また，光資源をめぐる1方向競争によって，下層は上層から抑制を受ける．こうした競争の非対称性が，2種の安定共存を可能にしている．

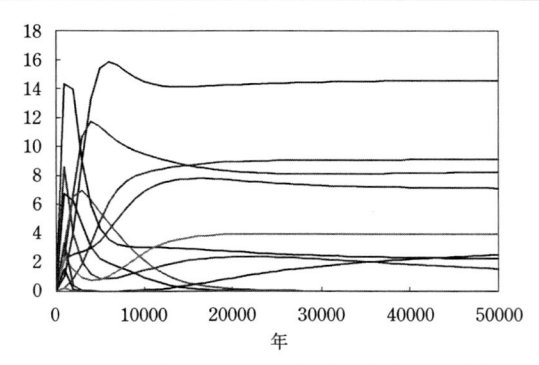

図2 最大サイズと，ギャップ依存性（あるいは耐陰性）を分ける仮想的な12種の幹断面積合計密度の時間変化
4種は絶滅するが，8種が共存している．

高木種しか出現できないために，高木種の同種個体だけが競争することになり，部分的な垂直方向での種間の分化ができあがるのだ（図1）．種間の共存に必要な条件は，よりサイズの小さい（樹高の低い）種がより高い繁殖能力を持つことである．この相補的関係は，同化産物を栄養成長に分配するか，繁殖努力に分配するかという，生理レベルの二者択一を反映した関係である．

森林全体は，高木の倒壊による林冠ギャップ形成からの経過時間の異なる部分のモザイク構造として把握できる．林冠ギャップ・モザイクを組み込んだサイズ分布動態モデルによって，こうした森林の水平方向のばらつきが，多種共存の機会を広げる効果を持つことがわかった．種間の階層分化がなくても，例えばサイズ成長に関して高成長性樹種と高耐陰性樹種が共存できる．図2は，森林の垂直構造とギャップ動態を組み込んだモデルによるシミュレーションの例であるが，12種のうち，8種が安定的に共存するようになることがわかる．

森林構造仮説から，高生産環境下で林木種多様性の増大に寄与するいくつかの要因が指摘できる．例えば，高い森林ではより多くの種が共存可能である（構造の貢献）．また，サイズ成長速度が高い系ではより多くの種が共存可能である（生産速度の貢献）．高生産環境を背景に巨大高木の樹高が70～80 mにも達する熱帯雨林では，複雑な階層が発達しているのはよく知られた事実である．また，樹木の成長速度は，熱帯林では温帯林より高いので，これも多種共存に寄与している要因であるのは確かだ．

参考文献

Kohyama, T. (1992): *Functional Ecology*, **6**, 206.
Kohyama, T. (1993): *Journal of Ecology*, **81**, 131.
甲山隆司 (1993): 科学, **63**, 768-776.

攪乱と生物多様性

日浦　勉

2004年は日本列島へ上陸した台風の数がこれまでの記録を更新した年だった．いくつもの台風が各地で猛威を振るい，人間生活にさまざまな被害をもたらした．森林も例外ではない．北海道大学苫小牧研究林では尾根筋や台地上にあるトドマツやカラマツなどの針葉樹人工造林地やシラカンバ二次林は壊滅的な被害を受け，ほぼ全ての樹が将棋倒しとなった（図1）．天然林でも台地上にある発達した林分では数多くの大径木が根元からひっくり返った．こうなった全ての樹を処分するとしたらおそらく1年はゆうにかかるだろう．このような大規模な攪乱は人間にとっては迷惑な話であるが，自然界ではどうなのだろうか．

潜在的な生物相が同じと考えられる比較的狭い範囲では，攪乱の頻度や強度がある場所の生物多様性の維持に大きな役割を果たすであろうことが強調されてきた（Connell, 1978）．森林の樹木群集の場合，台風などによる風倒で林冠ギャップ（林内孔状地）ができるが，そのギャップの大きさは利用可能な光などの資源量を変化させるため，実生の定着や稚樹の成長に重要な影響を与える．そのため，ギャップの時空間的な分布とその強度が樹木の種多様性の維持に貢献すると考えられてきたのである．しかし，近年，熱帯林での大規模な研究ではギャップ形成は多様性の維持にはランダムな効果しか与えないとする報告（Hubbell et al., 1999）もあり，論争が続いている．

では，このような林冠ギャップ形成に関与する攪乱の頻度や強度はローカルなスケールでのみ重要なのだろうか．しかしこれまで地理的なスケールで多様性に影響を与える要因としての攪乱体制はほとんど証拠がなかった．冷温帯を特徴付けるブナ林は，鹿児島から北海道南部までほぼ日本列島の端から端まで分布し，林冠木に限った場合その潜在的組成がほとんど共通しており，このような解析には好都合である．Hiura (1995)は，これまでに調べられた各地の林分構造の調査結果と併せて全国23か所のブナ林林冠木の種多様性とギャップ特性（攪乱頻度：主に台風の襲来確率，ギャップ面積，マルチギャップ率，立ち枯れ率など）を調べ，地理的スケールでのブナ林の種多様性のパターンを解析した．日本全国のブナ林に一人で出かけていき，数haの面積で林冠木の毎木調査を行ったり，メジャーを引っ張ったりしてギャップ特性をひとつひとつ調べるのである．ここでマルチギャップ率とは全ギャップのうち2本以上の林冠木によって形成されたものの割合，立ち枯れ率とはギャップを形成した林冠木のうち立ち枯れて死んでいたものの割合であり，両者は攪乱の影響度を表す指標と考えられる．

日本の温帯林の攪乱体制で最も重要なのは台風などの強風による風倒なので（北米では山火事なども重要），各地に残る過去230年間の強風の記録を用い，再来間隔の頻度分布を解析したうえで攪乱頻度の指標とした．貸し出し禁止の資料を閲

図1　台風の被害を受けた森林

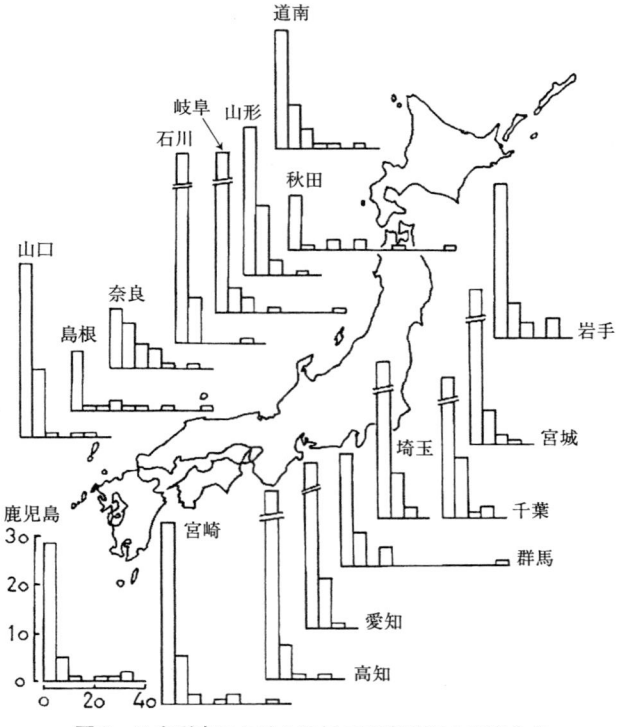

図2 日本列島における強風の再来間隔の頻度分布

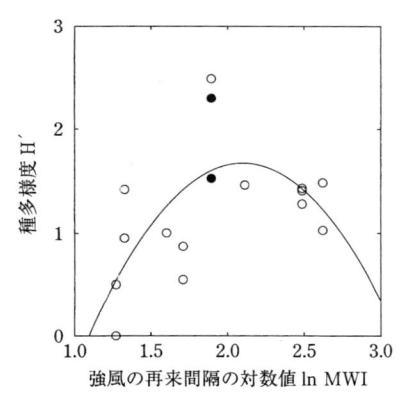

図3 日本列島における強風再来間隔の平均値（対数）とブナ林の林冠木多様度の関係（Hiura, 1995を改変）. 黒丸は他と異なった植物相を持つ林分.

覧するため何日も黴臭い気象庁の資料室に通い、埃にまみれボロボロになった文献からひとつひとつ災害記録を洗い出す。この結果、年間を通した強風の再来間隔は日本国内でも各地で大きなばらつきがあったが、南北あるいは日本海側・太平洋側といった明瞭な地理的な勾配は認められなかったのである（図2）。これは南日本ほど夏場に台風による撹乱が多いが、北日本ほど冬場に北西からの暴風雪による撹乱が多いためだと考えられた。しかしこの撹乱頻度とその場のブナ林の多様性を付き合わせると、中間的な撹乱頻度の林分で最も種多様性が高かった。中程度の規模や頻度の撹乱を受ける場では競争的排除が緩和され、先駆種と極相種が共存できるとする中規模撹乱仮説が地理的なスケールでも部分的に支持されたことになる（図3）。一方林分の平均ギャップ面積やそのばらつきと種多様性との間には相関はなく、同様の結果は1林分内でサイズの異なるギャップを対象に解析された研究でも報告されている。日本のブナ林の場合、撹乱サイズの変動は種多様性に影響を及ぼすほどには大きくないと考えられる。また立ち枯れ率は高緯度になるにつれて減少し、マルチギャップ率はその集団のブナの個葉面積と強い正の相関をもっていた。ブナには日本列島の南西から東北に向けて個葉面積が大きくなる地理的クラインがあり、個葉面積の大きな集団のブナは円筒形の樹形を示す一方、個葉面積の小さな集団では扁平な樹形を示す（Hiura, 1998）。円筒形の樹形は機械的なダメージに弱く、ドミノ効果によって複数の林冠木によるギャップが形成されやすいから、大きな葉を持つブナの集団のほうがマ

ルチギャップ率が高いのだと考えられる．

　攪乱が生物群集に与える効果は実験的にも調べることができる．人間が人工的に風倒や洪水を引き起こし，生物群集の応答を見ればよい．通常薄暗い林床に生育する木本の実生は，光環境が改善されないとそのほとんどが消えていく運命にある．しかし，いったん林冠ギャップが形成され林床まで光が届くようになると細胞レベル，個葉レベル，個体レベルでさまざまな環境応答が起こり一挙に成長速度を増加させる．前生稚樹や林床草本の種ごとにどのようなメカニズムで成長が改善されるのかを明らかにしたい場合，自然状態で研究を行おうとすると，次にどの林冠木が倒れるのかを的確に予測せねばならないため不可能に近い．これを克服するため，苫小牧研究林では林冠ギャップの見られない林分の林冠木にワイヤーをかけてブルドーザで引き倒すことで，人工的にギャップを形成させる実験を行っている．

　スズタケが繁茂し他の林床植物や木本実生がほとんど生育していないパッチと，逆にさまざまな前生稚樹や林床植物が繁茂するパッチにまたがって調査区を設置し，あらかじめ数多くの種で葉細胞内の葉緑体体積や窒素含有量，葉の厚さや光合成速度，葉数や個体サイズなどを測っておく．その後，各パッチに3個ずつギャップを形成させ，これらの変化を追跡するのである．その結果，8種の木本で比較すると，最大光合成速度や窒素含量の変化パタンが同じものどうしは同じ遷移系列に含まれると考えられたこと，葉緑体体積の増加メカニズムは種によって異なったがこの増加が最大光合成速度の増加にとって不可欠であること，などが明らかとなった（Oguchi et al., in press）．このような光条件の改善に対する応答や順応機構の種による違いは，森林生態系の中での種の共存に貢献しているものと考えられる．他にもハリケーンを模した大規模な引き倒し実験が北米東部のハーバード大研究林で行われており，風倒木を搬出した場合に比べて残存木の成長改善や萌芽による再生が重要であることが明らかとなっている（Cooper et al., 1999）．

　攪乱に対する応答の実験的研究は樹木に限らない．たとえば河川における無脊椎ベントス（底生生物・底生動物）群集の場合，大雨などによる出水の頻度が多すぎたり，強度が強すぎると移動能力の高い水生昆虫ばかりになってしまうし，出水が全然起こらないと競争に強い水生昆虫ばかりになってしまうと考えられる．このような現象は川の底石を揺する頻度を変えた野外実験でも明らかにされている（「森林河川に生息する水生昆虫」参照；Miyake et al., 2003, 2005）．このように攪乱は生物群集の維持機構の1つとして重要な役割を担っていることも，さまざまな研究から明らかにされている．2004年の18号台風の攪乱が苫小牧の森の多様性にどのような影響をもたらしたのか，あるいはこれから変化をもたらすのか．研究林全体のさまざまなタイプの林分に配置された200か所近くの毎木調査区データと，デジタル航空写真などを利用して今後明らかにしていこうと考えている．

参 考 文 献

Connell, J.H. (1978): *Science* **199**: 1302-1310.
Cooper-Ellis *et al.* (1999): *Ecology*, **80**, 2683-2696.
Hiura, T. (1995): *Oecologia*, **104**, 265-271.
Hiura, T. (1998): *Trees, Structure and Function*, **12**, 274-280.
Hubbell, S.P. *et al.* (1999): *Science*, **283**, 554-557.
Miyake, Y. *et al.* (2003). *Ecological Research*, **18**, 493-501.
Miyake, Y. *et al.* (2005): *Archivfur Hydrobiologie*, **162**, 465-480.
Oguchi, R. *et al.* (in press): *Researches on Photosynthesis*, 13.

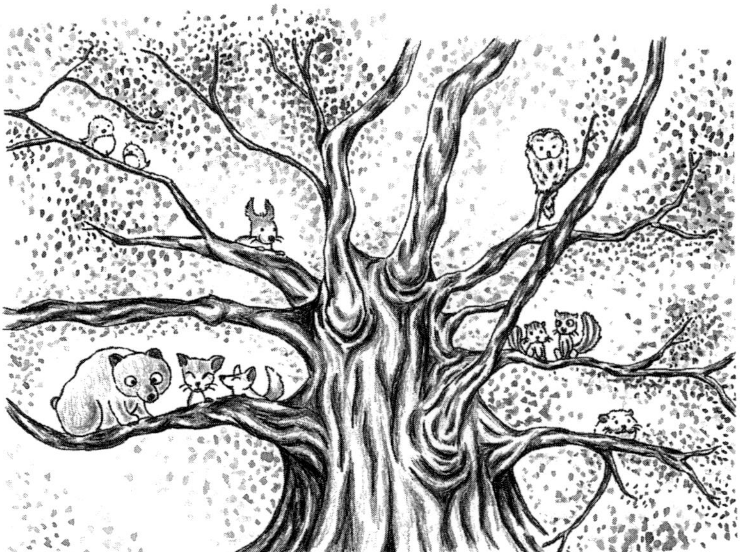

針広混交林の植生構造 並川寛司

北海道の低地から山地の中部には，亜寒帯性の針葉樹と冷温帯性の落葉広葉樹から構成される針広混交林が広く分布している．針広混交林の1つの特徴は，針葉樹と広葉樹の同所的混交から，ある程度まとまったそれぞれの純林が隣接して成立するマクロモザイク的混交まで，針葉樹の混交割合が場所によって大きく変化することである．この針葉樹と広葉樹の混交割合を決めている要因を探りながら，針広混交林の植生構造について紹介する．

一般に植物は，生育条件のよい立地で最も高い生産力を示す．単独で生育している場合には，どんな種でも生育条件のよい立地で高い生産力を示すが，生育条件の違いによって生じる生産力の差は種によって異なり，一般に針葉樹で小さく，広葉樹で大きい傾向がある．したがって，両者が一緒に生育する場合，生育条件のよい立地では相対的に広葉樹が優勢になり，不良な立地では針葉樹が優勢になることが予想される．

このことを確かめるために，北海道東部，オホーツク海沿岸のサロマ湖畔に位置する幌岩山（標高376 m）で調査を行った．さまざまな斜面方位を示す場所に18の調査区（面積は256〜400 m^2）を設定し，毎木調査を行った．調査区間の樹種構成の類似度を求め，DCA（除歪対応分析）と呼ばれる手法（Hill and Gauch, 1980）で処理し，調査区を座標に展開した（図1）．座標上に散らばっている点は18の調査区に対応し，座標上で距離が近い調査区はその樹種構成が互いに類似していると理解すればよい．図の右上に示した円上の点は各調査区の斜面方位を示し，南〜西向きの斜面（以後南西斜面）に位置する調査区が●で，北〜東向きの斜面（以後北東斜面）に位置する調査区が○で示されている．南西斜面上に設定した調査区は座標上で集中して分布しており，その樹種構成は相互に高い類似性を示した．一方，北東斜面に設定した調査区は座標上で広く散らばって分布し，樹種構成の類似性は低かった．具体的な樹種構成の変化を図2に示した．南西斜面ではトドマツとミズナラが優勢であり，トドマツの優占度は50%を越えている調査区が多かった．一方，北東斜面ではミズナラ以外のイタヤカエデ，シナノキなどの広葉樹が優占していた．

図1, 2でみたように，調査区間の樹種構成の違いは1軸によく反映されていることから，各調査区で測定した土壌理化学性が1軸に沿ってどう変化していくのかを図3に示した．各方形区の1軸の座標値と土壌水分量，pH，置換性塩基総量，窒素に対する炭素の比（C/N）との間の関係をみると，土壌水分量，置換性塩基総量，pHは小さく，

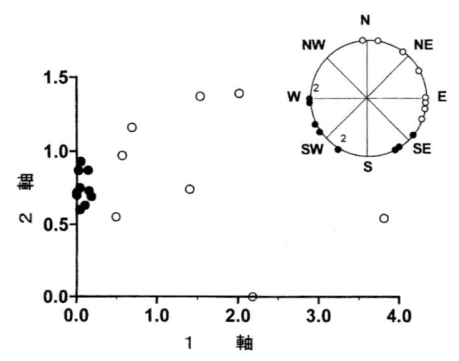

図1 除歪対応分析（DCA）による調査区の序列付けと調査区の斜面方位

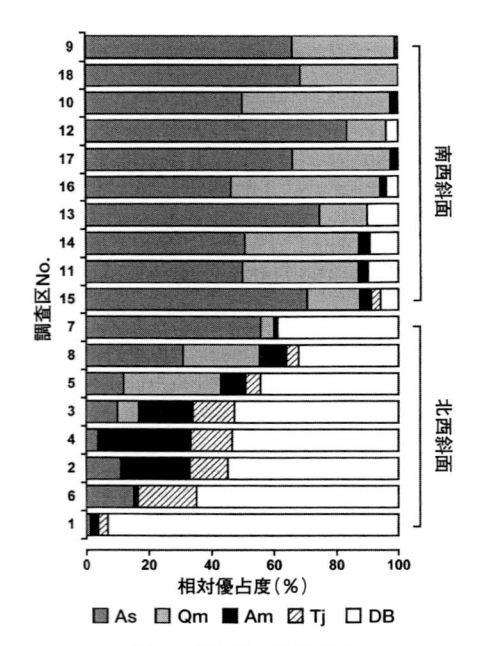

図2 調査区の樹種構成
調査区は図1の1軸の座標値の順に上から並べられている．樹種名の略記号はそれぞれ，As：トドマツ，Qm：ミズナラ，Am：イタヤカエデ，Tj：シナノキ，DB：他の落葉広葉樹．

C/Nは大きくなる傾向が認められた．このことは，1軸に沿って腐植の分解が進み，調査区の土壌は相対的に富栄養になることを示唆する．つまり，1軸に沿って生育地の肥沃度は増加することがわかる．立地の相対的な肥沃度を示している1軸とトドマツの混交割合との相関をみると，1軸の座標値が大きくなるにつれトドマツの混交割合は小さくなり，生育条件が不良な立地ではトドマツが相対的に優勢になるという予想と一致した．

針葉樹の混交割合と土壌との関係は，現在成立している植生とその立地から説明することができた．しかし，この植生構造はその更新過程を通じて維持されるものであり，更新過程と立地条件との関わりについても示すことが必要である．

森林の更新の場としてギャップが重要であることから，更新の成否はギャップでの競争の結果に依存する．成長速度を種間競争力の1つの指標とみなした場合，更新の成否は生育初期の生産力に依存する．一般に，針葉樹は個体としての生産力は広葉樹に比べ高いが個葉の生産力は低く，生育初期には少数の葉しか持たないことから，その更新は広葉樹との競争が強く働かない場所に限られてくる．しかし，生産力が光以外の要因（温度，水分量，無機栄養など）によって制限されると，針葉樹の生産力が広葉樹のそれを相対的に上回り必ずしも広葉樹だけがギャップで更新に成功するとは限らなくなる．

既に述べた18の方形区（閉鎖林分と呼ぶ）とさまざまな斜面方位上に分布する17のギャップを選び，実生（高さ0.3 m以下），稚樹（高さ0.3〜2.0 m），幼木（高さ2.0〜15.0 m）の密度を比較した（図4）．トドマツの実生は南西斜面と北東斜面，いずれでも閉鎖林分に偏って分布する傾向を示した．一方，幼木は南西斜面のギャップに偏って分布していた．広葉樹種を見ると，実生は斜面方位と一定の関係を持たないが，閉鎖林分に偏って分布する傾向を示し，幼木は北東斜面のギャップに偏る傾向を示していた．この結果から，実生から幼木へと成長していく際にはトドマツも広葉樹もギャップの形成が必要であること，相対的に貧栄養な立地のギャップではトドマツが，富栄養な立地のギャップでは広葉樹が更新し，現在みられる植生構造が今後も更新過程を通じ維持されていくことが予想された．

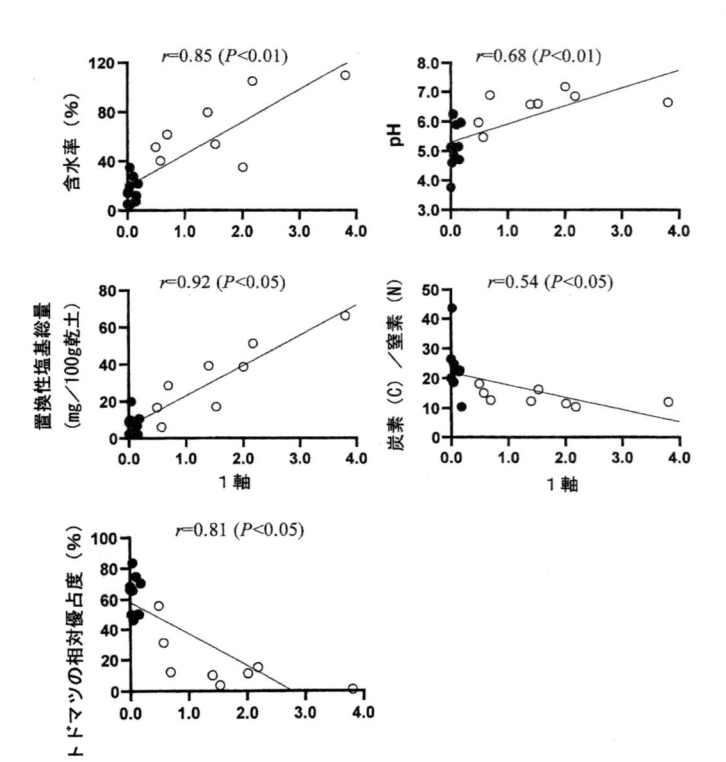

図3 各調査区の1軸の座標値と土壌理化学性，トドマツの相対優占度の相関

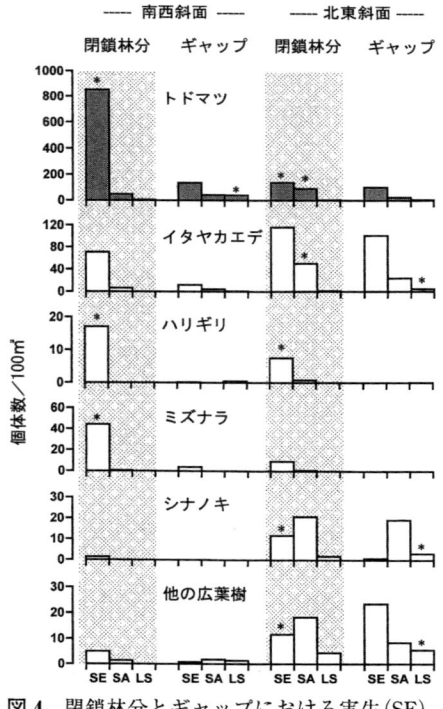

図4 閉鎖林分とギャップにおける実生(SE)，稚樹(SA)，幼木(LS)の個体密度の比較
図中の＊は統計的に期待値よりも高い密度であることを示している（χ^2検定）．

落葉広葉樹林の構造と更新
——攪乱に依存した森林の成立

佐野淳之

落葉広葉樹林の特徴

広葉樹は針葉樹に比べて樹種数が多く,生活形も多様である.このことが種多様性に大きく関わり,森林生態系の構造と機能をより複雑なものにしている.特に落葉広葉樹は寒さと乾燥に適応した結果と言われ(Axelrod, 1966),主に北半球のさまざまな立地に広く分布している.落葉か常緑かという特性は,葉が生産する光合成量と葉を作るコストによって決まり,冷温帯では落葉広葉樹が適している(Kikuzawa, 1991).落葉広葉樹に注目するときには,冬季に落葉することによる生育期間の短かさや季節性(phenology)を忘れてはならない.

我が国を代表する落葉広葉樹林というと,まず北海道黒松内低地帯以南から九州まで分布するブナ林を思い浮かべる.ブナ(*Fagus crenata*)は,冷温帯において遷移後期に出現する極相種といわれており,主に日本海側の多雪地帯で優占する.しかし,より広く北半球を見渡せば,気象条件の違いによってさまざまな落葉広葉樹林が分布する(Braun, 1964; Walter, 1979).さらに,同じ気候帯に属していても,攪乱の質・強度・頻度によって成立する森林が異なることが明らかになってきた(White, 1979; 中静・山本,1987).

攪乱とその後に成立する森林

火入れと伐採という質の異なった人為攪乱に対して,その後に成立する森林すなわち二次林がどのように異なるかを示そう.ここでは,鳥取県の大山および岡山県の蒜山における落葉広葉樹林の例を取り上げる.これらの森林の成立には,自然条件だけではなく,過去の人間活動,特に攪乱の質が深く関わっていることが明らかになってきた(表1).火入れは強く均質な攪乱であり(Denslow, 1985),日本では火入れ後にブナ科樹種の中でもコナラ属,すなわち,カシワ(*Quercus dentata*),コナラ(*Q. serrata*),ミズナラ(*Q. mongolica* var. *crispula*)などが優占することが多い.このように火入れ後のコナラ属の優占は,ロシア沿海地方,中国東北部,北アメリカ東部などでも見られ,北半球の温帯で共通の現象と考えられる.このようなことから,Abrams (1992)はコナラ属の優占は火事に依存するというfire-oak仮説を提唱した.大山隠岐国立公園に属する鳥取大学フィールドサイエンスセンター(FSC)教育研究林「蒜山の森」でも,部分的には胸高直径1mほどのコナラやブナの優占する林分も含まれるが,過去の人間活動の影響を強く

表1 異なった攪乱後に成立した2つの広葉樹林の比較(佐野,1998)

	最終的な大きな攪乱	
	火入れ	伐採
優占種	コナラ	クリなど多数
森林景観	均質	多様
種多様性	低い	高い
下層の種多様性	高い	やや高い
萌芽幹の割合	低い	高い
サイズの頻度分布	正規分布型	負の指数分布型

鳥取大学フィールドサイエンスセンター(FSC)教育研究林「蒜山の森」の広葉樹二次林のデータ.

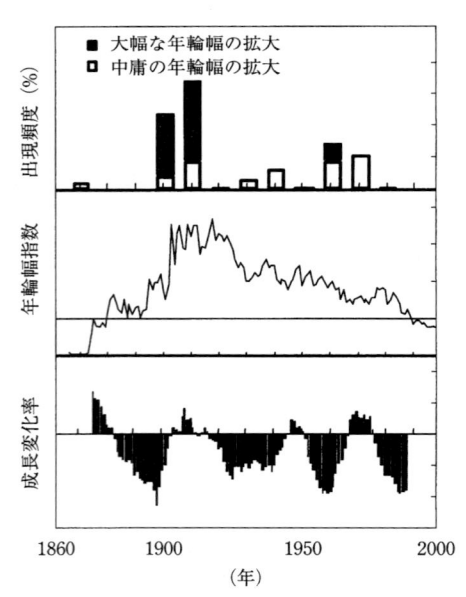

図1 年輪幅の変動にみられる過去の攪乱の履歴(Fujita and Sano, 2000)
鳥取県の大山隠岐国立公園ブナ・ミズナラ林のデータ.

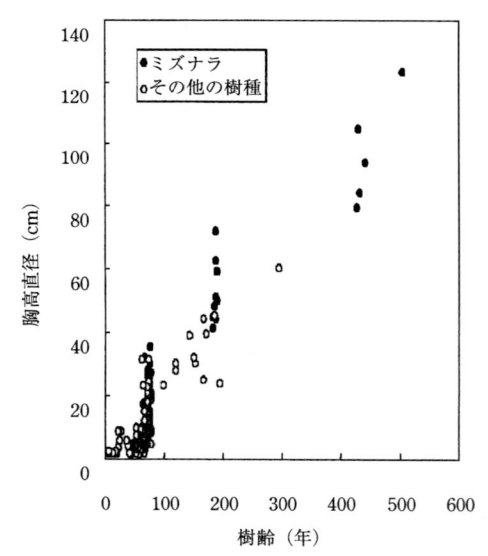

図2 ミズナラの優占する天然林における樹齢と直径の関係（佐野，1988）
人為的攪乱を受けていない北海道大学雨龍研究林のデータ．

受けた落葉広葉樹二次林が広く分布している（橋詰，1991；佐野ほか，1997）．すなわち，伐採と火入れという過去の人為攪乱の違いが森林の種組成と構造に影響を与えていることが明らかになった（佐野，1998；佐野・大塚，1998；Sano，2000）．コナラ属樹木の優占する森林では，比較的陽性であるコナラ属が更新しにくい（Abrams，1995; Goebel and Hix, 1996）ので，コナラ属の更新にとって攪乱が重要な役割を果たしているといえる．図1に示すように，本来ブナの成立する地域であっても，攪乱の強度や頻度が高いと，結実が早く成長が良好で萌芽能力も高いという樹種特性をもつコナラ属の樹種が優占する（紙谷，1987；Fujita and Sano, 2000）．また図2に示すように，長期間人為攪乱を受けずによく発達した北海道のミズナラ林は，500年以上という寿命からみれば生涯の間に頻繁に訪れる台風やササ枯れというさまざまな攪乱を契機として更新を行い，結果としてミズナラの複数世代の重複および他樹種との共存という構造を持つ（佐野，1988）．このことは，樹種特性の異なる樹種の共存による種多様性の増加（Huston, 1994）につながる．

まとめ

落葉広葉樹林はさまざまな攪乱の影響を受けており，成立する森林の種組成や構造が異なっている．今後は攪乱後の森林生態系の動態に関して，長期継続調査を含めた詳細な調査検討が必要であり，それぞれの樹種の対応様式を明らかにする必要がある．また，落葉広葉樹林の生態系管理のためには，攪乱がどのように森林に影響を与えるのかを操作実験的手法も用いながら明らかにしていくことが重要である．

参考文献

Abrams, M.D. (1992): *Bioscience*, **42**, 346-353.
Abrams, M.D. et al. (1995): *Journal of Ecology*, **83**, 123-133.
Axelrod, D.I. (1966): *Evolution*, **20**, 1-15.
Braun, E.L. (1964): Deciduous Forest of Eastern North America. Hafner.
Denslow, J.S. (1985): The Ecology of Natural Disturbance and Patch Dynamics (Pickett, S. T. A. and White, P. S. eds.), Academic Press, pp. 307-323.
Fujita, K. and Sano, J. (2000): *Canadian Journal of Forest Research*, **30**, 1877-1885.
Goebel, P.C. and Hix, D.M. (1996): *Forest Ecology and Management*, **84**, 1-21.
橋詰隼人 (1991)：広葉樹研究, **6**, 17-30.
Huston, M.A. (1994): Biological Diversity: The Coexistence of Species on Changing Landscapes, Cambridge University Press.
紙谷智彦 (1987)：日本林学会誌, **69**, 29-32.
Kikuzawa, K. (1991): *American Naturalist*, **138**, 1250-1263.
中静 透，山本進一 (1987)：日本生態学会誌, **37**, 19-30.
佐野淳之 (1988)：北海道大学農学部演習林研究報告, **45**, 221-266.
佐野淳之 (1998)：国際景観生態学会日本支部会報, **4**, 41-42.
Sano, J. (2000): Species diversity and stand structure of secondary forests after different disturbance events. Abstracts of Group Sessions, 8.07.00 Biodiversity, XXI IUFRO World Congress, Kuala Lumpur, Malaysia, 351-352.
佐野淳之，大塚次郎 (1998)：鳥取大学農学部演習林研究報告, **25**, 1-10.
佐野淳之ほか (1997)：森林応用研究, **6**, 17-20.
Walter, H. (1979): Vegetation of the Earth, 2nd ed, Springer-Verlag.
White, P.S. (1979): *Botanical Review*, **45**, 230-299.

北のブナ林
——ブナの環境適応を探る

齋藤秀之

　ブナは日本の冷温帯を優占する落葉広葉樹で，南は鹿児島県高隈山から北は北海道黒松内低地帯まで分布する．1枚の葉（個葉と呼ぶ）の面積は寡雪地・南方産に比べ多雪地・北方産のものが広い．また北限のブナは南方産に比べて成長がよく，樹形がすらっとしている．成長がよいせいか寿命が短いことも特徴の1つに挙げられている．

　寒く厳しい北限のイメージから想像する樹木の姿は，矮性化して樹高が低く成長が悪いものであろう．しかし，北海道のブナ林の姿は北限のイメージとは程遠く，むしろ北海道の気象条件がブナにとって適していると思わせるほど，その姿は立派である．では，ブナ林の姿が地域によってこれほどまでに異なるのは何故であろうか？　日本列島は南北に長く，脊梁山脈を境に太平洋側と日本海側で気候が異なる．これらの環境勾配がブナの生態に影響を与えていることは間違いないだろう．その詳細を明らかにすることは，日本の多様な気象条件を理解することであり，ブナの環境に対する適応特性を理解することでもある．これらのことは，ブナ林に適した環境条件の評価につながる．さらには，地球規模での気候変動が急速化する現在において，ブナ林の将来を予見するための示唆を与えると期待できる．本節では，個葉の形態と光合成機能について着目しながら，北海道のブナ林の光合成生産体制を本州ブナ林と比較して，ブナ林の環境適応を探る．

　ブナ樹冠の上部を対象に個葉の面積を地域間で比較すると，北限ブナ林の個葉面積は南限ブナ林の4～5倍ほど大きい．また本州中部の同緯度で太平洋側と日本海側の個葉面積を比較してみると，日本海側の方が3～4倍ほど大きい．これらの違いは地理的に連続する．一般に植物は生育環境が乾燥すると個葉は小さく肉厚になる．また，日射が増すことも蒸散を促進して乾燥と同様の影響があると考えられている．

　さて，ブナ林の環境条件を太平洋側と日本海側で比較すると，大きな違いは冬季の降雪量である．日本海側ブナ林では融雪のために開葉時期の土壌が湿潤である．また北方ほど太陽高度が低くなり日射は減少する．開芽から展開終了までの個葉の発達は，細胞分裂と細胞肥大を繰り返す．分裂した細胞は肥大するために吸水を必要とするため，根からの十分な水供給が不可欠である．さらに蒸散による水損失を防ぎ，葉内に水を確保する必要がある．肉厚で表面積の小さい個葉の方が，葉内に水分を維持しやすい．このような理由から，南北ならびに太平洋側と日本海側の環境勾配におけるブナの個葉面積の違いは，水環境ならびに日射環境と関連づけて考えられるようになった．

　展葉を終えて個葉の形態が成熟する初夏の頃，次年に展開する個葉は腋芽の中で分化を始め，秋には胚葉まで発達する．胚葉とは長さ数mmほどの未成熟な葉のことで，形は成熟したブナの個葉とそっくりである．この胚葉の大きさは，産地間の個葉面積の違いを反映するように地域で異なる．つまり，個葉の大きさに見られる地理的な違いは，その半分を開葉時期の個葉の発達に支配され，残り半分を前年における胚葉の発達に依存すると考えられる．個葉の大きさは開葉時期のみならず，前年の環境条件の影響も受けている可能性がある．

　一般に植物の環境適応は3つに大別できる．葉の向きや気孔開閉の動きのような調整的適応現象，光環境の違いによって生じる陽葉と陰葉の形態に変化するような一時変異的適応，遺伝子レベルの進化的適応である．個葉の大きさは大小に動かないので，ブナに見られる個葉面積の地理的な違いは調整的適応でないといえる．それでは，一時変異的適応なのか？　それとも進化的適応なのか？

　全国のブナ林から種を集めて同一環境で育て比べると（産地試験と呼ぶ），産地の個葉の大きさと同様に稚苗の個葉の大きさが地理的な違いを表した．このことから，ブナの個葉面積に見られる地理的な違いは可塑的な一時変異よりも遺伝的に固定した形質の発現，すなわち進化的適応であることが示唆されている．しかし，見かけは遺伝的に固定されているようでも，固定の程度はDNA

レベルのメカニズム次第でさまざまである．原因が遺伝子の得失であれば，葉の大きさの違いはかなり固定されているが，遺伝子発現の調節レベルであるならば，何をきっかけにして遺伝子発現のスイッチが入れ替わり，眠っていた形質が発現するか，わからない．この点については，ゲノム領域に立ち入る未知の課題である．いずれにしても，ブナの個葉面積の地理的な違いを考える上で，現在の環境条件だけではなく，過去の環境変動も考慮する必要がある．

ブナの産地試験は，稚樹の成長速度にも産地間の違いを示した．大きな個葉を持つ北方産のものが南方産に比べて成長がよかった．2万年前，最終氷河期の最寒冷期にあった日本では，現在よりも平均気温が約10℃低く，ブナ林の分布の北限は仙台から新潟を結ぶライン付近まで南下していたことが花粉分析から推察されている．その後，温暖化とともに分布は北上したと考えられるが，その際に，個葉を大きくして速く成長することのできた家系が北進の先頭に立ち，現在の個葉の大きい北海道のブナ林を成立させたという仮説が生まれた．

他方，個葉の光合成特性も生育環境に影響を受けて変化しやすいので，個体や群落の光合成生産を考える場合には個葉面積当たりの光合成速度も検討する必要がある．産地試験のブナ稚苗では，北海道や本州の日本海側産地の光飽和光合成速度が太平洋側産地のものよりも低かった．しかしながら，ブナ林の樹冠に着生する個葉の光飽和光合成速度では地域間に明らかな違いを見出せていない．

光飽和光合成速度が地域間で同等であっても，実際の光合成速度は野外のいろいろな環境条件により制限を受けるので，個葉の年光合成生産量は地理的環境勾配の影響を受ける．緯度が高い北海道のブナ林では生育期間の日長が長く，夏では関東以西と1時間以上の開きがある．ブナ樹冠の光合成作用は半乾燥地で見られる極端な日中低下を起こさないので，日長が長いことは光合成生産にプラスに作用するはずである．北海道では梅雨が本州ほど顕著ではないことも，光合成生産の視点から比べるとプラスに作用すると思われるが，本州が梅雨の時期に北海道では降水量が少ないので，乾燥ストレスが光合成生産にマイナスの影響を与えているかもしれない．開葉から落葉までの着葉期間の長さも年光合成生産量を検討する場合には重要である．温量指（示）数（生育期における各月の平均気温から5℃を引いた値の積算値）を揃えて地域間で比較すると，着葉期間はほぼ同じであり，ブナの着葉期間において地理的環境勾配に沿った特異的な違いは知られていない．

個体や群落の光合成生産量は葉の総量ならびに空間配置と個葉の光合成速度に依存する．ブナの地理的変異にみられる個葉面積の違いは群落の総葉面積に影響を与えているのだろうか？　群落の葉の枚数が変わらずに個葉が大きいのであれば，北海道のブナ林では群落の葉の総面積が増えているはずである．しかし，南北のブナ林で葉面積指数（土地面積当たりの総葉面積）を比較すると，北方ほど増える傾向は見出されず，海抜高など地域内における立地条件の方が葉面積指数に影響を与えているようである．北海道のブナ林は大きな葉を少ない枚数だけ着生することで群落全体の葉面積を維持していると考えられている．

以上の通り，ブナの個葉は日本の環境勾配に応じて適応していることがわかった．個体や群落の光合成生産のように大きなスケールの現象は，個葉などの小さなスケールの作用により支配されている．したがって，個体や群落の光合成生産と自然界における複合的な環境勾配の関係を明らかにするアプローチとしては，小さなスケールの各素過程に対する環境要因の影響を捉え，個体や群落スケールへと統合・拡張する方法が用いられる．このような観点で異なるスケールを結びつけることをスケーリング・アップと呼ぶ．スケールの階層性を意識して研究を進めたい．

参考文献

萩原信介（1977）：種生物学研究，**1**，39-49.
日浦　勉（1993）：生態学から見た北海道（東　正剛ほか編），北海道大学図書刊行会，pp.123-129.
小池孝良，丸山　温（1997）：植物地理・分類，**46**，23-28.
村井　宏ほか（1991）：ブナ林の自然環境と保全，ソフトサイエンス社，p.399.
Nomoto, N.（1964）: *Japan Journal of Botany*, **18**, 385-42.
渡邊定元（1990）：北限のブナ林，北海道林業改良普及会，p.180.

林床植物の生活史と機能群

植村　滋

森林は樹木を中心とした多様な生物種の集合体で，複雑な空間構造によって高い現存量と生物多様性が維持される安定した生態系である．多くの森林では地表から林冠に至る空間内に特有の生物種で構成される階層構造がみられ，それらの階層の中で最も地表に近い部分を林床という．成熟林の林床では相対照度が5％以下になることも多く，耐陰性の高い植物による特殊な植生（林床植生）が発達する．林床植生は光や水養分などの共通の資源に依存する植物種による生育場所ギルド（同一の栄養段階に属し，共通の空間と資源を利用している複数の種または個体群）で，そこに生育する植物の生育形や生活史，資源利用様式などに基づいた類型化や，それらが生物多様性，安定性，物質循環に果たす機能や適応進化メカニズムの解明が進められてきた（河野，1984など）．

近年では林冠を構成する樹木の定着に関する研究だけでなく，樹木以外の維管束植物，特に草本類が森林内の他の植物群集や動物群集の種多様性の維持に果たす役割など，森林生態系の構造や動態，機能に密接に関わる重要な場所として注目されている．

2つの機能群

林床植生は定住種（resident）と転移種（transient）という2つの植物機能群で構成される動的な集合体とみなすことができる（Gilliam and Roberts, 2003）．定住種とは発芽から成長，繁殖，枯死にいたる生活史の全過程を林床という空間で完結させる植物のことで，草本類や低木類などがこれにあたる．林床環境に最も適応した生活様式を持つ植物群で，狭義の林床植物ということができる．定住種はそれら自身や上層の樹木の更新個体（実生や萌芽など）との競争において重要な役割を果たしている．これに対して転移種は成長に伴ってより高い階層に生活の場を移行させる種で，その多くは林冠や亜高木層などを構成する樹木の更新個体や木本つる植物などである．転移種には，この他に，攪乱によって一時的に現出する不安定な場所に進入定着した先駆植物も含まれるが，それらには草本や低木類も多い．

林床における定住種と転移種の種数や植被率のバランスは，競争的相互関係，攪乱に対する反応，土壌水分や肥沃度，その他時空間的な変異を持つ環境への反応によってたえず変動する．例えば北米東部の成熟した温帯林では，上層にブナが生育する森林は，ブナが少ないか生育していない森林に比べて，林床の定住種と転移種の植被率の比が約2倍になることや，遷移初期の森林では遷移後期の森林よりも定住種の植被率が相対的に高いことなどが知られている（Gilliam and Robert, 2003）．

階層間の相互関係

森林内の階層間にはさまざまな相互関係がみられるが，それらの中で上層を構成する植物の開葉や落葉といった季節的な着葉動態は，下層の光環境を支配するため，林床における植物の定着と生残に対する最も重要な要因と考えられる．このため林床植物には高い耐陰性が要求されるほか，周期的に変化する光資源を有効に利用することが重要となる．多様な樹種で構成される温帯林の林床では，林冠の種多様性が高い森林で林床植生の種多様性が高く，時空間的な変異に富んだ光環境に適応したさまざまな着葉フェノロジーが見られる（図1）．地表に近い場所で生活史を完結させる草本や低木などの定住種は，きわめて多様な着葉パタンが適応分化しているが，光資源に恵まれた高い階層まで成長できる転移種の着葉パタンはそれよりも単純である（表1）．

階層間の相互関係では，光環境が上層から下層への一方向的な影響であるのに対し，土壌の水養分利用における両者の関係は双方向的であり，林床植物が上層植物の水養分利用や成長を抑制する場合もあることが知られている（Takahashi et al., 2003）．このほか，上層によるリターの供給や根返りマウンドの形成，異なる階層にも多重に存在する転移種の種内および機能群内の関係や資源獲得様式の可塑的変化など，機能群や階層間の相互関係については未解明の問題も多い．

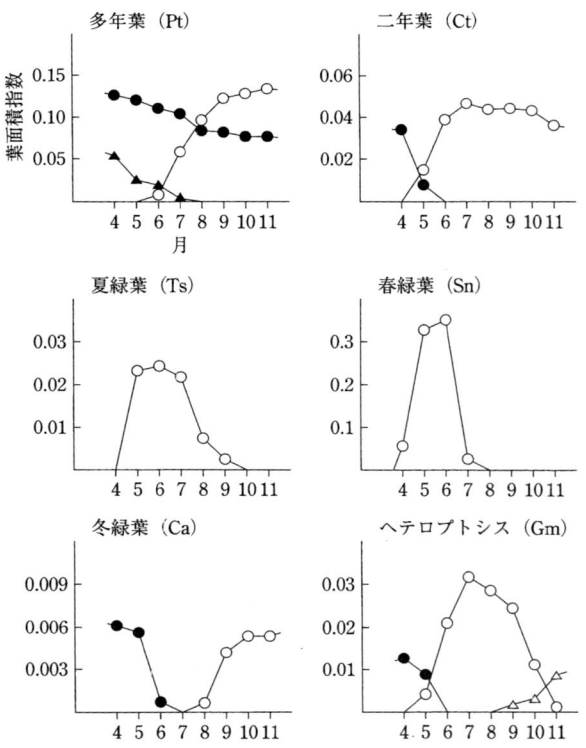

図1 林床植物にみられるさまざまな着葉パタン(Uemura, 1994) Y軸は葉面積指数（LAI），X軸は月，●および▲は越冬後の葉群を示す．Pt：フッキソウ，Ct：サルメンエビネ，Ts：エンレイソウ，Sn：ヒメザゼンソウ，Ca：サイハイラン，Gm：カラフトダイコンソウ．

表1 北海道の主な林床植物の着葉パタンと種数 (Uemura, 1994)

	草本類	低木類	つる植物	高木類
多年葉	9	13	1	4
二年葉	18			
夏緑葉	97	19	8	38
春緑葉	8			
冬緑葉	4	1		
ヘテロプトシス	2	1	1	
無緑葉(腐生など)	3			

緑葉を持たない植物を除く着葉パタンについては図1参照．

林床植物の繁殖と散布

　定住種と転移種には分布や繁殖様式にも大きな差異がある．花粉媒介様式については，より高い階層で開花する転移種で風媒種の割合が高いが，風の弱い林床で開花する定住種には風媒種は少なく，虫媒種の割合がきわめて高い．また，林床では花粉の移動空間が限定的なために，異型花柱や雌雄異株，性転換など自殖率を低下させるための多様な性表現型が進化している．

　転移種はさまざまな攪乱パタンによってその分布が制限されることが多いのに対し，定住種の分布には，適地の存在確率や適地へ散布されやすい散布体の形態的特徴，あるいは優れた発芽力などが分布に対してより重要である．種子のサイズは散布の成功度に密接に関係し，一般に種子のサイズが大きいほど発芽成功度は高くなるが，適地への到達確率は低下する．このほか，定住種のきわめて多くがさかんに栄養繁殖するのに対し，転移種では攪乱時以外に栄養繁殖はほとんど行わない．このことは，林床植物の機能群と繁殖様式の関係を調べることによって，森林の更新や攪乱後の森林回復を明らかにする手がかりが得られることを示唆している．

　散布様式を両者で比較すると，定住種では無脊椎動物，特にアリ散布が多く，転移種では鳥やげっ歯類などの脊椎動物散布と風散布が多いといった違いがみられる．また平均散布距離は転移種が定住種よりもはるかに大きく，特に風散布による分散距離の差が大きい(Cain et al., 1998)．これは両者の繁殖ステージでの個体サイズを比べれば当然の結果といえる．転移種では特に鳥の消化管を通過する被食散布が長距離散布に大きく寄与している．これに対して定住種である森林草本類の分布拡大（移住）速度は，短い種子散布距離と栄養繁殖による緩慢な分散のためにきわめて遅く，そのため個体群の遺伝的孤立化や種分化が起こりやすく，地域に特有の森林草本フロラを形成する要因の1つと考えられている．

　林床における定住種と転移種の相違は，種特異的な光資源や養分利用様式から林冠の攪乱に対する植物群集の反応に至るさまざまなレベルでみられ，それらが空間的，時間的に大きな変異を持つ森林の階層間の複雑な相互関係をもたらしている．

参 考 文 献

Cain, M.L. *et al.* (1998): *Ecological Monographs*, **68**, 325–347.
Gilliam, F.S. and Robert, M.R. ed. (2003): The Herbaceous Layer in Forests of Eastern North America, Oxford University Press.
河野昭一編 (1984)：植物の生活史と進化2，培風館．
Takahashi, K. *et al.* (2003): *Ecological Research*, **18**, 767–774.
Uemura, S. (1994): *Canadian Journal of Botany*, **72**, 409–414.

積雪分布の違いが作り出す高山植物の分布と生活サイクル　　　工藤　岳

森林帯上部に広がる平坦な世界

　温暖多雨気候帯に位置する日本では，陸地面積の大部分が潜在的には森林植生によって占められる．しかし，標高の増加に伴って気温は低下していくので，山岳地域では樹木の生育が阻害される寒冷環境が現れる．森林限界は，本州中部で2500～2800 m，北海道では1400～1600 m付近に相当する．森林限界を過ぎると突然，植生高が数cmから数十cmの平坦な植生構造を持った「高山帯」が現れる．高山帯の植物相は低地の植物相と比較すると，当然貧弱である．ところが，高山植物群落というと鮮やかで色とりどりの植物が咲き競っているようなイメージがある．これはどうしてなのだろうか？

高山環境と群落タイプ

　1) 風衝地と雪田　日本の高山帯は世界有数の豪雪地帯に位置している．降り注いだ雪は，季節風により吹き飛ばされ，風下斜面や窪地に堆積する．場合によっては積雪が20 mにも及ぶことがあり，このような場所では秋まで残雪が残ったり，越年雪渓となる．雪が吹き飛ばされてほとんど積もらない場所を「風衝地（fellfield）」といい，吹き溜まる場所を「雪田（snowbed）」という（図1）．風衝地の土壌は冬期に凍結するが，積雪が薄いために春は早くから植物の生育が始まる．このような場所に生育する植物は，強い耐寒性が要求される．一方で雪田環境では，積雪による断熱効果のために土壌凍結は起こらない．植物は温暖な環境で越冬できるが，生育期間は一般に短く，短期間で生活サイクルを完了できるような性質が要求される（図2）．

　2) 高山植物の分布　このような風衝地と雪田の対照的な環境を反映して，高山植物の種組成は両環境でかなり異なっている．イワウメ，ガンコウラン，ミネズオウ，コメバツガザクラ，チシマツガザクラのようなマット状の生育型を持つ常緑矮生低木や，クロマメノキ，ウラシマツツジなどの落葉矮生低木が風衝地を特徴づける構成種である．これらの多くは，遠く極域ツンドラに分布の中心を持つ．積雪が少なく寒冷な極地ツンドラと，風衝地の環境が似ていることの現れであろう．一方で雪田には，アオノツガザクラやジムカデに代表される常緑矮生低木，チングルマやクロウスゴなどの落葉矮生低木，ハクサンボウフウ・エゾコザクラ・イワイチョウなどの広葉草本，ミヤマクロスゲ・キンスゲ・ヒロハコメススキといった禾本類などさまざまな生育型を持った群落が形成される．これらのグループは，北東アジアの多雪地域に分布の中心を持つものが多く，短い生育期間で成長と繁殖が可能な生活史を獲得したものたちである．このように，起源も生活様式も全く異なるグループが隣り合って分布しているのが日本の高

図1　初夏の残雪分布（大雪山小化雲岳）
北西斜面はほとんど積雪がなく，風衝地が形成される．吹き飛ばされた雪は南東斜面に堆積し，雪田が形成される．

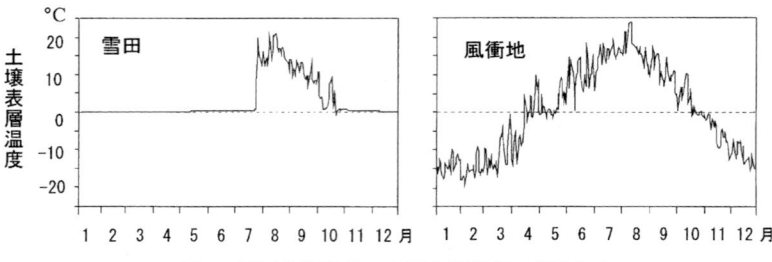

図2　雪田と風衝地の土壌表層温度の季節変化
雪田では厚い積雪による断熱効果のために，土壌凍結は起こらない．一方で，風衝地では土壌凍結が半年にわたって続く．

しかし，高山植物群落は，風衝地群落と雪田群落の2分割で単純に区別できるわけではなく，各種の群落タイプが微細なモザイク模様のように組み合わされている．例えば雪田群落の内部には，雪解け時期の場所による違い，すなわち「雪解け傾度」に沿って連続的な構成種の変化が見られる．比較的雪解けの早い場所に分布が限られるもの，やや遅い場所に限られるもの，雪解け傾度に沿って広く分布するものなど，生育シーズンの短縮に対する個々の種の反応はさまざまである．また，同じ時期に雪が解ける場所でも，その後の土壌水分環境によって構成種は違ってくる．雪解け後に比較的乾燥しやすい砂礫質土壌にはツガザクラ類やチングルマなど矮生低木種が多く，湿潤な有機質土壌ではイワイチョウやハクサンボウフウなど広葉草本植物が優占する．岩礫斜面に植物が侵入してできた群落では，微凸地に矮生低木が，その間の平坦地や窪地に広葉草本植物が多い．これは，わずかな微地形が土壌水分環境に違いをもたらしていることの現れである．

日本の高山植生を代表するハイマツ群落は，比較的早く積雪から解放される岩礫地に多く，風衝地や雪田には部分的にしか入り込めない．このように，高山植生タイプは雪解け時期の違いと立地の水分環境の2軸で考えるとわかりやすい．

季節性も変化する

雪解けの遅れはそのまま生活サイクル，すなわち生物の季節性にも影響を及ぼす．同じ種であっても実際の開花時期は場所によって大きく異なる．例えば，雪解けが早い場所では6月下旬に開花する種が，遅い場所では8月半ばにようやく開花することもある．

植物の開花結実の季節性（フェノロジー）は，生態系にさまざまな影響をもたらす．個々の群落の開花シーズンが2か月であったとしても，雪解け傾度が存在することにより地域レベルの開花シーズンは3か月以上に延長されることもある（図3）．花を利用する昆虫にとって，これは資源利用期間の延長を意味する．また，個々の植物は花粉媒介昆虫を呼び寄せるために，群落内の植物種間で競争するだけではなく，開花を同じくする他群落の植物とも競争することになる．移動能力のある昆虫は，地域内で最も利用しやすい植物を選ぶからである．さらに，同種個体群間の開花シーズンの隔離は，花粉媒介を通した遺伝子交流を制限し，その結果，隣接する個体群間で遺伝的隔離が生じていることなども，最近の研究でわかってきた．すなわち，雪解け傾度の存在は，高山生態系の生物間相互作用や遺伝的多様性の維持に大きく貢献しているのである．季節性に関連したさまざまな生態現象が生じている「積雪環境に支配された動的な生態系」，それが高山生態系なのである．

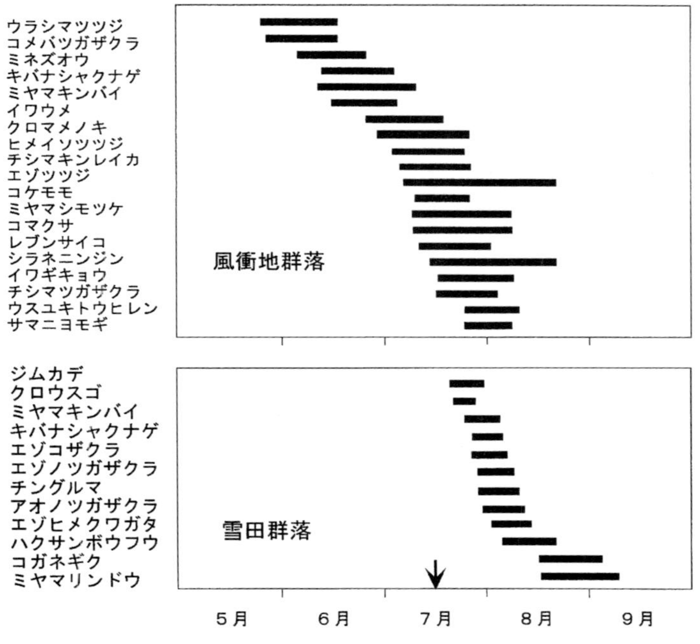

自主解答問題

問1．中緯度高山生態系と高緯度ツンドラ生態系では，どのような生育環境の違いがあり，それに対して植物はどのような適応が要求されるのか考えてみよう．

問2．地球温暖化が起こった場合，高山生態系は最も深刻な影響を受けると考えられている．どのような影響が予測されるだろうか？

参考文献

工藤 岳編著（2000），高山植物の自然史―お花畑の生態学，北海道大学図書刊行会．
増沢武弘（1997）：高山植物の生態学，東京大学出版会．
水野一晴（1999）：高山植物とお花畑の科学，古今書院．

図3 風衝地植物群落と雪田植物群落の構成種の開花時期
雪田では，7月中旬に雪が融けた場合（矢印）を示す．

湿原植生の分布機構　　　　　　　　　　　　　　　　　　　　　　中村隆俊

　湿原は草本を主体とする湿性草原の一種で，未分解有機物からなる泥炭土壌に発達することが多く，特有の植生が分布する．その植生は多様だが，最も大きなスケールでとらえた湿原植生の違いとして，まずフェン（Fen）とボッグ（Bog）という2つの植生景観が挙げられる．フェンとは，比較的大型のスゲやヨシが優占しミズゴケを欠く植生タイプを表し，ボッグとは，ミズゴケが地表面にみられ矮小なカヤツリグサ科等の植物が優占するような植生タイプを表す．また，フェンやボッグの中でも種組成や生産性等はさまざまに変化し，さらに小さなスケールでは，地表面のわずかな凹凸に対応した植生変化も存在する．

　このような湿原植生の分布特性は厳しい環境によって支えられており，生育する植物はその厳しい環境への適応が第一に要求される．湿原環境の大きな特徴としては，土壌が過湿であることや，酸性であること，栄養塩類が少ないことなどが挙げられ，それらの程度や複合的な影響により分布する植生が大きく変化すると考えられている．

地下水位環境と植生分布

　植生と地下水位環境との対応関係は，湿原の植生分布機構を理解する上で最も基本的な情報を提供する．ここで取り上げる地下水位とは，絶対標高を基準とする地下水位標高ではなく，地表面を基準とする相対地下水位であり，植物分布との関連性を評価するには基本的に後者が用いられる．湿原では，大小さまざまな叢生株（ヤチボウズ）やハンモック（hummock：ミズゴケなどが堆積してできたドーム状の盛り上がり）などにより微地形・地下水位が複雑に変化し，それに応じて植生が多様に変化する．実際に，ほとんど冠水することのないハンモック上の植生と，常時冠水状態にあるようなホロウ（hollow：特にハンモックと隣接するくぼ地）の植生では，種組成，生育程度，植被率が大きく異なり，ヤチボウズとその周囲の状況についても同様な傾向が認められる．このような微地形スケールでみた植生と地下水位環境の対応関係が生じるのは，植物に対する過湿環境ストレスの程度が，地下水位の違いに大きく左右されるためである（Nakamura et al., 2002a）．地下水位の違いは，大気から土壌への酸素供給程度を変化させ，根圏土壌水の酸素溶存状態や嫌気性有害物質（H_2S，Fe^{2+}，Mn^{2+}等）の発生程度といったストレス要因を強くコントロールする．湿原は一般に地下水位が高く，ほとんどの植物は過湿ストレスにさらされているため，その植生分布には，より地下水位が低くストレスの少ない立地をめぐる競合と過湿ストレス耐性能力とのバランス関係が常に反映されていると考えられる．

　このような地下水位との関係は，微地形スケールでみた場合の植生分布だけでなく，ひとつの湿原内における各群落の分布など，ある程度の連続性があり比較的限定された地域スケールの植生分布においてもしばしば認められる．ところが，調査対象のスケールが広がるほど地下水位と植生分布の対応関係は曖昧なものとなる．例えば，フェンとボッグのような異なる湿原タイプを同時に含むような調査スケールでは，同じような地下水位を示す立地であっても，それぞれ分布する植生が全く異なることも珍しくない．このことは，湿原の植生分布に強く関与する環境要因が，地下水位だけでなく他にも存在することを意味している．

水質環境と植生分布

　地下水位環境の他に注目すべき重要な環境要因として，湿原の水質環境が挙げられる．その水質とは，植物の根圏層を満たす水の水質が対象であり，おおよそ地下0～30 cm程度の深さから採取した土壌水の水質を指すのが一般的である．欧米では古くから水質と植生分布に関する研究が盛んであり，なかでも，湿原生態系における最も大きな植生タイプ区分であるフェンとボッグの違いと水質の関係についてはこれまで数多くの議論がなされてきた．その一連の研究から，土壌水のpHやCa・Mg濃度において，ボッグよりもフェンで高い値を示す事例が数多く得られており，現在では一般的な傾向として認められつつある（Malmer, 1986; Wells, 1996; Wheeler and Proctor,

2000).欧米の湿原では，ボッグからフェンにかけてのCaやMgの濃度変化が，0〜200 mg/L以上もの非常に幅広い濃度レンジによって表現される（Wheeler and Proctor, 2000）.欧米では，CaやMgを多く含む母岩が広く分布するため，その母岩との接触を受けた地下水や河川水は，CaやMgを多量に含みアルカリ性を示す.そうした水で満たされる湿原（鉱水涵養性湿原）ではフェンが発達し，雨水や鉱物イオンの少ない水で満たされる湿原（雨水涵養性湿原および弱鉱水涵養性湿原）ではボッグが発達しやすいと考えられている（Wheeler and Proctor, 2000）.

アジアではこのような視点の研究例が少なく検証は遅れていたが，近年北日本における湿原群を対象とした研究によって，フェン・ボッグスケールでの湿原植生分布に関するモデルが提示されている（Nakamura et al., 2002 b）.そのモデルでは，フェンとボッグの違いが土壌水のpH環境によって表現され，フェンまたはボッグ内での群落生産性の違いは窒素環境傾度によって説明可能であることが示されている（図1）.pH環境と窒素環境による二元的構造や，フェンとボッグの分離境界がpH 5.0〜5.5あたりに位置する傾向は，Wheeler and Proctor（2000）らが提唱した欧州での湿原植生分布モデルともきわめてよく一致するなど，地域を越えた共通特性が得られている.

ところが，pHの変化に対するCaやMg濃度の変化は，欧米での傾向と大きく異なり，北日本の例ではわずか0〜5 mg/L程度の著しく狭い濃度レンジで表現された（図2）.このことは，CaやMgが乏しい環境でさえもフェンは発達することを表し，pH環境がフェン・ボッグの分布指標としてより有効であることを意味している.また，ボッグでは，立地の窒素肥沃度に関わらず，植物の窒素吸収量が常に低く制限されている状態にあることがスゲ属で報告されており（Nakamura et al., 2002c），ボッグの特徴である低pH環境下での，養分吸収に対するストレスが示唆されている.これらのことから，CaやMgの濃度環境よりもむしろ，有機酸等の酸性要素やpHと連動する何らかの環境要因による植物への影響が，フェンとボッグの植生分布機構を支えているのではないかと考えられる.しかし，その詳細機構は明らかにされておらず，今後の進展が待たれる分野である.

このように，調査や議論の対象スケールの違いにより，注目される環境要因は大きく変化する.実際にはさらにさまざまな植生と環境の対応関係が存在するが，少なくともここで取り上げた地下水位環境・pH環境・窒素環境の変異は，湿原植生変異を生み出す主要因であり，湿原植生分布機構に深く関わる重要な要素であると考えられる.

参考文献

Malmer, N.（1986）: *Canadian Journal of Botany*, **64**, 375-383.
Nakamura, T. *et al.*（2002 a）: *Ecological Research*, **17**, 109-117.
Nakamura, T. *et al.*（2002 b）: *Journal of Ecology*, **90**, 1017-1023.
Nakamura, T. *et al.*（2002 c）: *Functional Ecology*, **16**, 67-73.
Wells, E.D.（1996）: *Journal of Vegetation Science*, **7**, 847-878.
Wheeler, B.D. and Proctor, M.C.F.（2000）: *Journal of Ecology*, **88**, 187-203.

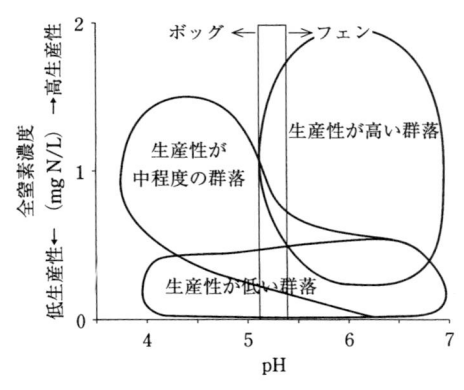

図1 土壌水のpH，窒素環境に沿ったフェン・ボッグおよび群落生産性の関係（Nakamura et al., 2002bを一部改変）

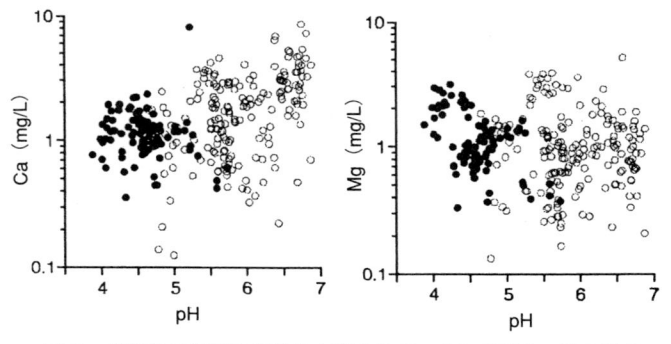

図2 北日本の湿原における土壌水のCa, Mg濃度とpHの関係（Nakamura et al., 2002 bを一部改変）
黒丸は土壌水採取地点の植生景観がボッグであることを表し，白丸はフェンであることを表す.

樹木の交配

田中健太

樹木の交配の特徴

　個体サイズが大きいこと，寿命が長いことは樹木の最大の特徴と言えるが，この特徴は樹木の交配様式とも密接に関わっている．種子植物を見渡すと主に他家受粉する植物と主に自家受粉する植物の二山分布になるのに対し，ほとんどの樹木は主に他家受粉する．この理由をまず考えてみよう．第一に樹木は，世代当たりの体細胞分裂数回数が多いために，茎頂部で生産される生殖細胞にも突然変異が含まれる可能性が高まり，近交弱勢が強くなると予想されている（石田，2001）．近交弱勢が強い場合には他家受粉が有利である．第二に樹木は寿命が長いので，送粉者が少なかったり同種開花個体密度が低かったりという理由で他家受粉が難しい年に無理に自家受粉をしなくても，余った養分を成長に回したり翌年の繁殖のために貯蔵できる．

　他家受粉を主にする植物は結果率（花当たり果実数）が低い傾向があるが，その中でも樹木の結果率はさらに低い傾向がある．その理由は良く分かっていないが，隣花受粉（個体内の花間で起きる自家受粉）が重要な要因のひとつだろう．樹木は個体サイズが大きく花数が多いので必然的に隣花受粉のせいで結果できない花が増えるだろう．そうなると，必要な果実数を確保するためには，最初からさらに余剰の花を作る必要があるかもしれない．最適な花数の問題を考えるには他にも，雄性繁殖成功度や送粉者の誘因などの多くの観点が必要である．いずれにせよ，たくさんの花をつくってその中のほんの少しだけを結果させることは，多くの樹木の特徴である．

花粉媒介法

　樹木の花粉媒介の方法には，動物媒と風媒虫媒が動物媒の代表だが，特に熱帯では鳥媒やコウモリ媒なども良く見られる．樹木に限らず，風媒の種数は動物媒に比べてはるかに少ない．風媒樹木も比較的限られた分類群にまとまる傾向があり，裸子植物，ブナ科ブナ属・コナラ属，カバノキ科，ニレ科，ヤナギ科ケショウヤナギ属・ヤマナラシ属などが代表的である．これらの樹木には，高緯度地域の針葉樹林や落葉広葉樹林で高密度の群落をつくるものが多く，高緯度になるほど風媒樹木種の割合が増える．同じブナ科でも常緑広葉樹林に分布するシイ属・マテバシイ属は虫媒だし，風媒が非常にまれな熱帯雨林では裸子植物のグネツムも虫媒である．低緯度では面積当たりの樹木種数が多く，したがって同種当たりの個体密度が低いため，でたらめに花粉を運ぶ風よりも花を目がけて移動してくれる動物のほうが花粉散布に有利なのだろう．

送粉者

　花粉を運ぶ動物を送粉者と呼ぶ．動物媒の主役である昆虫の中でも膜翅目・鞘翅目・鱗翅目・双翅目などが主だった送粉者である．とりわけ膜翅目のハナバチ類は，生活史を通じて蜜と花粉だけを栄養源とする一方で多くの植物の主要送粉者となっており，顕著な共生関係を結んでいる．幼虫に給餌する必要があるため訪花頻度が高い上，学習能力が高く採餌効率の高い植物を選んで訪花するため同種植物個体間を続けて訪花する割合（忠実度）が高いことから，植物の他家受粉に都合がよい．逆に虫の側からすると，花数の多い樹木は重要な餌源である．植物と送粉者の対応関係は1：1から多：多までさまざまだが，ある程度限られた分類群の複数種の動物に送粉される植物が大半である．ある植物への寄与度は送粉者種間でばらつくのが普通で，さらに，場所や年によっても変化する．

花粉散布距離と子の適応度

　多くの植物が，送粉者を誘引するための花蜜・花弁・香りや，自家受粉や近隣個体との交配に必要と思われる以上の大量の花粉を生産するよう進化している．なぜ，このようなコストをかけて花粉を飛ばすのだろうか．雄性繁殖成功度の最大化，他家受粉の意義（矢原，1992），遺伝子分散の意義などさまざまな問題が関連するが，ここでは特に花粉散布距離と子の適応度の関係について

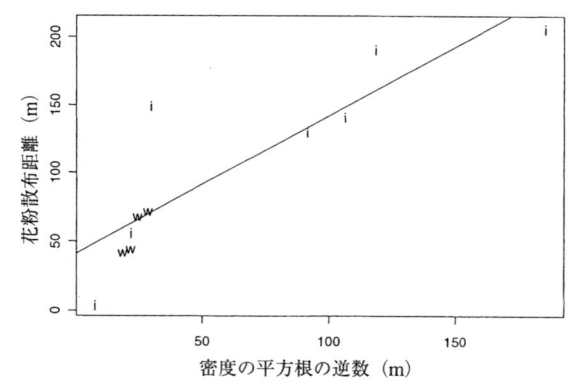

図1 さまざまな樹木の、密度の平方根の逆数と花粉散布距離の関係

i は虫媒, w は風媒の樹木を示す. 回帰直線は, $y = 1.015x + 40.482$ ($R^2 = 0.769$, $p < 0.001$). 元データの出典は紙面の都合上示せないので, 著者までお問い合わせいただきたい.

考えてみよう. 花粉散布距離が0となる極端な場合が自家受粉だと言える. 自家受粉だけを行なうならば花粉散布のコストを最小限に減らすことが可能で, 極端な例として, きわめて小さな花弁が閉じたまま少数の花粉が確実に自家受粉する「閉鎖花」が多くの草本で進化している. しかし, 自家受粉由来の子には近交弱勢が働く. さらに, 将来近交弱勢が働くような子に養分を与えて種子を成熟させるのは損なので, 自家花粉による受精や胚の初期発達を拒絶する自家不和合性が, 程度の差はあれ多くの植物で進化している. またさらに, 胚発生後にも養分分配の拒否や選択的な中絶が起こることがある. 他家受粉であっても, 血縁度の高い2個体間の交配では近交弱勢, 不和合性, 選択的中絶が働きうる. 植物では, 空間的に離れた個体が遺伝的にも離れているという遺伝構造が存在することが多く, 花粉散布距離が長い方が近親交配を避けるのに有利である. 実際, 遠距離個体間の交配に比べて近距離個体間の交配の方が結実率や実生生存率が下がる例が報告されている. では花粉を遠くに飛ばすのが常に有利かというとそうでもなく, 異なる生息場所に適応している個体との間では遠交弱勢が起こることも知られている.

花粉散布距離はどのように決まるか

花粉散布距離は送粉者の種類や花粉媒介法によってどう変わるのだろうか. 花粉の物理的な散布距離は, 特定の個体の花粉に蛍光色素を混ぜて色素を追跡する方法や, 花粉トラップ法によって調べられる. 一方, 受精以降の段階で現実に達成された花粉散布距離は, 種子や実生の遺伝子型を調べて親を判別することで調べることができる. 後者の方法で調べた花粉散布距離と成木密度の関係 (図1) を見ると, 成木密度の平方根の逆数 (隣接個体間距離の指標) と花粉散布距離の間に明瞭な正の直線関係があり, 隣接個体が遠くなるほど花粉がよく飛んでいることが分かる. 虫媒の方が花粉散布距離が長い傾向があるが, これは単に虫媒の植物の方が密度が低いということだけで説明がついてしまう. 個体密度というものは種特性としておおむね定まっている. その個体密度の制約の下で十分な交配範囲を保証するような花粉媒介法が, 高密度なら風媒, 低密度なら長距離飛行する送粉者というように進化的に選ばれてきたのだろう.

参考文献

石田 清 (2001): 森の分子生態学 (種生物学会編), 文一総合出版.

矢原徹一 (1995) 花の性―その進化を探る, 東京大学出版会.

樹木の強度を調べる   小泉章夫

　木材の組織構造は中空の仮道管・木部繊維やセルロースに配向性をつけた壁層構成といった特徴をもっており，軸方向では重さの割に非常に強い．そのため加工性や強度にすぐれ，住宅部材をはじめ，さまざまな用途の構造材料に利用されている．この大きな比強度は，陸上に進出した維管束植物が空間に枝葉を展開していった過程で，重力に抗って樹体を支え風や積雪の外力に抵抗するために獲得した合理的な組織構造に由来するのである．それぞれの樹種が生育する環境や外力に対する戦略によって樹幹の強度や剛性も違ってくるだろう．たとえば，つる植物は木本であっても剛性は小さくてよいはずである．

　このように樹木と木材の両面から見て，樹木の強度を調べる意義を2つ挙げることができる．1つは外力に対する抵抗特性を調べて，風害などの防除に役立てることである．外力による樹木の破壊形態は根系の根返りと樹幹の幹折れに大別できるが，特に根系のモーメント抵抗機構はモデル化が難しい上，剛性・強度の実測データも少なく，実験の積み重ねが望まれる．

　もう1つは樹幹の材質評価を造林木の材質育種や等級区分に役立てることである．遺伝と環境（立地や施業）が材質に及ぼす影響を評価することによって，材質改良における育種や施業の効果を明らかにすることができる．樹幹の材質は樹木を伐採することなく測定できるヤング率（弾性率）を指標にする．これまでにスギやカラマツを中心に樹幹ヤング率の測定を行った結果では，ヤング率は年輪幅などの成長形質に比べて環境の影響を受けにくく，遺伝変異が大きいことが示されている．とくにクローン内の変異はきわめて小さく，同一クローンの試験地間の相関は大きいこと，また，実生造林地における林分内のヤング率の変動係数は12％程度と比較的小さく，等級区分のロットとして林分が適当であることが示されている（小泉，1998）．

　ここでは，根系の転倒モーメントと強度の指標となる樹幹のヤング率，および木材の密度の評価方法について概説する．

根系の耐力

　荷重は図1のように樹幹の適当な高さにワイヤーをセットし，チェーンブロックなどで引張力をかける（小泉，1987）．計測は，耐力を評価するだけなら，ロードセル（歪ゲージを利用した検力計）をワイヤーにセットして引張荷重を測るだけでよい．

　根系の回転剛性を測定する場合は樹幹の少なくとも2点（例えば地際付近と加力点）に標識を設け，その水平変位を巻き取り式の変位センサーやトランシットで読み取る．このようにして測定したモーメントと根系の回転角の関係から，根系の剛性や転倒モーメントを算出することができる．剛性と転倒モーメントの相関が十分に大きければ，剛性試験のみによって非破壊的に転倒モーメントを予測することも可能である．

樹幹のヤング率

　林木のヤング率測定法としては，曲げ試験によって静的ヤング率を求める方法と，応力波の伝播速度から動的ヤング率を求める方法がある．

　1）立木曲げ試験　立木曲げ試験の器具を図2に示す（小泉，1987）．実験は器具を樹幹から吊り下げてあてがうだけの非破壊試験である．試験者が荷重棒から吊したアブミに載ることで樹幹にモーメントを加え，これによって生じる微小な曲げ矢高を測定する．樹幹ヤング率は，体重，曲

図1　立木の引き倒し実験

図2 立木曲げ試験の方法

げ矢高，樹幹直径，樹皮厚から計算することができる．樹幹ヤング率は樹幹の外側の材質に重みがついているので，約20年生以上であれば，成熟材のヤング率を知ることができ，これから生産される材の評価としては好都合である．これまでに立木曲げ試験によって，造林木数樹種の林分内変異，カラマツ精英樹のクローン内・間変異，家系内・間変異，種子産地間変異，林分環境の影響，間伐がスギのヤング率に及ぼす影響などが報告されている．

2) 応力波測定試験 丸太や製材では縦振動法によってヤング率を測定することが多い．木材の打撃音の波形をFFTアナライザで解析して固有振動数を求め，ヤング率を算出する方法である．樹木は振動モードがわからないので，縦振動法は使えない．その代わりに樹幹を叩いて生じる応力波や超音波の伝播速度からヤング率を求める方法が試行されている（小玉，1990）．この方法では樹木の内部腐朽診断用に開発されたFakoppや超音波を用いたSilvatestなどの製品を利用することもできる．

応力波の伝播速度はヤング率と密度の比の平方根で表されるので，伝播経路にあたる材の密度が

わかればヤング率を決定できる．問題は材の密度が不明なことである．このため，ヤング率の代わりに測定した音速（伝播速度）をそのまま材質指標とすることが行われている（池田・木野，2000）．同一林分内で同一時期の測定であれば，密度のばらつきは小さいと考えられるからである．

密度

木材の密度（比重）は細胞壁実質の割合を表すもので，ヤング率をも含めた力学的性質の優れた指標である．ただし，密度は無欠点部分で評価しなければならない．供試材が節やあて材などの欠点を含む場合，密度と強度の関係が一定ではないからである．たとえば，節を含む材の密度は大きいが，ヤング率や強度は小さい．

今のところ，信頼できる精度で立木の密度を測るには木部の一部を採取するしか方法がない．成長錐によって直径5mm程度のコアを採取するのは比較的樹木のダメージが少ない方法である．成長錐コアは浮力法などによって容積を求めて密度を実測できるほか，軟X線デンシトメトリ法によって年輪内の密度分布を推定することもできる．

より簡便な密度推定方法としては，電柱の腐朽度判定などに使われるピロディン（Pylodin）を利用する方法がある（Cown, 1982）．これは直径2.5mmの鋼棒を一定の力で樹幹へ打ち込み，その貫入深さから辺材部の密度を推定する方法である．また，樹木の腐朽診断に用いるレジストグラフ（Resistograph）によっても樹幹内の密度分布を推定することができる．これは直径1〜2mmのドリルによって木部を一定速度で穿孔し，そのトルクを連続的に記録する機械で，早晩材の密度差などの精度の高い計測が可能である．

参 考 文 献

Cown, D. J.（1982）: *FRI Bulletin*, **13**, 1-9.
池田潔彦，木野直樹（2000）: 木材学会誌，**46**, 181-188.
小玉泰義（1990）: 木材学会誌，**36**, 997-1003.
小泉章夫（1987）: 北海道大学農学部演習林研究報告，**44**, 1329-1415.
小泉章夫（1998）: 木材工業，**53**, 206-211.

樹木の近親交配と近交弱勢　　　　　　　　　　　　　石田　清

植物は固着性の生物であり，能動的に交配相手を選ぶことができないため，兄弟・親子が隣り合って生育している時や交配相手が少ない時に近親交配が生じる．特に雄と雌の性を両方とも持つ雌雄同株の種では，自家受粉で受精し種子ができるという，究極の近親交配といえる自殖が生じる場合もある．このような近親交配は，ほとんど全ての植物種で子孫の生存率と繁殖量を減少させる．この現象は近交弱勢と呼ばれ，自殖した時に最も強く現れる．なかでも木本は近交弱勢が強く現れるグループであり，このために自殖を避ける形態的・生理的な仕組みや開花の仕方・性表現が進化・発達している．しかしながら，この仕組みがあまり効果的でないために部分的に自殖を行う木本種は多い．また，自殖を回避できても兄弟・親子間の近親交配は避けられないことが多い．このために，樹木がどのようなときにどの程度近親交配を行い，それが繁殖や個体群動態にどのように影響しているのかを解明することが森林生態学や保全生物学の課題となっている．ここでは強度の近親交配である自殖に的を絞り，温帯産の木本種を中心に近親交配と近交弱勢の実態を概観するとともに，近交弱勢の視点から小集団の絶滅について考える．

自殖の実態

雌雄同株の木本は，他個体との交配を主体とした繁殖を行うグループであり，一部の草本種のように自殖主体で繁殖する種は見られない（石田，2001）．これまでの研究によると，40％以上の自殖率（自殖種子の割合）を示す木本種は少数であり，半数以上の種が20％以下の自殖率を示す．木本種の自殖性は分類群によって違いがあるようであり，例えば，ユーカリ属は半数以上の種が20％以上の自殖率を示すが，マツ属では大半の種が20％以下の自殖率を示す．バラ科などの一部の木本種は自家不和合性と呼ばれる性質を持ち，柱頭や花柱などで自家花粉を識別し，その発芽や花粉管の伸長を抑制するため，ほとんど自殖しない．

雌雄同株の木本種には，自殖をもたらす自家受粉を避ける仕組みを発達させているものが多い．そのような仕組みとしてよく見られるものには，雄ずいと雌ずいが機能する時期がずれるという雌雄異熟の開花様式や単性花（雄花と雌花）が挙げられる．しかしながら，これらの仕組みは1花内で生じる同花受粉を避けることには役立つものの，同じ個体の花から花へと自家花粉が運ばれて生じる隣花受粉を避けられない場合が多い．虫媒の両性花を咲かせる高木種ホオノキは，1つの花についてみると雌ずいが雄ずいよりも先に機能するために同花受粉しないが，半数以上の種子が隣花受粉で作られている（Ishida *et al.*, 2003）．風媒/虫媒の亜高木種アオダモも，両性花の花序に袋をかけるとほとんど結実しないが，花序間で隣花受粉が生じており，1〜31％の種子が自殖で作られる（Ishida and Hiura, 2002）．これら2種の自殖率は個体密度が低い場所ほど高く，交配相手が少なくなると隣花受粉の割合が高まるといえる（図1，図2）．一方，虫媒の木本種には，昆虫に訪花されなくても自家受粉して結実するものがある．北海道で行われた野外実験によると，花に袋をかけても10％以上の結実率を示す低木・亜高木種が4割近くあり（紺野ほか，1999），送粉昆虫が欠乏しても自家受粉できる種がかなりあるこ

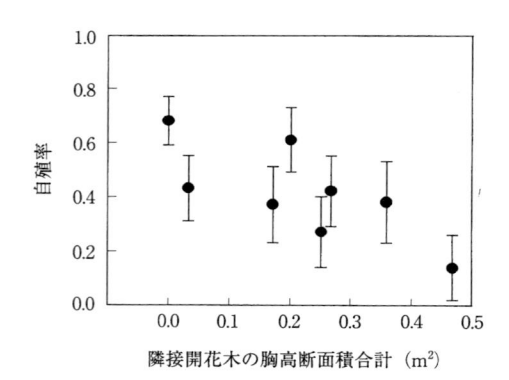

図1　ホオノキの自殖率と半径25 m以内の開花木の胸高断面積合計との関係
各点と誤差線は，1母樹の推定値と標準誤差を示す．隣接開花木の胸高断面積合計が大きいほど母樹周辺のホオノキの花密度が高い．

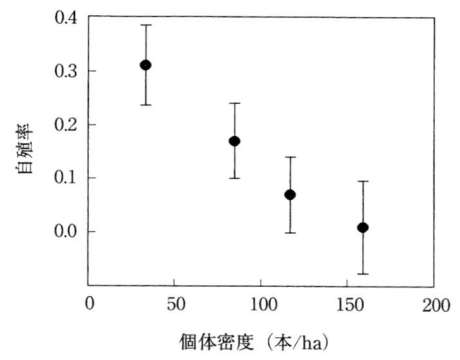

図2 アオダモの自殖率と個体密度の関係
各点とその誤差線は，1集団の推定値と標準誤差を示す．

とが示唆される．以上のように，雌雄同株の木本種は平均値でみるとそれほど自殖していないようにみえるが，交配相手が少ない場所や送粉昆虫が欠乏したときに高頻度で自殖している可能性がある．

種子生産と生存に及ぼす近親交配の影響

木本の近親交配は，全ての生活史段階で子孫の生存率と成長量を大きく減少させる．例えば，ホオノキの自殖は，結実率，発芽率，発芽実生から成熟個体に至る生存率を他個体と交配した場合に比べてそれぞれ76％，41％，83％減少させる（札幌市の個体による推定値；石田，2001；Ishida et al., 2003）．これらの値に加えて自殖率も測定できれば，自殖が原因で死亡する実生・幼樹の割合を推定できる．このホオノキの場合，自殖率は59％であり，発芽直後の実生に占める自殖実生の割合は35％となるので（0.59×[1－0.41] = 0.35），29％の実生・幼樹が自殖による近交弱勢で死亡していると推定される（0.35×0.83 = 0.29；他の要因による死亡が近交弱勢よりも先に生じる場合は，その要因で死亡しなかった実生の29％が近交弱勢で死亡することになる）．同様の方法で，受精直後～種子および種子～発芽種子の生活史段階で近交弱勢によって死亡する子孫の割合は，それぞれ65％，24％と推定される．この事例のように，高頻度で自殖している木本種

の集団では，かなりの子孫が近交弱勢で死亡していると考えられる．自殖のみならず兄弟・親子交配による近交弱勢も子孫の生存と繁殖に影響していると予想されるが，その実態は明らかにされていない．

小集団の絶滅リスクを高める近交弱勢

近交弱勢は，劣性有害遺伝子が主な原因となって生じる（石田，2001）．劣性有害遺伝子はホモ接合体になると有害効果が顕著になるという性質を持ち，その一方で近親交配は子孫に占めるホモ接合体の頻度を高めるという作用を持つために，近親交配によって子孫の生存率や繁殖量が減少するのである．ホモ接合体の頻度は，集団当たりの個体数が少ないときにも遺伝的浮動と呼ばれるメカニズムを介して世代を重ねるごとに増加していくため，小さな集団でも劣性有害遺伝子によって子孫の生存率や繁殖量が減少すると予想されている（鷲谷・矢原，1996）．遺伝的浮動は近親交配の程度も高めるため，この現象も近交弱勢とみなされており，長期的にみれば，孤立化の程度が高くて繁殖個体数が少なく，ホモ接合体の有害効果が小さい集団（弱有害遺伝子が近交弱勢の主要因となっている集団）ほど，劣性有害遺伝子による死亡率が高くなると考えられている．この近交弱勢は，繁殖個体数が50個体以下になると顕著となり，そのような集団の絶滅リスクを高めている可能性がある．したがって，開発などで個体数が減少している希少種の絶滅リスクを評価する時には，自殖や兄弟・親子交配による近交弱勢の調査に加えて，種子・花粉による集団間の遺伝子流動や繁殖個体数，劣性有害遺伝子についての検討も欠かせない．

参考文献

石田　清（2001）：ホオノキが語る近交弱勢の謎．森の分子生態学（種生物学会編），文一総合出版，pp.39-58.
Ishida, K. and Hiura, T.（2002）：*Heredity*, **88**, 296-301.
Ishida, K. et al.（2003）：*International Journal of Plant Sciences*, **164**, 729-735.
紺野康夫ほか（1999）：野生生物保護, **4**, 49-58.
鷲谷いづみ，矢原徹一（1996）：保全生態学入門，文一総合出版．

樹木の遺伝的改良　　　　　　　　　　　　　　　　　門松昌彦

　遺伝・育種学では，人間も含め，動植物のもつ形や機能などで，直接観察できる性質を表現型と呼んでいる．この表現型は次式で表すように，遺伝と環境の影響を受けている．

$$表現型 = 遺伝子型 + 環境$$

遺伝子型とは，遺伝子記号でAAというように表されるホモ接合体や，Aaと表されるヘテロ接合体といった遺伝子の組み合わせである．

　環境による影響は一時的なもので，親に現れた環境の効果は原則的にその子供には出ない．つまり，親に適切な光や温度の管理を行い，施肥をして，きれいな花が咲き野菜の収量が上がったとしても，子供で管理を怠ればよい結果は望めない．一方，ある品種で最善であった環境条件が他の品種でも適切であるとは限らない．品種には遺伝的違いがあるからである．

　人間は自分たちに都合がよくなるように自然を変えてきている．ある時は必要以上に手を加えすぎ，それがフィードバックし人間にかえって不都合な世界をもたらしている場合もある．しかし，不都合を調整しつつも，自然を利用していく基本的方向性には変わりはないであろう．以下，樹木の遺伝的改良について述べるが，対象の寿命が長く環境の制御が困難であることを除けば，改良方法は農作物などと大きな違いはない．

遺伝的改良法

　遺伝的改良の根幹は，種の持つ遺伝変異の中から育種目標にあった個体を抽出することにあるといえよう．言い換えれば，人間の要望に沿う個体をフィールドから見つけ出す，または新たに作り出した遺伝変異の中から好ましい個体を選ぶことになる．遺伝的改良を方法論で分ければ，前者が選抜育種で，後者が交雑育種や遺伝子組換えとなる．ここでは選抜育種と交雑育種について取り上げたい．

　1) 選抜育種　　選抜育種では，一定の目標に合致した個体を人工林または天然林から選び，接ぎ木や挿し木で増やし，採種園や採穂園をつくる．選ばれた個体は精英樹あるいはプラス・ツリー（plus tree）などと呼ばれる．

　樹木では木材としての価値がこれまで重要視されてきていたので，成長が早く，単位面積当たりの材積収穫量が多く，優良な形質を持った個体が精英樹として選ばれている．表1に北海道大学のトドマツ精英樹選抜基準を掲げておく．木材生産だけが育種目標でない例として，花粉症対策の一環である雄花が少ないスギや庭木・クリスマスツリー用のトドマツの選抜育種も行われている．後者では通称「八房トドマツ」と呼ばれる品種が登録されている．

　精英樹は環境がほぼ均一なところで生育している複数個体を比較して選ぶことが多いが，あくまでも表現型によっていることに留意すべきである．また，選抜基準に関わる形質は，ほとんどが木の大きさや樹形など量的形質で，環境の影響を受けやすい．そこで，採種園や採穂園，場合によっては精英樹そのものから得られた子供によって次代検定林をつくり，遺伝性を検討する．その結果，優良な表現型が環境の影響を強く受けていたと判断された精英樹の系統は，採種園や採穂園から除外される．採種園では人工交配を行って，どの系統間の組み合わせで優良形質が発現するかも検討する．特定の系統と交配したときに良好な成果あるいは不成績をもたらす特定組み合わせ能力と不特定の組み合わせにおいて示す平均的な能力である一般組み合わせ能力がある．採種園全体として優良な次代を得るためには一般組み合わせ能力の高い系統が望ましい．

表1　トドマツ精英樹の選抜基準（北海道大学の例）

大きさ	樹高20 m以上，胸高直径30 cm以上
形質	幹が完満，通直．樹幹の大きな傾斜などがない 腐朽やキノコの寄生がない 樹冠の直径が胸高直径の20倍以内 枝下高が高い 樹皮は平滑で，灰白色か灰色が望ましい
成長	周囲の比較木3本より直径成長量，樹高が大きい

なお，自然界においても，生育環境に不適な遺伝子型を持つ個体は淘汰され，適応した個体が選択されている．

2) 交雑育種 交雑には，種内交雑と種間交雑あるいは属間交雑がある．選抜育種の採種園で自然交配によって遺伝的改良を図ることも，種内交雑を利用しているといえよう．しかし，交雑育種では，ある1つの優れた品種や系統に他の品種や系統の特性を交配により付け加えることを目的にしていることが多い．さらに交雑育種の利点として雑種強勢（heterosis）がある．これは交配してできた次代の成長などが両親より優れている現象で，種内交雑・種間交雑を問わない．

種内雑種でできた品種として有名なものにソメイヨシノがある．これはオオシマザクラとエドヒガンの交雑から生まれた．種間雑種の例では，マツノザイセンチュウ抵抗性品種の和華松（クロマツ×タイワンアカマツ，遺伝学では母親を先に記す）やグイマツ雑種F_1（グイマツ×カラマツの第1世代）がある．後者は，北海道の民有林で非常に需要が高い雑種である．カラマツは初期成長は速いが，エゾヤチネズミの食害を受けやすい．一方，グイマツは初期成長がカラマツに劣るが，耐鼠性を持つ．グイマツ雑種F_1は，初期成長がグイマツより良好で耐鼠性が高いという，親の両種の長所を兼ね備えている．さらに，幹の通直性では育種改良されたカラマツより勝り，スギに匹敵する．

グイマツ雑種F_1はカラマツとグイマツを混植した採種園で生産される．どちらの種も雌花と雄花をつける雌雄同株であり，どちらからも採種することは可能である．しかし，同種の花粉も受粉しているため，球果には雑種F_1の種子と同種の種子が混在する．種子で見分けることは困難であるため，播種し育苗段階で雑種を選別する必要がある．グイマツを母樹とした場合，苗高と冬芽形成日と枝の分岐数が雑種F_1と純粋なグイマツとでは大きく異なるため，カラマツを母樹とする場合よりも雑種F_1の選別が容易である．このため，グイマツの母樹から採種する．グイマツ雑種F_1にも遺伝変異がある．カラマツとグイマツの各系統の組み合わせのなかから特に優れた雑種家系が

選ばれ，東京大学演習林の「東演1号」，道立林業試験場の「グリーム」，林木育種センターの「北のパイオニア1号」が品種登録されている．

自殖性植物では世代を重ねて交配を続ければ遺伝子型のホモ化が起きるが，他殖が基本である樹木では近交弱勢が起こるためホモ化による形質の固定は容易ではない．また，量的形質には多くの遺伝子が関与するため，雑種第1世代でほとんどの個体がヘテロである．したがって，雑種第2世代では遺伝子型の分離が起こる．また，樹木の種子生産には豊凶があるため，雑種第1世代の形質を維持して多量に安定供給するには，挿し木や組織培養といった栄養繁殖を行わなければならない．

おわりに

育種目標が単純であるほど，高度の育種技術が用意されているほど，次代検定が早くできればできるほど，樹木の遺伝的改良は容易である．ちなみに次代検定を早期に行えるよう，ハウスを利用した交雑も行われている．

遺伝的改良には遺伝資源の保存が重要である．育種を重ねていくうちに，新たに導入したい形質を支配する遺伝子が現有している品種・系統から脱落してしまうことがある．育種を進めるには，このような遺伝子を持つ個体を天然林や人工林から改めて探してこなければならない．そこで，あらかじめ遺伝資源保存林を指定している．地域性があり，遺伝的多様性を保持するため，さまざまな樹種について複数箇所で保存されている．国有林では300か所以上の遺伝資源保存林が指定されている．さらに，生化学的手法による遺伝変異の分析や産地試験による遺伝資源の評価も進められている．

参 考 文 献

北海道林木育種協会（1997）：北海道の森林づくりと林木育種．
工藤　弘ほか（1976）：演習林業務資料，**16**，63-129．
林野庁林木育種センター（1997）：21世紀の緑はぐくむテクノロジー，林木育種協会．
戸田良吉（1955）：林学講座 林木育種，朝倉書店，p.107．
東京農工大学農学部林学教室（1971）：林業実務必携，朝倉書店．

森林の動態

森林の遷移

清和研二

　北海道の有珠山が1977年に噴火した．噴火1年後の植生の状況を調査するため研究室の先輩たちと一緒に有珠山に入った．膨大な火山噴出物が厚く堆積し一面灰色の世界であった．木々は幹と太い枝だけを残し立ったまま枯れていた．太い幹が途中で折れているものも多かった．さらに歩くと，イタヤカエデやミズナラが太い枝や幹から不定枝を出し，葉を広げている所があった．噴火のような強烈な自然の攪乱があっても，いつしか植物が侵入し植生が回復していく．その過程は根気強い長期の観察によって初めて明らかになる（「有珠山の復活を調べる」参照）．

　このような火山の噴火，または氷河の融解，泥流，大洪水などによって新しくできた何もない裸地に植物が侵入し，しだいに優占種や種組成が変化し森林が成立していく．この過程を森林の一次遷移という（菊沢，1999）．また，台風や山火事，地滑りなどによって，すでにあった森林が破壊・攪乱された後から始まる遷移を二次遷移という．二次遷移では種子や根系など繁殖器官が土壌中に残っており，それらがその後の遷移過程に大きく影響する．有珠山においても噴火後に樹木が生き残っていた場所から始まる遷移は二次遷移とみるべきだろう．いずれの遷移系列でも，森林は最終的には安定した極相に到達する場合が多い．これは森林の遷移が進行するにつれ耐陰性の低い遷移初期種（先駆種）が，耐陰性の高い遷移後期種（極相種）に置き換わっていく過程でもある（「攪乱と生物多様性」参照）．

種子サイズと遷移

　カンバ類，ハンノキ類，ヤナギ類などは山火事や台風，洪水などによる攪乱の跡地で更新する先駆種である（「樹木の発芽を調べる」参照）．先駆種の種子（タネ）は軽くて風や水によって遠くに運ばれやすい形をしている．膨大な量の小種子が生産され，広く遠くに散布される．自然攪乱はどこで起きるのか予測が不能なため，小種子多産は定着適地への到達頻度を上げるために進化した1つの生存戦略だと考えられている（菊沢，1999；清和，2004）．先駆種は弱光下での光合成能力が低いため，暗い林内では実生の成長が悪く死亡率も高い．しかし，大きな攪乱跡地など明るい場所では，最初小さな子葉を展開し，その後，順次大きな葉を展開していき個体としての光合成能力を高めた後，旺盛に上長伸長する．その結果，小種子をもつ樹種では初期成長量は小さいものの，発芽当年の秋にはトチノキやミズナラなど大種子とほぼ同等以上の樹高を獲得することができる（Seiwa and Kikuzawa, 1991）．

　小種子由来の小さな実生は強光利用型の葉を光のよく当たる頂端部に展開し続け，被陰され老化した基部の葉を次々に落とすことによって高い光合成能力を生育期間中維持し続けるのである（菊沢，2005）．したがって，小種子を持つ樹種ほど葉の回転率が高く，葉の寿命の短い傾向がある（図1）．さらに実生の時だけでなく稚樹も旺盛な樹高成長を続けることによって，光を巡る競争の厳しい遷移初期の環境での定着を容易にしているものと考えられる．

　一方，発達した森林で更新する極相種のトチノキ，ブナ，ミズナラの種子は大きく，ネズミ・リスなどに運ばれ暗い林内に埋められることが多い（菊沢，1999）．貯蔵養分の多い大種子は，散布者への報酬となり散布を容易にする（「動物による種子の散布」参照）．また，短期間に大きく伸長するため厚く堆積した落葉層を突き破って地表面に出現しやすい．春に急伸長すると同時に大きな

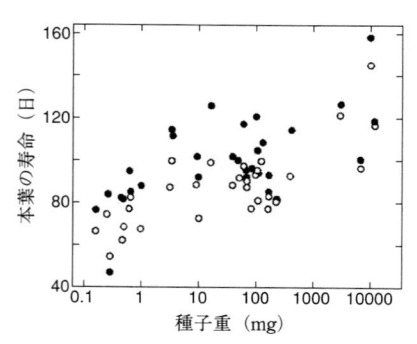

図1　落葉広葉樹31種の当年生実生の葉の寿命と種子サイズとの関係
○：開放下，●：被陰下．

葉を一斉に開き，秋に一斉に落とすので個々の葉の寿命は長い（図1）．これらの葉は自己被陰を避ける配列をし，暗い所での光合成能力が高い．また，虫や齧歯類などに食害されても，種子（子葉）や根からの養分の補填で実生の回復を容易にしている．したがって，発達した森林など遷移後期のハビタットで更新する樹種は大種子を持つものが多く，ギャップなど遷移初期のハビタットでは小種子を持つ樹種が多い．この関係は温帯・熱帯を問わず広く知られている（清和，2004）．

ギャップ動態

遷移が進んだ極相林がいつまでも安定した構造を持ち続けるわけではない．菌類などに侵された成熟個体が立ち枯れしたり，台風によって幹が折れたり，根返ったりして林冠や林床の破壊が起きることがしばしばある（図2）．このような自然攪乱によって森林内にできた隙間をギャップ（林内孔状地）と呼ぶ．したがって，極相林は平面的に見ると，破壊されたばかりのギャップの部分，稚樹が林冠を目指して成長しギャップが修復されつつある部分（建設層），そして成熟した部分（成熟層）といった発達段階の異なる小さなパッチがモザイクを作っているように見える（Yamamoto, 2000）．ギャップの形成は林床の光環境を著しく改善し，種子発芽を促し，さらには新しく発芽した実生やギャップができる前に更新していた前生稚樹の成長を大きく促進する（菊沢，1999；Yamamoto, 2000）．

しかし，日本の森林の林床には矮性の竹であるササ類が優占する場合が多い（「森林の更新とササの生活史」参照）．特にギャップができるとササはいち早くそこを占拠し，樹木の更新を大きく阻害する．例えば，ブナ林のギャップで繁茂するチマキザサは7～8mもの長い地下茎を持ち，ギャップだけでなく暗い林内にまたがって生育している．チマキザサは，ギャップで不足する水分・養分を林内で取り込んで，地下茎を通じてギャップで展開する葉に送り込みそこで盛んに光合成を行う．その光合成産物を逆に林内に送り暗い林内でも繁茂していると考えられる（Saitoh et al., 2000）．1つの個体がギャップと林内にまたがることにより，それぞれに足りない資源を補い，個体全体としては，ギャップだけ，または林

図2　成熟した落葉広葉樹林におけるギャップ

内だけに分布するよりも大きく成長し，広く繁茂している．そのため，ギャップ周辺にはササがはびこりやすく，日本の森林ではギャップでの樹木の更新が容易でない所が多い．

季節的なギャップ

熱帯多雨林など常緑樹林の林床は年中暗い．したがって，実生や稚樹の成長はギャップ形成による林冠の破壊に大きく依存している．しかし，温帯の落葉広葉樹林では，光環境の好転は林冠ギャップだけでなく，実生や稚樹と林冠木との展葉タイミングのズレによっても起こることが知られている（Seiwa, 1998）．下層の個体が上層の林冠木より春早く葉を展開し始めることによって，春先に大量の光量子を獲得できるからである．ブナの天然更新にも展葉タイミングの階層間のズレが大きく影響している（Tomita and Seiwa, 2002）．よく知られているようにブナの成木はまだ雪の残るうちに開葉し（図3），落葉時期も遅い．したがって，ブナ成木の下では，ブナの稚樹は春から秋までの生育期間中被陰され続けることになり，成長できず若齢で死んでいく（図4）．しかし，ミズナラやホオノキなどはブナに比べ，開葉時期が遅くかつ個葉もゆっくり成長するので，それらの林冠下では春先しばらく明るい状態が続く（図3, 4）．雪解けとともに開葉したブナの稚樹は陽光を十分に受けることができ，次世代を担うサイズに育っている（図4）．

ブナ樹冠下

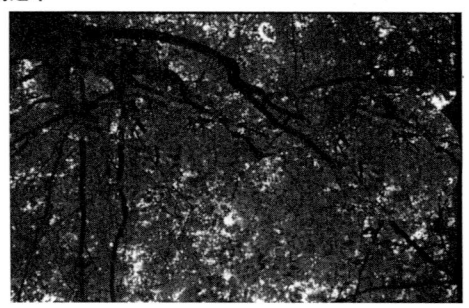

ホオノキ樹冠下

ミズナラ樹冠下

図3 栗駒山ブナ天然林における季節的なギャップ
5月18日，ブナはすでに葉を展開し終え林床は真っ暗であるが，ホオノキとミズナラは展葉し始めたばかりで林床は明るい．

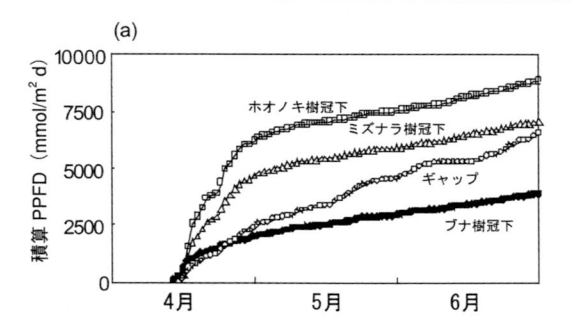

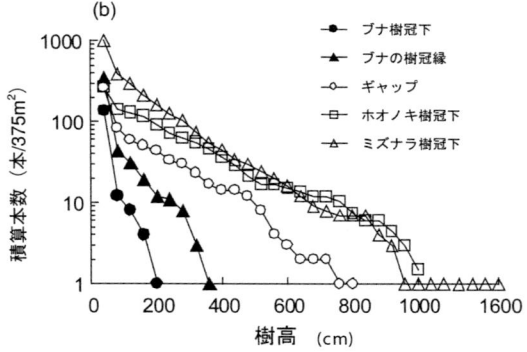

図4 栗駒山ブナ天然林における季節的なギャップにおける積算光量(上)とブナ稚樹の更新状況(下)

このように下層の稚樹などが春先の光を利用できる場所をフェノロジカルギャップ（phenological gap）または季節的なギャップ（seasonal gap）と呼ぶことがある（Yamamoto, 2000；小山ほか，2001）．しかし，このギャップは全ての下層木に好適な場所ではない．光環境の好転は展葉の遅い林冠木と発芽・展葉の早い下層の実生・稚樹などの階層間の展葉時期のズレが生み出す一時的なものであり，個々の樹種間の相対的な関係としてとらえるべきである．いずれにしても温帯の落葉広葉樹林では，必ずしも林冠の破壊によるギャップ形成がなくとも，階層間で展葉タイミングのズレ があれば，下層への樹木の侵入・定着が進行し，階層間の樹種の置き換わり，すなわち遷移を促進するといえる．種間の展葉タイミングの違いは樹木の遷移系列における地位（successional status）を決める大きな要素である．

森林動態と種多様性

日本の森林は複雑な地形に成立し，さらに大小のギャップが形成されるため，場所によって栄養塩の濃度，水分，光条件などが大きく異なる．したがって，それぞれの無機環境の勾配に個々の樹種がどう応答するのか，さらには応答の仕方が樹種間でどの程度違うのか，といったことが森林の動態や種多様性に大きく影響する．温帯林ではこのような非生物的な要因（abiotic factor）に関しては多くの研究が行われてきたが，近年，森林の動態には生物的な要因（biotic factor）が密接に関わっていることが多くの研究から明らかになっている（「動物による種子の散布」参照）．例えば，花粉を運ぶ昆虫類，種子を散布し捕食する齧歯類や鳥類，土壌中の栄養塩吸収を助ける菌根菌や逆に種子や実生を枯死させる病原菌など，動物

や微生物は森林の動態と密接に関連している．近年では，これらがどのような空間スケール（パッチサイズ，樹木の密度，樹木からの距離）および時間スケール（樹木の生育段階，森林の発達段階）で森林の動態に関わっているのかが重要な課題となってきている．ここでは，温帯林の動態を解析する上で大いに参考になると考えられる熱帯林生まれの2つの仮説とその実証例について紹介する．

1）ジャンゼン-コンネル仮説の温帯林における検証　熱帯のコスタリカで実生の生残調査をしていたジャンゼンは，面白いことに気づいた．母樹の下では種子が沢山散布され実生も数多く出現するが，時間とともに，そのほとんどが虫などに食われて死んでしまう．ところが，母樹から遠くはなれた所では芽生えた実生の数は少ないが，そのほとんどが生き残る．彼は，このような現象が熱帯の樹木で広く見られるならば，熱帯林の種多様性を説明し得るのではないかと考え "Herbivores and the number of tree species in tropical forests" と題する論文を 1970 年に *American Naturalist* 誌に発表した（Janzen, 1970）．この論文は現在引用回数ほぼ 1000 回を数え，森林の動態や多様性の研究に大きな影響を与えている．

この仮説は図5のようなものである．親木に近いほど種子や実生の密度が高いが，同時にそれらに依存する種特異的な病原菌や植食者などの天敵による死亡率も高くなる．結果的に生き残って更新できる個体は親木から離れたところに分布するようになり，それらの間に他の種が更新できるスペースができる．このような現象が多くの樹木で見られるならば多様な種が共存でき種多様性が維持される．これは，同じアイディアをほぼ同時に提示したコンネルと合わせて，ジャンゼン-コンネル仮説（Janzen-Connell hypothesis, 以降 J-C 仮説と呼ぶ）といわれ，熱帯林の多くの樹種で検証されており，熱帯林の種多様性の高さを説明する重要な仮説となっている．

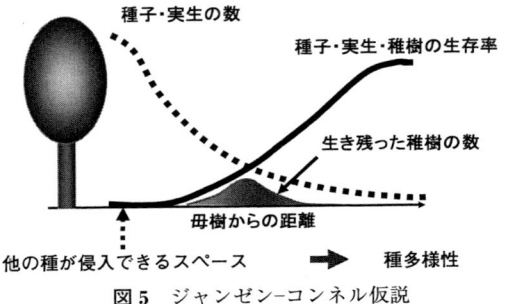

近年，北米や日本の広葉樹林でも密度や距離依存的な種子や実生の死亡が報告され始め，種多様性の低い温帯林でもこの仮説が広く成立するのではないかと考えられている（Nakashizuka, 2001；Lambers *et al*., 2002）．しかし，どのような死亡要因がどのような空間スケールで働いているのかについて調べられた例はきわめて少ない．2000 年に Packer and Clay（2000）は，北米のサクラの実生が成木下で高い死亡率を示すのはピシウム属の立ち枯れ病菌によるものであることを *Nature* 誌上に発表した．日本でも，ミズキの実生は親木に近いほど立ち枯れ病によって死ぬ確率が高いことが報告された（Masaki and Nakashizuka, 2002）．同様にブナにおいても，親木の下に落下した種子は遠くに散布されたものより病原菌による死亡率が高く（距離依存的死亡），また種子の密度の高い所ほどネズミの捕食・持ち去りによる減少率が高いこと（密度依存的死亡）が報告されている（Tomita *et al*, 2002）．その結果，種子の密度は種子散布直後の秋には母樹の樹冠下で圧倒的に高かったが翌春は樹冠外と変わらなくなった．これらは J-C 仮説を強く支持している．

しかし，これまでの研究では菌類の特定は種レベルではされておらず，外見的病徴から立ち枯れ病とみなしているにすぎない．立ち枯れ病が，もし種特異性の低いジェネラリスト（多犯性）の菌類によって引き起こされているならば，たとえ母樹から遠くに散布されても，実生密度の高い他種の成木の下で発芽した場合，密度依存的な死亡率が高くなると考えられ，J-C 仮説は成立しないだろう．Packer らはサクラの実生は他種（ナラ・カンバ類など）の下の土よりも自種（サクラ）の木の下の土を入れたポットで最も死亡率が高いことを報告しており，特定してはいないが種特異的な立ち枯れ病菌が存在することを示唆している（Packer and Clay, 2000）．しかし立ち枯れ病菌は小さな実生は枯死に至らせるものの個体が大きくなると感染するだけで影響は小さいといわれている．したがって，今後，J-C 仮説の検証には病原

図5　ジャンゼン-コンネル仮説

菌などが寄主特異的かどうかを明らかにするだけでなくそれらが実生だけでなくどの程度のサイズの稚樹まで影響を及ぼすのかについて調査する必要があろう．そこではじめて森林の動態や種多様性を説明するのに J-C 仮説がどの程度有効かが明らかになると考えられる．

2) 負の密度依存性による個体群サイズ安定化メカニズム　森林では限られた資源を共存する複数の種（ギルド）が利用しているため，そこでの種多様性が維持されるためには，個々の種の個体群サイズを安定化させるメカニズムが必要である（Chesson, 2000）．つまり，ある種の個体数が増加するにつれて個体の増加率を抑え，安定化させるメカニズムが働き，特定の種の寡占が制限される必要がある．このような負の密度依存性はスギやカラマツなどの同種同齢の人工林ではよく知られており，高密度林分ほど早く密度の減少が起き自己間引きと呼ばれている（菊沢，1999）．しかし，天然生林では多くの樹種が混交し，ある1つの種の個体群でも場所によってはさまざまな密度で分布しており，それぞれ部分個体群（局所個体群）の動態がどのような密度依存性を持つかこれまであまり知られていない．また，天然生林では人工林と異なり次世代の更新が起こっており，その再生産過程が成木の密度に依存するのかどうかを調べる必要がある．

最近，西ボルネオの熱帯低地林で優占するフタバガキ科樹木の一種であるショレア・クアドリネルビス（*Shorea quadrinervis*）について興味深い報告があった（Blundell and Peart, 2004）．同一個体群を成木の密度の異なる部分個体群（高密度区と低密度区）に分け，それぞれの部分個体群動態の密度依存性を調べたものである（図6（a））．この試験地では高・低密度区の間で光環境や他種の稚樹密度に違いがなく，同種成木の密度の影響だけが検出できる設計になっている．

結果を見ると，高密度区の方が小さな実生が多く見られた．これは成熟個体が高密度であるほど頻繁な花粉の交流により健全な種子が大量に生産された結果だろう．しかし，高密度区では実生が大きくなるにつれ実生先端部が激しく食害され，大きな実生ほど苗高は大きく減少した（図6（b））．一方低密度区では食害も少なく大きな実生ほど大きく成長した．その結果，成木密度が高い部分個体群ほど個体群成長率が低いといった負の密度依存性が見いだされた（図6（c））．これは，成木が高密度で分布するパッチでは他種は更新しているにもかかわらず同種の後継樹が育ちにくく，逆に，成木がまばらに分布しているパッチでは，同種の稚樹はどんどん上層林冠を目指して成長し次世代が育っていることを示している．この種で見られたような負の密度依存的な個体群動態が他の種でも見られるならば，特定の種の優占を制限することとなり種多様性が維持される．また，この研究は熱帯林の事例だが，優占種といえども寡占しない方向に向かっているという個体群

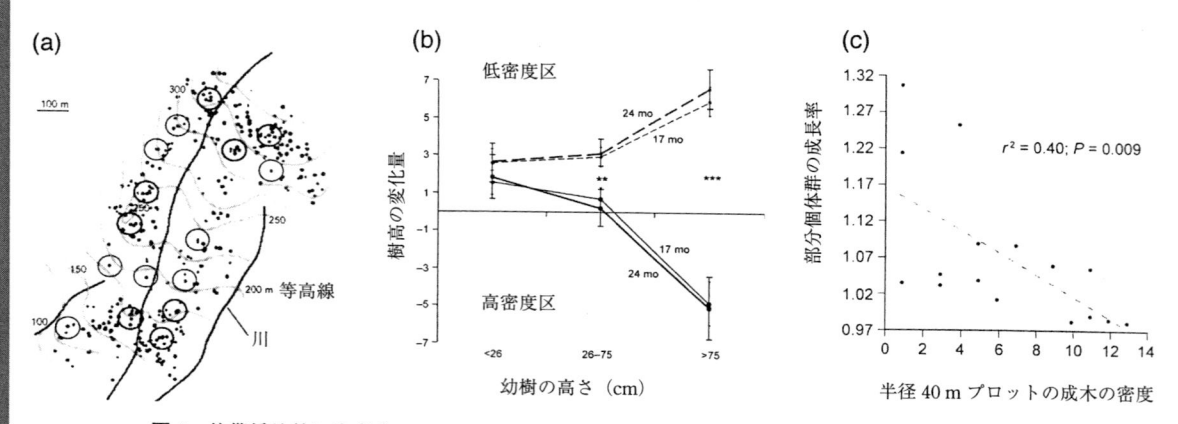

図6　熱帯低地林に生育するショレア・クアドリネルビスの成木密度の異なる部分個体群の動態
（a）試験地のデザイン：成熟した林分に設定した 75 ha 試験地の中に，成木密度の高い所（高密度区）と低い所（低密度区）をそれぞれ 8 か所選び，半径 40 m の円形プロット（0.5 ha）を設定した．（b）実生のサイズクラスごとの生長量．（c）成木密度の異なる部分個体群における個体群成長率（推移行列を用いて計算した）．

サイズの安定化メカニズムは，優占度の高い樹種が共存している温帯林の動態や種多様性の説明にも有効だと考えられる．

生活史全般を視野に入れた森林動態研究の必要性

上記の例で見られたように，成木が高密度で存在することは開花結実のステージでは正の効果を持つことが多いが，逆に種子・実生ステージでは密度依存的な死亡が見られる．つまり密度の効果は生活史段階が異なれば正にも負にも働くと考えられ，その効果は生活史全体を含めた動態パラメーターで判断する必要がある．

また，樹木の死亡確率は，その長い生活史の中で特に種子や実生の時期の死亡率がきわめて高く，大きくなるにつれてしだいに死亡率は減っていく．同時に主な死亡要因もまた個体の発達段階で変化する（Nakashizuka, 2001）．種子や実生ステージは種子捕食者などの植食動物や病原菌など生物的な要因による死亡が多いが，次第に光不足などの非生物的要因にシフトしていく（図7）．したがって，特定の生活史段階だけでなく，開花・結実から種子散布を経て，実生，稚樹，そして再び成木にいたるまでの生活史段階それぞれにおいて，どんな要因がどの程度影響するのか，それが生育場所や部分個体群密度などによってどの程度異なるのかを解析することが樹木個体群の動態や分布パターン，ひいては群集構造の決定メカニズムの解明にとって重要だと考えられる．

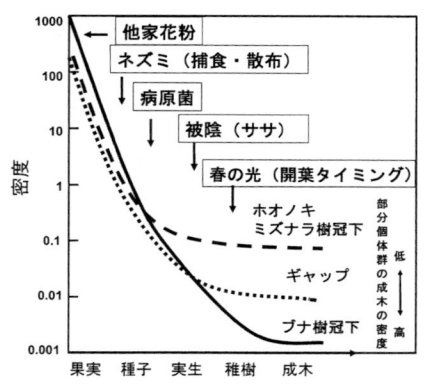

図7 ブナの生残過程と生残に影響する要因の生活史に伴う変化（富田，2002（東北大学博士論文）を改変）

栗駒ブナ天然林の1つのブナ個体群を異なるハビタットに生育する3つの部分個体群に分けて見ると，生残過程（生存曲線の形）やそれに強く作用する要因がそれぞれ異なることがわかる．

参考文献

Blundell, A.G. and Peart, D.R. (2004): *Ecology*, **85**, 704-715.
Chesson, P. (2000): *Annual Review of Ecology and Systematics*, **31**, 343-366.
Janzen, D.H. (1970): *American Naturalist*, **104**, 501-528.
菊沢喜八郎（1999）：森林の生態，共立出版，p.198.
菊沢喜八郎（2005）：葉の寿命の生態学，共立出版，p.212.
小山浩正ほか（2001）：北方林業，**53**, 254-258.
Lambers, J.H.R. *et al.* (2002): *Nature*, **417**, 732-735.
Masaki, T. and Nakashizuka, T. (2002): *Ecology*, **83**, 3497-3507.
Nakashizuka, T. (2001): *Trends in Ecology and Evolution*, **16**, 205-210.
Packer, A. and Clay, K. (2000): *Nature*, **404**, 278-281.
Saitoh, T. *et al.* (2002): *Journal of Ecology*, **90**, 78-85.
Seiwa, K. (1998) *Journal of Ecology*, **86**, 219-228.
清和研二（2004）：繁殖．樹木生理生態学（小池孝良編），朝倉書店，pp.158-182.
Seiwa, K. and Kikuzawa, K. (1991): *Canadian Journal of Botany*, **69**, 532-538.
Tomita, M. *et al.* (2002): *Ecology*, **83**, 1560-1565.
Tomita, M. and Seiwa, K. (2004): *Journal of Vegetation Science*, **15**, 379-388.
Yamamoto, S.-I. (2000): *Journal of Forest Research*, **5**, 223-229.

人為攪乱と森林の構造・動態　　　　　　　　　　　吉田俊也

伐採や植栽・保育などの森林施業は，生態学的な観点から見れば，森林を構成する動物・植物種，個体群，群集に対する「攪乱」とみなすことができる．それは直接的，あるいは環境の改変を通した間接的な効果を通して構成要素に影響する．そしてその影響は，生態系の機能や生物多様性に対して，概してネガティブであるという印象を持たれている．

なぜ，人為的な攪乱は，生態系の保全と相反しがちなのだろうか？　木材生産を目的として管理される森林においては，効率よく立木を採取するために，一般に「単純な構造」が指向されてきた．このことは我が国の森林面積の41％を占める人工造林地をイメージしてみるとわかりやすい．そこでは林冠層を構成する種はふつう単一で，樹齢や木のサイズも一様である．こうした「均質性」が，本来の自然林に備わっている多様な構造や環境条件を単純化させ，生態系の諸機能の発揮を妨げていると考えられている（Hunter, 1990）．

近年，生態系機能，生物多様性の保全を意識した森林施業への取り組みが，国際的に広まっている．わが国の森林においては，強度の差はあれ，全く人為攪乱の影響を受けていない森林はまれな存在である．しかしながら，人為攪乱下の森林が，原生的な森林と「何が，どの程度」異なっているかについて，我々は多くのことを未だ理解していない．「利用と保全の両立」を目指した管理を考える大前提として，施業が行われた森林における生態系機能，生物多様性の現況を知ることが何よりも必要である（長池，2000）．

原生的な森林に備わった固有の構成要素の数々（大径木・枯死木・倒木・垂直的な階層構造など）は，森林の動態や生物多様性の保全にきわめて重要であると考えられている（Hunter, 1990; The National Board of Forestry Sweden, 1997）．森林施業はこうした構成要素にどのような影響を与えているだろうか？　またネガティブな影響があるとしたら，いかにそれを軽減させることができるだろうか？

倒木・枯死木

従来の森林管理においては，森林の成長量を最大限にすること，また病虫害・山火事の予防の観点から，倒木・枯立木は最小限に抑えるべき存在であった．しかしこれらは多様な動植物種のハビタットとして機能していることから，生態系のきわめて重要な構成要素として認識されている．また多くの森林（わが国ではとくに北方林，亜高山帯林）では，樹木の定着サイト（倒木更新）として森林全体の動態にも大きく寄与している．木材生産は，潜在的な枯死木を系外に持ち出す作業なので，枯死木・倒木量はほぼ必然的に減少する．このことは皆伐跡地だけではなく，択伐（抜き伐り）が行われた森林でも見出されており，ハビタットとしての「質」（サイズや腐朽の度合い）にも影響することが示唆されている．倒木の重要な機能を鑑みて，北米や北欧の新しい森林管理のガイドラインでは，保全すべき枯死木・倒木量の基準が示されるに至っている（The National Board of Forestry Sweden, 1997）．基本的には，すでに枯死した木・枯死しそうな木を「残す」ことが具体的な対応になるが，もともとこうした木が少ない人工林においては，それらを人工的に創出することも提案されている（Kohm and Franklin, 1997）．

残存木

大径木は，多くの生物種のハビタットとなる大枝や空洞などの構造を持つ．また種子やリターなどの大量供給源であり，林床のプロセス，ひいては森林の動態にも大きく寄与する（図1）．こうした理解のもと，保全を考慮した森林管理においては，従来の皆伐施業を「非皆伐」に転換させる動きが，1つの潮流となっている（Kohm and Franklin, 1997）．「非皆伐」が注目される理由は，ある程度の木材生産を許容しながらも，重要な構成要素を部分的に残存させうることによっている．とくに一斉人工林において保全目的で立木を残す施業は"green tree retention"と呼ばれる．このような施業は一見，択伐のような従来の方法

と似ているが，残存木が永久的に伐採対象とならない点が決定的に異なっている．問題は，残す量とその配置である．後者に関しては，SLOSS (single large or several small) という名の議論が盛んに行われてきたが，基本的には「集中的に残す」部分と「分散させて残す」部分を組み合わせることが必要と考えられている (Kohm and Franklin, 1997)．集中的な残存は，攪乱されない林床の保全に寄与する一方，分散された残存は全体的な環境の変化を緩和する働きを持つだろう．このような機能を定量的に評価し，伐採区の配置を景観スケールで検討するため，北米を中心に大規模野外試験が始まっている．

林分構造

森林の垂直的な階層構造や樹種の混交も，多くの動物・植物種のハビタット形成に重要であることが知られている (Hunter, 1990)．人工林では，上述のように，構造・種組成とも単純であることから，近年，自然に侵入した木を意図的に残す（従来は意図的に除去されていた）ことが薦められており，その効果を実証するための研究が多く行われている．一方，本来的には，林分構造を変化させないことが意図される択伐施業においても，実際には，自然枯死や更新のプロセスをコントロールしきれないので，結果的に種組成や林分構造が長期的には大きく変化することが報告されている（図2）．多種が共存するメカニズムは生態学的に見ても興味の尽きないテーマであり，さまざまなプロセス（種子生産・散布，種間競争など）が関与している．しかし人為攪乱がそのプロセスに与えている影響については，まだ知られていないことが多い．

新しい森林施業へむけて

人為攪乱の影響は一見単純にも見えるが，実際には複数の要因が異なるパタンで組み合わさっているので，そのバリエーションは意外にも大きく，影響を一般的に論じるのは難しい（長池，2000）．地域の特性をふまえた研究成果の集積が必要であると同時に，結果を生み出す生態的プロセスを注意深く考察することが重要である．原生的な森林ですでに広く行われているような，長期大面積スケールの研究を通して，施業の影響を「攪乱」として生態学的に理解し，その地域性や特殊性，対象とする空間スケールをふまえながら一般化していくことが必要である．

自主解答問題

問．利用と保全との両立を目指した森林管理の先進地である北米・北欧諸国では，自然攪乱（台風による風倒や山火事など）の役割に注目し，それを模倣する施業が提案・実践されている．そうした施業がもたらす効果と限界について考えられることを述べよ．

参考文献

Hunter Jr., M.L. (1990): Wildlife, Forests, and Forestry: Principles of managing forests for biological diversity, Prentice-Hall.

Kohm, K.A. and Franklin, J.F. (1997): Creating a Forestry for the 21st Century: the science of ecosystem management, Island Press.

長池卓男 (2000)：日本林学会誌, **82**, 407-416.

The National Board of Forestry Sweden (1997)：豊かな森へ A Richer Forest 日本語版（神 康一ほか訳），こぶとち出版会．

図1 人工更新地の中に残る大径木（北大雨龍研究林）植生調査や種子・リタートラップの調査を行ってその機能を明らかにしている．

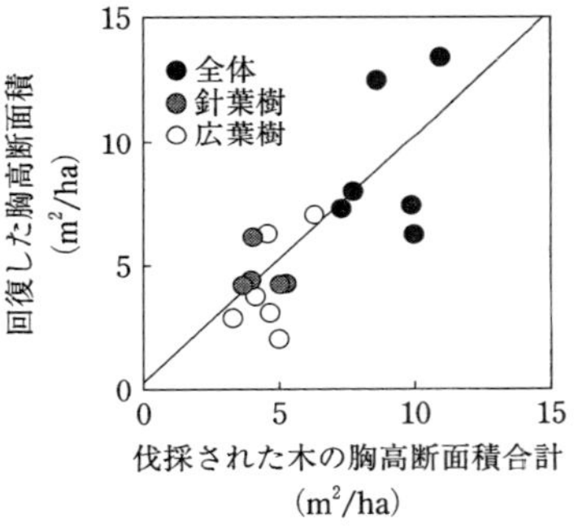

図2 択伐によって管理された森林における30年間の伐採量と回復量（北大中川研究林，Yoshida and Noguchi，未発表）6区画（それぞれが1つの点）の平均でみると，全体ではほぼ回復しているとみなすことができるが，針葉樹と広葉樹でその傾向には差があり，長期的な種組成の変化が示唆されている．

森林の更新とササの生活史 ＿＿＿＿＿＿＿＿＿＿＿＿＿＿＿＿紺野康夫

タケとササ

ササ植物はタケの仲間である．タケ類はイネ科の植物であるにもかかわらず，茎が木化する特異な植物である．茎が木化したことで，ほんらい草本であったタケの祖先は，高い所に葉を展開できるようになった．タケの茎には輪状にならんだ形成層がなく，先端に成長点もないので，木本のように長い年月をかけて少しずつ茎を太く，高くすることはできない．そのかわりに一気に茎を伸ばすことができる．一気にのばすことはタケ類に，中空で有節という茎の構造をとることを可能にしている．中空有節構造は，伸びた茎を少ない材料で支えることができる，効率的な茎の作り方である．タケ類の皮は（狭い意味での）タケとササの区別点となっていて，茎が自立できた後に茎から落ちればタケ，着いたままならササである．一般にタケは背が高く，ササは背が低い．

タケ類は繁殖の仕方も変わっていて，多年生一斉一回繁殖という性質を持つ．地下茎で長年栄養成長したあと（多年生），一斉に大量開花をし（一斉），そのあとは枯れてしまう（一回繁殖）．

ササ植物は，このように茎の作り方も繁殖の仕方も特異な植物ではあるが，だからといってまれな植物というわけではない．むしろ，優占種の1つであり，他の植物の存在を脅かすほど密生した植被を形成する．密生した植被の存在は中国，ネパール，南米，アフリカでも見られ，いずれにおいても森林の更新に大きく影響している．日本では暖温帯にネザサ属が，冷温帯にササ属とスズタケ属がみられる．ササやタケが特異な性質を持ち，他の植物へ与える影響も大きいことから，ササやタケはさまざまな視点から研究されてきた．そのいくつかを以下に紹介しよう．

Janzenの捕食者飽和仮説

タケ類の一斉開花枯死については，1976年にJanzenが提出した捕食者飽和仮説が有名である．タケ類の種子（正確には穎果と呼ばれる果実）は米粒大であり，毒もなく動物たちの格好の餌となる．Janzenは，種子に防衛機能がないので，タケ類には種子の捕食を防ぐ何か別の方法があるはずだと考えた．もし非開花期間が長期間に及ぶと，ついには捕食者の個体数は相当落ち込んでしまうだろう．このとき，もし大面積かつ高密度に，しかも突然開花すれば，捕食者はタケの種子を食い尽くすことができないに違いない．周囲から捕食者が移動してきても，開花が大面積で高密度なので食い尽くせない．繁殖によって捕食者が個体数を増加させようとしても，種子が長くは存在しないので間にあわず，やはり食い尽くせない．したがって大量に結実すればするほど多くの種子が長くは食い残されることになる．Janzenは，タケ類は，だから，たとえ死ぬことになっても，それまでに貯めた蓄積の全てを使って結実するのだと主張したのである．魅力的な説であり，支持する証拠も出てきてはいるけれども，まだ十分な証拠があるとはいえない（蒔田，2004）．

ササが密生する理由

ササ植物は草原でも，森林でも密生するので，いずれにおいても大きな現存量（単位面積当たりの植物体質量）を持つ．年間の光合成量も大きい．大島は，現存量が大きいのは光合成量が大きいだけでなく，茎や枝が長年生きるためであるとしている．また年間光合成量が大きいのは，雪融け直後から降雪直前まで光合成作用を行う常緑葉を持つためであるとした．林外で繁茂する植物は林内では元気よく育たないことが普通である．それにもかかわらず，ササが暗い林床でも生育できる理由について，これまで3つのことが挙げられている．1つは，ササが常緑葉を持ち，上木がまだ葉を展開しない春先や，葉を落とした晩秋に明るい光を受けることができるためとするものである．林冠無葉期間利用説といえる．2つめは，茎が効率よく葉を支えることができるので，光合成が抑制される林床でも炭水化物の収支がマイナスにならないためとするものである．支持効率が良ければ，呼吸消費（支出）するだけでしかない茎の量が少なくてすむからだ．詳しいメカニズムは省くが，茎の支持効率が高いのは，茎が葉より長く生きるためである．植物が光合成産物を使って体を作ることを物質再生産と呼ぶ（野本・横井，1981）ので，効率的物質再生産説とでもいえるであろう．3つめは，ササの（地上）茎が地下茎で

つながっているために生ずる．林内には相対的に明るいところと暗いところがある．ササは地下茎で茎がつながっているため，明るいところで生育する茎が稼いだ光合成産物を，暗いところで生育している別の茎に送り込むことができる．このため暗い所でもササの生育が可能とするものである．地下茎で生理的につながっている範囲の光環境を平均的に利用するので，光環境平均利用説とでもいえる．

林床にササ植物が生育できる理由として上にあげた3点，すなわち，ササが常緑葉を持ち，茎による葉の支持効率が高く，かつ地下茎による茎同士の連絡があることは，そのまま林床における大きな競争排除能力をササに与える．常緑葉を持つということは，その下に生育する植物を春先から秋まで暗がりに置くことになる．葉に対する茎の支持効率がよいので，ササはその分だけ葉をより高い位置につけることができ，他の植物がササの葉を超えて成長することを妨げる．また，地下茎を伸ばして成長することだけでも，ササが林床を一様に覆うことを容易にするのに，環境を平均して利用することで，さらに一様に林床を覆うことを可能にしている．このため他の植物にとっては，ササ植被のなかに侵入できる隙間を見つけることが困難になる．加えてササの競争排除力が大きい理由がある．ササの下ではリター（落葉，落枝）が厚く積もり，リターの下で発芽した実生（種子から育った幼い個体）が地表に子葉を展開しにくい点である．

樹木に対する更新阻害

ササ植物の大きな競争排除能力は，樹木の更新を阻害する（中静，2004）．しかし，ササから受ける影響の大きさは樹種によって異なるらしい．ササから受ける影響の大きさの違いが，樹種間の関係にも違いをもたらす例を1つ紹介しよう（高橋，2000）．北海道の針葉樹林帯では，トドマツ，エゾマツ，アカエゾマツの3種が優占し，さまざまな割合で混交する．この3種のうちトドマツとアカエゾマツでは，混交割合にササの存在が大きく影響することが知られている．一般に針葉樹の稚樹は，地表面より倒木上に多くみられる．ことにアカエゾマツはササが林床に少し存在しただけでも地表面に稚樹が生育できず，倒木上のみが定着場所となる．一方，トドマツでは，ササが少な

いときには倒木上だけでなく地表面でも稚樹が生育でき，ササが多くなってはじめて倒木上のみが生育場所となる．したがって，ササが多いときは両種とも更新場所が倒木に限られるので，稚樹から成木になる本数は両種の間でそれほど違わない．すると林冠での両種の割合を決定するのは，単に成木の寿命の違いのみとなり，成木の寿命の長いアカエゾマツの割合が増える．しかしササが少なくなると，倒木上だけでなく，地表面でも稚樹が生育できるトドマツのほうが林冠での割合が高くなる．ササの存在は，このように両種の共存のありかたに大きな影響を与えているのである．

ササは樹木種子の捕食者を介しても更新を阻害する．樹木の実生にとっては困りもののササの葉層は，種子を捕食するノネズミ達には，上空から襲う捕食者から保護してくれる「天井」となるありがたいものらしい．捕食者に狙われないので，ノネズミの密度はササのあるところで高い．したがってササが多い所では，ミズナラやブナの堅果（ナッツ）が厳しい捕食にあい，その結果実生の発生も激減する．また，ササ植被の下ではノネズミによる実生へのかじり害も激しい．つまり，ササの植被は他の植物を被陰するといった直接的な抑制効果だけでなく，堅果の捕食や実生へのかじり害を促進して，実生の定着を阻害するという間接的抑制効果をも持つのである．

ササ植物の競争排除力がこのように大きいため，開花によるササの枯死は他の植物が侵入する千載一遇の機会を与える．森林でも多くの樹木実生がササ枯死後に発生する（中静，2004）．ただし，チシマザサが一斉枯死したブナ林では確かに多くの実生が発生するけれども，耐陰性の低い樹種にとってはそれだけでは十分ではないことも報告されている．耐陰性の低い樹種の実生が生き残るには，定着した場所の林冠にギャップが存在し，林床が十分に明るいこともあわせて必要なのである．

参考文献

蒔田明史（2004）：ササ類の生活史特性．樹木生理生態学（小池孝良編），朝倉書店，pp.199-210.
中静　透（2004）：森のスケッチ，東海大学出版会，pp.1-236.
野本宣夫・横井洋太（1981）：植物の物質生産，東海大学出版会，pp.1-191.
高橋耕一（2000）：トドマツ・アカエゾマツ林の更新動態と2種の共存．森の自然史（菊沢喜八郎，甲山隆司編），北海道大学図書刊行会，pp.123-133.

生産材の年輪解析による森林の動態解析　　　　　松田　彊，矢島　崇

　樹幹解析によるタケノコ図は学生時代の懐かしい思い出になっている．もちろん，今でも詳細な成長解析は，単木のみならず林分の動態を知るには有効な資料に間違いない．しかし，天然林，特に多様な樹種で構成される混交林では，多量な年輪解析を行うことはさまざまな面で困難がある．そこで，一定の広がりを持った林分からできるだけ多くの資料を容易に集められる方法として，生産材の利用を思いついた．

　現在多くの場所で長期的な観察林が設定され，森林の動態が調査されつつあるが，結果が出るにはまだ多くの時間が必要であろうし，場所や数も充分とはいえない．森林の生長に関する動態を知るには，同一林分における単木の成長解析が多量に，また，多様な樹種で行われることが必要である．天然林からの伐採量は以前に比較しては減少しているとはいえ，多様な森林での伐採は各地で行われている．それらの資料と前述のモニタリングを併用すれば，森林の動態に関する知見をさらに得ることができるだろう．もちろん，天然林とは限らない．人工林でも間伐材等の利用で同様なことができる．そこで，通常の林業行為としての伐採された「丸太」を利用しての調査方法を以下に述べることにする．

現地での調査

　生産された丸太は樹種，形質などにより，通常は日本農林規格に従って1.8～4 mの長さに玉切りされる．この中で通称「元玉」と呼ばれる一番根際に近い材を対象とする．この元玉は土場などに積み上げられた後でも「受け」と呼ばれる半月形の切り跡で比較的容易に判別できる．この受けがある方が最も根際に近い断面となる．この元玉を対象に以下のことを調査する．

　1）　**丸太の両面の年輪数と年輪幅**　　丸太の下部の断面を元口，上部を末口と呼ぶ．

　通常は元口の方の径が大きい．いずれにしても前述の「受け」などで判別し，両面の年輪数と年輪幅を求める．年輪幅は後述する調査例では樹芯から4方向に10年ごとに60年まで，以後は100年ごとに径を計った．

　2）　**伐採高**　　伐採，特に大径木は地面すれすれに伐ることはできない．地形や植生，また樹型等によって一定の地上高で伐採する．積雪上で伐採すれば夏期よりは当然その伐採高は高くなる．したがって生産された丸太の伐採高を現地調査や聞き取りで調査し，おおよその平均高を求める．

　3）　**幼稚樹のサンプリング調査**　　元口の年輪数は，その樹木の真の樹齢とはいえない．正確にはその年輪数に伐採高に達するまでかかった年数を足さなければならない．特に天然林では初期の生育が遅く，簡単には推測できない．それを知るための1つの方法として，伐採地内で幼稚樹を採取し，年輪判読によって平均伐採高に達するに要した平均年齢を樹種毎に調べることが有効である．

資料の解析

　以上で得たデータから以下のことが求められる．

　1）　**伐採木の樹齢**　　元口の年輪数に，幼稚樹の解析で求めた伐採高に達する各樹種の平均年数を足して樹齢とする．

　2）　**各年代における胸高直径を求める**　　伐採高から胸高直径の位置を求め，元口，末口両面の年輪幅のデータを比例配分することによって胸高直径の推移がわかる．

　3）　**単木の材積成長の推移**　　対象地域の「樹高-胸高直径関係曲線」があれば，前項で求めた胸高直径から樹高がわかり，材積表から材積の推移がわかる．

　4）　**林分としての成長予測**　　以上の単木のデータを樹種や径級によって整理し，現在の森林の毎木調査データに併せれば，その林分の今後の成長が予測できる．例えば選木や伐採率，回帰年，更新方法など，その地域の森林に即した施業法を作ることができる．

調査の事例

　以下に北海道大学の天塩地方演習林（現天塩研究林）の天然林で行った調査の結果を紹介する．

　1）　**調査地と調査木の概要**　　天塩研究林は北

表1 胸高直径階別本数表

胸高直径＼樹種	P.j	A	Q.m	K.p	U.d	B.e	B.m
～30 cm	1	10		1	1	1	
～35		17	1	2	1		
～40	5	21	2	2		2	
～45	6	29	2	1	2	4	1
～50	11	34	2		3	2	2
～55	16	19	5	6	4	7	1
～60	21	7		2		5	3
～65	28	7	2	10		4	
～70	17	3	8	6	2	1	
～75	20	2	8	2	1	3	3
～80	13	1	8	4	1	1	
～85	14		5	1	1	1	
～90	13				1		
～95	4		3	1			
～100	2			1			
～105	4			1			
～110	1						
～115	1						
～120	1		1				
合計	178	150	53	40	22	31	11

直径の最大, 最小および平均

	P.j	A	Q.m	K.p	U.d	B.e	B.m
最小	29.1	25.7	33.9	24.1	26.0	27.0	48.5
最大	119.9	75.4	115.3	91.9	104.2	80.5	71.8
平均	67.7	44.8	67.4	59.6	61.9	55.0	58.5

注) P.j…エゾマツ, A…トドマツ, Q.m…ミズナラ, K.p…ハリギリ, U.d…ハルニレ, B.e…ダケカンバ, B.m…ウダイカンバ.

表2 元口年輪数階別本数表

元口年輪数階	P.j	A	Q.m	K.p	U.d	B.e	B.m
～80年		2			1		
～100	1	9		1	1		
～120	18	49	2		4	4	2
～140	22	49	3	3	1	5	2
～160	29	19	1		4	5	3
～180	14	15	2	2		6	2
～200	20	3	2	7		7	
～220	14	4	8		9	3	
～240	26		5	12		2	1
～260	12		5	9	1	1	1
～280	8		7	2			
～300	5		4	1			
～320	8		1	2			
～340	1		2				
～360			3		1		
～380			5	1			
～400			1				
～420							
～440			1				
～460			1				
合計	178	150	53	40	22	31	11

年輪数の最多, 最少および平均

	P.j	A	Q.m	K.p	U.d	B.e	B.m
最小	83	72	106	84	83	74	106
最多	322	226	458	362	349	245	243
平均	187.6	130.6	260.9	224.2	184.1	167.3	159.8

海道大学北方生物圏フィールド科学センターに属し, 北海道の北端に近い幌延町問寒別に約2万haの森林を有している. 林内を北緯45°線が通過する. 調査は, エゾマツ, トドマツ, ミズナラ, ハリギリなどの針広混交林で択抜された生産材を対象にした. 丸太の長さは針葉樹3.65 m, 広葉樹3 mである. 調査は3年間行い, 計測した丸太は8樹種, 約500本, 施業面積は約400 haとなっている. 計測は伐採木が集積された土場で行った.

表1に計測した丸太の樹種別, 胸高径別の本数を示した.

伐採の対象は過熟木や被害木が中心となるため, 胸高直径では40 cm以上のものが多い. 太い木が多いということは, 過去の成長経過のデータも多く集まったということである.

2) 伐採木の樹齢 表2に元口の年輪数を示した. また, 図1に胸高直径と元口の年輪数の相関図を示した. 元口年輪数とは伐採高における年輪数である. この調査地では伐採高の高さはおおよそ30 cmであったため, 樹種毎の幼稚樹のサンプリング調査によって樹高30 cmに達するまでの年齢の平均値を求めた. それを表3に示す. したがって, 資料木のおおよその樹齢は表2の値に表3の平均値を足したものと考えられる.

いずれにしてもこれらから見えることは, 針葉樹では径と年齢はほとんど比例しないし, 広葉樹ではおおよそ比例することである.

3) 元口高から末口高に要する年数 表4に元口から末口に達するまでの年数を樹種別に示した.

針葉樹3.65 m, 広葉樹3 mの長さの丸太を対象にしたため, 伐採高を0.3 mとすれば, 丸太の両断面の年輪差は樹高0.3 mからそれぞれ約4 mと3.3 mの高さに達するに要した年数といえる. この高さはササなどの被圧から抜け出し, 中層木となる重要な期間と思われる.

各樹種とも個体差が大きいが, 特に針葉樹にはそれがいえるだろう. 針葉樹と広葉樹では材長が異なるので完全な比較にはならないが, 広葉樹の生長は早い. この理由は1つに針葉樹と広葉樹の耐陰性の違い, また, 広葉樹の被圧年数が長いものは稚幼樹段階で死亡してしまうことも類推できる. 樹齢と太さの関係を含めて, 天然林内での針

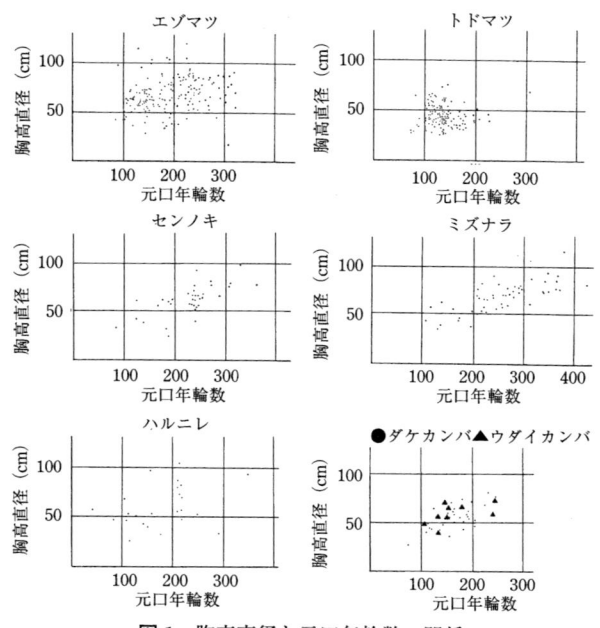

図1 胸高直径と元口年輪数の関係

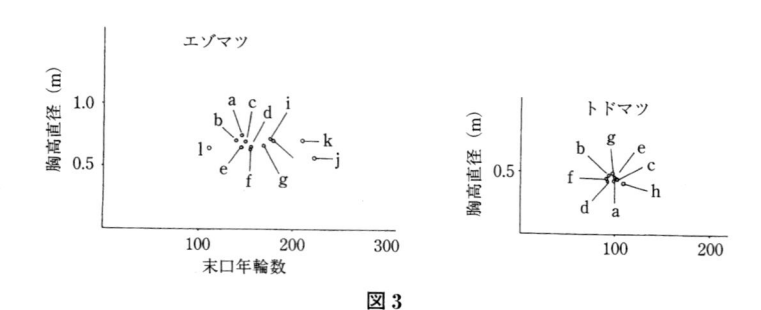

表3 幼稚樹の 0.0〜0.3 m の生長に要した年数

	P.j	A	Q.m	K.p	U.d	B.e
最低（年）	6	5	1	1	4	1
最高（年）	23	22	8	8	5	5
平均（年）	15.3	14.1	4.8	4.5	4.5	3.3

表4 元口から末口高に達するまでの所要年数別本数

年	P.j	A	Q.m	K.p	U.d	B.e	B.m
〜 10	6	10	13	11	11	6	5
〜 20	44	33	21	16	9	17	5
〜 30	41	50	11	11		6	1
〜 40	32	28	8	1		1	
〜 50	19	14		1	2	1	
〜 60	15	8					
〜 70	8	5					
〜 80	6	2					
〜 90	4						
〜100	1						
〜110	1						
〜120	1						
合計	178	150	53	40	22	31	11
年数の最高，最低および平均							
最低	7	6	3	3	3	4	6
最高	117	78	37	49	50	47	21
平均	34.6	28.9	18.3	17.1	14.0	16.8	11.8

注）針：樹高 0.3〜3 m，広：0.3〜3.3 m.

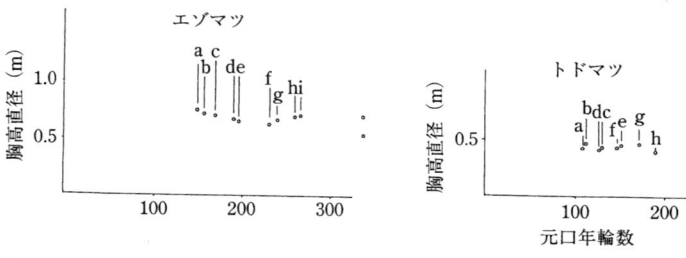

図2 元口高から末口高に達するのに要した年数階別の元口年輪数と胸高直径の関係

0.3 m から 3.9 m まで生長するのに要した年数をアルファベット順に10年きざみとしてある．a：10 年以下，b：10 年〜19 年，c：20 年〜29 年，…．

図3

葉樹と広葉樹の生存動態が伺われる．

4) 被圧とその後の成長 図2は，エゾマツとトドマツにおける元口から末口までの成長に要した年数を10年ごとの段階に分け，この階級別に元口年輪数の平均値と胸高直径の平均値の相関を示したものである．図3は末口年輪数で同様な相関を示した．

この2図から次のようなことが考察できる．

① エゾマツもトドマツも被圧年数（樹高約4mに達する年数）に関係なく，胸高直径の平均値は同じような値を示す．② 両樹種とも，被圧年数の高いものは樹齢も高い．

言い換えれば，樹高4m以上の成長に被圧を受けていた年数はあまり関係ないこと，したがって，同じ径級で樹齢が高いもの，または同じ樹齢で細いものは，この被圧期間が長いことを示している．ある意味で

表5 材積生長表

エゾマツ

	60年前	50	40	30	20	10	伐採時
平均材積(m^3)	2.152	2.574	3.032	3.495	3.927	4.423	4.953
連年生長量(m^3)		0.042	0.046	0.046	0.043	0.050	0.053
生長率(%)		1.81	1.75	1.43	1.17	1.20	1.14
材積指数	100	120	141	162	182	206	230

トドマツ

	60年前	50	40	30	20	10	伐採時
平均材積(m^3)	0.350	0.528	0.738	0.963	1.213	1.471	1.720
連年生長量(m^3)		0.018	0.021	0.023	0.025	0.026	0.025
生長率(%)		4.20	3.40	2.70	2.33	1.95	1.58
材積指数	100	151	211	275	347	420	491

ミズナラ

	60年前	50	40	30	20	10	伐採時
平均材積(m^3)	2.258	2.464	2.673	2.901	3.126	3.316	3.571
連年生長量(m^3)		0.021	0.021	0.023	0.022	0.019	0.021
生長率(%)		0.88	0.82	0.82	0.75	0.59	0.59
材積指数	100	109	118	128	138	147	156

センノキ

	60年前	50	40	30	20	10	伐採時
平均材積(m^3)	1.622	1.787	1.968	2.165	2.357	2.551	2.742
連年生長量(m^3)		0.017	0.018	0.020	0.019	0.019	0.019
生長率(%)		0.97	0.97	0.96	0.85	0.79	0.72
材積指数	100	110	121	133	145	157	169

ハルニレ

	60年前	50	40	30	20	10	伐採時
平均材積(m^3)	1.678	1.895	2.160	2.426	2.701	2.952	3.200
連年生長量(m^3)		0.022	0.027	0.027	0.028	0.025	0.025
生長率(%)		1.22	1.32	1.17	1.08	0.89	0.81
材積指数	100	113	129	145	161	176	191

ダケカンバ

	60年前	50	40	30	20	10	伐採時
平均材積(m^3)	1.099	1.288	1.495	1.703	1.916	2.123	2.328
連年生長量(m^3)		0.019	0.021	0.021	0.021	0.021	0.021
生長率(%)		1.60	1.50	1.31	1.19	1.03	0.93
材積指数	100	117	136	155	174	193	212

ウダイカンバ

	60年前	50	40	30	20	10	伐採時
平均材積(m^3)	1.323	1.524	1.745	1.970	2.165	2.360	2.561
連年生長量(m^3)		0.020	0.022	0.023	0.020	0.020	0.020
生長率(%)		1.42	1.36	1.22	0.95	0.87	0.82
材積指数	100	115	132	149	164	178	194

表6 胸高直径階別,材積生長指数

樹種 \ 胸高直径 cm	10〜20	〜30	〜40	〜50	〜60	〜70	〜80	〜90
エゾマツ	(553)	325	253	163	145	138	125	125
トドマツ	497	273	196	167	(157)	(150)		
ミズナラ	(841)	240	178	150	133	121	118	112
センノキ	254	201	162	142	125	122	122	
ハルニレ	(242)	224	179	152	(142)	(130)	(132)	(124)
ダケカンバ (ウダイカンバ)	(386)	202	160	148	142	126	(116)	

注) 過去のある時点の胸高直径階別に,その時の材積を100として30年後の材積を指数で示したものである.

は当然のことだが,早く被圧期間を抜ければ,早く大きくなることがわかった.

5) 材積の成長 単木ごとの年輪幅の計測によって,過去に遡り胸高直径を求め材積の推移を算出した.それを樹種ごとに平均値を示したのが表5,この数値から樹種別,径級別に30年後の材積の増加を予想したものが表6である.

表6を毎木調査をした現在の森林に当てはめれば,その林分の30年後の材積の変化が大まかであるが予想できることになる.

おわりに

天然林,特に針広混交林の生態には未だ多くの不明な点がある.この調査は択抜という施業の問題を意識して行ったものであるが,森林の動態に関する多くの知見が得られた.特に研究のためだけの大規模な伐採が行うことは現在においても困難である.地域によって異なる森林の動態を把握するには有効な方法であろう.調査時に比べれば年輪解析の研究は大きく進んでいる.長期的なモニタリング調査などと併せれば,さらに多くの知見が得られるに違いない.

参 考 文 献

太田嘉四夫ほか (1973):日林大会講演集, 21, 84.
矢島 崇,松田 彊 (1978):北大演習林研究報告, 35, 29-63.

樹木の発芽を調べる
——シラカンバはなぜ秋と春に発芽するのか

小山浩正

発芽は「賭け」だ

　種子による繁殖は，ほとんどの樹木にとって最も重要な繁殖方法である．1本の樹木が生涯に生産する種子の数はどのくらいだろう？　実は，こんな単純な疑問でも，正確に答えるのは意外に難しい．背丈が低い草本ならば直接摘んで数えればよい．ところが，樹木のようにサイズが大きいものでは種子を全部集めるのはとても無理だ．ある年にがんばってできたとしても，多くの樹木は毎年結実し，その量も年間で変動するから，何年も数え続けなければならない．大きさや樹種によっても生産数はだいぶ違うようだ．したがって，樹木の生涯の種子生産数を正確に測ることはまず不可能だが，おそらく数十万から数百万のオーダー，あるいはそれ以上の膨大な数となるはずだ．

　しかし，これらの99.9％に近い割合のものは生育の途中で死亡することになる．無事に寿命を全うして子孫を残すことができるのはきわめてわずかなのである．このうち死亡の危険が最も高いのは，生活史（一生）の初期段階であり，特に発芽直後の芽生えの生存率はきわめて低い．発芽はとても危険な瞬間なのである．発芽前の種子を考えてみよう．種子内部には胚があり，これが次世代を担う幼個体そのものである．被子植物では，この周りには栄養を胚に提供する胚乳があり，それを種皮が覆っている．多くの種子はさらにその外側に果肉や果皮がある．つまり，種子（正確にはタネ）は大事な胚をいくつもの組織を層状に包み込んでいる堅固な構造体なのである．生まれたての赤ん坊にベビー服を着せ，毛布と布団を掛けて，ゆりかごで保護しているようなものだ．このため，普通の植物体なら耐えられないような低温，高温，乾燥などのストレス下でも種子は生き抜くことができる．ところが，発芽した芽生えの立場は一転し，これらのストレスに対して非常に弱く，生活史の中で最も危険な状況に陥る．したがって，種子と芽生えの両ステージをつなぐ「発芽」という現象は，それまで安全に保護されてきた種子が，これから植物として成熟を目指すにはどうしても避けることのできない大きな賭けに出るときともいえる．この賭けの勝率を少しでも高めることができたら，つまり，芽生えの時期における生存率を多少でも高めるような機構があるならば，そういう機構を持ったものは，持たないものよりも子孫を残すチャンスが高いだろう．したがって，芽生えの定着成功を保証するような発芽機構が自然選択のふるいにかけられてきたはずで，現在，私たちが目にする発芽の性質は，おそらく，その植物が進化の過程で獲得した適応的な性質であろうと考えられる．

　温帯地域，特に北方の冷温帯に生育する樹種の多くは，秋に種子を散布し，春に発芽する．翌春には発芽せず，数年から数十年間も発芽しない場合もある．これを休眠種子という．生きてはいるけれども発芽や成長はしないで，種子のままじっとしているのである．しかし，そういう種子でも死亡しない限りいずれ発芽するわけで，それもやはり春である．このことは，冷温帯地域の樹木にとって，春が1年の中で最も発芽に適していることを示している．春に発芽すれば，次の冬が来るまでに十分に成長しておくことができるからだろう．しかし，このことはよく考えると不思議だ．なぜなら，種子が発芽する春の気温は，秋にも起きているからだ．例えば，春に10℃を超えると発芽するとしよう．しかし，10℃は秋にも起きている．それでは，なぜ，同じ10℃でも秋には発芽せず，春に発芽するのだろう？　ここにも「休眠」が関係する．通常，種子は休眠状態で散布され，この状態で10℃を与えられても発芽しない（あるいは発芽しにくい）．ところが，冬期の低温湿潤な環境を経験すると休眠が打破される．だから越冬種子は春になると10℃で発芽できるのである．この仕組みはよくできている．もし休眠機構を持たなかったら種子は秋に発芽してしまうだろう．芽生えはストレスに弱いので秋に発芽したらその直後の冬期の低温にほとんど耐えられない．これに対して，一度冬を経験してからでないと気温が高くても発芽しない性質を備えていれば，確実に春に発芽できるのである．この場合，休眠は厳しい冬を乗り切るためというより，

秋に誤って発芽してしまうことを防ぐ機構として存在している．

この休眠打破の仕組みを実感できるのが「低温湿層処理」と呼ばれる発芽促進方法である．秋に採った種子を濡れた脱脂綿などで包み，冷蔵庫で1〜数ヶ月保管する．この処理を行った後に高い温度においてやると，無処理（対照）の種子に比べて格段に発芽率が高くなる．擬似的な冬を経験させて休眠を打破するのである．冷温帯の地域に生育する樹木は多かれ少なかれ上のような性質があり，秋に散布された種子がそのまま越冬し春に発芽するものが多い．ところが，筆者が調べたシラカンバは少し変わった発芽を示す．以下にシラカンバの発芽生態を解説しながら，その調べ方や謎解きのプロセスについて紹介する．

野外でシラカンバの発芽を調べる

シラカンバとは「白樺」のことである．軽井沢などの高原の避暑地に清々しく生えているイメージがあるので，非日常的で洒落た感じのする樹種だ．ところが，筆者が調べていた北海道では，標高の低い平地にも当たり前にあるのでありがたみが薄れる．林業関係者はこれを「雑カバ」などと呼んであまり歓迎しない．シラカンバは典型的な遷移初期種で，台風や火事などで大規模に森林が破壊されて裸地ができると，どこからともなく種子が飛んできて真っ先に純林を形成する．シラカンバが裸地での定着に成功する秘訣を調べようと，発芽を観察することにした．

最初に行ったのは，シラカンバが自然状態でどの季節に，どのようなパターンで発芽するのか確認することだ．そこで，人工的に造成した3 haの裸地に，1 m×1 mの調査区を60個ほど設置して，そこで発芽するシラカンバの芽生えを20日程度の間隔で数えた．芽生えがいつ，どのくらい発芽したか把握するためには，新しい芽生えにマークをしておく必要がある．そうでないと，次の調査時に，新たに発芽した芽生えなのか，以前からあったものなのかわからなくなるからだ．この調査では，番号を打ち込んだ旗付きの針金を芽生えの横に次々とさすことにした（図1）．このように，単にマークをするだけでなく，番号をふっておくと都合がよい．どのように発芽したのかだけでなく，いつ発芽した個体が，どれだけ成長し，どれだけ生き残ったかという情報も後で知ることができるからだ．このような方法を個体識別というが，発芽だけでなく生物の調査では大変有用な方法である．

ところで，植物の個体識別ではたいてい番号を与えることが多い．しかし，動物ではもっと親しみのあるニックネームを与えるのが普通だ．例えば，動物園の猿山では，第1位オス以下，おそらく全てに名前がある．ところが，私の知る限り植物に名前が付けられることはない．植物に名前があってもいいじゃないか！　と思い，実際にこの調査地では最初のうち名前を付けることにした．発芽するたびに，「ステファニー」，「シルビア」，「パトリシア」…など（なぜか外国人女性の名前）．しかし，すぐにこれが現実的でないことがわかった．まず，発芽する芽生えは，1回のインターバルで100個を超える場合もあるのだが，その度に名前を考えてやることなど不可能なのだ．50個で降参した．そしてこの限定50個に今度は特別な感情移入が生じてしまう．先述のように芽生えは死にやすい．その時の精神的ダメージは自分でも意外なほど大きい．実際，ステファニーが死んだときには1日落ち込んだ．

さて，こうして辛い調査にバカバカしい楽しみも加えながら続けると，シラカンバは大変にユニークな発芽をしていることが明らかになったのである．図2は，年間を通じたシラカンバの発芽数の季節的推移を示したものである．発芽は6月初旬にいきなりピークを迎えて，後は徐々に減少し8月には新規発芽はなくなった．ここまでは予想どおりだった．他の樹木と同じように春に発芽すると予想していたからだ．ところが，観察を続け

図1　個体識別したシラカンバの芽生え

図2　シラカンバの発芽数の季節的推移

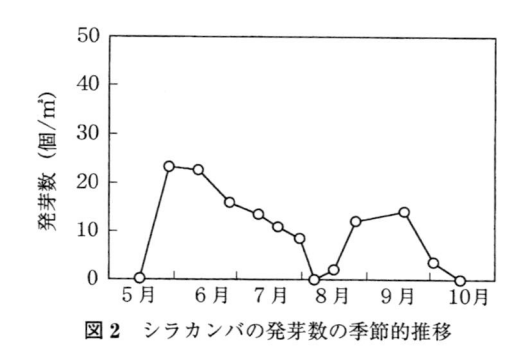

ていると9月から再び発芽が始まり10月まで続いた．つまり，シラカンバは春と秋に発芽していたのである．当初，樹木は春に発芽するもの思いこんでいたから納得がいかなかった．しかし，同じパターンをその後3年連続で観察したのでこの事実は受け入れざるをえない．

ある不思議なパターンを発見したら，研究のきっかけができる．普通の発芽と異なる秋発芽はいったい何なのか？　仮説を考えてみた．シラカンバでは8月上旬から種子散布が始まり，11月以降も続く．秋の発芽は，当年の種子散布の開始直後から始まることから，秋発芽は当年散布種子が越冬せずに発芽したものではないだろうか，と考えた．つまり，散布された種子の一部がその年の内に発芽して，残りは翌春に発芽するのだろうと考えたのである．これを確かめるために簡単な実験を試みた．秋直前に，園芸用の土を敷いたプランターを調査地に設置したのである．このプランターから秋に発芽してきたら，それは当年散布の種子が発芽したものであるのが確実である．結果は予想したとおりでプランターではその年のうちに発芽してきた．

2つの「なぜ」に答える実験

では，シラカンバはなぜ秋と春に発芽するのだろう．「なぜ？」という疑問には，至近要因と究極要因という2つのタイプの説明がありうる．至近要因とは，「どのようなメカニズムによって」という意味と考えてよい．「なぜ車は赤信号で止まるのか？」という問いに，「赤色に脳が反応してブレーキを踏む」と説明するのは生理的メカニズムからみたもので，至近要因である．一方，究極要因では「止まった方が有利（安全）だから」という説明になる．至近要因と究極要因は，どち

らが偉いとか大事だというのではなく，どちらも等しく重要である．有利だとしても，そのメカニズムがなければ実行できないし，メカニズムがあっても有利でなければ意味がない．

まず究極要因について考えてみる．つまり2つの季節に分かれて発芽することがなぜ有利か考えるのである．この理由はおそらく危険分散しているのだと考えた．秋に発芽した芽生えは，冬期にほとんど死亡する．したがって，普通は他の樹木と同様に越冬した種子が翌春に発芽する方が有利なはずである．ところが，観察していると秋発芽した芽生えの中でわずかに冬期を耐えて生き残るものがあった．しかも，年によっては比較的多くの個体が越冬する場合もあった．そのような年は冬期の環境は通常よりも穏やかだったのだろう．たまたま生き残った秋発芽の芽生えは，春に発芽したものに比べて早く発芽していただけあって，1年後にはより大きなサイズに成長していた．植物ではサイズが少しでも大きいことは，後の生存競争において有利になる．つまり，秋発芽は通常は無駄に終わることが多いのだが，何年かに1度の割合で時々穏やかな冬が来ると，比較的多くのものが越冬でき，この場合には秋発芽がかなり有利にその場を優占できる．結局，種子を生産する親木にとっては，冬の環境がどちらに転んでも，どちらか一方の芽生えの集団が確実に成功するだろうという作戦なのである．このように2タイプの子供を用意して，変動環境で全滅を防ぐやり方が危険分散である．

これは競馬の両賭けと似ている．手持ちの資金をハイリスク・ハイリターンの大穴と，ローリスク・ローリターンの本命の両方に賭けておいて破産を回避する方法である．また，資産を複数の銀行に分散して預けたり，貯金や株など異なるタイプの金融商品に分けて運用したりするのにも似ている．生物の生き残り戦略は，経済活動のアナロジーとして考えるとわかりやすいときがある．

さて，以上のように究極要因としての「なぜ」は理解できた．次は至近要因である．同じシラカンバの種子が秋と春に分離して発芽できるメカニズムはどうなっているのだろう．そこで，また仮説を考えてみた．「発芽の季節は種子散布の時期によって決まるのではないか？」という考えである．先述のようにシラカンバの種子散布期間はと

ても長い（8〜12月）．そこで，8月から定期的に種子を採ってきて，順次プランターに播いてみた．すると，予想どおり，早い時期（9月中旬まで）に播いた種子は当年の秋に発芽し，遅いもの（9月中旬以降）は翌春に発芽していた．

しかし，これだけでは至近要因を説明したことにはならない．散布時期に応じて種子に何が起きているのだろう．今度は温度を制御した条件下で発芽実験をしてみた．まず，種子を2つのグループに分ける．1つは，4〜32℃の間に9段階に設定した温度条件をすぐに与えて発芽を観察した．これで散布直後の種子がどの温度で，どれくらい発芽するのかわかる．もう1つのグループには，最初に先に紹介した低温湿層処理を与えて，その後，上と同じ9段階の温度条件で発芽を観察した．こちらは擬似的に冬を経験させて，越冬した種子の発芽反応を見ているのである．

実験結果を図3に示した．低温湿層処理をしない種子（黒丸）は16℃以下では発芽しなかった．発芽が観察されたのは18℃以上からであった．一方，低温湿層処理をした種子（白丸）では発芽可能な最低温度は大きく低下し，8℃でも高い発芽率を示した．このことは，散布直後の種子は18℃以上では発芽するが，それ以下では休眠することを示している．このように，ある温度領域では発芽し，別の領域では休眠する現象は「相対休眠」と呼ばれている．この実験ではその境界が18℃であることが明らかになった．

この実験結果をふまえて，発芽季節の分離メカニズムの謎を解いてみよう．この実験を行った（つまり，種子を採取した）函館の過去17年間の平均気温を月ごとに調べてみた．先に述べたように，シラカンバの種子散布は8月に始まるが，函館の平均気温は8〜9月中旬は18℃より高い．したがって，この期間に散布された種子は低温湿層処理を受けなくても発芽できる．これが秋発芽である．一方，9月中旬になると平均気温は18℃を下回るので，これ以降に散布された種子は当年には発芽できず，相対休眠の状態で越冬する．このことは，先の野外発芽試験で，9月中旬までの早い時期の散布種子が秋発芽をして，これ以降の種子が春発芽をしていた結果と一致している．越冬種子は積雪下で低温湿層処理を受けて休眠が打破される．図3でみたように，休眠打破された種子は8℃で発芽できる．8℃はちょうど函館の5月の平均気温に相当する．だから，この時期になると越冬した種子が春発芽するのである．

以上のように，シラカンバの奇妙な発芽をきっかけに，観察や実験を重ねて，至近要因と究極要因を明らかにしてきた．発芽だけでなく，科学は何か普通とは異なる（あるいは誰も気づかなかった）パターンを見つけ，その説明を仮説として考え，それが正しければ得られるはずの結果を予測し，適切な実験や観察方法を工夫する．その結果が仮説を支持しても，しなくても次の疑問が自然と出てきて，また仮説→予測→実験→検証の終わりのない連環に突入していく．自然史の研究では，結局，最初のきっかけとなる変わったパターンに気づくか否かが大事だと思える．

自主解答問題

問． シラカンバの秋発芽と春発芽の割合を考えよう．冬がつねに厳しい地方と，穏やかな地方では，秋発芽の割合はどちらでより多くなるだろうか．究極要因をふまえて仮説を考えてみる．また，仮説が正しければ両地方から採取した種子で図3のような発芽実験をすると，それぞれどのような結果を得ると予測されるか（至近要因を考える）．

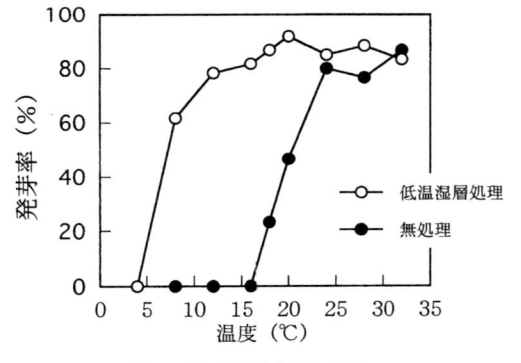

図3 温度と発芽率の関係

動物による種子の散布

林田光祐

大地に根を張り固着生活を営む植物にとって，個体としての唯一の移動の機会が種子散布である．そのため植物はさまざまな仕組みで種子を広く分散させている．冠毛や翼で風に乗る風散布もあれば，水に浮いて運ばれる水散布もあるが，樹木の多くは，鳥類や哺乳類などの動物に種子散布を依存している．

動物による種子散布はその仕組みから大きく3タイプに分けられる．サクラやイチゴ類のように種子の周りに多肉質の果肉をつけ，果実を丸ごと動物に食べられて消化されない種子だけが糞や吐き出しで排出される散布を被食型（または周食型）散布という．熱帯や温帯の森林を構成する樹種や低木種に多く，果肉に糖分や脂質を多く含み，成熟すると赤や黒に色づき，色が識別できる鳥やサルたちを惹きつける．強い香りで鼻がきく動物にアピールするものもある．このタイプは果実が散布者に食べられることが種子の散布になるので，散布者に効率よく食べられることが散布効率を高めることになる．このタイプの特殊なものとしてアリ散布があり，林床の草本植物に多い．

コナラやクルミなどの大型の種子（ナッツ類）は，リスや野ネズミ，カケスなどの動物によって冬や春の食料として地面に分散貯蔵され，食べ残された種子が発芽する．このような動物散布を貯蔵型（または食べ残し型）という．これらの種子は種子そのものが大型で栄養価が高いことが特徴である．散布者は種子の捕食者でもあることから，食べられる量よりも多くの種子が貯蔵されないと発芽に至ることはできない．

付着型散布は，鉤や棘，粘着物で動物の体毛や羽毛などに付着して運ばれる．草本の種子に多い．

これまで述べてきたように，各タイプの果実は散布者の散布行動に適応的な形態を有していると考えられているが，形態以外のフェノロジーや豊凶などの結実性も適応的な性質とみなされている．しかし，これらの性質が全て適応的に機能し，効率よく散布されているとは限らない．

カスミザクラは径約8mmの多肉果をつけ，果実の中に約6mmの種子を1個含む．成熟時には赤から黒へと色を変え，多汁の果肉をつけることから，典型的な被食型の鳥散布樹種であると考えられる．しかし，その樹冠下には鳥に食べられずに自然落下した果実が多く見られるし，この時期にタヌキやテンなどの中型哺乳類の糞の中にサクラの種子が含まれているのをよく見かける．ではカスミザクラの種子はどのような動物にどの程度散布されているのか．これを調べた例を基に動物による種子散布を調べる方法を紹介する．

山形県の日本海に近い広葉樹二次林で調べたカスミザクラの種子散布経路とその割合を図1に示した．これらの散布経路やその割合をどのように割り出したのかを順に説明していく．

調査を開始する前に結実した総果実数を数えることが必要であるが，カスミザクラのような高木で小型の果実を数えるのは通常困難である．総果実数が推定できない場合には，樹上からなくなる果実の行方を全て把握しなければならない．

果実が成熟し始める前に，調査個体の樹冠全体もしくは特定できる樹冠下に種子トラップを設置して，樹上から落ちてくる被食後に散布された種子や食害された種子，自然落下する果実をすべて捕捉し，定期的に数える．種子トラップは捕捉された種子が鳥や動物に食べられないようにするた

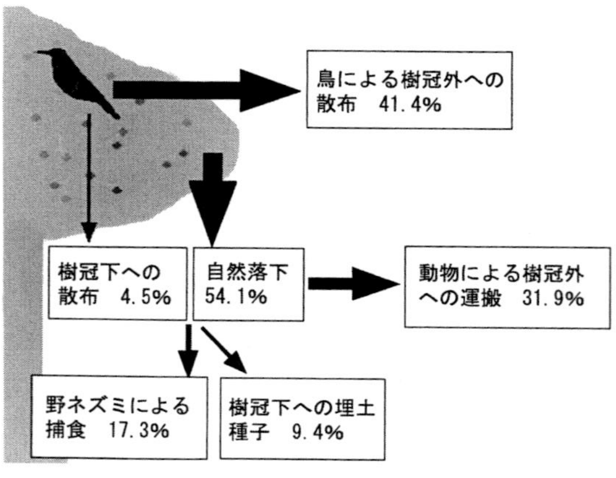

推定総結実数：2696個

- 鳥による樹冠外への散布　41.4%
- 樹冠下への散布　4.5%
- 自然落下　54.1%
- 動物による樹冠外への運搬　31.9%
- 野ネズミによる捕食　17.3%
- 樹冠下への埋土種子　9.4%

図1　あるカスミザクラ個体からの種子散布経路とその割合（森・林田，未発表）

め，地面から1mの高さに1mmメッシュのポリエチレン網などを張る．調査したカスミザクラ個体では食害された種子はなく，ほとんどが自然落下した果実であった．数えた種子や果実はすぐにトラップ下の地面に置いた．

種子トラップがカバーする範囲の樹冠上で果実や種子をどのような散布者や種子食者がどのくらい食べるのかを，これらの動物の訪問に影響が及ばない場所やブラインドから双眼鏡などで直接観察する．電源が確保できる場所であれば，ビデオカメラによる連続撮影も有効であろう．カスミザクラの果実を食べた散布者はヒヨドリだけで，樹冠上での種子の捕食は認められなかった．観察時間内にヒヨドリが採食した果実数とその時間内にヒヨドリが樹冠上で散布した種子数から散布種子1個当たりの採食果実数を計算し，観察しなかった時間中に種子トラップに落下した種子数にその値を乗じてその時間中の採食数を推定した．採食数から落下数を引けば樹冠外へ散布された種子数が算出できる．また，樹上で食べられた果実数と落下数を合わせれば，総結実数が推定できることになる．

樹冠下に落下した果実や種子を食べに来る動物は，赤外線センサーを備えたカメラで撮影する．この方法では撮影された動物が訪問時に果実や種子を食べたり運んだりしたかどうかを確認することは難しいため，頻繁に種子の消失数と食害数を数えて，動物の訪問数と摺り合わせして推定する．このカスミザクラでは，アカネズミ，テン，ハクビシン，クロツグミ，トラツグミの5種が果実や種子の消失に関与していることが推察された．この5種の中でアカネズミだけが貯蔵散布者である．樹冠外へ運ばれた種子のどの程度が貯蔵されたのかはわからないが，カスミザクラは被食散布だけでなく貯蔵散布もされていると考えられる．

このカスミザクラのように樹冠上からの散布だけではなく，自然落果後に二次散布される樹種は意外と多い可能性がある．これらの多様な散布経路をもつ種子がどのような場所に分散したのかを追跡することはきわめて困難である．そこで，散布後の埋土種子や翌年春に発芽する実生を調査する．発芽数や実生の定着数が散布された場所（たとえば母樹樹冠下とそれ以外の樹冠下）によって異なれば，最終的な実生の定着にどの程度動物による散布が重要であるかを評価することができよう．

この調査方法ではどの個体から散布された種子由来なのかを明確にできないため，個体レベルでの適応度の評価はできない．しかし，遺伝的手法の開発が近年急速に進んでおり，親子関係を推定することも可能になったことから，これらの手法を使用した研究が進めば，種子散布の適応的な意義を厳密に議論できるようになるであろう．

動物による散布は，散布後の種子の発芽にも影響を及ぼしている．被食散布種子をとりまく果肉には発芽抑制物質が含まれ，動物によって食べられないと発芽できない，あるいは発芽率が低くなることがよく知られているが，全ての種に当てはまるとは限らない．このような知見はほとんどの場合，実験室のシャーレの中でそのままの果実と果肉を除去した種子とを比較した発芽実験結果に基づいている．しかし，果実のまま自然落下しても，昆虫や土壌動物，菌類によって果肉が分解してしまうことは容易に想像できる．

このことを確かめるためには，野外での発芽実験を行うことが必要である．母樹の樹冠下で行うのが理想的であるが，自然条件下では野ネズミなどの動物に持ち去られてしまう．これを回避するためには，深さ10cm程度の地下から全体を金網で覆うか，あるいは苗畑で実験を行うのがよい．

6〜7月の夏季に成熟し散布されるカスミザクラの果実は，自然落下しても約1か月で果肉はほとんど分解してしまう．そのため，果肉が発芽に影響を及ぼすことはない．しかし，北海道で行った同じサクラ属でも秋の遅い時期に成熟するシウリザクラの実験では，果肉はほとんど分解されずに冬を越すため，翌年はほとんど発芽せず，翌々年の春に大半が発芽する．同じ秋散布のナナカマドも果実のままでは翌年春にはほとんど発芽しない．しかも，翌年の夏の間に種子が死亡してしまうので，ナナカマドは結果的に動物に食べられて散布されないと発芽しないことになる．

このように動物による種子散布がその植物の繁殖に及ぼす影響は種によって異なるため，散布後の発芽まで含めて評価すべきであり，多くの事例研究の蓄積を必要としている．

森林火災の功罪
——シベリアタイガを例に

高橋邦秀

頻発する森林火災

降雨量が少なく寒冷気候のため落葉，落枝が林床に堆積する北方林では森林火災を免れた林分はないといえるくらい頻繁に森林火災が発生しており（Goldammer and Furyaev, 1996），北方林では森林火災は植生遷移のプログラムに組み込まれたイベントと考える必要がある．図1は国土のほとんどが永久凍土地帯であるシベリアのサハ共和国における森林火災の発生件数と面積の推移である．2002年は77万haを超えている（ほぼ静岡県と同じ面積）．公式統計では火災の原因は約4割が落雷，6割が人為的なものである．この年のロシア北方林では1000万ha以上の森林火災が発生している（Sukhinin et al., 2003）．

シベリアタイガの樹冠層を上空から観察すると，ところどころに明確な段差を見ることができる．その段差は不規則な分布をしている場合が多い．地上からこのような場所へ行ってみると，明らかに樹高の異なる森林群落が接しているところである．永久凍土地帯のカラマツ林では，2万本/ha前後の群落が1ha以下の小面積でパッチ状に分布している場合が多い．ヤクーツク近郊の調査ではこのような場所は例外なく森林火災の跡地であった．つまり森林火災はカラマツの天然更新を容易にするギャップと播種床造成に貢献をしていると考えられる．

天然更新への森林火災の貢献

シベリアタイガのカラマツ林地帯の林床にはコケモモのような矮生灌木，蘚苔類や地衣類が密生しており，種子生産可能な壮齢林の林床でもカラマツ実生を見つけることはきわめて難しい．これは密生した林床植生が種子の着床を困難にしていること，年間降水量250mm以下の寡雨気候により林床に堆積している5cm以上あるマット状有機物層の表面が乾燥していることなどが影響している．森林火災，特に強度の地表火はカラマツ実生の更新を阻害している林床植生やリター層を含む有機物層を焼失させ，鉱物質土壌を裸出させる．このような土壌の裸出がカラマツ実生の定着には必要条件である．伐採跡地でも鉱物質土壌が地表に裸出するくらい林床が攪乱されるとカラマツ実生がよく更新するが，有機物層やコケモモなどの植生が残っているところでは実生の発生は見られず，鉱物質土壌の裸出が更新に有効なことを裏付けている．さらに，火災後数年間は表層の鉱物質土壌が永久凍土の存在により湿潤化するので種子発芽と実生の定着を容易にする．2002年の

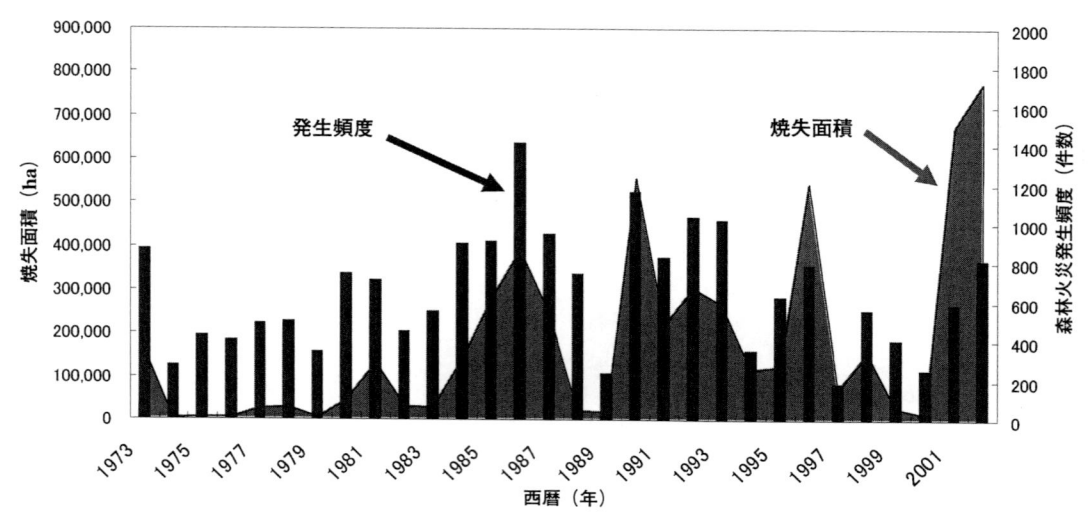

図1　サハ共和国の森林火災

図2 強度の地表火で壊滅したカラマツ若齢林
（ヤクーツク近郊，2002年7月撮影）

強度の地表火で樹冠も焼失してしまった樹齢50年前後の高密度林分跡（図2）では翌年に平均4本/m^2のカラマツ実生が発生している．この火災跡地の2年後の7月における表層の土壌水分は火災を受けていない対照区に比べ体積含水率で約10％高くなっている（高橋，未発表）．回復している植生は対照区に比べ明らかに湿性植物（hygrophyte）の比率が高くなっており，土壌の湿潤化を裏付けている．また，有機物が燃えて灰化することにより植生にとってミネラル類が吸収しやすくなる点や土壌殺菌になる点は天然更新にとって「功」である．

火災の強度と頻度の影響

このように強度の地表火はカラマツの天然更新を促進する役割を果たすが，図2にみるように若齢林を壊滅させ，さらには根系を焼き尽くすことにより樹高15mを超す壮齢林をも枯死に至らせてしまう．直接死に至らなくても樹勢が弱ることにより穿孔虫のコキクイ類を誘引し，ほとんどの生残木が枯死する．また，シベリアタイガの世代交代には強度の地表火のような攪乱が必要であるが，地表火による攪乱の間隔が短い場合は，図2に見るようにせっかく更新している若齢林も壊滅させてしまうので，森林を持続的に維持するには更新木が生残可能となるまでの無火災期間が必要となる．年輪解析から判明した最も長い無火災期間は50年前後であった（Goldammer and Furyaev, 1996, 高橋ほか, 2002）．

老・壮齢林下で腐植層が焼け残るような弱度の火災跡地では実生集団の発生は困難であることから，カラマツ林を持続的に維持するには，母樹の存在と強度の地表火がパッチ状に発生する必要があることから，その更新林分ほぼ同齢の一斉林型になると考えられる．つまり森林火災の功罪はその強度と燃え方，火災の繰り返し間隔によって決まる．一方，永久凍土地帯では火災跡地の湿地化とそれに伴うメタン放出が懸念されている．メタンは二酸化炭素の数十倍の温暖化効果ガスであり，火災による大量の二酸化炭素放出とともに温暖化を加速する．

参考文献

福田正己（1996）：極北シベリア，岩波新書．
Goldammer, J.G. and Furyaev, V.V., ed (1996): Fire Ecosystems of Boreal Eurasia, Kluwer Academic Publishers.
高橋邦秀：未発表．
高橋邦秀，斉藤秀之，A.P.イサエフ（2002）：日本林学会大会学術講演集, **113**, 605.
Sukhinin, A. I. et al. (2003): *International Forest Fire News*, **28**, 18-28.

有珠山の復活を調べる　　　　　　　　　　　　　　　　　　　　　　春木雅寛

　復活とは，本書では生態系の復活を指す．噴火後の一面の降灰堆積地に立ったとき，私たちはどんな思いを持ち，また何を知ろうとするだろうか？　1977〜1978年と2000年の有珠山大爆発による噴火跡地を見て歩いた自分の経験に照らせば，おそらく，見渡す限りの荒廃地に立ったとき，そこにかつてあったと思われる生態系に思いをはせ，それを頭の中におおよそ再現するために，まずかつての生態系の残渣（例えば枯立木や，植物の枝，葉，根や動物，昆虫などの遺体の一部など）を探し求め，かつ被害の状況を考え，今後の推移を予想しようとするに違いない．このため，その被害を引き起こした噴火の規模（降灰堆積物の量や質）の把握から始めることになるだろう．また，並行して文献調査を行い，「知りたいこと」の調査のための手段を吟味し，アプローチ（その場，その時における調査結果，あるいは時間経過に伴う調査結果の解析）の仕方を考究する．実際，火山といっても必ずしも手近に存在するとは限らず，有珠山や昭和新山のように日帰りで調査を行える100 km圏内にあるのはむしろ不思議といってよい位である．野外における森林立地などの調査法については土壌，植物，土壌生物，森林気象，水環境，物質循環などの分野にわたり，まとまった本がすでにいろいろ出ている．本節では火山における生態系の復活を，主に基礎となる植生と土壌の発達生成のプロセスや相互関係についてみるために，現地の実態を大まかに把握するためのアプローチの仕方について述べる．

国内外の火山の復活に関する研究とその継続性

　そこでまず，これまでの国内外の火山の復活に関する研究について概観してみよう．国内では，まず北海道南部の駒ヶ岳や恵山における吉井（1942ほか），Yoshioka（1974ほか）の植生に関する先駆的な研究が知られる．また，1929年の駒ヶ岳噴火以前の植生を観察し，噴火後の植生推移を詳細に調べた舘脇ほか（1966）の研究がある．南に下がればTezuka（1961）による伊豆大島の三原山の植生と土壌発達に関する研究，さらに代表的なものとして1960年代の桜島における植生回復に関するTagawa（1964ほか）の研究が挙げられる．国外では北米アラスカのカトマイ山についてGriggs（1933），1980年に噴火したセントヘレンズ山についてDel Moral（1983ほか）らの研究がある．また，赤道付近ではインドネシアのクラカタウについてTagawa et al.（1985），Higashi et al.（1987），Whittaker et al.（1989），Müeller-Dombois（1992），ハワイのキラウエア山やマウナロア山におけるVitousek et al.（1983, 1994ほか），Walter and Vitousek（1991）ほかの研究がある．これらのうち，国内で数年にわたり最も詳しく行われた田川による桜島の研究は，私自身が近年桜島を訪れた際に登れるところを登り，周囲を歩き回って，それがたいへんな労力と情熱を傾けた研究であることがわかり頭が下がる．だが，その後は桜島の研究の継続性が途切れてしまったこと，国内外の研究の多くは植生の回復，推移の調査解析に力点が置かれてしまったことは残念である．このことは，それらの火山が近づくのに不便な遠隔地にあり，あるいは道路の有無や危険性によるためであろう．

　研究の継続性の観点から，まだ記憶に新しい有珠山噴火を例に述べると，1977〜1978年の噴火後，各種の緊急調査研究費による被害実態や生態学的調査が動植物について数年間行われた（春木，1988）．しかし，1980年代の半ばにはそれも終わり？，その後は私たち北大関係者のみによる調査が行われているに過ぎない（伊藤・春木，1984；春木，1988；Tsuyuzaki, 1987; Tsuyuzaki and Haruki, 1996；Moon and Haruki, 2001ほか）．また，その基礎となる1977〜1978年有珠山噴火直後の降下堆積物の分析についてみても，岡島ほか（1978）によるものを除けば農地（畑）に積もった降下堆積物の性状の改善の面からの研究がほとんどを占めている．これも噴火後初期の試料をしっかり集めて，後の世代につなげていくことが必要であったといえる．また，有珠山山麓の2000年噴火についても火山学，地質学，地震学関係分野を除けば，噴火がいくつもの火口を開けながらも低標高地で起こったせいもあるが，生態学的な調査報告はごく少ない．私たちが有珠山より遅く始めた，隣の1945年に生成した昭和新山の植生と土壌生成に関する研究も10年を経過してやっ

と色々なことがわかってきた段階であり，長期的な視野からの調査研究の継続性が望まれる．

フィールドワークへの注意

これまでにわかってきたこと，注意をしなければいけないことは，次のようなことである．調査にあたっては，① わずか1, 2回の調査，あるいは毎月でも1年間くらいの調査ではわからなかったことが結構ある．時間と労力に応じた長期の調査を行う．② 調査地の面積がほぼ十分と思っても，設定する場所によっては，植生の回復が遅すぎて全体の推移をほとんど反映しないことがある．③ 人為的な干渉の影響か，自然の推移なのかがわからないものもあり，いつも現象を観察しつつ疑問を持つ姿勢を大事にする．④ 岩石が斜面の上から落ちてくる場所があり，また，噴煙の上がっている場所や100℃以上に熱せられた地面である場合もある．あるいは強酸性の水がたまった火口やその周囲が重粘土状で足を踏み入れると一人では抜け出せなくなることもあるので，単独行をできるだけ避けて安全重視の調査を行う．⑤ 他の研究者の調査ポイントを大事にする．自分だけがその場所の研究者ではないし，後続者のために攪乱などの人為的な影響は最小限にする．

有珠山山麓2000年噴火地の実際の調査例

1977〜1978年噴火については種々の研究がなされてきているが，まだ生々しい火口や降下堆積物が間近に残る2000年噴火口周辺の植生と土壌の生成について，昨年来の調査を例に述べる．これは噴火口群の中では最も遅く2001年春まで噴火していた，金比羅山付近の海抜120m程度の低地で，このKA火口（位置は北緯42°33′27″，東経140°48′7″，通称M20火口，あるいは有ちゃん火口）を含めて数haの裸地ができた．噴火口上部（外輪）から続く傾斜7〜14°の西向きの外側斜面中下部に植物が2001年から侵入定着しだしており，なぜ，ここに植生が復活できるのか？，どんな植物か？，この場所の状況は？，復活の実態とそこからおおよそ今わかることは何か？，をまず調べた（舘崎ほか，2004）．

1）方法　生態学的な調査法に基づき，地表面をできるだけ攪乱しないように注意しながら平均的な微地形と斜度をもった斜面部分に，火口外輪部分の最上部から斜面の最下部（50m地点）さらに平坦部の終点（80m地点）に至るまでレ

図1　調査地
右上が火口，正面は洞爺湖と羊蹄山．

ベルトラコンと巻き尺，見出し杭を使って，直線的な線状区を設定し，上部から10mごとに標識杭を打って地形と植生，土壌調査の基点とした（図1）．火口や沢地形の水をポリ瓶に採取したほか，各基点付近では少量の土壌を採取して氷を入れたクーラーボックスに入れて実験室に持ち帰り，分析に供した．pH（H_2O）は土壌1：純水2.5の容積比でガラス電極法により測定した．無機態窒素量は土壌サンプルを2M塩化カリウム水溶液で抽出し，アンモニア態窒素量はインドフェノール青法によって分光光度計を用いて比色定量し，硝酸態窒素（亜硝酸態窒素を含む）量はカドミウム還元法によってオートアナライザ（ブラン・ルーベ社製AA-II）を用いて測定した．また可給態リン酸量はトルオーグ法によって分光光度計を用いて比色定量した．また，森林回復に至る樹木の動態を知るために2004年5月に斜面下部に線状区沿いに10m×10mの調査（永久）方形区を設定して，出現樹木個体に識別用のナンバーテープを付け樹種，樹高，根元直径について毎木調査を行った（舘崎ほか，2005）．

2）結果と考察　①植生：2000年噴火以前の調査地および周辺の植生は，低樹高のエゾノバッコヤナギ，イヌコリヤナギ，オノエヤナギ類やシラカンバなどからなる密度の低い二次林で，林床はオオイタドリ，エゾニュウ，キタヨシ，ススキなどの大型多年生草本が優占していた．方形区内の高等植物の種数は木本5種，草本13種，6月の植生調査では植被率8％だが，8月には19％と2倍以上に増加していた（個々の植物種の調査区面積に対する被覆率と全植物の被覆率を測定した．季節ごとあるいは成長最盛期に測定する）．また，5月の毎木調査の結果，木本の個体数は65個体で6500個体/haであった．調査地の木本類

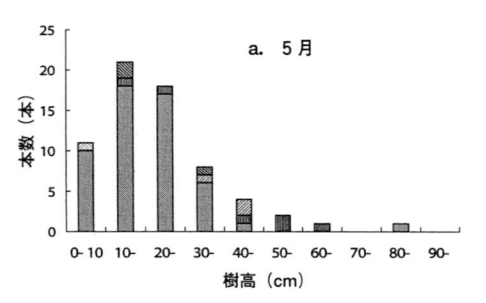

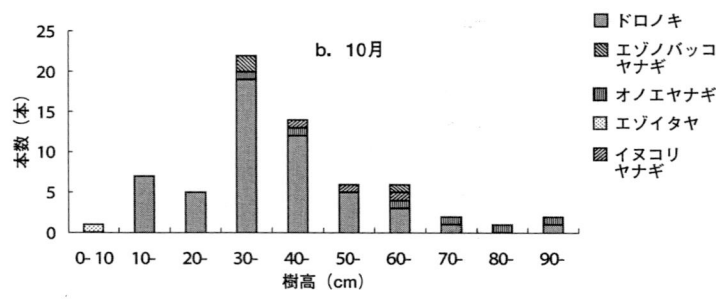

図2　方形区内の樹高階別本数分布

を観察したところ幹にできている年次別成長痕から，噴火の翌年の2001年から侵入定着していることがわかり，噴火のほぼおさまった2001年春以降の散布種子の定着によると思われるが，予想よりもかなり早く多くの種数，個体数の定着がみられた．1977～1978年噴火後の有珠山上部の火口原では1万個体/haを超える時期があり，ここでもこの数年でさらに増加するものと思われる．本調査地もその火口原と同様にドロノキが優占して定着し樹高60 cmに達していた．調査地の樹高階別本数分布図をみると，5月に樹高階10-20 cmにピークをもつが，10月には30-40 cmにピークが移動し正規分布型を呈していた（図2）．調査地の木本類の平均樹高成長比（10月の樹高/5月の樹高）をみると5月から10月までの成長期間に主要樹種のドロノキが最もよく成長した．最も大きな成長を示したドロノキは31.1 cmから38.1 cm増の69.2 cmに達し，平均樹高成長比は約2.1であった．最も大きな成長比を示した個体もドロノキで，5.6であった（図3）．この調査地では貧栄養地によくみられるヤナギ類などの先駆樹種の他，有珠山山麓に普通にみられる耐陰性が比較的強く，遷移の後期にもみられる種々の樹種が2001～2003年とほぼ同時期に侵入定着している．これにはドロヤナギ（ドロノキ），オノエヤナギ（ナガバヤナギ），エゾノバッコヤナギ，シラカンバ，ウダイカンバ，エゾイタヤ，カツラなどが含まれる．これらの樹種や草本植物（主にアキタブキ，エゾノコンギク，オオヨモギ，オオイタドリ，シロツメクサ，ヨシなど）の定着は，有珠山上部の火口原よりも2～3年以上早く進んでいると観察している．

② **pH**：本調査地の火口にたまった水はpHが3.4（標準誤差SE＝0.01）と強酸性を示すが，調査区下方の沢を流れる水はほぼ中性を示し，火口からの影響はすでにみられない．しかし，表層土壌

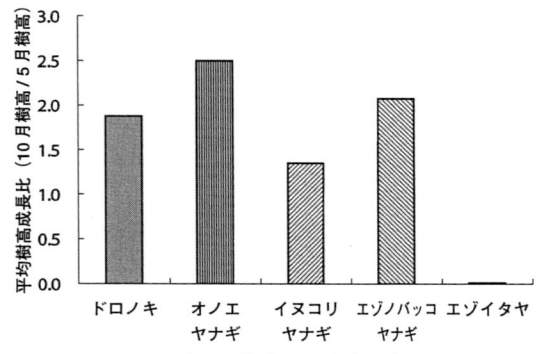

図3　調査地の樹木の平均樹高成長比

（0～5 cmの深さ）は植生がほとんど定着していない斜面上中部でpH 3.8～5.2の強酸～弱酸性，植生の定着しだした斜面下部からほぼ平坦地にかけては5.4～6.2と弱～微弱な酸性だった（図4）．

③ **全窒素・全炭素率**：このような場所での森林の発達には土壌の理化学性の回復が鍵となるが，すでに降雨やリターや動物の遺体など有機物片の堆積や混入によるものであろうか，表層土壌は全窒素（0.002～0.02％）や全炭素（0.01～0.09％）の率もわずかずつ斜面下部で増加しているようにみられ（図5），土壌の理化学性の回復は早いと予想される．しかし，明治43（1910）年噴火の四十三山山麓の現在樹高30 mを超える樹齢90年以上のドロノキ林では，0～5 cm深の土壌の全窒素が0.3％，全炭素が5.1％に達しており，植生と土壌の回復による物質循環系の発達には長い時間が必要といえる．

④ **無機態窒素**：無機態窒素濃度は5月と10月で変化がみられた．アンモニア態窒素濃度は5月，10月でそれぞれ8.7，1.5（mg/kg乾土）であった．硝酸態窒素濃度は5月，10月のそれぞれで1.4，0.2（mg/kg乾土）とアンモニア態窒素濃度に比べてかなり少なかった（図6）．5月から10月にかけての差は，5月から10月にかけての

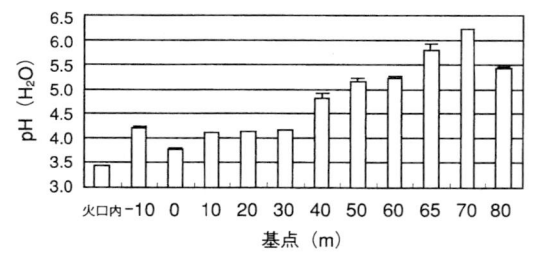

図4　各基点のpH（H₂O）

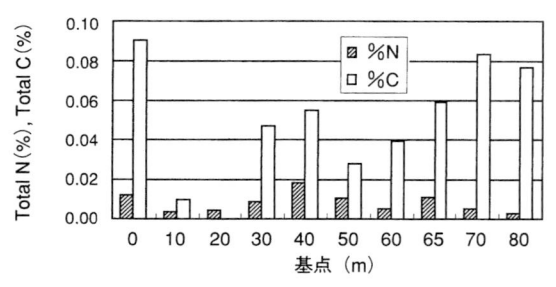

図5　全窒素（％N），全炭素（％C）

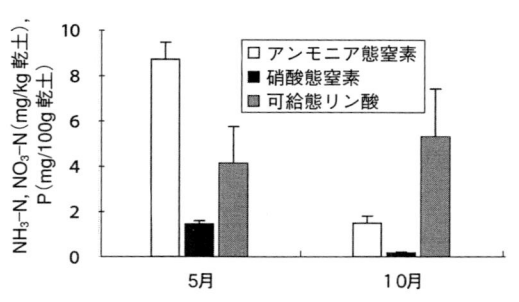

図6　調査地の土壌化学性

樹木の平均樹高成長で大幅な増加が見られるので主に植物の生育に使われ，他には流亡したり，土壌微生物の繁殖に使われたりしたものと思われるが，その詳細は今後の調査に待たれる．

⑤**可給態リン酸**：植物の根が吸収利用可能な可給態リン酸（P）は5月4.1＜10月5.3（mg/100g乾土）であった（舘崎ほか，2005）．この濃度はP_2O_5換算で9-12（mg/100g乾土）で，通常の農作物の生育に適当な5以上となっていた．

以上のように，まだ調査途中ではあるが，定着している木本植生をみると，調査地の樹種別個体数ではヤナギ類が優占的にみられるが，ドロノキが大半を占めており（80.3％），5月と10月の間に枯死した個体はみられなかった．樹木の種，個体数，平均成長率や植生の被覆率の増加からみて，無機態窒素濃度，可給態リン酸濃度については侵入定着した先駆植物にとって必要最小限を満たしていたと推測される．このような無機態窒素，可給態リン酸の起源については明らかではないが，本調査地でも土壌が発達してから植物が定着したのではないことから，同様に貧栄養の降灰堆積物からなる有珠山上部火口原での過去の調査結果にみられるように，降雨や火口裸地周辺の噴火の被害を免れた植物群落からのリターの飛散が土壌栄養の起源になったと考えられる．ただ，本調査地では土壌理学性については十分なデータがなく，今後も詳細な調査を行う必要がある．最後に，有珠山上部から山麓にかけてのこれまでの森林相の推移を概観すると，現在みられる先駆樹種であるドロノキ，ヤナギ類は寿命が数十〜100年程度と短いので，残存する山麓の広葉樹混交林の推移と同様に，今後は寿命の長いシナノキ，ミズナラ，エゾイタヤ，ハリギリなどからなる夏緑広葉樹林へと早期に移行していくと予想される．

注：今回，野外で必要とした道具類は巻き尺（50m），プラスチック杭（標識杭長さ50cm，35cm），プラスチックハンマー，コンベックス（2m），ノギス，野帳（筆記用具），植物図鑑，油性マジックインキ，ビニール袋，ポリ瓶（水採取用），クリノメーター，レベルトラコン，デジカメ，スコップ，土壌採取器（直径10cmと15cm，高さ5cmの円形底なし），土壌温度記録計，地形図，クーラーボックスなどであった．目下，現地では土壌理化学性の測定のほか，土壌微生物による有機物の分解や有機態窒素の無機化などを調べるために毎月土壌培養などを行っている．

参考文献

Del Mora1, R.（1983）：*American Midland Naturalist*, **109**, 72-80.
春木雅寛（1988）：生物相の破壊と回復．有珠山―その変動と回復（門村　浩ほか編），北海道大学図書刊行会，pp.165-193.
Tagawa, H.（1964）：*Memoirs of the Faculty of Science, Kyushu University. Series E. Biology*, **3**, 165-228.
Tagawa, H. *et al.*（1985）：*Vegetatio*, **60**, 131-145.
舘崎　圭ほか（2004）：日本植物学会北海道支部大会発表要旨集．
舘崎　圭ほか（2005）：日本森林学会北海道支部論文集，**53**, 98-100.
舘脇　操ほか（1966）：渡島駒ヶ岳の植生，日本森林植生研究会，82＋13図版．
Tsuyuzaki, S. and Haruki, M.（1996）：*Vegetatio*, **126**, 191-198.
Vitousek, P.M. *et al.*（1983）：*Biotropica*, **15**, 268-274.
吉井義次（1942）：生態学研究，**8**, 2-3, 170-220＋6図版．

森林の食物（栄養）網

食物網
揚妻直樹

　おのおのの生物種は他の生物種と共生・競争・捕食や被食など，さまざまな関わり合いの中で生活している．その中で捕食−被食関係は分解系（「落ち葉の分解過程とリグニン分解菌」参照）とともに物質やエネルギーの流れを作る重要な機能を担っている．また，捕食−被食関係を通じて捕食者と被食者はお互いに，その個体群や行動，生理に影響を及ぼし合う．自然生態系では，この「食う食われる」の関係が複雑に絡まり合い網の目のようになっているので，捕食−被食関係の総体は食物網と表現される．この食物網において各生物は大きく4つの栄養段階に分けられている．それは光合成作用により有機物を作る生産者（緑色植物），植物を食物とする一次消費者（植食者），一次消費者を食物とする二次消費者（肉食者），生物の排泄物や遺骸を栄養源とする分解者である．もちろん，全ての生物種をこの4つの栄養段階に厳密に分けることは不可能である．日本に生息する哺乳類についてみれば雑食性のものが多いので，例えばヒグマは生産者も一次消費者も二次消費者も食物にしている（「クマ類の生態を調べる」参照）．また，ニホンジカは一般には一次消費者と見なされがちであるが，地域によっては生きた植物よりも，林床に落下した葉などの森林内降下物（リター）を主食にしている（図1）．こうしたリターなどの生物遺骸を栄養にするのは分解者の役目である．そうすると，このシカは一次消費者というよりは，むしろ分解者としての役割が大きいことになる．ただし，全体としては栄養段階が下位のものが上位のものに捕食される流れとなっている．そして，この食物網の中では直接・間接に多様な生物間相互作用が働いている．ここでは哺乳類を中心にそれを見ていこう．

トップダウン効果か，ボトムアップ効果か？
　食物網において，捕食者と被食者は互いにどんな影響を及ぼし合っているのだろうか？ 図2はカナダのオオヤマネコとカワリウサギの個体群変動を表している．この図をみるとウサギが増え出すとヤマネコが増加して，捕食することでウサギ

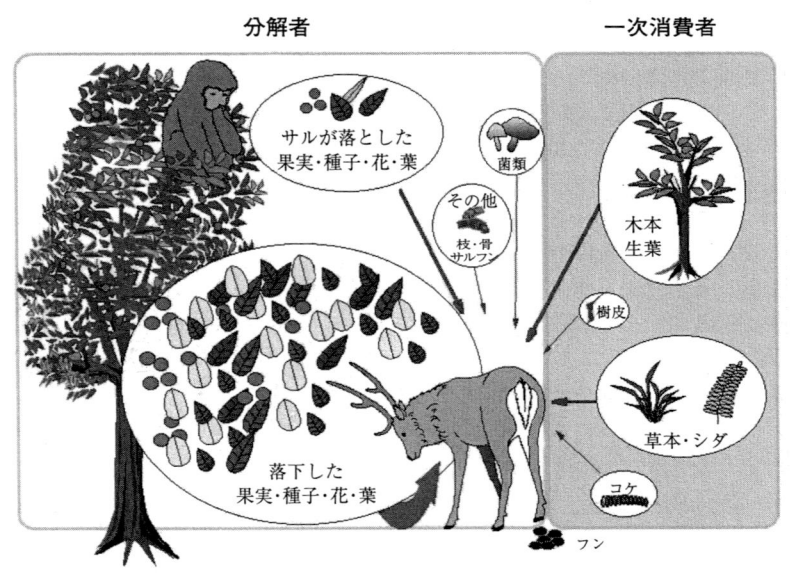

図1　屋久島低地のニホンジカの食物源（揚妻；揚妻・柳原，2003を基に作成）約7割が落下した葉や果実などの森林内降下物（リター）であった．その中には同所的に生息するサルから供給されるものもある．一方，生きている植物体の採食は約3割であった．

が増えすぎないように抑制しているように見える．こうした捕食者が被食者に与える個体数の抑制はトップダウン効果と呼ばれる．この図はこれまで肉食者がトップダウン効果によって，植食者の数をコントロールする事例として教科書などで紹介されてきた．しかしその後，この現象についてさまざまな検討が加えられ，ウサギの個体数は植物生産量など，肉食者以外の要因によって増減している可能性が指摘されるようになった．むしろこの現象は，ヤマネコの個体数がウサギの個体数に振り回されて増減させられている，すなわち被食者が捕食者の数をコントロールしているというボトムアップ効果を示している可能性が出てきた．

　こうした場合の因果関係を探る手法としては捕食者排除実験が有効である．この例でいけば，実験的にヤマネコが侵入できない場所を作ってみて，そこでウサギの個体数がどうなるのかを確かめればはっきりする．ヤマネコがいないことでウサギが増え続ければ，ヤマネコがウサギの数をコントロールしていたことになるし，前と変わらず一定範囲で増減を繰り返すようならヤマネコは重要な役割を担っていないことの証しとなる．果たして，カナダで行われた大規模な捕食者排除実験では，ヤマネコなどを排除してもウサギの個体数が増え続けることはなく，増減を繰り返すことが明らかとなった（図3）．結局のところウサギの個体数がなぜ変動するのかははっきりとわかっていないが，少なくともヤマネコによる捕食がウサギの個体群動態に大きな影響を与えてはいないと考えるのが妥当のようだ．

　哺乳類の研究では現象を記述するだけでも大変なので，対応関係がわかっても，必ずしも因果関係が検証されるとは限らない．このようなとき，例えば肉食者は植食者を食べるのだから植食動物の数をコントロールしているのに違いない，という先入観を持ってしまうと，データに誤った解釈を加えてしまうことになる．

　ネズミ類やリス類などについても同様の捕食者排除実験が行われてきた．また，シカ類に関しては長期間の個体群動態の分析から，肉食者の影響が検討されてきた．しかし，肉食者がこれらの動物の個体数をコントロールしていることを示せた例は多くはないという．このことから，少なくとも哺乳動物に関する限り，肉食者が植食者の個体群をコントロールするというのは一般的な現象とはいえないようである．

　ただし，哺乳類に関しても条件によってはトップダウン効果が強く効くことがある．捕食者が主食としていた動物が何らかの理由で急激に減少してしまった場合，それまであまり捕食していなかった別の動物に強い捕食圧がかかる．先の例のように，オオヤマネコはカワリウサギに依存しているが，ウサギの個体数は急激に減少してしまうことがある．このとき，ヤマネコが餌をトナカイに切り替えたことで，トナカイの個体数が急激に減ってしまった事例が報告されている．哺乳類で強いトップダウン効果が起きるのは，このような「とばっちり効果」などの条件が整う必要があるようだ．したがって，もし哺乳類に関して強いトップダウン効果が観察されたなら，単純に肉食者と植食者だけに注目していては実体を捉えきれな

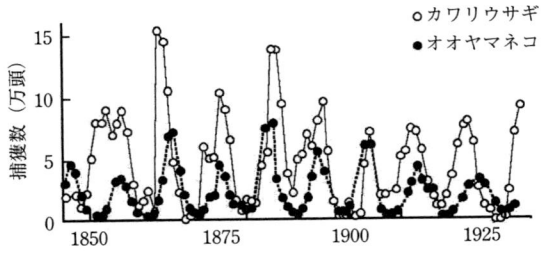

図2　カナダのカワリウサギとオオヤマネコの個体群動態（MacLulich，1937を基に作成）
捕獲データを基に推定．カワリウサギの個体数の増減を追うようにオオヤマネコの個体数も変化している．

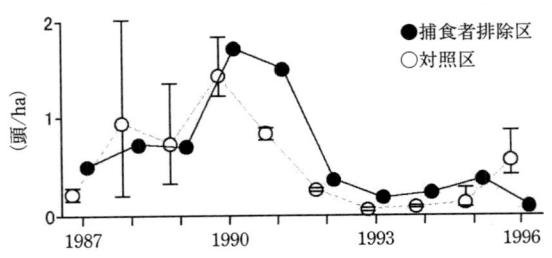

図3　オオヤマネコなどの捕食者を排除した場合のカワリウサギの個体群変動（Hoges et al., 2001を基に改変）
対照区の棒はレンジを示す．捕食者を排除してもウサギの個体群変動パターンは変わらない．また，捕食者を排除しても，密度が著しく高くなることもない．

い可能性がある．それらに関わる第三者を見つけ出し，それが肉食者・植食者双方に与える影響を把握する必要があろう．直接的にはそれほど関係がないように見える生き物どうしでも，間接的に影響を及ぼし合っている（間接効果）かもしれないからだ．

共進化と種多様性

　ここまでは肉食者と植食者の間での捕食-被食関係をみてきたが，次に植食者と植物との関係を見てみよう．植物は光合成により空気中の二酸化炭素から有機物を作り出す．動物たちはその有機物を得るために植物を捕食する．これに対し植物側もただ食われているわけではない．捕食されないようにとげやトリコーム（毛状体）などによって身を守ったり（物理的防御），体内に二次代謝物（毒物）を蓄積して（化学的防御），食べられにくいようにしている（被食防御：「樹木-昆虫-鳥の三者関係」参照）．動物はさらにそれに対抗して咀嚼のための歯や筋肉を発達させたり，二次代謝物を解毒できるように進化してきた．例えば，アイスランド・フィンランド・シベリア・アラスカでの比較研究から，ヤナギ属とカバノキ属の木に含まれる二次代謝物量はウサギ類の密度の高い地域で多くなることがわかった．一方，給餌実験によって，二次代謝物量がより多い地域のウサギ類は他地域とくらべ，二次代謝物を多く含むこれらの植物をたくさん採食できることも示された．つまり，ウサギ類の捕食圧にさらされた植物は防衛力を増強させており，それに対してウサギ類の方も解毒能力を高めて対抗していたのだ．これは捕食-被食関係の歴史の中で，植物と動物が捕食と防御の共進化を続けてきた結果と考えられている．

　植食者による捕食は植生構造にも大きく関与している．それは植物種によって，被食防御の強さや方法が異なっていることによる．ニホンジカの捕食圧が高い地域では，その捕食圧に適応した特有の植生構造が見られる．そういうシカ密度の高い場所に柵を作ってシカを排除すると（捕食者排除実験），柵内の植物種組成に変化が見られる．柵内には，シカに対する被食防衛能力が低く，シカがよく食べる植物種が優占する傾向にあるという．しかし，シカにとって嗜好性の高い植物種が柵外から全て消えてしまうかというと，必ずしもそうではない．例えば，特に物理的・化学的防衛をしていないシバは，時にシカの主な食物源となることさえある．しかし，シバはその再生力の高さによって，強い捕食圧を受けても生き残ることができる．むしろシバと競合する他の植物種をシカが減らしてくれるおかげで，かえってシバは優占することができるのだ．シカの捕食圧は，それに適応した植物にとっては好都合といえよう．

　それでは，植食動物の捕食が植物群集の種多様性にどのような影響を与えているのだろうか．単純に考えると，植物たちは食べられてしまうのだから，種数も減ってしまうように感じられる．しかし，実際の反応は少し複雑である．植物の生育条件がよくない場所（生産性の低い場所）では，捕食圧がかかると生息できる種数は減少するという．しかしその一方で，雨量が多いなど生産性が高い場所では，植食動物の捕食があった方が植物の種多様性は増加する傾向にある（図4）．北欧のラップランドはそれほど植物にとっての生産性が高い場所とは思えないが，それでもトナカイを排除すると植物の種多様性が低下してしまうことが報告されている．トナカイは他を抑えて優占するような植物種を捕食によって抑制し，その結果，植物種間の競争が緩和され，競争に弱い植物種も共存できていたと解釈される．このように，植食者は捕食による間接効果を通じて植物種間関係を変化させ，植物の種多様性を高めることもあるのである．

　植物と哺乳類の相互関係を考える場合，相利的な関係は花粉媒介と種子散布くらいなもので，あとは動物が一方的に植物から収奪しているだけと捉えられがちである．しかし，ここまで見てきたように植食動物と植物は永い共進化の歴史を作り上げてきた．その歴史を考えると植食者が直接的・間接的に個々の植物種の進化や植物群集の種多様性維持の原動力になってきた可能性は否定できないであろう．

捕食者の「機能」の変化

　肉食者と植食者の関係でも，植食者と植物の関係でも，捕食圧は捕食者の数に比例してかかると思われがちである．しかし，捕食圧と捕食者の数とは単純な関係にはない．被食者全体にかかる捕

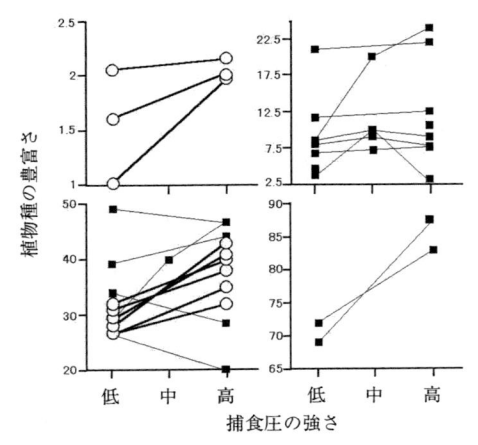

図4 生産性の高い生態系における捕食圧と植物種の豊富さの関係（Plroulx and Mazumber, 1998を基に作成）

陸上・海域・海岸・湖沼・河川などさまざまな生態系において，捕食圧とともに植物種数がおおむね増加する傾向がある．なお，白丸は陸上生態系において哺乳類の捕食圧がかかった場合を示す．

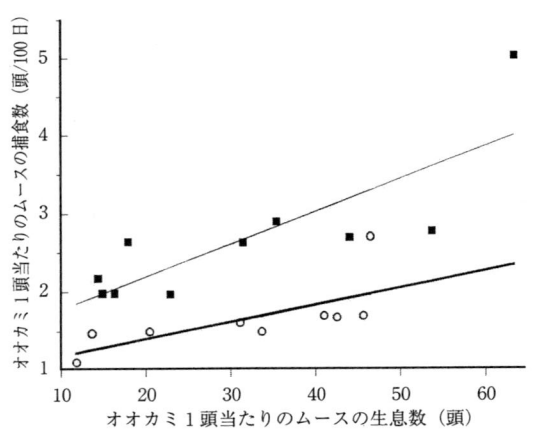

図5 北米で観察されたオオカミによるムースの捕食率（Messir, 1991のデータを基に作成）

横軸はオオカミ1頭当たりのムースの生息数で，相対的なムースの豊富さを表す．縦軸は1頭のオオカミが100日当たりに捕食したムースの頭数．■はムース個体群が減少中の場合，○は増加中の場合を示す．ムースの豊富さが同じでもオオカミによる捕食圧は異なることがわかる．

食圧は，捕食者の個体数と捕食者1頭当たりの捕食圧の積によって決まる．そして，この1頭当たりの捕食圧は条件によって大きく変化し得るようである．具体例を見てみよう．北アメリカにはムースとその捕食者のオオカミが生息している．そこでオオカミ1頭当たりのムース捕食率を算出したところ，ムース個体群の状態によって捕食率が違っていたのだ．ムースの個体密度やオオカミ1頭当たりのムース個体数が同じでも，ムース個体群が増加中のときにはオオカミの捕食率は低く，減少中のときには高くなっていたのである（図5）．オオカミ1頭当たりのムース個体数が同じならば，単純に考えれば同じような捕食率になっていいはずである．どうして，このような結果になったのか理由はわからないが，増加期と減少期でムースの行動や生態が変わり，オオカミにとっての捕まえやすさが違ってくる，あるいはオオカミの餌選択性が異なってくるなど，オオカミ（あるいはムース）が食物網の中での「機能」を変化させたことによるものと思われる．

植食者が植物に与える捕食圧に関しても，植食者の個体数では理解しきれない現象がしばしば起きている．屋久島低地の自然林にはニホンジカが多く生息している．しかし，面積の半分をスギ植林地にしてしまうとシカ密度は数〜十数分の1程度にまで低下してしまうことがある．この植林地帯に残された広葉樹林分でシカの採食痕がある植物体の割合が調べられた．するとシカ密度が低いにも関わらずその割合は自然林よりもむしろ高い傾向にあった．つまり，植林地帯ではシカ1頭当たりの捕食圧は自然林と比べかなり高かったことになる．植食者の個体数よりも，1頭当たりの捕食圧の変化の方が，全体として植生にかかる捕食圧に強く影響したようだ．このような捕食者の「機能」を変化させるメカニズムについては不明だが，森林の開発や捕獲圧のかかり方などの生息環境の攪乱に対する動物の適応と関係しているかもしれない．

共生と協同

哺乳類についてみると他種と互いに生存に不可欠な共生関係を築いている例は少ない．それは哺乳類の行動や生態には可塑性が大きいことによるものと思われる．その中で種子散布は植物と哺乳類の共生的な関係といえる（「動物による種子の散布」参照）．しかし，そこにもシビアなやりとりが繰り広げられる．例えば，アカネズミはブナ科の種子（ドングリ）を見つけると，その種子を

あちらこちらに運び，場合によっては地中などに貯蔵する．しかし，ネズミは運んだドングリを全て食べてしまうわけではないし，胚乳の一部しか食べなければドングリは発芽することができる．つまり，ドングリの木はネズミに食物を提供する代わりに，種子を散布してもらっているわけである．そうはいっても，ネズミにもりもり食べられてしまってはたまらない．そこでドングリはタンニンなどの二次代謝物を蓄積してあまり食べられないように被食防御している．つまり，ドングリはネズミにとって魅力的でなくてはならないが，食べられすぎないように，ぎりぎりの線で毒の量を加減しているようである．

ところで，生産されたドングリが，結果として発芽し成長できる率はおそろしく低い．また，動物によって散布された種子の大多数は，さほど遠くに運ばれることもない．したがって，実際には動物の種子散布は大して役に立ってないようにも思える．しかし，ドングリの木の寿命は数百年である．この間に生産される膨大な数のドングリのうち，平均でたった1個が親木まで成長できれば，個体群を衰退させることはないはずだ．だから，そのくらいの率で動物にドングリを良い場所に運んでさえもらえれば十分ということになる．ドングリの木は「ネズミが死なない程度に養っておけばいいや」と思っているのだろう．

哺乳類では他種がいることで採食効率を上げている例がある．有蹄類では複数種が群れを作ることで共通の捕食者を警戒する時間を分担でき，採食に費やせる時間を増加させることが知られている．また，他の動物に食物を供給してもらっている場合もある．シカ類は木の上の葉や果実などを自分で採取することはできない．しかし，同所的にサルがいる場合には，木に登ったサルが採食中に果実や葉をボロボロ落とすので，そのおこぼれに預かることができる．インドのハヌマンラングールが樹上から落とす食痕の半分程度は同所的に生息するアクシスジカの食物になり得ると推定されている．また，屋久島低地のニホンジカの食物の1割程度はニホンザルによって供給されている（図1）．しかもサルが供給する食物には果実など質の高いものが多く含まれている．このような食物供給は，シカによる稚樹などへの捕食圧を緩和しているのかもしれない．

野生生物保全と生物間相互作用

ここまで，捕食−被食関係に関わる種間関係を見てきた．特に三者以上の相互作用（とばっちり効果，採食圧と種多様性，他種からの食物供給など）は，その関係の複雑さを物語っている．これらの生物種間相互作用は野生生物の保護管理を考える場合，つねに頭に置いておかなければならない．野生生物の保護管理というと，生息環境は大切だと一応わかっていても，実際には対象とする種の個体数や分布のみに関心や対策が集中してしまいがちである．しかし，野生生物は生物的・非生物的環境の中で，それらと密接な相互作用を及ぼし合って，その生物たらしめる独特の生態を進化させてきた．したがって，他種がいることによって初めてその生物本来の生活様式を発現できるのである．つまり，本当の意味での野生生物の保護管理というのは，その種が進化の過程で獲得した生態が実現できるようにすることに他ならない．この「生態の保護」のためには，その種を含んだ生物種間相互作用ごとを保全や管理の対象にしなくてはならない．

哺乳類に関する限り，自然界では強いトップダウン効果が検出されることは少ないようである．一般に陸上生態系ではトップダウン効果とボトムアップ効果とは複雑に絡み合っているので，単純な関係にはならないと考えられている．しかし一方で，水中では生態系の構造がかなり異なっているらしく，トップダウン効果が顕著に見られるようである．また，植食者と植物の関係も陸上と水中とでは異なっている．陸上では植物は個体の一部が捕食されることが多いので，一度捕食された後に被食防除を発動するという誘導防御の機構が見られる．このことが新たな生物間相互作用を生むことになる．しかし，水中の植物プランクトンでは，ほとんどの場合，食べられることは個体の死を意味するので誘導防御は進化しづらい．食物網自体も陸上と水中とでは大きく異なり，陸上では生物は死んでから分解されるという腐食連鎖が中心であるのに対し，水中では生物は捕食されて死ぬという生食連鎖が中心であるという．このように生態系の構造が大きく異なると，捕食−被食関係も全く別の様相を示すようだ．これらのことは，生態系の保全や管理をする際には，その特徴に応じた理論や方法を用いなくてはならないこと

を意味している．

　日本では，1990年代からニホンジカが森林植生を著しく改変してしまうことが社会問題になってきた．シカが植生にどんな影響を与えるのかを検討するために，先に紹介したような捕食者（シカ）排除実験が行われることが多い．しかし，その実験結果の解釈には注意が必要である．ここまで見てきたように植物は植食者との直接的（被食）および間接的（植物種間競争への干渉など）な相互作用の中で進化してきた．したがって，植食者を完全に排除した環境では植物は本来の生態を示さないだろうし，植生構造も歪められたものになるはずである．つまり，シカ排除区で見られる植生は自然状態を再現してはいないのである．シカ排除実験はシカが植生に対して，どのような影響を与え，どのような役割を果たしているかを知る手立てとしては有効である．しかし，それはあくまで「シカがいることの影響」ではなく，「シカがいないことの影響」を検出しているということに注意を払わなくてはならない．

　野生動物による農林業被害や森林植生への「悪影響」を緩和するために，駆除によって動物の数をある目標値まで低下させようとする個体数管理事業が2000年ころから各地で推進されるようになった．しかし，個体数とこうした被害には明確な関係が見出せない事例もしばしば起きている．例えば北海道東部では1993年よりシカに対して高い駆除圧をかけることによって，その個体数を減らすことに成功した．しかし，シカ個体数が減ってきていたにもかかわらず農林業被害額は一時的に1.5倍も増加していた．このことは捕食者と捕食圧の関係で紹介したように，被害の大きさを決めるのは単に個体数だけでなく，その動物の行動様式や餌選択性などの「機能」が重要であることを示している．仮に駆除によって個体数が減らせたとしても，行動様式が変化することで1頭あたりの捕食圧が増加するようであれば，被害はむしろ増加する結果となる．したがって，動物の数だけでなく，動物の行動や生態の可塑性を把握することも重要である．被害軽減を検討する上では，こうした動物の「機能」の変化を引き起こすメカニズムも明らかにする必要があろう．

　また，自然植生に対するシカの「悪影響」を除去するために，その捕食圧を人為的にコントロールすることも考えられるようになった．ただし，植食動物が植物の進化に果たしてきた役割について十分に解明できているわけではない．各植物種がどのような捕食圧にさらされて進化してきたのかを知らずに捕食圧を決めてしまっては，その植物種本来の「生態の保護」ができるかどうかはわからない．森林植生は実は，シカがいることで更新が良好にはかられてきたという意見もある．自然植生を保全するためには植食動物と植物の進化の歴史や複雑な相互作用を十分に把握しておくことが重要である，そうでないと，自然生態系に対して予測不可能な悪影響を与える危険があるだろう．

　ここまで見てきたように，食物網といっても単に「食う食われる」の関係だけにとどまらない．捕食に関わる協同や競争などの三者以上の関係を介して，進化や種多様性，個体群動態などが変化する．野生生物の保全にあたっては，まずこの生態系の複雑さをしっかり意識することが大切なのである．

自主解答問題

問．生物Aが減ってきており，少なくとも生物Bがその生物Aを捕食していることが解ったとする．この生物Aを保護するためには，どんなことに注意を払い，どんな対策をすべきか考えなさい．

参考文献

北海道大学北方生物圏フィールド科学センター編（印刷中）：フィールド科学への招待，三共出版．
伊藤嘉昭ほか（1992）：動物生態学，蒼樹書房．
Krebs, C. J. et al., eds. (2001): Ecosystem Dynamics of the Boreal Forest: The Kluane Project, Oxford University Press.
高槻成紀（1998）：哺乳類の生物学5 生態，東京大学出版会．

樹木−昆虫−鳥の三者関係

村上正志

　森の中にはさまざまな生物が生活している．生物は互いに直接，あるいは間接的な相互作用によって結びついているが，森の主役は何といっても樹木である．森という構造を作り，光合成作用により一次生産を担っている．樹木の葉を食べるのが鱗翅目幼虫に代表される植食者である．そして，それを食べる生物として鳥類が挙げられる．樹木の葉を植食者が食べ，植食者を鳥が食べる．このような関係の中で，植物は静的なものとして捉えられることが多く，植食者に食われるがままになっているように見えるだろう．しかし実際には，植物はさまざまな方法で被食を防いでいることが知られている．ハリギリの枝のとげは，大型の草食獣からの被食を防ぐ物理的な防御である．トリカブトは猛毒を含むし，お茶の葉の渋みはタンニンによるが，これらは化学的な防御の例である．これらと全く異なる防御の方法に，時間的な逃避がある．植食者の食害を受ける期間をできるだけ少なくするという方法である．北大苫小牧研究林で行われている研究から，いくつか紹介しよう．

　苫小牧研究林の優占樹種であるミズナラについて，芽吹き直後からの葉の質の変化を調べた．この落葉広葉樹は，春，一斉に芽吹く．芽吹き直後の葉は柔らかく水分をたっぷり含んでいる．また，動物の栄養源として重要な窒素も多く含んでおり，逆に消化を妨げ生物の成長を阻害するタンニンは少ない．しかし，約1ヶ月のうちに，葉は硬くなり水分含有量も少なくなる．葉の硬さは幼虫の摂食を物理的に阻害し，水の不足も成長を阻害する．さらに，この時期の葉は栄養に乏しく，タンニンを多く含んでいるため，イモムシ，アオムシにとって餌としての利用価値は低くなる．鱗翅目の幼虫は良質な餌の提供される，開葉からの約1ヶ月にも満たない短い期間に，その幼虫期を終えなければならない．幼虫期を終えるためにも約1ヶ月必要であるため，この同調はきわめて重要である．母樹の芽吹き前に卵から孵ってしまうと餌にありつけないが，孵化が遅れると今度は幼虫期の後半に餌がなくなってしまう．

　ところが植物の芽吹きは年によって大きく変動し全く予測できない．苫小牧研究林のミズナラは，1996年には5月中旬に芽吹いたのに対し，1997年は6月に入ってやっと芽吹いた．実に半月以上の「ゆらぎ」である．この時間的な逃避が温帯の広葉樹林における植物と植食者との関係において非常に重要であると考えられる．実際にミズナラの高さ約15mの林冠部に登り虫を採ってみると，植食性の昆虫（主に鱗翅目の幼虫）は，この芽吹き後1ヶ月の期間に集中して採集される．ガの幼虫は落葉の下で蛹になるため，芽吹きの後1ヶ月の頃に自ら吐いた糸にぶら下がってさかんに林床に降りてくるが，落下してくる幼虫を採集するとその半分近く（47%）が未成熟な幼虫であった（Murakami and Wada, 1997）．実験的に，ミズナラの芽吹きの1週間後に孵化したホシオビキリガ（ミズナラにおける優占種の1つ）の幼虫を林冠の葉で育てると，葉の硬化に伴い1ヶ月以内に全てが死に絶えた．

　では，林冠から追い出された未成熟な幼虫は全て林床で死に絶えるのだろうか．林床には実生が数多く見られる．林冠と林床ではその環境が全く異なる．林床では光が不足するために光合成作用の効率が悪く，ミズナラの実生にとっては炭素が不足する．また，弱い光を効率的に利用するために葉は薄い．そのため葉を十分に硬くすること，また，炭素を主な原料とするタンニンを十分に生成することができず葉の防御が手薄になる．林冠の葉で育てたホシオビキリガの幼虫に6月中旬から実生の葉を与えると多くの幼虫は蛹になることができた（Murakami and Wada, 1997）．樹木の葉の質が時間的空間的に大きく変動することにより，植食者の分布様式が林内で大きく変化しているのである．

　このような植食者の分布様式は鳥類の採餌場所に大きく影響する．苫小牧研究林では5月から6月中旬にかけて，昆虫食性鳥類の餌の約70%は鱗翅目の幼虫である．これらの鳥は林冠で鱗翅目の幼虫をさかんに利用する．ところが，キビタキは6月下旬には林床で鱗翅目の幼虫を利用するようになる．樹木の葉の質的な変化が植食者を介して鳥類の採餌行動をも強く制限しているのである．

　一方，鳥類が植食者を取り除くことにより，樹木は被食を免れることができるはずである．この様子は図1のように表せる．シジュウカラは葉群

内で採餌するため，鱗翅目の幼虫を多く利用しその個体数を減らす．それに対しゴジュウカラは，樹の幹をつたって梢に登りアリを捕食する．さらにアリが鱗翅目幼虫を補食するため，樹木に対する影響がシジュウカラと正反対になると予想した．このような仮説を確かめるために，苫小牧研究林の二次林に9基の巨大な鳥かご―林冠エンクロージャーを建設し（図2），森の中での鳥類の役割を検証した．シジュウカラとゴジュウカラを1羽ずつ，それぞれ3つ，合わせて6つのエンクロージャーに放した．残りの3つのエンクロージャーには鳥を入れず，鳥除去区とした．

実験開始後，3週目と7週目の各実験区における幹の上のアリ，葉の上の鱗翅目幼虫の個体数，ミズナラの葉の食害率は図3のとおりである．アリの個体数はゴジュウカラ区で少なく，シジュウカラ区，鳥除去区では多かった．いっぽう，鱗翅目の幼虫の個体数はシジュウカラ区で他の2つの操作区よりも少なかった．ミズナラの食害率はシジュウカラ区で少なくなった．シジュウカラ区で鳥除去区よりも鱗翅目の幼虫の個体数，そして食害率が小さかったことから図1の予想が確かめられたといえる．しかし，ゴジュウカラ区では，鳥除去区よりも鱗翅目の幼虫の個体数，そして食害率がさらに多くなると予想したが，実際には鳥除去区と同様の結果になった．エンクロージャー内での鳥の観察の結果から，ゴジュウカラは時おり枝先まで登り葉についた鱗翅目の幼虫を採餌していることがわかっている．つまり，アリを減らすことにより増える鱗翅目の幼虫の個体数と，直接食べることにより減少する数が釣り合っているのである．予想とは少し違う結果であったが，これら2種の鳥が森林で果たしている役割が異なることが明らかになった．

樹木-植食者-鳥の関係を見てきたが，苫小牧の森には100種近い鳥類，2000種を超える鱗翅目，約100種の樹木が記録されている．それぞれの生物は異なる生活史を持ち，互いに複雑に関係し合っている．これが森林の真の姿である．私たちはこのような複雑な相互作用が果たす役割を知らないし，それを捉える方法を，未だ手にしていない．近年，生物多様性という言葉が巷にあふれているが，その本当の意味をこれから明らかにしていく必要がある．

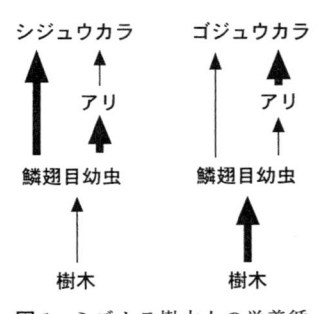

図1 ミズナラ樹木上の栄養循環の模式図
矢印の太さは，影響の大きさを示す．

図2 林冠エンクロージャー
高さ10m，幅それぞれ15m．

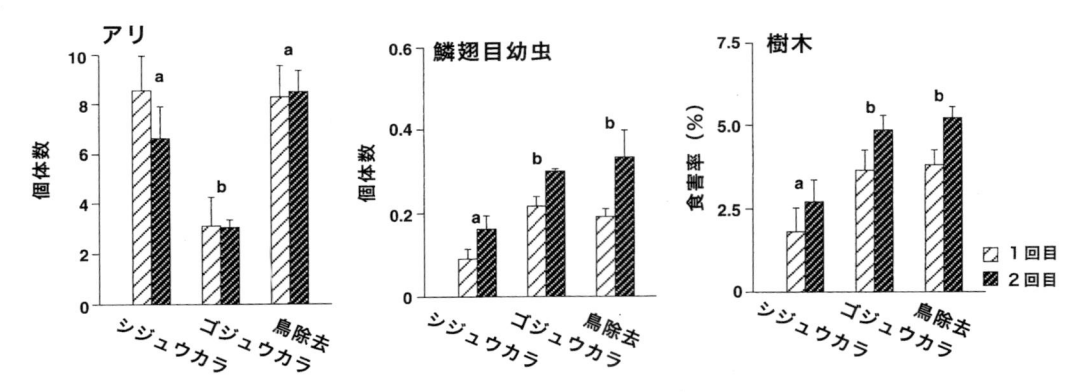

図3 エンクロージャー実験の結果
図中の小文字は統計検定（分散分析）の結果を示す．同じ文字の処理区間には有意差がない．

おいしい葉っぱ，まずい葉っぱ

松木佐和子

　植物にとって，葉は光合成をするための大事な器官．一方，葉を食べる昆虫（食葉性昆虫）にとってはなくてはならない食料だ．では，森林において，樹木は食葉性昆虫にいくらでもごちそうを提供しているだろうか？

　葉には，昆虫の栄養源となる蛋白質やアミノ酸が豊富に含まれている．しかしそれらと同時に，摂食を阻害したり（味がまずい），蛋白質の吸収を抑制する（食べても身にならない）毒が含まれており，これらは「防御物質」と呼ばれる．植物の葉に含まれる防御物質にはさまざまな化合物が知られている．例えば，生キャベツを食べた時に舌がピリッとするのも防御物質の1つ，カラシ油配糖体と呼ばれる化合物の仕業だ．カラシ油配糖体のように微量でも毒としての効果を発揮する防御物質は「質的防御物質」と呼ばれる．また，樹木の葉には多くのフェノール物質が含まれているが，この物質の多くは，昆虫の体内において蛋白質の消化・吸収を妨げる働きを持つ．これらの物質はその量が多いほど毒としての機能を発揮するので「量的防御物質」と呼ばれる．以上のような，防御物質を利用した「化学的防御」以外にも，葉を硬くしたり，トゲをはやしたりすることで植食者の摂食行為そのものを阻害する「構造的防御」も有効な手段として知られている（表1）．このような防衛手段を多く持つ，いわゆる「まずい葉」と，防衛手段をそれほど持たない，栄養素たっぷりの「おいしい葉」．そのどちらを持つかは，どのような理由で決まっているのだろうか？

　植物にとって，光合成器官である葉を失うことは，その後の成長や繁殖に悪影響を及ぼす可能性がある．また，食害された傷跡から病菌害を受ける危険性も高まる．このため，植物は葉を食べられないに越したことはない．しかし，葉を食べられないように防御するには，それなりのコストがかかる．コストがかかる防御に，いつ，どの程度，どのような形で投資するか？　これは植物にとっての大問題だ．競争相手に勝つためにはいち早く大きくなりたい．しかし，成長ばかりに投資していれば，防御がおろそかになり食害を受ける．植物はつねに，このジレンマをかかえているといえるかもしれない．例えば，質的防御物質の1つであるアルカロイドの合成には，炭水化物を合成するよりも約3倍，量的防御物質であるフェノール類では約2倍，グルコースを必要とする．また，ポリフェノールの合成には，フェニルアラニンという物質が必要となるが，フェニルアラニンは蛋白質合成にも必要な物質であるため，防御物質と蛋白質の合成は，どちらかを増やせばどちらかが減る，というトレードオフの関係にあることが生化学的にも証明されている．

　「成長が遅い植物の方が防御能力が高い」という理由は，生化学的な理由だけで説明されるわけではない．進化的・生態的な理由によっても，成長と防御のトレードオフ関係は説明される．成長の遅い植物は，それだけ植食者にさらされる頻度が高いため，高い防御を備えている種でなければ生き残れなかった，という進化的背景があるかもしれない．また，貧栄養な土壌環境に生育している植物は概して成長が遅いが，貧栄養環境では，窒素よりも炭素が余り気味になり，炭素由来の防御物質が作られやすい，という生態的背景があるかもしれない．

　成長と防御の関係について，7種の落葉広葉樹について調べると，葉の平均寿命が長く，成長速度が遅い種ほど，食葉性昆虫の餌には適さない葉を持つことが明らかになった（松木ほか，2004）（図1）．

　温帯域の落葉樹は生育期間が限られているため，どの時季に葉の防御にコストをかけるかが重要になる．季節性がはっきりとした温帯域では，食葉性昆虫の密度のピークは春と夏の二山型になり，特に春にはその種類や密度が高い．食害の危険性が高い春に葉の防御を高め，葉量も豊富になり，食害の相対的な危険性も下がる夏には防御よ

表1　さまざまな防御手段

化学的防御		構造的防御
質的防御物質 （低分子化合物） アルカロイド カラシ油配糖体 テルペノイド	量的防御物質 （高分子化合物） リグニン タンニン	葉の硬化 セルロース リグニン
		棘状突起 （トリコーム） ワックス

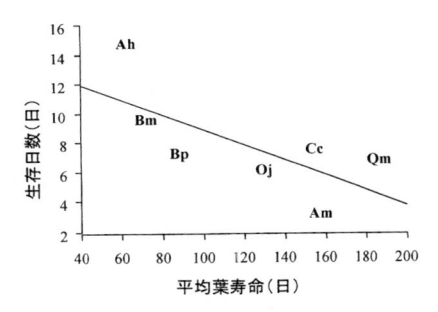

図1 各落葉広葉樹の平均葉寿命と食葉性昆虫（エリサン）の生存日数
Ah：ケヤマハンノキ，Bm：ウダイカンバ，Bp：シラカンバ，Oj：アサダ，Cc：サワシバ，Am：イタヤカエデ，Qm：ミズナラ．本実験は7月中旬に行った．

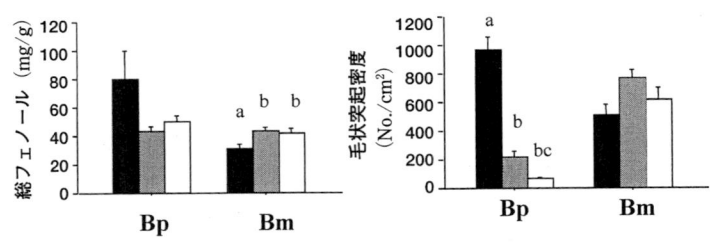

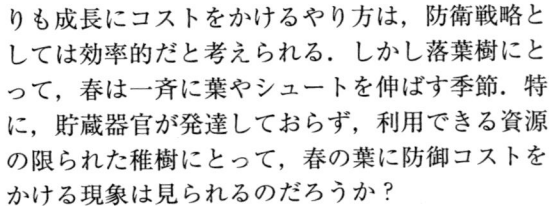

図2 総フェノールと毛状突起密度
Bp：シラカンバ，Bm：ウダイカンバ．■：5月，▨：7月，□：10月．
異なるアルファベットは $p<0.05$ の有意差を示す．

りも成長にコストをかけるやり方は，防衛戦略としては効率的だと考えられる．しかし落葉樹にとって，春は一斉に葉やシュートを伸ばす季節．特に，貯蔵器官が発達しておらず，利用できる資源の限られた稚樹にとって，春の葉に防御コストをかける現象は見られるのだろうか？

この問いに答えるべく，カバノキ属2種の2年生稚樹について，春（5月），夏（7月），秋（10月）の3回葉を採取し，その防御形質を調べた．カバノキ属の樹木は，季節を通して葉を展開する順次開葉型であることから，葉の齢を揃えるため3回の採取分とも開葉から約3週間目の葉を採取した．分析の結果，ウダイカンバは5月の春葉よりも，7月や10月の夏葉でフェノール物質濃度や葉の表面の毛密度が高かった．一方，シラカンバは5月の春葉で，7月や10月の夏葉よりもフェノール物質濃度や毛密度が高い，というウダイカンバとは逆の傾向が見られた（図2）．それではなぜ，シラカンバは成長にもコストがかかる春にわざわざ「まずい葉」を持つのだろうか？

同様の稚樹において，5月に出葉している春葉全てについて，葉身の半分を切除する処理を行い，切除したものとしていないもので，その後の成長を比較した．その結果，ウダイカンバは春葉を5月に切除されても，その後の成長に顕著な影響は見られなかった．一方シラカンバでは，春葉を切除されるとその後の成長が著しく抑制された．シラカンバが5月の春葉に防御コストをかけている理由として，シラカンバの春葉は光合成活動をする上で重要な役割を担っており，その葉を失ったときのダメージが大きいためと考えられる．これに対して，ウダイカンバは春葉を失葉するダメージがそれほど大きくないため，成長にコストがかかる春にわざわざ防御を高める必要はないと考えられる（Matsuki et al., 2004）．

これまで述べてきた，植食者に食べられる前から備わっている防御は「恒常的防御」と呼ばれる．これに対して，それまで「おいしい葉」であったのに，食害を受けて始めて「まずい葉」に変化する防御は「誘導的防御（誘導防御）」と呼ばれ，より効率的な防御として知られている．誘導防御の時間スケールはさまざまだ．これまでに確認されている誘導防御反応の多くは，食害を受けて数時間から数週間の間に起こる短期間の反応であるが，フィンランドによく見られるカンバの仲間では，春に出現するシャクガ幼虫による食害を受けた樹木で，葉の防御レベルの上昇が数か月から数年間にわたり続くことが確認された．ここで興味深いのは，ある植食者の食害による誘導防御が，同じ植物を利用する他の植食者の生存や成長にも影響する，という可能性だ．このような，植物などの質の変化を介して，直接には出会わない者どうしが影響を及ぼし合う現象は「間接的相互作用」と呼ばれ，今後の研究が注目されている．

植物の世界には「おいしい葉」や「まずい葉」が混在している．その絶妙な混ざり具合が，森林という名の食卓を豊かにし，植物と動物のさまざまな関係を築き上げているのかもしれない．一度，葉を食べる虫になった気持ちで森林を眺めてみてはどうだろうか？

参考文献

松木佐和子ほか（2004）：日本林学会学術講演集，**115**，209．
Matsuki, S. et al. (2004): *Annals of Botany*, **93**, 141-147.

森林昆虫による食害

原　秀穂

食害のタイプ

　森林昆虫による激しい食害は樹木の成長低下や枝枯れを引き起こし，時に樹木を枯死させる．そのような昆虫には葉を食べる食葉性昆虫（ガ類，ハバチ類，ハムシ類など），樹液を吸う吸汁性昆虫（アブラムシ類，カイガラムシ類など），葉や芽などに寄生し虫コブを作る虫えい昆虫（アブラムシ類，タマバチ類など），樹皮や材に潜る穿孔性昆虫（キクイムシ類，カミキリムシ類など），根を食べる食根性昆虫（コガネムシ類など）がある．また，球果や種子を食べる球果昆虫や種子昆虫（ガ類，ゾウムシ類など）があり，種子生産を著しく阻害することがある．

食葉性昆虫

　北海道の森林では食葉性昆虫の食害が目立つ（図1）．毎年のように何らかの種が大発生しており，ここ約30年間で報告された食害発生面積の年平均値は約2万1000 haに達する．食葉性昆虫の食害は突発的であるが，種によって発生のしかたは異なる．マイマイガは周期的に発生する種として知られ，過去には1882，1905，1917，1928，1938，1947，1953，1961年付近で発生している．近年は頻繁に食害が発生しているが，1000 haを超える大発生は1976〜1978，1987〜1988，2002年に起きている（図2 (a)）．大発生の間隔は平均約11年である．ナミスジフユナミシャクなどフユシャク類の食害もほぼ10年間隔

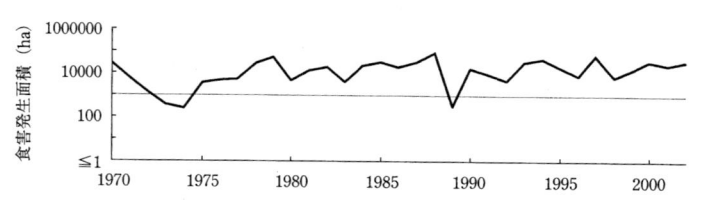

図1　北海道における食葉性昆虫全体の食害発生面積の推移

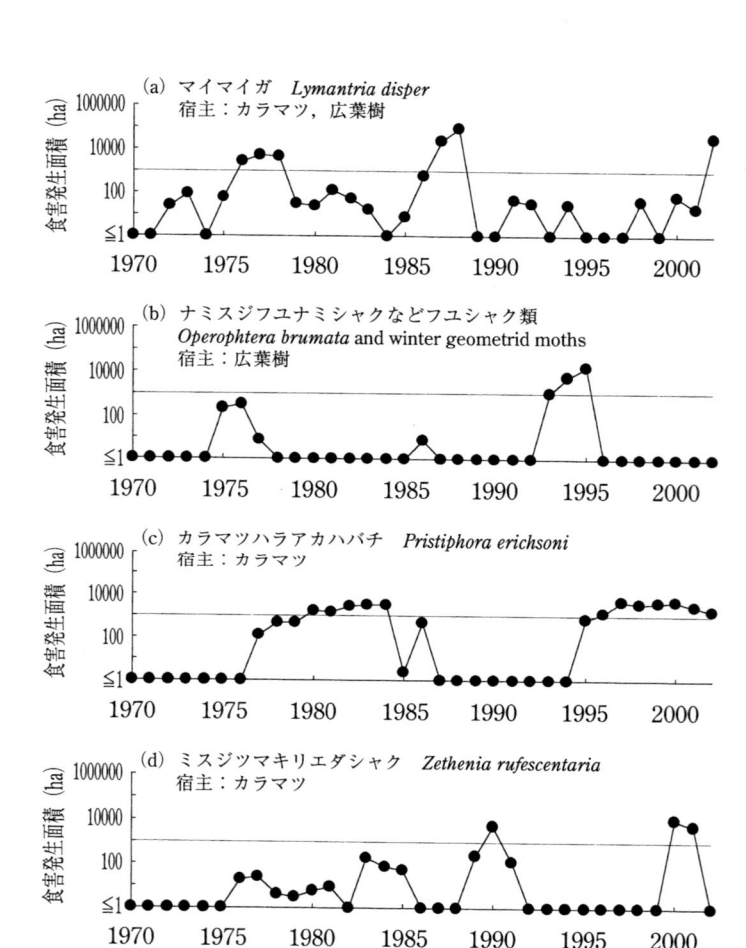

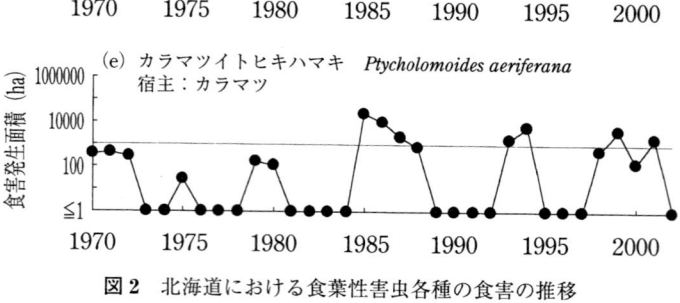

(a) マイマイガ　*Lymantria disper*
宿主：カラマツ，広葉樹

(b) ナミスジフユナミシャクなどフユシャク類
Operophtera brumata and winter geometrid moths
宿主：広葉樹

(c) カラマツハラアカハバチ　*Pristiphora erichsoni*
宿主：カラマツ

(d) ミスジツマキリエダシャク　*Zethenia rufescentaria*
宿主：カラマツ

(e) カラマツイトヒキハマキ　*Ptycholomoides aeriferana*
宿主：カラマツ

図2　北海道における食葉性害虫各種の食害の推移

で発生する（図2（b））．食害の発生は病気の流行などにより1〜数年で終わる種が多いが，カラマツハラアカハバチでは長期間継続する（図2（c））．この種は1970年以前では小面積で短期的に発生していたが，近年は10年近くに及ぶ大発生を繰り返している．ミスジツマキリエダシャクも1980年代までは小面積の発生であったが，1990，2000年と10年間隔で大発生している（図2（d））．これらの種は成長したカラマツ林で食害が多く，近年の食害の拡大は戦後に大規模に植栽されたカラマツ林の成熟によると考えられる．カラマツイトヒキハマキの食害は5〜6年と比較的短い間隔で発生する（図2（e））．

食葉性昆虫の食害の影響は一般に落葉樹よりも常緑針葉樹で大きい．これは常緑葉は光合成器官と同時に貯蔵器官としても働くからだと考えられている．落葉樹では失葉率70％，常緑針葉樹では失葉率50％を超えると成長が大きく減少する．失葉時期が5〜7月の場合はその年の成長に，8〜9月の場合は翌年の成長に主に影響が現れる．失葉率100％では落葉樹は生き延びるが，常緑針葉樹は枯死することが多い．これは，落葉樹は失葉後数週間で葉を再生（二次開葉）するという補償能力を持つが，常緑針葉樹は葉を再生できないことによる．もっとも，通常なら回復可能な程度であっても，失葉率が高い場合は，キクイムシ類など穿孔性昆虫の食害やナラタケ病の寄生，あるいは土壌や気象の関係により枯死することがある．

吸汁性昆虫

北海道ではトドマツの人工林を造成すると吸汁性昆虫であるトドマツオオアブラムシの食害がよく発生し，時に多くの植栽木を枯死させる．この種は若い人工林に限って発生し，近年は造林面積の減少とともに食害も減少した（図3）．環境の人為的改変に伴う「害虫化」の典型的な例である．

穿孔性昆虫

穿孔性昆虫であるカラマツヤツバキクイムシやヤツバキクイムシは幹の内樹皮を食害し樹木を枯死させる．オオトラカミキリやゴマダラカミキリは幹の材部を食害し，樹木の衰退や幹折れを引き起こす．ヤツバキクイムシ類の食害は，台風などによる樹木の風倒被害，樹木の伐採，食葉性昆虫の食害に引き続いて発生することが多い（図4）．オオトラカミキリの食害は局所的に多発し，ゴマダラカミキリの食害は外来樹種に集中的に発生する．このため，穿孔性昆虫の食害の発生には，諸被害，伐採に伴う環境変化，立地環境，樹木の環境不適応などに起因する樹木の生理異常が関係すると考えられる場合が多い．

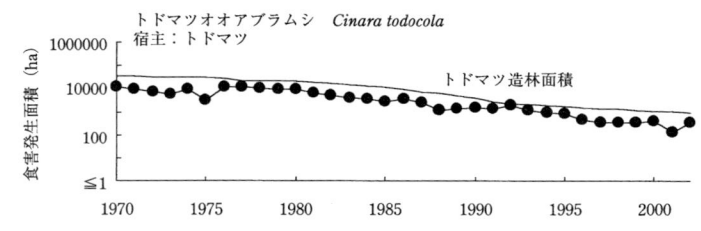

図3 北海道におけるトドマツオオアブラムシの食害とトドマツ造林面積の推移

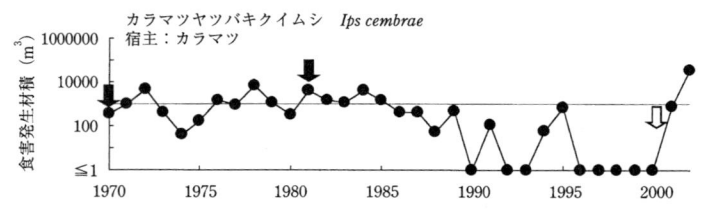

図4 北海道におけるカラマツヤツバキクイムシの食害の推移
食害発生地における風雪害発生年を黒矢印，食葉性昆虫発生年を白矢印で示した．

参考文献

小林富士雄，竹谷昭彦編（1994）：森林昆虫，養賢堂．
鈴木和男編（2004）：森林保護学，朝倉書店，pp.205-218.
横田俊一ほか（1977）：北海道の森林保護，北方林業叢書56，北方林業会，pp.84-133.

エゾシカの爆発的増加

梶　光一

　Elton（1958）は著書『侵略の生態学』のなかで，ある種類の生物の数が異常に増えることを生態的爆発（explosion）と名づけた．インフルエンザなどの流行性のウィルスから細菌，野生動植物にいたるまで，突然，個体群制御から解放されることによって引き起こされる大発生を「爆発」という用語で表現している．最近の鳥インフルエンザの「爆発」は社会を震撼させた．爆発は外来種がうまくその地に侵入した場合に典型的にみられる一方，土着の種や居ついて久しい個体群でも，突然にみられる場合があるという．

　シカ類でも，餌が豊富で良好な生息環境に持ち込まれた場合に生じる．また，森林伐採後の草本類などの繁茂によって急に餌資源が増加した場合に，もともと居着きのシカであっても低密度から出発した個体群では，しばしば個体数が急増することが知られている．Leopold（1943）は，このようなシカ類の爆発的増加にirruptionという用語を与えている．爆発的増加とその後の崩壊については，好適な生息環境である島嶼に導入された種でいくつか報告があり，その激増の原因は豊富な餌資源に起因している場合が多く，崩壊は主に餌不足によって生じており，比較的単純である．しかし，もともと生息していた土着の種や個体群の自然環境における爆発的増加の原因については，ほとんど理解されてこなかった．

　そこで本節では，近年，急速に分布域を拡大し，生息数を増加させたエゾシカの爆発的増加の謎を探るために，エゾシカの個体数変動のプロセスとその要因を明らかにしたい．

乱獲と禁猟，その後の爆発的増加

　エゾシカは，開拓以前の原生の自然状態では全道に大群が生息し，大規模な季節移動を行っていた．開拓当初の1873～1878年の6年間に57万4000頭，年間では6万頭から13万頭ものエゾシカが捕獲され（図1），皮と角が海外に輸出された．ところがこの乱獲と豪雪によって，一時は絶滅寸前となるまでに激減した．1890年頃までのオオカミの根絶，戦後の禁猟と保護政策，生息地の改変などの下地があって，1970年代以降，徐々に個体数は回復し，1990年代からは爆発的な増加が見られた（図1）．増え過ぎによって，農林業被害額は1996年度に50億円を突破し（図1），森林生態系に与える悪影響，交通事故などが深刻な社会問題となった．北海道は1998年から計画的な個体数管理に着手し，最近では年間6～8万頭の捕獲によって個体数の増加を減少に転じることができたものの，いまだに目標とする個体数水準には到達していない．

分布域の拡大

1）歴史的分布　北海道ではアンケート，聞き取り，捕獲統計などを併用したエゾシカの分布調査を1978年以来，おおむね6年置きに実施し，それらの情報を5kmのメッシュで集計してきた．設問では，生息の有無のほかに出現年代を問うことによって，歴史的な分布の変遷を明らかにした（図2；Kaji et al., 2000）．明治期の乱獲と豪雪による激減を免れたエゾシカは，阿寒・大雪・日高の山系の針葉樹に覆われた越冬地を避難場所として生き残り，これらの地域は戦後の分布拡大の中心地となった．個体数の増加と連動するように，はじめはゆっくりと，1970年代半ば以降には道東地域を中心に急速に分布域を拡大した．

　1980年と1981年には，それまでシカが分布していなかった渡島半島にそれぞれ雄6頭・雌2頭，雄6頭・雌3頭が放たれ，その後定着した（図2）．

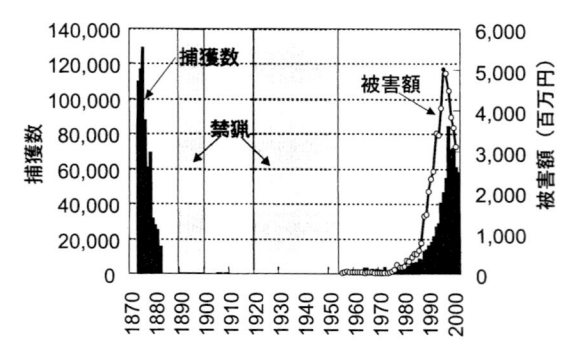

図1　エゾシカの捕獲数と被害額の推移

森林の食物（栄養）網

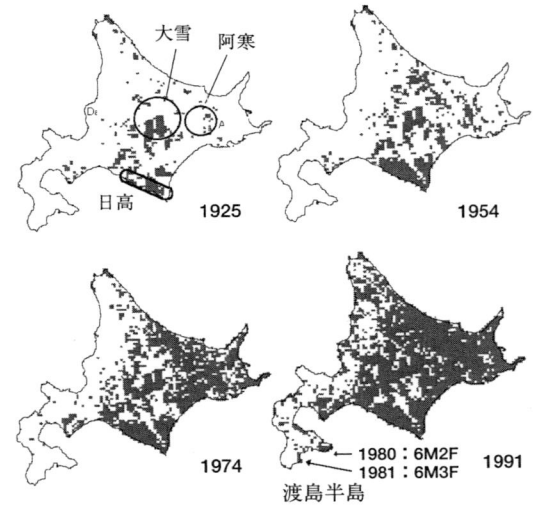

図2 エゾシカの歴史的分布図（Kaji et al., 2000から描く）

2）近年の分布　近年の分布については，これまでに1978年，1984年，1991年，1997年（2002年に補足調査）のアンケート調査などから分布図が作成されている（図3）.

エゾシカの分布域は1978年に1705区画（全体の47％），1984年に2142区画（60％），1991年に2062区画（57％），2002年に2976区画（83％）を占めている（図3）．分布域は1970年代半ばまでは，北海道東部に限定されていたが，1980年代半ばから1990年代当初にかけて南部と北西部に，近年になって多雪地帯にも拡大した．

分布制限要因を探る

エゾシカの1990年代までの分布域をみると，道東部では広大で連続し安定していたが，積雪の多い道西部，道南部では散在しており，不安定であった．1978年の分布情報を用いて，生息適地モデルを作成したところ，道東に生息確率の高い好適な生息地が広がっており，積雪深とササのタイプがエゾシカの分布を制限している重要な要因であることが明らかになった（図4）．しかし，2002年の最新の分布図をみると，従来の生息地モデル（図4）で不適とされた道北・道央・道南などの多雪地帯にも分布域を拡大している（図3）．

私たちは，多雪地帯までエゾシカが分布域を拡大した謎を探るために，外的要因と内的要因の2つの仮説を考えた．外部要因仮説としては，いわゆる地球温暖化によって積雪量が減少し，分布制限要因の緩和が生じていること，内的要因仮説としては，爆発的増加による個体群圧（生息数の増加に伴う空白地域への侵出）によるものである．外的要因については，1940～2001年における約50年間以上の記録がある全道105か所の平均最深積雪深の推移を調べた．個体群圧については，生息が確認されなかった区画と生息が確認された区画との最短距離を求め，この距離を分布拡大による生息のしやすさの指標とした．

平均最深積雪深は，1970年以前は最大と最低の振幅が大きく，最大では100 cmに達する年がおよそ10年に1度見られた．しかし，1980年代

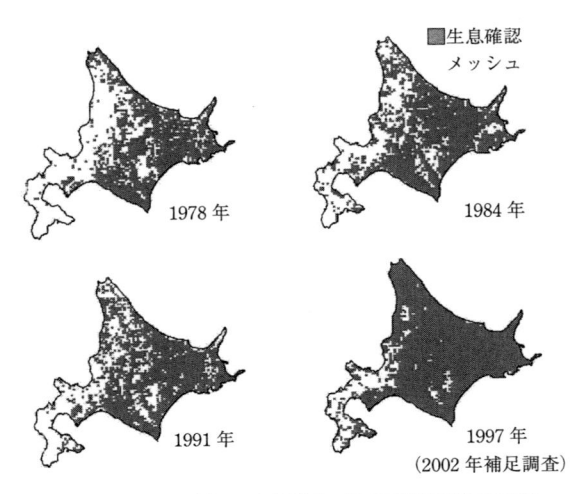

図3 エゾシカの近年の分布拡大（北海道環境科学研究センター，2004年）

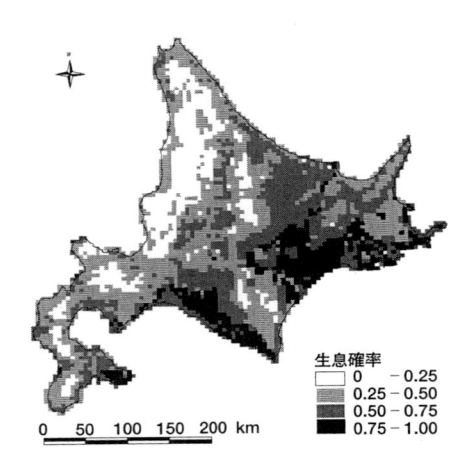

図4 1978年調査に基づく生息適地モデル（Kaji et al., 2000から描く）

では100 cmに達する年はなく，1990年代に入ると振幅の幅はさらに狭まった．しかも，最深積雪深の減少は多雪地帯で顕著となっていることが明らかになった．一方，個体群圧についても，最短の距離にある分布地域から空白地域へエゾシカが侵出する傾向を把握することができた（北海道環境科学研究センター，2004）．

多雪はエゾシカの移動を妨げる物理的な障壁となるばかりではなく，明治期に生じたような大量死亡をもたらしてきた最も重要な個体数制限要因であった．積雪深の減少は近年の分布拡大と個体数増加に寄与していると考えられる．

爆発的増加の謎を探る

1） 島に持ち込まれたシカ＝洞爺湖中島 島は動物の移出・移入を無視できるので，個体群動態研究にうってつけの実験の場である．洞爺湖中島では25年以上にわたる個体数の追跡データがある．中島に1956～1966年に持ち込まれた3頭は，天敵が不在で狩猟も行われていない完全な保護下で年率16%の高い増加率を示し（4～5年間で個体数が倍になる），1983年秋に299頭まで増加した．しかし，植生破壊を引き起こして餌不足に陥り，翌1983/1984年の冬に群れの崩壊と間引きにより生息数はピーク時と比較して1/2以下となった（図5，Kaji et al., 1988）．

中島の群れ崩壊の原因として，密度上昇に伴う餌不足とその冬の厳しい気象が考えられた．中島のエゾシカ個体群では崩壊寸前となるまで，出生率の減少や死亡率の増加など個体数の増加に歯止めをかけるような密度効果が認められなかった．その後，生き残った群れの体は小型化したが，落ち葉やシカが好まずに残されていた植物を利用して増え続け，2003年3月には1回目のピーク273頭よりも164頭も多い437頭まで増加した（Kaji et al., 未発表）．

2） 自然に再定着したシカ＝知床岬 知床半島のエゾシカは，明治期の豪雪によって一度絶滅したが，1970年代になって，ようやくエゾシカが再分布した．私たちは，1986年から知床半島突端の知床岬に調査地を設定し，航空機センサスによって個体数変動を追跡してきた．中島と違って，知床半島は半閉鎖系であり，移出と移入が可能である．

知床岬に定着したエゾシカは，1986年4月の54頭（11/km^2）から1998年2月には592頭（118/km^2）へと年率21%で爆発的に増加した（Kaji et al., 2004）．植生は大きく改変され，1998/1999年冬に群れの崩壊が生じた．崩壊年の1999年2月には243頭（49/km^2），同年3月には177頭（35/km^2）となった．個体群崩壊後，個体数は急速に回復し，2002年4月に512頭（102/km^2），2003年3月に626頭（125/km^2）と再び個体数が初回のピークを上回るほどに増加し，2004年2月に386頭（77/km^2）と再び減少した（図6）．

3） 開放個体群における爆発的増加＝音別町のライトセンサス 釧路支庁管内音別町では，観察条件のよい平坦な地形の牧草地帯に7コース，総延長128 kmのセンサスコースが設定されており，1986年以来，狩猟期直前の11月上旬にライトセンサスが実施されてきた．

ライトセンサスによる秋季の観察数は，1986

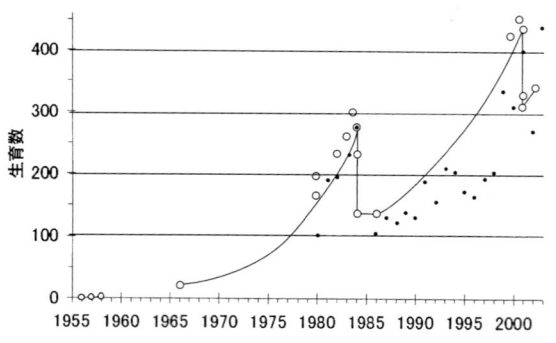

図5 洞爺湖中島における個体数変動（Kaji et al., 1988に未発表資料を加えて描く）
黒点は追い出し調査による観察値，白丸は死体などから補正した値，曲線は増加率に基づく推定値．

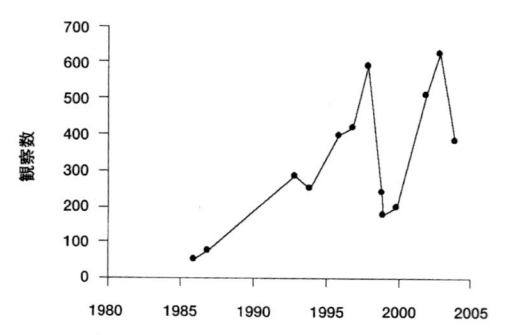

図6 知床岬のエゾシカの個体数変動（梶ほか，2004）

年の219頭/100 kmから1993年の1394頭/100 kmへと6倍以上に増加し, 1993年にピークに達した後に, 頭打ちとなっている(図7).音別町では, 1986年から1993年度までの8年間のうち, 4年間は非可猟区ないしは休猟区であり, 狩猟はオスのみに限定され, 有害鳥獣駆除でもメスジカはわずかにしか捕獲されていなかった. この期間には個体数が増加途上にあったにもかかわらず, 不十分な捕獲圧しかかけられなかったため, 洞爺湖中島や知床岬でみられたように爆発的な増加が生じたと考えられた. ちなみに, 1986年から1993年までの年平均増加率は26％と, 洞爺湖中島や知床岬の増加率を上回るほどの値となったが, これには周辺からの移入も影響していると考えられる.

人為的要因か自然現象か？

爆発的増加は人為的に改変された生息地でも原生的な自然環境でも生じており, 自然界のバランスがくずれたことがその発生原因ではない. また, 島であれ, 半島であれ, 移出・移入が自由な内陸部でも生じている. これらの事例に共通していることは, 低密度から出発し, 環境収容力との十分な開きがあったこと, 保護下あるいは狩猟や駆除が不十分であったことの2点である. 森林伐採や牧草地造成は爆発的な増加を引き起こすきっかけとはなるが, もともとエゾシカの持っている潜在的な爆発的増加力を付与したものではない.

エゾシカは高い増加率を持ち, 密度効果は高密度となるまで現れない. したがって, 豪雪でも来ない限り増え続けて, 自然植生ひいては生態系にまで強い影響を及ぼす. 頼みの豪雪も, 過去30年間は到来していないが, おそらく歴史的には100年単位の時間スケールで爆発的増加と崩壊が生じていたのではないだろうか. この解答はまだ得られていない.

私たちはエゾシカの保全と管理を考えるうえで, どれくらいの時間スケールで何を保全しようとするのかを明確にすることが求められている. エゾシカの爆発的増加については, 過去20年間の研究で初回のピークとその後の崩壊現象を把握することができた. 解明すべき問題は, 崩壊後の個体群の挙動と生息環境へ与える影響である. 爆発的増加とその後の崩壊が生態系に不可逆的な影響を与えるのか否かは不明である. 崩壊後の追跡事例は世界的にも稀であり, 洞爺湖中島や知床岬の個体数変動の長期追跡が期待される.

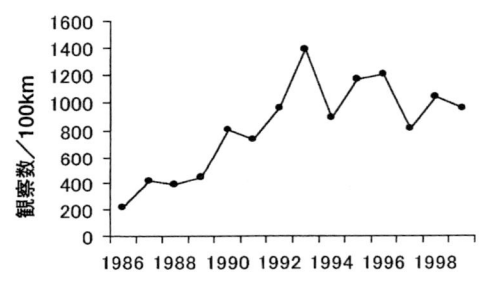

図7 釧路支庁管内音別町のエゾシカの個体数変動(北海道環境科学研究センター, 1997にその後のデータを補足)

参考文献

北海道環境科学研究センター (1997): ヒグマ・エゾシカ生息実態調査報告書 III 野生動物分布等実態調査 (エゾシカ: 1991～1996年度).
北海道環境科学研究センター (2004): 大型哺乳類の生息適地モデルに関する研究. 平成15年度国立環境研究所委託業務報告書.
Kaji et al. (1988): *Acta Theriologica*, **33**, 187-208.
Kaji et al. (2000): *Wildlife Society Bulletin*, **28**, 699-707.
Kaji et al. (2004): *Journal of Wildlife Management*, **68**, 889-899.
梶 光一ほか (2004): 第6回自然環境保全基礎調査種の多様性調査 (北海道) 報告書, 環境省生物多様性センター.

クマ類の生態を探る

青井俊樹

我が国のクマ類とは ―その分類学的位置づけと生息数は？―

クマ類は世界の陸上生態系では最大の肉食類に属し（最大の個体は 800 kg を超す），主として北半球一帯に広範に分布している．かつては 8 属に分類されていたが（Servheen, 1989），最近アジアクロクマとアメリカクロクマがヒグマ属に分類しなおされ，現在ではジャイアントパンダも含めて 6 属が知られている．我が国ではそのうち 2 種が生息し，北海道にエゾヒグマ（*Ursus arctos Yezoensis*）と本州以南にはアジアクロクマの亜種であるニホンツキノワグマ（*Ursus thibetanus japonicus*）が生息する．なお九州ではすでに絶滅したと考えられ，四国も近年生息情報が極端に少なくなり，絶滅に瀕していると考えられる．これら 2 種の正確な生息数は不明であるが，一般的にはエゾヒグマ 2000 頭前後，ニホンツキノワグマ 1 万 5000 頭前後といわれており，地域個体群によっては絶滅の危機に瀕している（四国，東中国，石狩西部など）．

日本のクマ類の生息地は ―クマは森の動物か―

世界のヒグマ類の主たる生息地は，森林から高山・亜高山性草原，またクロクマ類は純粋な森林性といわれている．しかし我が国には高山性草原はそれほど多くはないため，エゾヒグマは北米大陸のヒグマに比べ森林に対する依存度が高いと考えられる．我が国の森林は通常，下草が繁茂し見通しが悪い所が多いため，個体の直接観察には困難が伴うことが多く，生態調査にはテレメトリー法（後述）などによる科学的な手段を必要とする．また森林に関する依存度が高い分，人間による森林管理のあり方の検討（森林の種類，造成方法や手入れの仕方，天然林の質および量的問題など）が，人間とクマとの摩擦を減らし，共生していく上でより重要な課題の 1 つとなる．つまり林業のあり方とクマの保全・被害防除とは密接に関連しているのである．

クマは肉食か ―その食性は？―

2 種とも動物分類学上，食肉類に分類される．したがって肉食が中心と思われがちであるが，実は意外な食生活をしている．クマ類の食物は両種とも植物性食物（セリ科やフキなどの多汁な高径草本やタケノコ，ブナなどの木本類の新芽・若葉，草の根，ドングリやキイチゴなど木の実類など）が大半を占め，動物性食物はヒグマでやや割合が高いものの，全体の 1〜2 割程度に過ぎない（Aoi, 1989; Hashimoto, 2002）．その内訳も，アリ・ハチ類などの社会性昆虫が中心で，その他ザリガニやまれに魚類なども主に夏期に利用する．これまでクマ類は積極的に他の野生動物を捕食することはまれと考えられていた．しかしエゾヒグマでは近年の北海道におけるエゾシカの急増に伴って，シカの生死にかかわらずその肉を利用する例も報告されるようになった（青井，1998; Sato, 2004）．このように，食肉類に分類されるクマ類であるが，その食性はきわめて草食に近い雑食といってよく，それだけ森林の質が生息環境に与える影響は大きいと思われるが，その両者の関係に関する研究はまだ十分になされていない．

クマ類の生態を知るには？ ―何を知るべきか―

クマの生態調査と一口でいっても，その内容および方法はさまざまである．主要なものとしては，生息数の推定，個体群の動態，行動圏と環境利用（土地利用），食性，越冬生態などがある．生息数の推定についてみると，その生息密度の低さ，行動圏の広さなどからあまり正確なものは行われていないのが現状である．そんな中で，1 つの生息地において足跡を用いた同じ手法で十数年間生息数の変動を追跡した北大ヒグマ研究グループの例は特筆に値する（北大ヒグマ研究グループ，1898；青井，1990）．現在では，DNA 解析技術が進んだことからヘアトラップ（クマの毛を採集するワナ）を用いて生息数を推定する方法などが試みられるようになった．また個体群の動態を知る重要な手がかりとして，クマの歯根部に形成される年輪を用いた年齢査定技術がアメリカで開

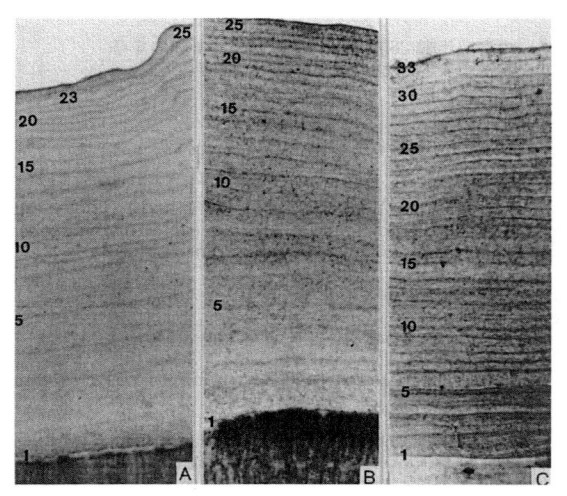

図1 エゾヒグマの犬歯,歯根部のセメント層に見られた年輪(青井,1985)
A, B : 26歳, C : 34歳. 年齢の査定は個体群動態調査に欠かせない.

発され(Mundy, 1964),個体群の年齢構成を知る有効な方法として我が国でも各地で用いられている(例えば米田,1976;青井,1985)(図1).行動圏や生息地利用に関しては,電波発信器を個体に装着してその電波を追う,いわゆるテレメトリー調査が一般的な手法となり,最近ではGPSシステムを応用した方法も試みられている.

人とクマの共存 —クマは有害獣か—

人間とクマとの共存を考える場合,クマによる被害の問題を抜きにしては語ることはできない.

ヒグマによる農林業被害で代表的なものは,養蜂業者が山中に設置した蜂箱と,トウモロコシ,メロン,スイカ,ニンジンなどの農作物である.人がおそわれることはツキノワグマに比べるとはるかに少なく,年に1, 2件あるかないかである.しかし300 kg近くになるヒグマは,潜在的に人間にとって精神的脅威となっていることが多い.

そのため,人里に少しでも出没すると,ただちに駆除隊が出動する状態が現在でも続いている.今後,より正確な生態を解明していく中で,また人間側が適切な行動をとることで,あやまった恐怖心を取り除く一方,ヒグマが人里に出没しにくい環境(森林の改善,ゴミ・残飯などの誘因物の除去など)作りが欠かせない.

一方ニホンツキノワグマでは,スギの造林木の皮を剝いで内側の形成層などの部位を食べてしまう,いわゆるクマ剝ぎの被害が昭和40年代頃より西日本を中心に多発し,近年では被害地が次第に北上してきている.クマ剝ぎ以外にも農作物,養蜂箱,時には人畜への被害も毎年各地で発生している.その対応策として現在は有害駆除(捕殺)が最も一般的な方策として取られているが,これは地域個体群に与える影響も大きいため,新たな共生のための方策が求められている(例えば移動放獣など).人とクマの共生のためには,単なるクマ類の生態調査のみならず,被害の実態調査や被害農家の営農形態,クマの存在や被害に対する住民の意識調査などの社会科学的な調査に加え,生息地である森林管理のあり方などについても調査検討していくことが必要とされている.

参 考 文 献

青井俊樹(1985):哺乳類学雑誌, **10**, 165-167.
青井俊樹(1998):森の新聞20 ヒグマの原野,フレーベル館.
青井俊樹(1990):北海道大学農学部演習林研究報告, **47**, 249-298.
Aoi, T. (1985): *The Res. Bull. of College Exp. Fore.,Fac.of Agr. Hokkaido Univ.*, **42**, 721-732.
Hashimoto, Y. (2002): *Mammal study.* **27**, 65-72.
北大ヒグマ研究グループ(1982):エゾヒグマ—その生活をさぐる—. 日本の野生動物3, 汐文社.
Mundy, R.R.D. and Fuller, W.A. (1964): *The Journal of Wildlife Management*, **28**, 863-866.
Sato,Y. et al. (2004): *Japan Mammal Study*, **29**, 47-53.
Servheen, C. (1989): The status and conservation of the bears of the world. Eighth Int. Con. on bear research and management Monog. Series. 2.
米田正明(1976):哺乳類学雑誌, **7**, 1-8.

きのこの働きを調べる

玉井　裕

「きのこ」とは生物学的分類に対応した分類群ではなく，肉眼で識別可能な比較的大型の子実体を形成する菌類の総称である．ここでは主として木材の分解に関与する担子菌類および子嚢菌類を対象とする．きのこ類の森林における生活形態は腐生，共生および寄生の3つに区分できる．腐生とは主に植物遺体（リターおよび木材）の分解であり，共生とは主として木本植物との菌根共生（外生菌根）であり，寄生とは植物（昆虫）に対する病害を指す（ただし，立木の材部を侵すものは木材腐朽菌に含める）．腐生は分解者としての主要な働きであり，リター分解（「落ち葉の分解過程とリグニン分解菌」）と木材分解（腐朽）に大別されるが，ここでは主に木材腐朽について扱う．木材の分解を行うのはほとんどが担子菌類であり，これに一部の子嚢菌類，不完全菌類が加わる．

木材腐朽のタイプ

一般に木材腐朽は，白色腐朽，褐色腐朽，軟腐朽の3タイプに区分される．各腐朽型の特性を表1に示す．白色腐朽は木材中のセルロースおよびリグニンをほぼ等比率で分解し，さらにリグニンの発色構造も分解するため，腐朽の進んだ木材は白色を呈する．一方，褐色腐朽菌はセルロース，ヘミセルロースの分解比率が高いため，相対的にリグニンの存在比が増加し，腐朽材は褐色を呈する．軟腐朽は白色腐朽と褐色腐朽の中間的な特性を示すが，一般に分解程度は低いといわれている．

腐朽型の判定

腐朽の進んだ木材については，表1のとおり目視により色調および物性から識別可能であるが，腐朽程度の低い材，子実体および単離された菌株については，バーベンダム（Bavendamm）反応による判定（陽性→白色腐朽）が簡便である．しかしながら反応に用いる基質や菌株により，結果が異なる場合もある．野外の腐朽材における白色腐朽菌の存在を確認する場合は，グアヤクチンキ（グアヤク脂20%，70%エタノール）を塗布してもよい（陽性→緑色）．一方，褐色腐朽菌はその活動部位においてpHを極端に低下させる性質があるので，pH指示薬の塗布が検出に有効である．

バーベンダム反応

バーベンダム反応とは，モノフェノール類を添加した培地上で培養を行い，菌体外酵素の酸化作用による培地色の変化を陽性（白色腐朽型）と判定するものである．いくつかの変法があるが，リグニン分解能について選択性が高い方法を以下に示す（Nishida et al, 1988）．0.2%ブナ木粉（100メッシュパス），0.01%グアヤコールおよび1.6%寒天を添加した平面培地（pH 5.0）上，28℃，暗所で供試菌を7日間培養した後，培地色が赤色に変化したものを陽性とする．

木材腐朽菌の分離培養

木材腐朽菌は腐生性であるため，多くは人工的な培地上での培養が可能である．木材腐朽の働きを個々に調べるためには，分離・培養は欠かせない．分離源としては子実体組織，担子胞子，腐朽材などが使用されるが，きのこの形態（サイズ，

表1　各腐朽タイプの特性（Schwarze, 2000より改変）

褐色腐朽		
対象	主に針葉樹	
菌種	担子菌類，主としてタコウキン科	
分解	セルロース，ヘミセルロース >>> リグニン	
状態	脆い，粉状，褐色，ひび割れ	
強度	曲げ強度の急激な低下	

白色腐朽		
	同時進行型	選択的分解型
対象	主に広葉樹	広葉樹，針葉樹
菌種	担子菌類，子嚢菌類	担子菌類，子嚢菌類
分解	セルロース ≒ リグニン ≒ ヘミセルロース	リグニン→ヘミセルロース→セルロース
状態	脆い，白色	繊維状，白色
強度	強度低下は褐色腐朽ほど急激ではない	強度低下は褐色腐朽ほど急激ではない

軟腐朽		
	従来の知見	新しい知見
対象	広葉樹，針葉樹	広葉樹立木に多い
菌種	不完全菌類，子嚢菌類	担子菌類
分解	セルロース，ヘミセルロース >>> リグニン	セルロース ≒ リグニン ≒ ヘミセルロース
状態	脆い	
強度	褐色腐朽と白色腐朽の中間程度	

硬軟度），状態（汚れ，新鮮度）などによって分離の成功は左右される．分離用培地にはポテトデキストロース寒天，麦芽エキス寒天など培養に一般的な培地が用いられるが，素寒天でもよい．細菌類の混入が懸念される場合には，ストレプトマイシンやクロラムフェニコールを，真菌類に対しては，ベノミルなどを添加してもよい．分離源として子実体（軟質）を使用する場合は，全体を70%エタノールにより清拭した後，子実体を割り，菌傘中央部付近より菌糸片を切り出し，培地に接種する．子実体が小型であるか肉薄で子実体組織の分離が困難な場合は，担子胞子より分離を行う．培地が入ったペトリ皿の蓋裏に菌傘を貼り付け，培地上に担子胞子を落下させた後に菌傘を除去し，培養を行う．腐朽材や硬質の子実体から分離する場合は，ノミなどで切り出した材片の表面を70%エタノールおよび火炎により滅菌した後に，さらに内部より接種片を切り出し培地上に着床する．いずれの場合も培地上に接種した後は，経時的に培養経過を観察し雑菌の混入に注意する．単離が成功したか否かは，担子菌の場合はクランプの有無により確認できるが，クランプを有さない種や子嚢菌は，菌糸形態や培養経過を注意深く観察し，総合的に判断するしかない．白色腐朽菌を対象とする場合は，分離用の培地にグアヤコールなどを添加しておくと判断の目安となる．

腐朽能力試験

木材腐朽菌の腐朽能力は，木材の耐久性判定のための方法を応用することにより調べることができる．培養瓶に石英砂約 250 g，液体培地（4%グルコース，1.5%麦芽エキス，0.3%ペプトン）80 mLを入れ，オートクレーブ滅菌（121℃，30分間）後，供試菌を接種し，温度 26±2℃で培養する．菌叢が十分に成長した後に，あらかじめ恒量を求め，EOG 滅菌した木片（2 cm 角）を菌叢上に置き，さらに 60 日間培養を続ける．培養終了後，木片表面の菌体を丁寧に剥ぎ取り，乾燥，秤量し，重量減少率を求める．

リグニン分解能試験

白色腐朽菌のリグニン分解能力については，腐朽前後のリグニンを硫酸法により定量，比較することで調べることができる．三角フラスコに脱脂木粉 1 g と蒸留水 2.5 mL を入れ，オートクレーブ滅菌後，供試菌を接種する．30 日間培養した後，72% 硫酸 15 mL を加え十分に撹拌し，4 時間静置する．フラスコの内容物を全て 560 mL の蒸留水とともに 1 L 容三角フラスコに定量的に移し，4 時間加熱環流を行う．放冷後，沈殿物をグラスフィルター（1GP16）でろ過し，熱水と冷水で洗浄した後，105±3℃ の乾燥機中で乾燥し，放冷後秤量する．ろ液中に溶出した酸可溶性リグニン分を補正するため，ろ液の吸光度が 0.3～0.7 の範囲になるように希釈し，205～210 nm または 280 nm 付近の最大吸収波長の吸光度を測定し，次式により酸可溶性リグニン濃度（%）を求める．

$$酸可溶性リグニン濃度 = \frac{DV(A_s - A_b)}{aW} \times 100$$

D：希釈倍率，V：定量ろ液容量（L），A_s, A_b：試料およびブランクの吸光度，W：試料重量（g），a：リグニンの吸光係数．

セルロース分解能試験

いずれの木材腐朽菌も木材中のセルロースおよびヘミセルロースを分解・資化している．その働きは腐朽前後の全セルロース量を比較することにより調べることができる．三角フラスコに脱脂木粉 2 g と蒸留水 5 mL を入れ，オートクレーブ滅菌後，供試菌を接種する．30 日間培養した後，共栓付きの 100 mL 容三角フラスコに移し，0.5% 塩素水 60 mL を加えて室温で 5 分間塩素化する．内容物をグラスフィルター（GP250）を用いて吸引ろ過し，蒸留水，3% 亜硫酸水，次いで蒸留水で順次洗浄する．内容物を 100 mL 容ビーカーに移し，2% 亜硫酸ナトリウム水溶液 50 mL とともに沸騰水浴中で 30 分間加熱する．内容物を前に使用したグラスフィルターで再び吸引ろ過し，熱水および冷水で洗浄する．内容物を再度三角フラスコに戻し，塩素化以降の操作を繰り返す．内容物が白くなったら，0.1% 過マンガン酸カリウム水溶液 20 mL を加えて漂白する．10 分間放置した後，3% 亜硫酸水で脱色して吸引ろ過する．熱水，エタノールで洗浄後，105±3℃ の乾燥機中で乾燥し，放冷後秤量する．

参考文献

日本木材学会編（1989）：木材科学実験書（Ⅱ．化学編），中外産業調査会．
日本木材学会編（2000）：木質科学実験マニュアル，文永堂出版．
Nishida, T. *et al* (1988): Mokuzaigakkaishi, **34**, 530-536.
最新バイオテクノロジー全書編集委員会編（1992）：きのこの増殖と育種，農業図書．
Schwarze, F.W.M.R. *et al.* (2000): Fungal Strategies of Wood Decay in Trees, Springer.

落ち葉の分解過程とリグニン分解菌　　　　　　　　　　　　宮本敏澄

リター分解の重要性

　森林では植物の光合成活動によって膨大な量の有機物が生産される．その一部は落葉や落枝として地上に降り積もる．あるいは死んだ根は地中に供給される．これらをリターと呼ぶ．リターの有機化学成分は主にリグニンとセルロースやヘミセルロースによって構成される．リグニンは1種のフェノールが不規則につながったポリマーであり，重さにして 10〜50% 含まれている．セルロースやヘミセルロースは糖類が鎖状につながったポリマーであり，それぞれ 10〜50%，15〜40% 含まれている．これらは多くの生物にとって容易には分解，利用することができない化合物である．このため森林土壌には大量の有機物が蓄積することになる．例えば，北海道北部のある森林では年間のリターフォール量が 3t/ha に達するが，その 95% が分解されるのには 44 年間を要すると試算されている（シマランキル・五十嵐，1987）．地球全体の森林土壌には約 1051Gt の炭素が存在し，それは生きた植物全体に含まれる炭素量の 2 倍以上に達すると推定されている（Watson et al., 2000）．また，リターには植物が利用した養分が含まれている．なかでも，窒素やリンなどは植物の生育に不可欠であり，かつ恒常的に不足しがちな養分である．ところがリターに含まれる養分の多くは有機物化合物として存在するため，そのままの状態では植物は吸収して利用することができない．したがって，もしリターが土壌中の分解者によって分解されずに蓄積する一方ならば，大気中の二酸化炭素量は減少するであろうし，植物が利用できる養分はやがて枯渇し，森林生態系は維持されなくなるであろう．以上のことから大気中の炭素量や，森林の養分循環を理解するためにはリター分解速度を制限している分解者の性質について明らかにしてゆく必要がある．

リターの分解過程と分解速度を律速するもの

　安定した森林では，つねに新しいリターが地表に積もるため，土壌の断面からリター分解の推移段階が階層状に観察できる．より正確な分解過程と時間の関係を知りたければ，リターバッグ法が簡単で一般的な方法として用いられている．すなわち，新鮮なリターをナイロンなどで作成したメッシュ袋に詰め，林地に設置する．後にこのリターバッグを回収して，中のリターについて重さや化学組成を測定することで，時間の経過に伴ったリター分解の様子が明らかになる．リターの分解過程でその成分組成が変化してゆく様子を示した（図1）．分解の初期には，まず糖類や脂質，タンパク質などの分解されやすい物質が分解者たちによって利用される．特に新鮮なリターには水溶性物質が含まれているが，雨水によってすぐに溶脱する．これを第一段階と呼ぶ．次に分解されやすい物質が急速に消えつつあるなかでセルロース，ヘミセルロースやリグニンの分解がゆっくりと進行する．なかでもリグニンは分解しにくいため，徐々にリター全体での濃度が増加してゆく．これを第二段階と呼ぶ．この期間にはリグニンがリター分解を律速することになる．やがて微生物の生産した物質とリグニンが混合して複雑な難分解性物質が残される．これを第三段階と呼ぶが，リターの分解はきわめて緩やかなものである．

　さて，リターの分解過程にはさまざまな菌類が分解に関わることが知られている．環境が異なれば生息する菌の種類が異なることや，リターの種類や分解段階によっても異なることが知られている（日本土壌微生物学会，2000）．最終的なリター分解速度は，どのような分解特性を備えた菌類がどれくらい働くのかによって大きく影響を受け

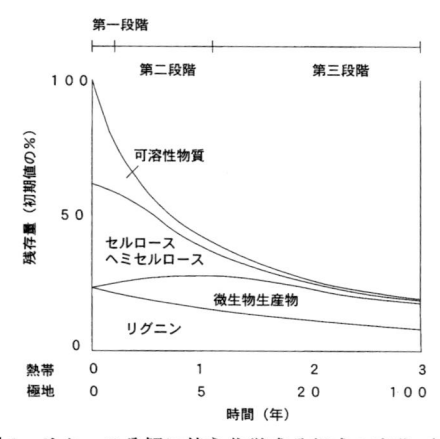

図1　リターの分解に伴う化学成分組成の変化（Chapin et al., 2002 より一部改変）

る．したがって，リター分解過程を理解するためには，分解に関与する菌類の種類や性質について明らかにする必要がある．ここでは，リターの分解者のなかでも最も重要な働きを持つ担子菌類と呼ばれるグループについて述べることにする．それは，上述したようにリターの分解速度を律速するリター成分はリグニンであり，きわめて多くの種類が存在する菌類のなかでも，特に担子菌類はそのリグニンを分解する能力に長けたものが数多く含まれるグループであるからだ．

菌類の調査とリグニン分解能力の評価

リター分解性担子菌類はリターを分解しながらエネルギーと養分を得て生活している．落ち葉を顕微鏡で観察すると担子菌類の菌糸が付着あるいは組織内に進入している様子を確認することが可能である．ところがこの菌糸のみでは形態的な特徴がとぼしく我々は菌の種を同定することは困難である．さらにその分解能力について知ることもできない．そこで，子実体（図2）による種の同定と純粋分離培養による分解能力の評価を行う．

ある1つの森林には一体どんな種類のリター分解性担子菌類が生息するだろうか．北海道北部のアカエゾマツ林で，アカエゾマツの落葉から発生していたリター分解性担子菌類を表1に示した．固定調査区は $10 m \times 10 m$ の大きさで設定し，$1 m \times 1 m$ の小区画に分割した．1年間調査したところ，合計100の小区画のうち66か所から何らかの種の子実体が発生した．菌は菌糸体として存在し，必ずしも子実体を発生させるとは限らないので，この結果から少なくともこれだけの種がこの空間的広がりを持って生息しているといえる．

採集した子実体は実験室に持ち帰り，その組織

図2 アカエゾマツのリターから発生した *Mycena clavicularis* の子実体（Miyamoto and Igarashi, 1998）

表1 アカエゾマツ林床で発生したリター分解性担子菌とそのリグニン分解能力（Miyamoto et al., 2000を一部改変）

菌の種名	出現頻度*	リグニン分解率**
Collybia pinastris	28	12±2
Mycena aurantiidisca	24	9±0
Mycena sp.	13	18±4
Mycena clavicularis	11	33±0
Mycena sanguinolenta	9	——
Marasmius pallidocephalus	9	40±2
Marasmius sp.	5	——
Collybia acervata	5	33±0
Marasmius wettsteinii	3	12±1

* |子実体の発生がみられた小区画（$1 m \times 1 m$）数/調査区内（$10 m \times 10 m$）の主区画数合計の数| ×100（％）．
** アカエゾマツリターで2か月間培養した後の結果．平均値±標準偏差（$n=3$），——は試験を行っていないもの．

や担子胞子から分離を行う（杉山ほか，1999など）．リグニンの分解能力の有無は，分離菌株のバーベンダム反応を利用してリグニン分解酵素（フェノールオキシダーゼ）の生産能力を用いれば容易に調べられる（Nishida et al., 1988）．また実際にリターに含まれるリグニンをどれくらい分解できるかは，滅菌したリターに調べたい菌を接種・培養して調べる．アカエゾマツ林から分離した菌をフラスコ内のアカエゾマツのリターで培養し，リグニン分解率を測定した結果，調べた9種の担子菌の全てがフェノールオキシダーゼ生産能を示した．またリグニン分解率は種によって大きく異なることがわかった（表1）．この結果から，アカエゾマツ林に生息するリター分解性担子菌類は林床に広く分布しており，かつ多様なリグニン分解能力を備えることが示された．このことは，生息する担子菌の種組成によって森林のリター分解速度は変化すること，すなわち炭素滞留量や養分循環速度が変化する可能性を示唆している．

参考文献

Chapin III, F.S. *et al.* (2002): Principles of Terrestrial Ecosystem Ecology, Springer.
Miyamoto, T. and Igarashi, T. (1998): *Mycoscience*, **39**, 337–342.
Miyamoto, T. *et al.* (2000): *Mycoscience*, **41**, 105–110.
Nishida, T., *et al.* (1988): *Mokuzai Gakkaishi*, **34**, 530–536.
日本土壌微生物学会編（2000）：新・土の微生物6 生態的にみた土の菌類，博友社．
杉山純多ほか編（1999）：新版 微生物生態学実験法．講談社サイエンティフィク．
シマランキル，B.D.A.S., 五十嵐恒夫（1987）：日本林学会大会発表論文集，**98**, 191–192.
Watson, R.T. *et al.* (2000): Land Use, Land-Use Change, and Forestry, Special Report of the Intergovernmental Panel on Climate Change, Cambridge University Press.

キノコの分類方法   車　柱榮

キノコとは？

キノコは菌類であり，菌類は多細胞（酵母を除く）を持つ真核生物であり葉緑体を持たないことにより植物と区別される．決定的な違いは，菌類は自ら栄養源を作ることができない点にある．そのような観点から見ると，他の有機物の消化により栄養源をとる動物と似るが，動物のような神経組織や運動性などはない．また，最近の分子生物学的研究により菌類は植物よりは動物に近いことが明らかになった．

さて，キノコとは何か？　植物と比べて説明すると，それはリンゴの木のリンゴに相当するものである．すなわち菌類は生殖単位である胞子を生産する肉質を持ち，肉眼的な識別が可能な程度の大きさを持つ菌類の子実体をキノコという．そこで，キノコを作っている菌糸はそのリンゴの木の幹，枝および根に当たり，その体の一部にリンゴのようなキノコを作るのである．

そこで，キノコはどのような生き方をしているのか？　生活様式により分解者，寄生者および共生者として，ほとんどの種は森林と密接な関係を持つ．森林の中で，樹木が種子から発芽した稚樹の定着・成長・古木になり命を終わるまでキノコからの助けを受けたり，侵害を受けたりしながらも両者はパートナーの関係を持つ事が多い．したがって，森林の生態系を理解する上で，キノコの勉強は必要不可欠であるともいえる．

ここでは，森林の研究や趣味としてキノコの勉強をしたい方のために必要な，基本的なキノコの形態的特徴，採集および同定方法などを中心に述べたい．

キノコの観察方法と名称

キノコを作る菌類の大部分は担子菌亜門と子嚢菌亜門に属する．ハラタケ類，ヒダナシタケ類，腹菌類などは担子器から胞子を形成する担子菌亜門に属する．一方，細長状の嚢内に胞子を形成する子嚢菌亜門には，不整子嚢菌，盤菌，塊菌等のキノコがある．

ハラタケ類のキノコは傘と柄を持つ典型的なキノコの形である．ヒダナシタケ類は管孔状の子実層を持つもの，また，垂らした針およびサンゴのように分岐した枝の上に子実層を形成するものがある．さらにグレバから胞子を生産する複菌類や子座の表面や子嚢盤の上部か裏面から胞子を生産する子嚢菌類がある．

ここではまず，ハラタケ類，複菌類および子嚢菌類のキノコの形態とキノコの多数を占めているハラタケ類の形態的特徴について述べる．

(1)　肉眼的観察

1) 傘　胞子を生産する子実層を保護する機能を持っている．同定のための重要な観察項目は，次の通りである．①サイズ：径を測定し記録する．また，高さが直径幅より大きい場合はともに記録する．②形態：成熟した傘の形態および成長に伴う形の変化も重要である．半分に割ればよりよく観察できる．さらに，多くの場合は平らな半球形のような2つ以上の形が混っている場合もある．また，縁の形も重要な特徴である．③色：顕著な特徴であるが，湿気の有無により変化する．また，環紋か斑点が存在する種もある．さらに，中央部は縁より暗いか明るいなどの変化を持つ．また，傷などにより変色することもある．④表面の形状：表面は平坦に見えても実はそうではない場合が多い．例えば，短毛，イボあるいはひび割れが存在する種もある．⑤表面の感触：表面を触ったときの感触として，乾燥のビロード状，湿気，粘性などがある．多くのキノコは幼菌の際には粘性を持つが，成熟すると光沢を放つ種や表面が乾燥する種が多い．⑥傘の縁：縁に沿って非常に薄くなり，ヒダに沿って形成された放射状の脈あるいは線として現れる条線状と脈が扇のように波がる扇面状などがある．軟毛，剛毛などの毛が縁にあっても，傘の1/3か1/4位までしかないのが普通である．またまれに縁が厚く，崩れやすい種もある．⑦肉質：傘の大きな部分であり，色，質および厚さは重要な情報を提供する．時には空気に触れると変色するものもある．また，傷つけると乳状分泌物を出す種もある．肉質の色が分泌物により変化する場合はその

森林の食物（栄養）網

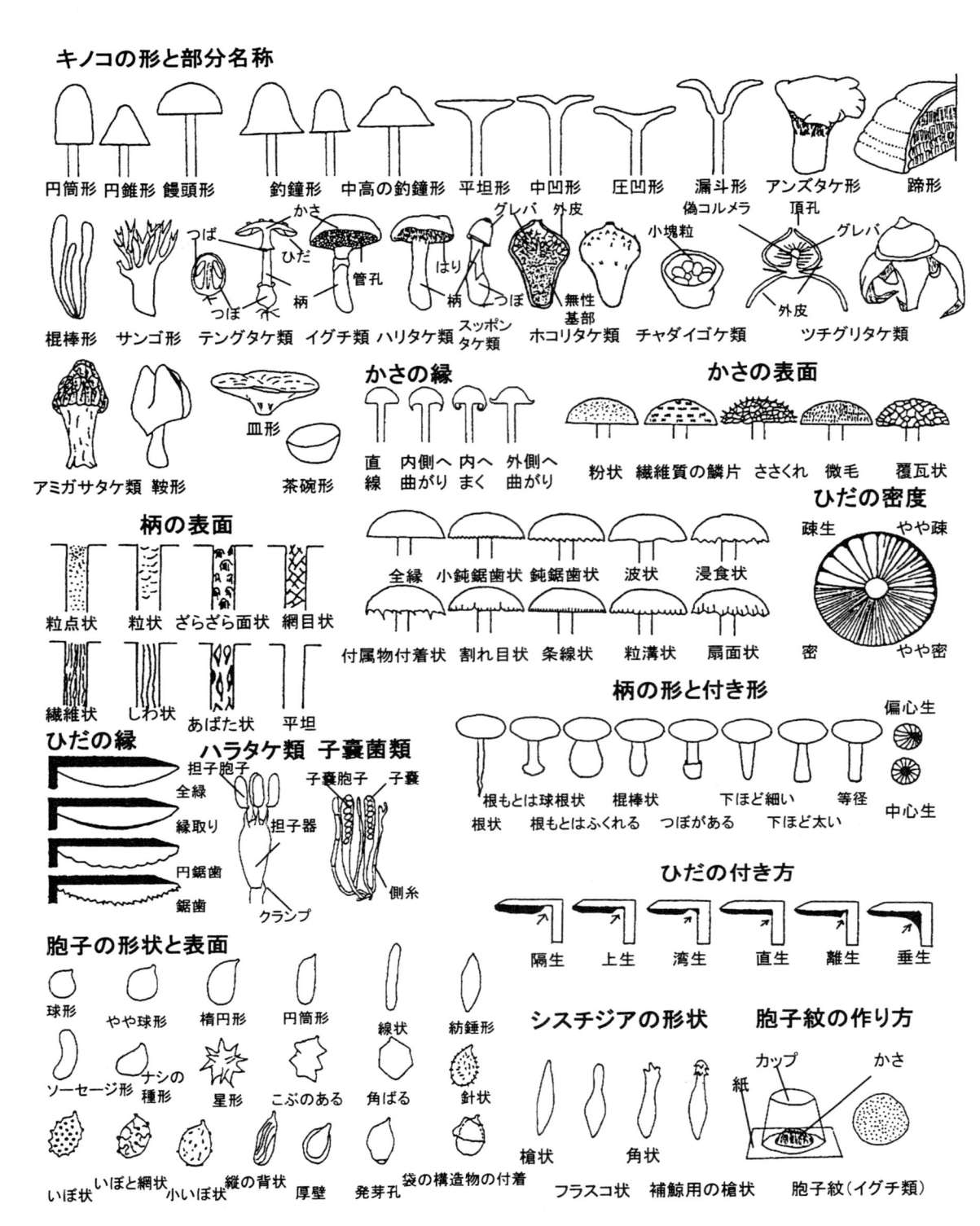

キノコの形と部分名称

円筒形　円錐形　饅頭形　釣鐘形　中高の釣鐘形　平坦形　中凹形　圧凹形　漏斗形　アンズタケ形　蹄形

棍棒形　サンゴ形　テングタケ類　イグチ類　ハリタケ類　スッポンタケ類　ホコリタケ類　チャダイゴケ類　ツチグリタケ類

アミガサタケ類　鞍形　皿形　茶碗形

かさの縁
直線　内側へ曲がり　内へまく　外側へ曲がり

かさの表面
粉状　繊維質の鱗片　ささくれ　微毛　覆瓦状

全縁　小鈍鋸歯状　鈍鋸歯状　波状　浸食状

付属物付着状　割れ目状　条線状　粒溝状　扇面状

ひだの密度
疎生　やや疎　密　やや密

柄の表面
粒点状　粒状　ざらざら面状　網目状

繊維状　しわ状　あばた状　平坦

ひだの縁
全縁　縁取り　円鋸歯　鋸歯

ハラタケ類　子嚢菌類
担子胞子　子嚢胞子　子嚢　担子器　側糸　クランプ

柄の形と付き形
根状　根もとは球根状　根もとはふくれる　棍棒状　つぼがある　下ほど細い　下ほど太い　等径　偏心生　中心生

ひだの付き方
隔生　上生　湾生　直生　離生　垂生

胞子の形状と表面
球形　やや球形　楕円形　円筒形　線状　紡錘形

ソーセージ形　ナシの種形　星形　こぶのある　角ばる　針状

いぼ状　いぼと網状　小いぼ状　縦の背状　厚壁　発芽孔　袋の構造物の付着

シスチジアの形状
フラスコ状　槍状　角状　捕鯨用の槍状

胞子紋の作り方
カップ　かさ　紙　胞子紋（イグチ類）

図1

特徴も記述する．⑧ 臭いと味：多くのキノコは特色のある臭いや味を持つ．臭いは肉質を少し潰したときに顕著である．また味は新鮮な傘の一部を数秒から数分噛むことによりわかるが，味がないか出るのが遅いものはもう少し永く噛む．その際，味見が終わったら飲み込まないことが重要である（毒キノコがあるので特に注意）．

2）ヒダ　胞子を生産する器官であり，同定に有効な特徴は次の通りである．① 付き方：柄の所にどのように着いているのかであり，キノコの成熟段階により形が変わる種がある．② 幅：傘の所からの距離であり，広いか狭いかの相対的な表現であり，一般的には中心部を計る．③ 厚さ：厚いか薄いかを表現するが，実際計った数字で示した方がよい．④ 間隔（密度）：ヒダ間の空間が広いか狭いかにより疎と密で表現するが，その中間的なものも少なくはない．⑤ 色：一般的に成熟段階，傷，あるいは分泌物が付くことにより変わることが多い．⑥ 縁：ヒダの面と同色の場合は全縁といい，ヒダの面と異なる色を持つ場合には縁があるか付いていると表現する．⑦ 習性：ヒトヨタケ属のキノコのように時間とともに溶けてインキ状になる種があること，などについて記述する．

3）柄　多くのキノコは柄を持つが，発達が貧弱か消失しているものもある．機能としてはキノコが発生した基物から傘を支える器官であり，菌糸からの栄養源や水などを運ぶことである．また，柄を持つキノコに対しては次のような特徴を記述する．① 位置：傘に付いている所により，側性，偏心性と中心性と表現する．② サイズ：傘に付いている頂端部と基部間の長さと頂端部の直径で表す．③ 形：種によって多様な形態を持つが，成長により形が変わるので細かく観察する．④ 色と変色：傘の色と同様な方法で記述する．⑤ 表皮の感触：傘と同様に記述する．⑥ 堅さ：全体的な組織の性質や密度により起因するもので，壊れやすい，曲げやすい，軟骨模様，軟らかい，堅いなどと表現する．⑦ 芯の性質：多くのキノコは柄の内部より外部がより堅い組織で構成されており，中空，中実および綿状の組織などと表現する．

4）内皮膜（つば）　キノコの発達初期に成長してくるヒダを囲んでいる皮膜であり，次のように記述する．① 組織：膜質かクモの巣状であり，膜質の場合は一重か二重かに区別する．② 色：皮膜の内部と外部の両面をともに観察し，変色なども記述する．③ 消失性：種によって多様であり，成熟すると消える消失性と，最後まで付いている永続性がある．④ つばの位置：つばが付いている位置は柄の真中より上の場合は上部，真中周辺の場合は中部，それより下の場合は下部と表現する．

5）外皮膜　キノコの発生初期に全体を囲んでいる皮膜であり，成長により破裂し柄の基部に痕跡が残るもの（つぼ）と傘の表面にイボ状になって付いていることもある．また，柄の下部や傘に鱗片として残る場合もある．

(2) 顕微鏡的観察

1）担子器　担子菌の有性繁殖による担子胞子を作る細胞であり，2～4個の胞子が担子柄上に形成される．一般的に棍棒形であり，基部においてクランプの有無を観察する．

2）胞子　キノコの胞子は典型的な単細胞であり，子孫を増やすための重要な器官である．同定に最も重要な特徴は次の通りである．① 色：胞子紋により観察できキノコを科あるいは属に分ける際に重要な特徴である．② サイズ：成熟胞子を計るためには胞子紋に落ちたものを用いるのが一般的である．長さと横幅を計るが，横断面が丸くないものに対しては3方向を計る．③ 形：可能な限り，正面と側面の両方の様子を記述する．また，頂端に発芽孔を持っているものや，表面が平滑かさまざまな突起を持つ種もある．

3）シスチジア　キノコの胞子を生産しない部分の末端組織であり，傘の表面には傘シスチジア，柄には柄シスチジア，ヒダの側面や管孔の内面にある側シスチジアおよびヒダの縁にある縁シスチジアと呼んでいる．記述方法は次の通りである．① サイズ：長さと一番広い所での幅を計る．② 形：キノコによりさまざまであり，頂端に結晶状のものが付いている場合もあるが，観察の際の染色液により溶けてしまうものや，キノコのある発達段階にしか観察できないものもある．

4）ヒダ実質　ヒダ内部における菌糸の配列状態を指す．菌糸が傘からヒダの端まで並列に並べられている並列型，菌糸が不規則に織り交ぜている錯綜型，全体的には錯綜型であるが中心部の

菌糸だけが並べられている収斂型，および，ヒダの端方向に菌糸の並べが散開している散開型がある．

　5）**傘実質**　傘を形成している大きな部分であり，錯綜型，放射状型また太く大きい菌糸が混在するなど，種々の形の菌糸で構成されている．

　6）**傘の表皮**　傘の一番外側の層であり，断面から観察できる．

　7）**柄の肉質**　柄の外皮を構成している菌糸の構造であり，多くは垂直方向に配列しているが，中心部に向かっては多様な配列型を持つ．

　8）**柄の表皮**　外皮表面の薄い菌糸層であり，組織が同一線状でも所によっては多様な形を持つ．

　9）**クランプ**　クランプは菌糸の細胞壁がつながっている部位に現れるものであり，担子菌のみで観察できる．傘の表皮や柄の肉質の細い菌糸などから観察しやすい．全ての担子菌が持っているのではなく，またそれぞれキノコの全ての器官から観察されるものでもない．

　10）**キノコの菌糸**　傘，柄，ヒダあるいは管孔の肉を作り上げている菌糸は次の3つの基本型に区別できる．①生成菌糸：分岐しながら伸長し，一般的に細胞壁は薄く規則的に角膜を持つ．試薬に染色されやすく，クランプを持っているキノコは常にクランプが観察できる．②骨格菌糸：分岐はほとんどなく，長く伸長し先端部を除く壁は厚く，一般に隔壁はない．通常，生成菌糸の先あるいは側枝として形成されクランプは観察されない．③結合菌糸：樹枝状に分岐し，細く厚膜を持つ菌糸．隔壁は観察されないかあってもまれで，クランプは観察されない．

　11）**呈色反応**　①水：蒸留水あるいは水道水でよい．一般的に生の組織の顕微鏡観察に用い，他の呈色反応の判断の基準になる．②水酸化カリウム：一般的に2.5%水溶液を用い，生の組織の顕微鏡観察あるいは組織の呈色反応を調べるに用いる．また，乾燥標本からの組織を戻すときにも使える．③アンモニア：市販のアンモニア水（10%）でよい．特にイグチ類の傘組織の呈色反応を調べるのによく用いる．④硫酸第一鉄：10%の水溶液を用い，組織，柄の頂端および基部，子実層托などの新鮮なキノコのさまざまな部位での呈色反応を調べるに用いる．反応は呈色なし，またオリーブ色，灰オリーブ色，緑あるいは暗緑色を呈色するなどである．その際に70〜95%のアルコールを加えると反応が早まるか遅くなる．さらに，ピンク色，サーモンピンク色あるいは灰紅色を呈する．⑤コットンブール：特に盤菌類胞子表面のイボの呈色反応を調べるのに用いる．反応を見るにはスライドに少し熱を加える．⑥Melzer液：キノコの同定に最も重要な呈色反応である．反応は次の3つの場合がある．アミロイド：菌糸あるいは胞子の膜が青灰色〜暗紫色に着色する．偽アミロイド：赤褐色〜暗赤色の呈色反応．一般的に菌糸や胞子の膜あるいは細胞の内部に着色する．非アミロイド：ほとんど発色しないか淡黄色の呈色反応である．

キノコの採集から標本の保存まで

　まず，キノコを発見した時にただちに取るのではなく，採集する前にその周辺環境もよく観察する．また可能な限り，新鮮で生育段階ごとにいくつかのキノコを標本として採集する．

　キノコは腐りやすく，また同定に時間がかかるので，見あたる全てのキノコを一度に採るのは避ける．

　推測は禁物！　すなわち，単に同一箇所に生えていたからと言って同一種とするのではなく，1つずつ，特徴に基づく判断をしてほしい．

（1）採集道具

　1）**カゴ**　キノコを運ぶための容器であり，通風性を持つものがよい．また，ポリ袋は使用しない．キノコは生きものであり呼吸をするため，湿度が高いと腐りやすくなるからである．

　2）**パラフィン紙**　カゴ内で他のキノコと混ざるのを防ぐため，同定のためにキノコはまず，それぞれパラフィン紙で軽く包んでからカゴに入れる．

　3）**ナイフまたは根堀**　木の幹や枝に生えているキノコと土に埋まっているキノコのつぼや根（基部）まで採るために用いる．

　4）**筆記道具・手帳など**　野外で採集したキノコの情報などをその場で記録するためである．

　5）**望遠鏡**　樹木の高枝や幹に生えているキノコの確認や寄主木の樹種を調べるのに便利．

　6）**GPS**　キノコが生えている位置を正確に記録するためであり，地理的分布など生態を調

査する上で最も重要な情報である．キノコが生えている箇所に GPS を置き正確に座標を読む．

7) その他　必要に応じて，ピンセット，物差し，巻き尺，地図など．

(2) 野帳の記録

1) 日付，天気，発見した頻度，生え方（単生，散生，群生，束生，重生あるいは菌輪の形成），寄主（腐植質，土壌，草，苔，動物の糞，倒木など），植生（半径約 15 m 内での樹木と灌木の種），場所および GPS 上での座標など．

2) 寄主が樹木（枯死木）であれば，腐朽の程度，針葉樹か広葉樹か，腐朽型（白色腐朽，褐色腐朽，心材腐朽，辺材腐朽）など．

3) 寄主が動物の糞であれば，糞のタイプ，腐敗程度など．

4) 地上生であれば，土壌のタイプ（攪乱地，耕地，堅い土，砂地，焼け跡地など）など．

(3) 同定

キノコの絵本や図鑑によって同定する方法ではいつも成功するとは限らない．理由はキノコ全てが描かれているわけではなく，単に写真のみの場合もある．キノコの全ての生育段階を載せるには限界があり，また印刷過程における変色もあるからである．いうまでもなく，確実で効果的な同定方法は，確かな目でキノコを観察することである．特に，形態構造は綿密に調べなければならない．図鑑と採集標本とを比べるのは，仮定的な同定を実証する際に助かるものである．

またキノコが生えている環境の記録を行うことは重要である．検索表と採集したキノコを照合するときには，その生息環境も考慮されなければならない．すなわち，採集キノコの生態的な役割を理解することである．そして種同定は次のような論理的順序に従い行うべきである．

1) キノコのマクロな形態的特徴を調べる（形，皮膜，ヒダ形状，傘表皮，肉質，乳液など）．この調査の第 1 段階では，キノコが属する属名あるいは，数は少ないが種名までわかる．

2) 傘の色，つぼのかけらの存在，傘と柄の形態，肉質の色と変色，乳液の色，臭いと味などの調査は第 2 ステップである．少なくともここまで知っていれば，キノコの分類学的な位置が細分され，多くの場合は種の同定が可能になる．

3) 大まかなあるいは詳しい呈色反応と顕微鏡観察により，キノコの同定に必要な全ての特徴が実際に現れることになる．より詳しく記述したデータを検索表と比較することにより，同定は終わる．

(4) 標本の作成・保存

採取後，生時の記述や写真撮影を完了したキノコは標本として保存するのも重要なことである．その際には胞子紋や写真なども一緒に残すことである．アルコールやホルマリンに浸漬した標本は分子生物学的研究に使えないことがあるので（DNA が破壊されることがある），研究用であれば乾燥標本として残したい．

乾燥には自然乾燥あるいは白熱灯や温風器などを用いる．この際には高温（60℃ 以内）と通風に注意する．特に小さいキノコはシリカゲルを用いる場合もある．

乾燥標本は紙袋に入れ保管箱に保管する．また，紙袋には，キノコ名，採集地および日付，採集者及び同定者などが書いてあるラベルをはる．また，保管箱には乾燥剤や防虫剤などを入れるのも忘れないこと．

参 考 文 献

Arora, D. (1986): Mushrooms Demystified, Ten Speed Press, p.958.

今関六也, 本郷次雄 (1995)：原色日本菌類図鑑 I, 保育社, p.325.

Smith, A. H. *et al* (1979): How to Know the Gilled Mushrooms, Wm. C. Brown Company Publishers, pp.323-334.

上田俊穂, 伊沢正名 (1991)：検索入門きのこ図鑑, 保育社, p.223.

土壌酸性化と高 CO_2 環境下での外生菌根菌の役割　　　崔　東壽

　森林には樹木のほか，多様な微生物（菌類）が生息している．これら菌類の森林生態系における役割は腐生，寄生，共生と多様である．近年，地球環境の変化が問題になるにつれ，樹木と共生している共生菌，特に，外生菌根菌の役割に注目が集まっている．

　では，将来の環境変化，特に土壌の酸性化および高 CO_2 環境下で宿主樹木と外生菌根菌の関係はどのように変化するのだろうか？　酸性沈着物の増加は土壌酸性化を引き起こし，土壌から Al，Mn や他の重金属などの溶脱を増加させ，植物体内に蓄積させる．また，酸性化された土壌からは Ca，Mg，K，P などの必須栄養元素の溶出が増加する．さらに，P は溶脱した Al と結合して不可給態となり，P の吸収が抑制され植物体の栄養バランスを崩し，光合成作用など植物の生理活動を抑制することで成長に悪影響を与える．植物は高濃度の CO_2 環境下で生育させると一時的に光合成能力を増加させるが，栄養供給が十分ではない状態で長期間生育させると，光合成能力の低下する光合成の「負の制御」現象が生じ，成長は抑制される（Choi et al., 2005）．

　一方，樹木に感染した外生菌根菌（図参考）は樹木から光合成産物である糖やデンプンをもらって，代わりに樹木には養水分，特に，土壌中に存在する不可給態 P などの吸収を促進させるだけではなく，Al・Mn や他の重金属の吸収を抑制し，土壌酸性化による樹木の栄養バランスの不均衡を防止することをいう（Smith and Read, 1997）．植物体内の養水分の増加は，高 CO_2 環境下での光合成の「負の制御」現象を抑制させ，外生菌根菌に感染していない樹木より，成長抑制を軽減することができる．また，植物の水利用効率を増加させ，将来，地球温暖化現象が顕在化して乾燥しやすくなる地域でも，感染した樹体の成長低下は少ないと考えられる．さらに，菌鞘で若い根を包んで根面を病気や乾燥，凍結などから護ることが示唆される（櫻井，2004）．

　高 CO_2 環境下では外生菌根菌の感染率や活性が増加する（Choi et al., 2005）．これは，高 CO_2 環境下で一時的に増加した樹木の光合成能力を中心とした生理活動の影響で作られた光合成産物の増加や，新しく生産される細根の数が増加することによる．外生菌根菌は特に新しく生産された根に感染するという．しかし，樹木が汚染に耐えるためにはよく発達した菌根を必要とするが，大気汚染などの影響を強く受けた地域では，健全地に比べ菌根菌の活性や多様性が劇的に減少する．

　これまでの研究によって，菌根菌によっては pH が低い条件で活力の低下が少ないが，Al などに対する耐性のない種があり，反対に，pH が下がると活力の低下が著しいが，Al などには耐性のある種が存在し，それぞれの特徴が菌種によって多様である．しかし，これまでのところ研究対象となったのは，コツブタケ，キツネタケ属菌，ワカフサタケ属菌，*Cenococcum geophilum* などに数種に限られており，まれに使われた菌種を含めても 70 種程度と，推定されている菌根菌の種数（5000〜6000 種）に比べればごくわずかを調べたに過ぎない（二井・肘井，2001）．刻々と変化する変動環境下で森林の健全性と活力とを維持するには，まだまだ未知の世界にある数多くの菌根菌類の能力を解明するべきだろう．

参 考 文 献

Choi, D.S. et al. (2005a): *Photosynthetica*, 43, in press.
二井一禎，肘井直樹編著（2001）：森林微生物生態学，朝倉書店．
櫻井克年（2004）：樹木生理生態学（小池孝良編著），朝倉書店．
Smith, S.E. and Read, D.J. (1997): Mycorrhizal Symbiosis, 2nd ed., Academic Press.

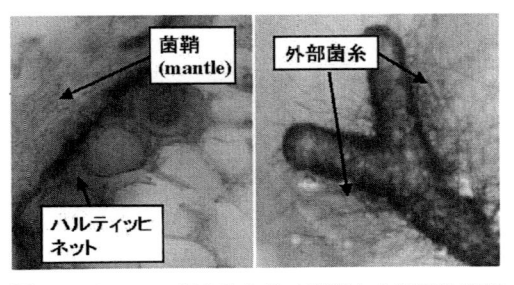

図1　アカマツの根を取り巻く菌鞘と皮層細胞間鞘に形成されたハルティッヒネット（左）とアカマツ菌根から伸びる外部菌糸（右）

森林河川に生息する水生昆虫　　　　　　　　　　　　　　　　　三宅　洋

　森林生態系と河川生態系とは異なる生態系である．しかし，「美しい川」を思い浮かべてください，と言われたら，どのような川をイメージするだろうか．おそらく，豊かな森の中を岩を噛みながら白泡を立てて流れているような川を思い浮かべるのではないだろうか．特に国土の3分の2を森林に覆われている日本では，美しい川を豊かな森とセットで考えることが多いように思う．

　実際に河川生態系を調べていくと，森林生態系の影響が色濃く見られ，健全な川は豊かな森によって育まれているという印象を受けることが多い．この森から川への影響は，幅がせまく上空が樹木の枝葉によって覆われるような小さな川で強く見られる．また，現代ではほとんどの平地を人間が利用しているため，森林とのセットで見られる小河川は，たいてい山あいを流れる渓流である（図1）．この節では，上記のような河川に生息する水生昆虫の生態と森林との関係を紹介する．

　森林河川の川底にある石の表面や砂の間には多くの水生昆虫が生息している．主な水生昆虫としては，カゲロウのなかま，カワゲラのなかま，トビケラのなかま，ハエのなかまなどが挙げられる．大きさは最大でも数cm程度である（図2）．河床には他にも環形動物（ミミズのなかま）や甲殻類（エビ・カニのなかま）なども生息するが，森林河川では川底に生息する動物の大半が水生昆虫で占められる．水生昆虫の多くは幼虫であり，羽化した成虫は空中に飛び立ち，短いあいだに交尾をすませ，再び川の中に産卵する．森林河川で水生昆虫の量や種類を定量的に調査する場合，正方形の枠（1辺が15～30 cm程度）の後ろに吹き流しのようなネット（0.1～0.5 mm程度の目合い）がついたサーバーネットと呼ばれる道具を使うことが多い（図2）．これを河床にあてがい，枠内の石を手で攪乱することにより水生昆虫を下流側のネットの中に流し込む．

　水生昆虫の主な餌は，石の表面に繁茂する付着藻類，落葉などの有機物，同じ水生昆虫に代表される小動物などである．ただしこれらの餌資源のうち，ある水生昆虫がどれか1種類のみを利用することはまれで，いろいろな餌を食べたり，成長に伴って食べるものが変わったりする水生昆虫が多いことが知られている．このため，水生昆虫は食べ物の種類ではなく食べる方法で分けられることが多い．これは摂食機能群と呼ばれるもので，石表面に発達する藻類マット（小さな有機物や微生物を含む）をこそぎとって食べる刈取食者，落葉などの大きな有機物をかじって食べる破砕食者，川底の小さな有機物を丸ごと食べる収集食者，水中を流れる小さな有機物をこしとって食べるろ過食者，小動物を捕まえて食べる捕食者などに分けられる．注目する水生昆虫が森林から受ける影響は，その水生昆虫の摂食機能群によって異なる．

　水生昆虫に強い影響を及ぼすのは河川に沿って

図1　森林河川の様子（愛媛県重信川支流石手川）

図2　森林河川で採取された水生昆虫（愛媛県重信川支流石手川）
サワガニが含まれている．右上は採取に用いるサーバーネット．

成立する林である．これは一般的には河畔林と呼ばれ，小河川に見られるものを特に渓畔林と呼ぶことがある．河畔林は直接的・間接的にいくつもの経路を介して水生昆虫の生態に関わっている．これらのうち代表的なものについて以下に説明していきたい．

河畔林が水生昆虫に影響を及ぼす最も直接的な経路は，河畔林を構成する樹木からの落葉の供給である．河川に落下した落葉は，水流にもまれ，養分が溶出し，微生物によりある程度分解を受け柔らかくなった後，破砕食者の水生昆虫に消費される（図3）．破砕食者の食べこぼしや糞は収集食者やろ過食者の餌となり（図3），最終的に落葉は水に溶ける成分にまで分解されていく．この溶存物質はさらに微生物に吸収されるなどして河川生態系のなかを循環する．また，大量に折り重なった落葉は，水生昆虫の好適な生息場所となり，魚類など大型の捕食者から身を隠すのに役立つと考えられる．さらには，トビケラのなかには，落葉や小枝を利用して巧妙な携帯性の巣を作るものもいる．

一方で河畔林は，河川上空に張り出した枝葉により河川に到達する日射を遮断し，河床に生息する藻類による一次生産（光合成）を妨げる（図3）．この結果，河床の石表面における藻類マットの発達が妨げられ，刈取食者の餌資源量が減少する．また，河畔林による日射の遮断は河川水温の上昇を抑制することを介しても間接的に水生昆虫に影響を及ぼしている．

さらに河畔林は，河川地形を改変することによっても間接的に水生昆虫に影響を及ぼしている．河岸が水流で掘れることなどによって河畔林から河川内に供給される倒流木は，水流の障害物となり，上流や下流に流速の小さな生息場所が形成される．ここでは落葉などの有機物が蓄積され，破砕食者や収集食者にとって格好の生息場所になる（図3）．また，洪水時にも流れが緩やかなため避難場所として利用されることも知られている．さらには，倒流木自体が安定した生息場所となることや，直接的に餌資源として利用される場合もある．

以上のように，河川生態系の一部である水生昆虫は陸上の河畔林から直接的・間接的に影響を受けている．また，河川から離れた場所にある森林であっても，水質や流量変動を改変することにより水生昆虫に影響を及ぼすと考えられる．森林地帯を流れる川は，森林によって強く特徴づけられているのである．さらに最近では，春に大量に羽化した水生昆虫の成虫を食べるために，鳥類，クモ類，コウモリ類などの陸上生物が河川周辺に集まってくる現象が観察され，河川生態系と森林生態系が生態系どうしの接点（エコトーン）で相互に強く結びついていることが明らかになっている．単に隣にあるだけに見える森林と河川が，セットであることにより現在の状態に保たれているという結果は，少し意外ではあるが，なるほどと納得できることではないだろうか．

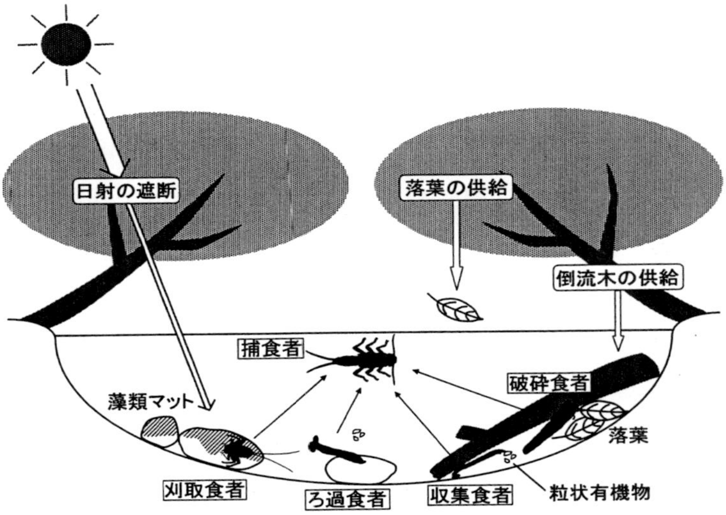

図3 河畔林が水生昆虫に及ぼす影響に関する模式図

参考文献

Allan, J. D. (1995): Stream Ecology. Chapman & Hall.
Cushing, C. E. and Allan, J. D. (2001): Streams: Their Ecology and Life, Academic Press.
川合禎次，谷田一三共編 (2005)：日本産水生昆虫—科・属・種への検索，東海大学出版会．
中野 繁 (2003)：川と森の生態学，北海道大学図書刊行会．

自主解答問題

問1．森林が水生昆虫に及ぼす影響は季節によってどのように変化すると考えられるか．

問2．河畔林を伐採した場合，水生昆虫の量や種類はどのように変化すると考えられるか．

地球温暖化と渓流魚

前川光司

　最近の，日本列島の夏の暑さは，よくいわれている地球温暖化をうかがわせる．実際，アラスカ州の氷河は急速に後退しているといわれている（図1参照）．多くの予測では，二酸化炭素などの温室効果ガスの放出が現状のまま推移すれば，西暦2000年代の早い段階で，年平均気温が2〜5℃ほど上昇するという．この影響は，北半球の高緯度地方ほど顕著になるといわれている．

　この温度の上昇に打撃的な影響を受けるのは，冷温性で移動が困難な生物であろう（河野・井村，1999参照）．この生物の1つに，冷水性でかつ河川や湖に生息する淡水性の魚類がある．淡水魚は海を通じて別の川に移動ができないために，対応できない環境の変化は淡水魚の生活や分布に決定的な影響を与える．ある場合には絶滅もありうるであろう．この典型が渓流に生息する冷水性のサケ科イワナ属魚類である．例えば，日本列島に広く生息するアメマス（本州に生息する河川型アメマスをイワナと呼ぶことがある）や日本では北海道にのみ分布するオショロコマがある．

イワナ，オショロコマの生活史と分布

　イワナ，オショロコマは，「森の魚」と呼ばれるとおり，森林内を流れる渓流を住処とし，渓畔林から供給される落下昆虫に依存していることでも知られている．両者とも分布北方域では川と海を行き来する回遊魚（遡河回遊魚）であるが，それぞれ分布南限域にあたる本州および北海道では，海に降海することなく生涯を川だけで生活する（河川型と呼ぶ）．さらに，分布は夏期水温によって制限されている．例えば，地下水温に換算して*オショロコマでは8℃，アメマスでは16℃を超える地方には分布しない．河川内の分布も，両種の生理的な耐性限界温度によって制限されている．オショロコマの河川内分布は河川の夏期温度が約16℃，アメマスでは約23℃で制限されていることがわかっている．実際，オショロコマとアメマスともに実験的に調べると，それぞれこの水温を超えると，食欲が減り，死亡率も上がる．

年平均気温と河川の水温

　興味あることに，ある地方の地下水温はその地方の年平均気温とよく一致する．このことは私たちの資料からも，北アメリカの資料からもいえる．このことから，地球温暖化によって，例えば，年平均気温が3℃上がれば，地下水温も3℃あがる．河川上流部の河川水温は，湧水（地下水）温度に影響を受ける．1つの河川における，ある地点の夏期の河川水温は，地下水温と水源からの距離の関係ともよく一致する．大河や河川下流部はともかく，森林内を流れる渓流域では，この関係が強いように思われる．日本国内でも緯度が低くなればなるほど年平均気温は上がり，それにつれて地下水温も上がる．こうして，日本列島全体が同じ程度に年平均気温が上昇すると仮定すれば，全土で渓流域の水温が同じだけ上昇する．

---

*　地下水温は緯度と高度を基にした換算式で表すことができる．例えば，アメマスの分布南限の地下水温16℃は，北緯34°では高度約500 m以上でしか見られないが，36°以上では低地でも見られる．オショロコマの分布南限の地下水温8℃は，北緯42°では高度約200 m以上で見られるが，44°以上では低地でも見られる（本文も参照）．

図1　アラスカ州ジュノー近郊のメンデンホール氷河
約30年で急速に高さが低くなっている．
（上：1973年，下：2000年）

温暖化とイワナ属魚類の河川内分布の変化予測

北海道東部地方を流れる標津川はオショロコマの豊富な川である．本水系の本流にはオショロコマはほとんど生息せず，大半は上流部の支流に生息する（ちなみにアメマスが本流に生息し，両種はすみわけていると考えられている）．したがって，支流個体群間の交流は限られていると考えられている．今のところ13支流個体群が確認されている．いま，年平均気温が2℃上昇すると，オショロコマの耐性限界水温が上流に移動し，現在よりもさらに上流の枝沢に閉じこめられる個体群が現れるために，16個体群になる．そのぶん，個体群の平均生息距離は大幅に短くなる．4℃上昇したらどうなるだろうか？ 13個体群のうち12個体群が，住める温度環境を失って絶滅し，残る1個体群の生息距離は，たったの200 mになってしまうと予想される．

本州のアメマス（＝イワナ）も，特に南部地方で顕著な影響を受けると予測される．例えば，中国地方の斐伊川のイワナは，年平均気温4℃の上昇で全て絶滅するし，本州中央部の河川でも，個体群の分断化が進むと予想される．ただし，降海型が優先する日本北部での変化は少ない．

地理的規模での分布予測

オショロコマとイワナ（アメマス）の地理的な規模での分布変化をみてみよう．現在，オショロコマは道南部の千走川を南限に札幌周辺と大雪・日高地方の標高が高い山岳地域と知床半島全域に分布する．例えば，年平均気温が4℃上がった場合，千走川個体群はもちろん，寒冷な地方として知られる知床半島も，標高の高い山や流程の長い川がないために，逃げ込むところを失って絶滅し，高い山がある札幌周辺と大雪地方で，少しの個体群だけが生き残ると予想される．

イワナはどうか．降海型が優先する本州から北部地方（新潟県以北）では，その影響は平均気温4℃の上昇でもそれほどの変化は見られない．最も大きな影響を被るのは，中国地方である．この地方では2つの河川を除いてすべて絶滅すると予想される．北緯39°以南の個体群も多かれ少なかれ影響を受け，残された個体群も標高700 m以上に押しやられて分断化が進むと考えられる．

絶滅の要因

温暖化によって地下水温が上昇し，それにつれて河川上流部の水温が上昇する．この水温がオショロコマやイワナの生理限界を超えれば否応なく絶滅する．絶滅の要因は別にもある．生息場所が分断化されると個体数が減り，絶滅しやすくなる．その理由の1つは，個体数が少なくなればなるほど，絶滅確率が高くなるからである．もう1つは，個体数の減少によって起こる遺伝的多様性の減少（近親交配や遺伝的浮動）がある．多様性の少ない個体群は，病気や環境の変化に弱く，ある時には絶滅する．最近，人工的に陸封された（砂防や治山ダムなど）アメマスがどのような要因によって絶滅したかを示す研究が発表されている（前川，2004）．これによれば，隔離された河川の面積が小さければ小さいほど，またその隔離されてからの年数が大きいほど，絶滅した個体群が多かった．さらに，ダム上流部の個体群の遺伝的多様性は下流部の個体群よりも低くなっていた．ダムによる個体群の分断化や細分化による絶滅は，地球温暖化による個体群の分断化によって生じる絶滅の課程を考える上で示唆的である．地球温暖化によって生じるイワナ属魚類個体群の絶滅は，耐性限界温度を超えることを基にした絶滅予測よりも，いっそう加速されることを示唆する．

参考文献

河野昭一，井村 治編（1999）：環境変動と生物集団，海游社．
前川光司編（2004）：サケ・マスの生態と進化，文一総合出版．

森は魚を育む？

井上幹生

近年，森林と水域とのつながりに対する関心はにわかに高まり，その重要性が強調されるようになってきた．漁業団体による沿岸漁場の再生や保全を目的とした植林活動は，今では全国各地で行われている．このような動きは1990年代頃より活発化したものであるが，水域生態系に対する森林の重要性は古くより認識されてきた．海岸林など，水辺の森林を保全する「魚つき林」の歴史は，古くは平安時代（10世紀）にまでさかのぼることができる．現行の森林法に基づく保安林制度でも「魚つき保安林」としてその公益的機能が認められている．「森が魚を育む」という考えである．

おそらく，この考えを否定する読者は少ないであろう．しかし，本当に森は魚を育むのだろうか？　森が魚を育むのであれば，「森がなくなると魚が減る」というような現象が見られるはずである．伐採や土地開発等に伴う森林消失の魚類への影響については，河川の上流域で調べられたものが多い．上流域では川が小さいため調査がしやすく，また，水生生物に対する森林の影響がより直接的に反映されやすいからであろう．本節では，河川上流域における森林と魚類とのつながりについて少し述べたい．

森が無くなると魚は減る？―河川上流域での事例

河畔域の森林（以下，河畔林と呼ぶ）は河川生態系においてさまざまな機能を持っている．それらは大雑把に分けて「供給」と「遮断（または緩和）」の2つの側面から捉えられる．河畔林は，落葉や枝，倒木といった陸上生産物を川に供給しており，それらは水生生物の衣食住において重要な役割を果たしている．一方，河川上空を覆うように張り出した樹冠は，水中へ到達する日射の多くを遮ってしまい，河川内の生産性を低下させる．また，林床では，裸地や農地に比べて降雨による地表面の浸食が起こりにくい．よって，河川への土砂の流入は森林の存在によって緩和される．河畔林の消失はこのような供給および遮断機能の改変を介して魚類に影響することになる．

森林消失が魚類に及ぼす影響については，消失（伐採，農地化など）の前後や，森林区間と消失区間（伐採地，農地など）とで魚類の生息状況を比較することによって検討されることが多い．表1は，そのような報告をいくつか拾い集め，森林消失が魚類に及ぼす影響およびその主要因についてまとめたものである．生息密度の低下といった魚類に対するマイナスの影響は×，逆に，生息密度や成長量の増加といったプラスの影響は○で示している．これを見ると，やはり，「森がなくなると魚が減る」という報告例は多い．これらの要因として，倒木の減少による生息場所構造の単純化，日射量の増大による水温上昇，および細粒土砂の流入といった物理的環境条件の変化がしばしば指摘されている．一方，「森がなくなると魚が増える」という逆の報告例も意外に多いことがわかる．これらの多くは，河畔林の消失によって餌が豊富になり魚の成長量や個体数が増加したという事実を示している．つまり，「森が魚を育む」とは全く相反する現象が少なからず見出されているのである．

餌の源

「森がなくなると魚が増える」という現象は，実は，川魚の餌の由来，食物連鎖に関する一般論について考えてみれば，さほど驚くべきことではない．川の魚たちはさまざまなものを食べて生きているが，それらのおおもとは水生植物や藻類による一次生産である．河川上流域では，河床礫に付着する付着藻類が一次生産を担っており，それらは直接的には水生昆虫や甲殻類といった小さな無脊椎動物によって消費される．そして，これら小型の無脊椎動物は魚によって食べられることになる（アユなど，藻類を直接食べる魚もいる）．つまり，魚の餌の多寡は，河川内の一次生産に大きく影響される．そして，一次生産の制限要因の1つとして光がある．先にも少し触れたように，森林河川では樹冠により河床に到達する日射が遮られているが，伐採等により樹冠が除去されると日射量が増大し，河川内での一次生産が高まる．そして，魚の餌が増え，成長や個体数に反映され

表1 森林消失が魚類に及ぼす影響

	調査地域	森林消失要因	影響要因	対象魚	影響
Scrivener & Brownlee (1989) (*Can. J. Fish. Aquat. Sci.*, 41, 1097-1105)	北アメリカ西岸	伐採	細粒土砂の堆積	サケ科	×仔魚生残率の低下
Wohl & Carline (1996) (*Can. J. Fish. Aquat. Sci.*, 53, Sup1, 260-266)	北アメリカ東部	放牧	細粒土砂の堆積	サケ科	×生息密度の低下
Jones et al. (1999) (*Conserv. Biol.*, 13, 1454-1465)	北アメリカ東部	農地化	細粒土砂の堆積	コイ科、カジカ科、サンフィッシュ科等	×生息密度の低下
Inoue et al. (2003) (*Biosphere Conserv.*, 5, 71-86)	東南アジア（ボルネオ）	過去の焼畑	細粒土砂の堆積	コイ科、ベタ、トゲウナギ	×生息密度の低下
Murphy et al. (1986) (*Can. J. Fish. Aquat. Sci.*, 43, 1521-1533)	北アメリカ西岸	伐採	生息場所構造の単純化	サケ科	×冬季生残率の低下
Reeves et al. (1993) (*Trans. Am. Fish. Soc.*, 122, 309-317)	北アメリカ西岸	伐採	生息場所構造の単純化	サケ科	×種多様度の低下
Barton et al. (1985) (*N. Am. J. Fish. Manage*, 5, 364-378)	北アメリカ東部	農地化	水温上昇	サケ科	×消失
Tait et al. (1994) (*J. N. Am. Benthol. Soc.*, 13, 45-56)	北アメリカ西部	放牧	水温上昇	サケ科、カジカ科	×生息密度の低下
Inoue & Nakano (2001) (*Ecol. Res.*, 16, 233-247)	日本（北海道）	農地化、山火事	水温上昇、生息場所構造の単純化	サケ科	×生息密度の低下
Holtby (1988) (*Can. J. Fish. Aquat. Sci.*, 45, 502-515)	北アメリカ西岸	伐採	水温上昇	サケ科	○孵出の早期化、成長量の増加
Tait et al. (1994) (*J. N. Am. Benthol. Soc.*, 13, 45-56)	北アメリカ西部	放牧	水温上昇	コイ科等	○生息密度の上昇
Inoue & Nakano (2001) (*Ecol. Res.*, 16, 233-247)	日本（北海道）	農地化、山火事	水温上昇	コイ科	○生息密度の上昇
Murphy et al. (1981) (*Trans. Am. Fish. Soc.*, 110, 469-478)	北アメリカ西部	伐採	餌量の増加	サケ科	○現存量の増加
Hawkins et al. (1983) (*Can. J. Fish. Aquat. Sci.*, 40, 1173-1185)	北アメリカ西部	伐採	餌量の増加	サケ科、カジカ科	○現存量の増加
Murphy et al. (1986) (*Can. J. Fish. Aquat. Sci.*, 43, 1521-1533)	北アメリカ西岸	伐採	餌量の増加	サケ科	○0歳魚生息密度の上昇
Bilby & Bisson (1992) (*Can. J. Fish. Aquat. Sci.*, 49, 540-551)	北アメリカ西岸	伐採	餌量の増加	サケ科、カジカ科	○現存量、成長量、生産量の増加

る．これが森林消失によるプラスの影響経路の1つである．

ただし，河川内での一次生産だけが餌の源ではない．森林河川では，水生生物は，河川外，すなわち，陸上での生産物にも大きく依存する．河畔林は日射を遮る一方で，河川内に大量の落葉を供給する．水生無脊椎動物のなかには，これら落葉を専食するものもいる．また，代表的な渓流魚であるサケ科魚類の餌メニューの大半が河畔林樹冠から供給される陸生無脊椎動物であることはよく知られている．このように，「森林河川に住む水生生物が森林由来の落葉や陸生無脊椎動物に大きく依存している」という状況のみを描き出せば，まさに，森は魚を育んでいることになる．しかしながら，そのような状況にある川であっても，森がなくなると魚が減るとは限らないのである．樹冠が除去されると落葉の供給は減るだろうが，かわりに日射量が増大し，河川内での一次生産量が増す可能性は高い．また，川への陸生無脊椎動物の供給は，周囲が森林でなくとも起こり得ることである．「森に育まれる」よりも「直接的に太陽に育まれる」ことによって，魚が増えるということもありうるのである．

おわりに

今回，あえて，「森が魚を育む」という考えに反する事例をやや強調ぎみに紹介したが，もちろん，この稿でその考えを否定しようとする意図は全くない．森林と水域生態系との間には複雑な相互作用が存在する．それらを理解するためには，「森が魚を育む」といったような言葉をただ漠然と受け入れるだけでなく，森林の持つさまざまな機能について，より具体的な事実や理屈を基に考えてみる必要がある．

細粒土砂汚染が河川生物相に及ぼす影響を調べる

山田浩之

細粒土砂汚染とは？

20世紀後半の大規模な農林地開発，道路建設・ダム建設などの開発事業に伴う流域の改変は，栄養塩類などの流下物質の変化・増加を通じて，結果的に下流域に位置する生態系や水環境に劇的な変化をもたらすこととなった．なかでも，流域から生産される細粒土砂（粒径およそ2 mm以下の土砂）が河川域や海域に流出・堆積することによって生じる生態系・水環境の変化・悪化は，"sediment pollution（細粒土砂汚染）"と呼ばれ，欧米では1950年代という早い時期から，早急に解決すべき重要な課題として認識されている（Waters, 1995）．

国内では1970年代から，沖縄県での農地開発・建設工事に伴う赤土などの海域への流出によるサンゴ礁をはじめとした生態系の破壊が問題とされている．しかし，国内のこの汚染に対する認識は未だに薄く，さらに，流域全体を捉えた対策については未検討に近い状態である．それは，細粒土砂の生産源を特定することが難しいこと，流出・堆積メカニズムが複雑であること，さらには，細粒土砂汚染の影響について全貌が明らかにされていないことが原因として挙げられる．また，我々の生活に直接影響せず，認識しにくいことも原因の1つと思われる．

生産源と輸送

細粒土砂は，流域の地形（勾配など），降雨条件や土壌，植生カバーの有無などに対応して自然に生産されるものであり，細粒土砂が堆積している淵や砂礫堆，土壌が露出した場所，例えば，地すべり地などが主な生産源となる（図1）．ここで問題となるのは，土地利用の改変や林道開設などによる細粒土砂生産域・流出経路網の拡大，さらには，採鉱や道路・ダム建設工事の際に生じる泥水の流出など，人為的な影響から細粒土砂の生産量が劇的に増加することである．これらにより，大量の土砂が河川内に流入し，河川流水中の浮遊砂濃度（濁り）や細粒土砂の堆積量が増加する．さらに，河道に設置された流路工や堰によって河床勾配が緩和され，細粒土砂が堆積しやすくなることも知られている．

河川生物相に及ぼす影響

細粒土砂汚染が河川の生物に及ぼす影響は，大きく2つに分類される．浮遊した細粒土砂（浮遊砂）の影響と堆積した細粒土砂の影響である．

まず，浮遊砂の影響として，魚類や水生昆虫の呼吸器を詰まらせることによる呼吸の阻害，透視度の低下などによる摂食の阻害，水中の日射遮断による水生植物・藻類の光合成能力の低下，水生植物・藻類の磨耗，藻類の定着の阻害などが挙げられる（Wood and Armitage, 1997）．

一方，堆積した細粒土砂の影響としては，直接的な堆積，もしくは河床の砂礫の隙間（間隙）を埋めること（目詰まり）によって，河床内部に生息する魚類や水生昆虫の生息場や産卵に適した環境を悪化させる（Chapman, 1988）．

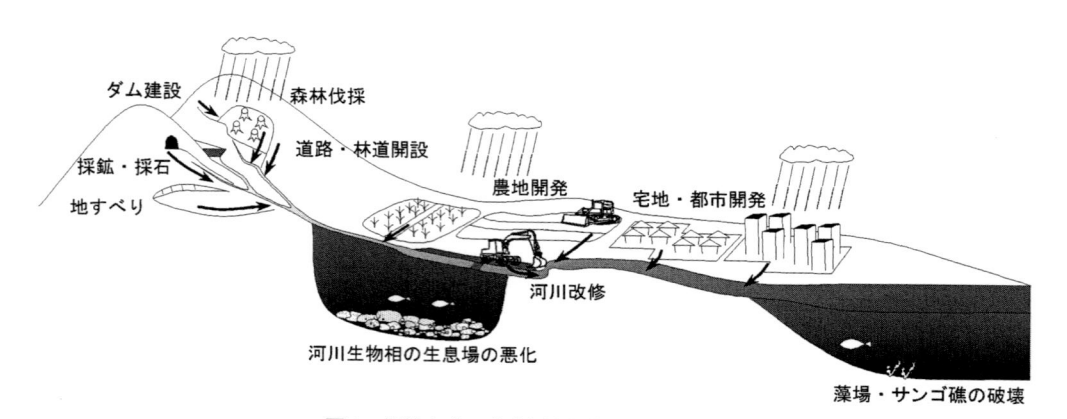

図1　細粒土砂の生産源と細粒土砂汚染の例

国内の事例では，人工的に作成した産卵床の中にサクラマス（*Oncorhynchus masou*）の卵（発眼卵）を埋設し，細粒土砂堆積量，河床の浸透性と卵の生残率（生残卵数/全卵数）の関係を調べている研究がある（山田，2002）．ここでは，細粒土砂堆積量の評価として，サーバネット（目合いの細かい網）などを用いて河床の土砂を採取し，粒度試験（材料をふるい分け，対象とする粒径の重量を量る）によって細粒土砂の重量百分率（ここでは粒径2 mmの通過重量百分率）を求め，さらに，浸透性の評価として，現地での透水試験により河床の透水係数を求めている．その結果によると，細粒土砂重量百分率が増加し，透水係数が低下すると卵の生残率が低下することが示されている（図2）．これらのことから，細粒土砂の堆積は河床間隙を目詰まりさせることによって，水の浸透性を低下させ卵の呼吸を阻害していると考えられている．

また，ハナカジカ（*Cottus nozawae*）と堆積した細粒土砂との関係が調べられており，細粒土砂の被覆面積率が高くなると浮石割合（河床に適度な間隙を有する状態の面積率）が減少し，ハナカジカの生息密度が低下することが報告されている（渡辺ほか，2001）．さらに，河床の表面に堆積した細粒土砂量の増加によって，付着藻類のクロロフィルa量が低下することが明らかになっており，これは堆積によって付着藻類の光合成に必要な光量が低下するためと考えられている（Yamada and Nakamura, 2002）．このような底生動物の餌となる藻類現存量の減少を通して，底生動物群集の変化が生じ，河川生態系に対しても重大な影響をもたらすことが懸念されている（長坂ほか，2000）．

細粒土砂汚染を調べる

細粒土砂汚染の状況や影響を調べるには，前述の事例のように，浮遊あるいは河床に堆積した細粒土砂を定性的・定量的に評価し，これに関連付けて生物相や生息環境を評価する必要がある．

細粒土砂の評価法として，浮遊砂については，水質の測定項目でよく用いられる浮遊物質（懸濁物質）の濃度が用いられることが多い．また，堆積した細粒土砂については，多くの評価方法が提案されており，次に紹介する指標が比較的よく用いられている．①被覆面積率：これは，ある地点の一定面積あたり（例えば，50 cm×50 cm）の河床表面を覆う細粒土砂の被覆面積率を，1：<5%，2：5〜25%，3：25〜50%，4：50〜75%，5：>75% と階級付けて視覚的に評価した指標である．②細粒土砂重量百分率：これは，河床から採取した土砂試料の全重量に対する細粒土砂の含まれる重量百分率を示す指標である．③細粒土砂堆積速度：これは，河床にトレーや広口ビン，セディメントトラップ（周囲の砂礫を敷き詰めたカゴ）をある一定期間設置し，その間に堆積した細粒土砂の重量を示す指標である．

一方，生物相に対する影響を評価するには，影響を受けると考えられる対象生物および群集の応答を調べる方法が一般的に用いられる．こうした方法はバイオアッセイと呼ばれており，死滅した生物の有無，生残率・生息密度，種組成の変化などを室内実験や野外実験により調べる方法である．

今後は，生物だけでなく，生態系や物質循環に及ぼす影響を定性・定量的に調べること，生産源の特性および輸送過程を調べること，これらを踏まえて流域を視点とした細粒土砂汚染の対策を検討することが望まれる．

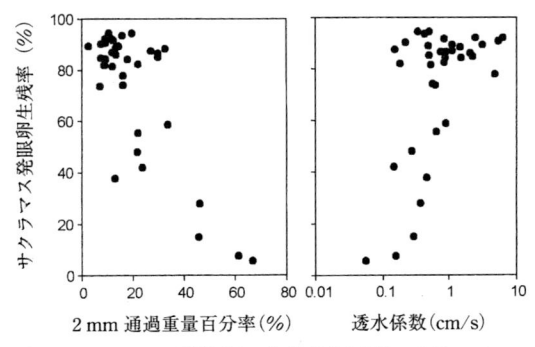

図2 サクラマス発眼卵の生残率と河床の土砂の 2 mm 通過重量百分率，透水係数との関係（山田，2002 に加筆修正）

参考文献

Chapman, D.W. (1988): *Transactions of the American Fisheries Society*, **117**, 1–21.
長坂晶子ほか (2000)：応用生態工学, **3**(2), 243–254.
渡辺恵三ほか (2001)：応用生態工学, **4**(2), 133–146.
Waters, T.F. (1995): *American Fisheries Society Monograph*, **7**.
Wood, P.J. and Armitage, P.D. (1997): *Environmental Management*, **21**(2), 203–217.
Yamada, H. and Nakamura, F. (2002): *River Research and Applications*, **18**, 481–493.
山田浩之 (2002)：細粒土砂堆積による河床構造および河川生物相の変化機構に関する研究．北海道大学博士論文.

環境と環境指標

北海道の自然環境と環境指標 — 佐藤冬樹

森林生態系と環境

　森林生態系という場合，読者諸君は何を連想するだろうか？　鬱蒼とした森林？　それとも森を駆け巡る動物たち？　環境科学辞典をひも解いてみると，「生態系：ある地域における生活する生物群集と，その生活に関与する無機的環境を含めた系」と規定されている．つまり，自然界において生物は周囲に存在する他の生物とともに，彼らを取り巻く環境と密接なつながりを持って生活している．樹木や動物は目に見えるため容易に認識可能であるが，周囲の自然環境は直接目で捉えることが困難なものも多く，ともすれば森林生態学を志向する学生諸君の興味の対象から外れがちである．

　これまで，森林を取り巻く自然環境については，森林水文学や森林立地学の中で取り扱われることが多かった．しかし，温暖化や酸性沈着などに代表されるように，地球環境変化が深刻化するとともに森林生態系の変化が社会的にもクローズアップされ，森林動態学や野生生物管理学などさまざまな研究分野からのアプローチが試みられるようになってきた．

　近年の自然環境測定技術の進歩によって，無電源地帯においても現場の自然環境を直接かつ連続的に測定できるようになっている．また，取り扱いの容易な化学分析機器の急速な普及は，微量元素や安定同位体（原子番号（陽子数）が同じで，質量数（陽子と中性子の数の和）が異なる物質で，放射能を発せずつねに安定な同位体をいう．例えば，炭素の$^{12}C, ^{13}C$は安定同位体，^{14}Cは放射性同位体）を含めた多種多様な化学物質の迅速な定量化を可能にしている．そのため，観測や分析に関する特別な専門知識を必要としなくても，フィールドにおける自然環境の測定が可能になり，世界各地の森林で環境に関する調査・観測が盛んに行われ出している．集積されたデータは，物質やエネルギーの流れを含む森林生態系の現況を把握するだけではなく，将来的な地球環境変動に伴う森林生態系の遷移予測にも積極的に利用されている．このような状況のもと，森林生態学にも環境との関連性をより強く意識した研究が増加してきており，「森林生態系のダイナミズム」に関する研究は環境測定技術の普及とともに今後ますます活発化すると考えられる．

北海道の自然環境の特徴

　よく，北海道には梅雨はないと言われるが，それはいったい何を意味しているのだろうか？　図1に動気候学的に見た北半球の特徴を示す．図には北極気団（A），寒帯気団（P），熱帯気団（T）の3種類の気団が示されているが，寒帯気団と熱帯気団の境界は寒帯前線と呼ばれ，年間でその位置は大きく変化する（北極気団と寒帯気団の境界は北極前線と呼ばれている）．日本付近をみると，寒帯前線は1月（冬）には沖縄付近にまで南下し，列島全体が寒帯気団の影響下にあるが，7月（夏）になると，前線は北海道付近まで北上し，本州以南は熱帯気団におおわれて蒸し暑い夏を迎えるようになる．この寒帯前線は，日本列島を移動する際に梅雨前線あるいは秋雨前線と呼ばれ，列島全体に雨をもたらすとともに，日本の四季を明瞭にしている重要な前線である．北海道は，南部を除き寒帯前線の北限より北に位置し，年間を通じて寒帯気団の支配下地域（PP）にある．そのため，北海道の気候は夏に熱帯気団の影響を受ける日本の他の地域（PT）よりも，むしろシベリアやアラスカ・カナダなどの北方圏に近いといえる．植物地理学的に見ても寒帯前線は重要な意味を持ち，例えば北方圏の代表的森林である針葉樹林や針広混交林の多くはPPのエリアに分布する．また，日本の代表的温帯広葉樹であるブナ林は，津軽海峡を越えた北海道南部（黒松内低地帯）が分布の北限である．さらに，森林植生ばかりではなく，農業においてもこの前線は重要であり，経済的な側面は別にして，熱帯を原産とするイネは栽培技術が格段に進歩した現在も，この前線を大きく越えて北側には進出できず，北海道北部や東部では酪農などが営まれ，景観的にも大規模草地の広がる欧米の畜産地帯のような空間を形成している．

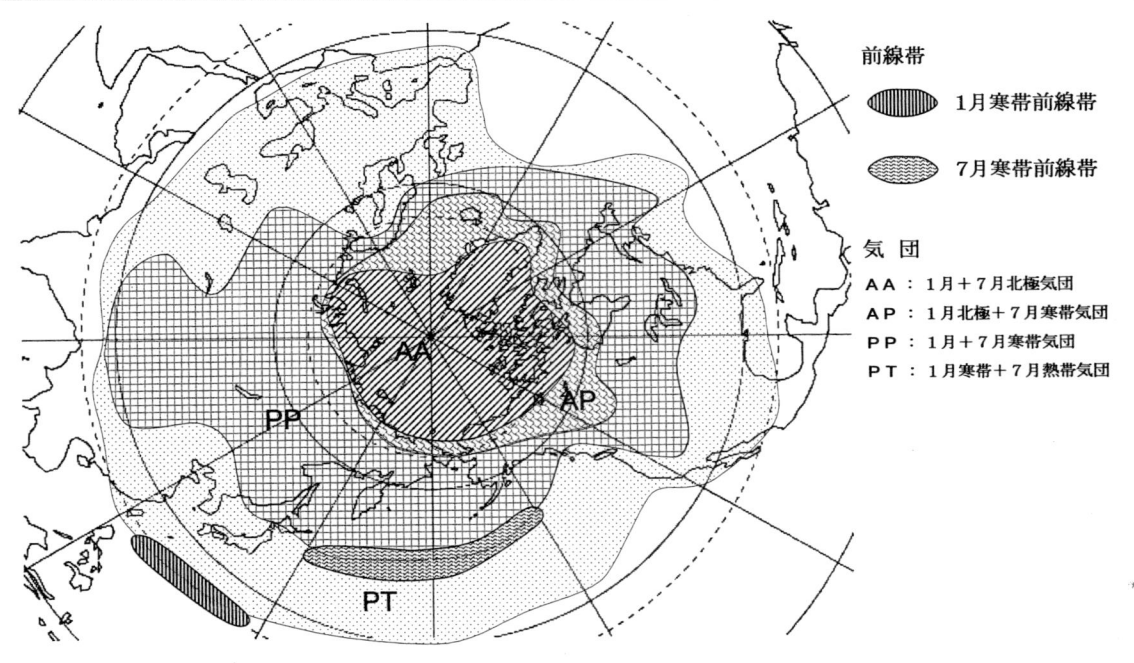

図1 北半球の卓越気団および前線帯の季節変動（吉野，1984を一部改変）

さらに，北海道の森林地帯の土壌は本州以西の森林に通常見られる（酸性）褐色森林土ではなく，北方圏の森林地帯に特徴的な土壌生成作用（ポドゾル化，レシベ化，泥炭集積作用など）を受けた土壌が発達するようになり，オホーツク海沿いの古砂丘上（浜頓別〜浜猿払）には典型的なポドゾルが，また，平坦地にはサロベツ原野や釧路原野に代表される泥炭土が出現する．なお，北海道の丘陵〜低山地帯では周氷河波状丘陵地（宗谷岬）などの周氷河地形や，レキ質構造土あるいはインボリューション（包み込まれてできた墨絵流しのような構造）などの化石化した周氷河現象も見られる．これらは，北海道が現気候よりもさらに寒冷だったとされる最終氷河期の凍結融解作用により形成されたと考えられている．

一方，図からもわかるように，日本はユーラシア大陸の東端部というマージナルな（周縁的）位置にあり，大陸方面からの偏西風の影響を直接受ける環境でもある．特に，シベリア上空の寒冷な高気圧の発達する冬期には北西の季節風が卓越し，日本海上空には大陸からの寒気の吹き出しによる雪雲が発達して国内の日本海側に大量の降雪をもたらす．北海道の日本海側の大半は積雪が1m以上となり，大雪山やニセコ連峰などの山岳地帯や道北の一部では積雪数mに達するケースもある．さらに，強い寒気と放射冷却の相乗作用により，厳冬期の北海道の気温は-30〜-40℃にまで低下することも珍しくない．このような寒冷な気温のために降雪は融解することなく長期積雪（根雪）として冬期間地表に滞留し，春の気温上昇とともに融雪水となり短期間に消失する．融雪水の発生は寒冷積雪地帯における水や物質さらにはエネルギーの挙動に大きく影響を与え，この地域特有のさまざまな問題を引き起こす．世界的に見ると，寒冷多雪地域は北海道のほかにシベリア，グリーンランド，カナダ北東部などにもあるが，北海道は人口密度も高いという他の地域にはない特徴を持っている．北海道東部では積雪は比較的少ないかわりに，寒冷な気温による土壌凍結が発達する．特に，根釧原野などでは土壌凍結深が約1mに達する地点もある．土壌凍結は冬季乾燥害（トドマツなど常緑樹では，冬季，給水が蒸発散に追いつかず，脱水枯死する）を引き起こし，春の融雪後も地中に残存し，土壌温度を低下させて樹木の生育期間に大きな影響を与えるため，水循環ばかりではなく森林の発達や物質の流れにも大きな影響を与える．

降雪については量とともにその化学的な「質」

が今後の問題となる．ユーラシア大陸東部は世界的に見ても人口の多い地域であり，さらに工業化の進行も著しい．21世紀にはこの地域のさらなる経済的発展が予想され，環境負荷の影響が地球上で最も懸念される地域の1つとなっている．工業化の進行に伴って大気中に放出された酸性物質は，地球上の大気の動きに伴い数百kmの距離を移動して遠隔地の森林地帯に降下し，大気より森林生態系へ流入する物質の性質や量を変化させる．北海道を含む日本列島は，ユーラシア大陸における偏西風帯の東端にあることから，その森林は東アジア上空の大気汚染の影響を直接被る位置にある．そのため，大陸の大気の化学性は北海道における降雪の酸性化と深く関わっており，北海道の森林地帯における酸性融雪の発生や，それに伴う流域生態系のバランスの変化にも重要な影響を与える．

人類による化石燃料の消費は，大気汚染物質の増加ばかりではなく大気中のCO_2濃度も上昇させ，地球温暖化を引き起こすとされている．森林は大量のCO_2の吸収源（シンク）として，温暖化抑制に対する役割が期待され，東シベリア，中国東北部，北海道など北東アジア地域における森林のCO_2吸収量の算定が急務となっている．しかし，フィールド・スケールでのCO_2観測の困難さより，これらの森林生態系におけるCO_2収支に関する研究は，まさに始まったばかりである．

温暖化に対する森林の働きについては未解明な部分も多いが，温暖化の進行により地球の気候帯は大きく変動することが予想される．その場合，現在の気候帯の境界地域に環境変化の兆候が現れる可能性が高い．これまで述べてきたように，北海道付近は寒冷地域と温暖地域の大きな境界上にあることから，温暖化による影響が最初に現れる地域の1つと考えられる．したがって，北海道の森林は人間活動により引き起こされる環境変化と森林生態系の関連を研究するための絶好のフィールドであり，環境も含めた長期的なモニタリングの必要度も高い．

生態系における物質の流れ

図2に生態系を巡る物質の流れの一例を示す．森林を含む生態系には，水，イオン，粒状物質な

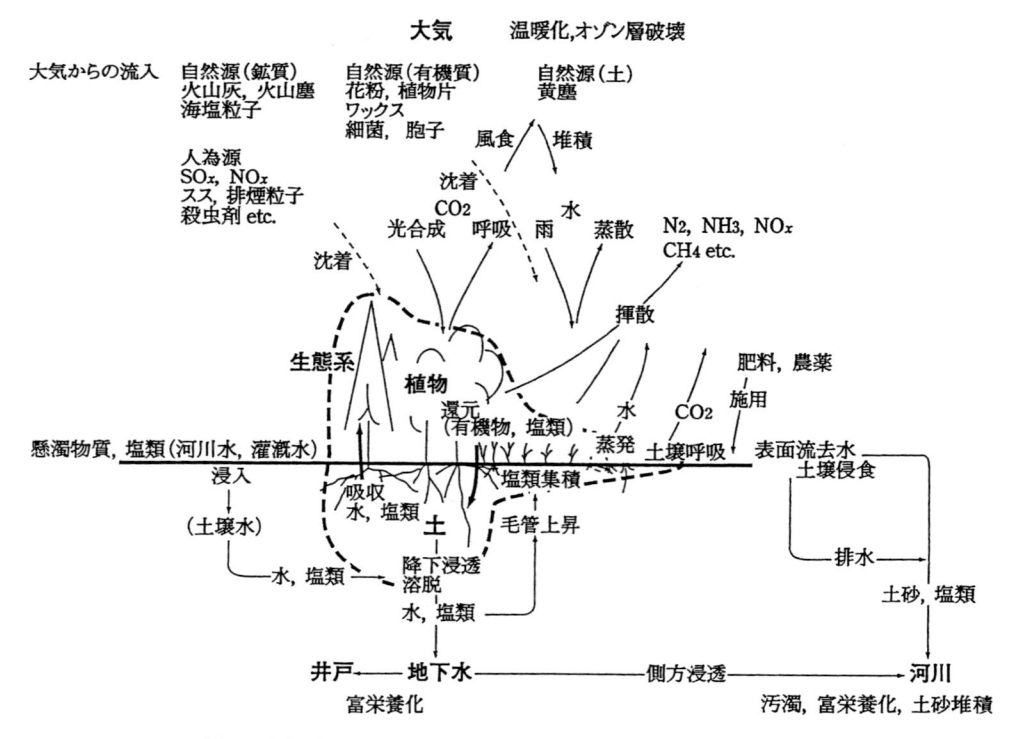

図2 生態系を取り巻く物質・エネルギーの流れ（佐久間，1998）

どさまざまな物質の出入りがあるが，移動経路としては「大気−植物群落（森林）−土壌−地下水−河川」の各コンパートメントをつなぐ連続した系を想定すると都合がよい．各コンパートメント間の物質の移動方向は可逆的であり，必ずしも1方向にのみ物質が移動するわけではない．

森林生態系には大気中から自然あるいは人為起原のさまざまな物質が流れ込む．主な自然起原のものとしては，火山灰や海塩粒子，遠くは中国大陸に起原を持つレス（黄土）などがあり，人為起原の物としては大気汚染とつながりの深い硫黄酸化物（SO_x），窒素酸化物（NO_x）あるいは排煙粒子などがある．また，1970年代には大気圏内での原水爆実験が盛んに行われ，微量の放射性物質が地球表面にほぼ均一に降り注いだこともあり，それを利用した土壌浸食に関する研究も行われている．

これらの物質の一部は降雨，降雪などに含まれる湿性沈着として，また無降雨期間には乾性沈着として直接林床に到達したり，林冠や樹幹に付着して林内雨や樹幹流の形で土壌に流れ込んだりする．これらの沈着物が人為的に汚染されている場合には，酸性雨（酸性沈着）として汚染源より遠く離れた地域の森林に広い範囲にわたって影響を及ぼすこともある．また，降雪の酸性化は，春先の大量の融雪水とともに地下水やそれに続く河川や湖沼の水質を悪化させ，寒冷地域の森林生態系のみならず河川生態系にも悪影響を与えることが知られている．逆に，森林や土壌からは呼吸や蒸発散により水やCO_2などが大気中へ放出されていることにも着目していただきたい．

樹木による養分吸収は，土壌中の無機養分（塩類）と有機物を地表へ還元させる流れであり，落葉・落枝（リター）による有機・無機物質の土壌表面への添加と組み合わさって物質循環系を形成する．この物質循環系は森林内部における閉鎖系ではなく，大気からの物質の流入や土壌系外への流亡も含んでいる開放系であり，地域の気候条件や地質条件などにより多様な循環系が存在する．樹木などの養分吸収による地下部からの無機物の濃縮は，リターによる地表への有機物還元とともに腐植に富んだ土壌を発達させる．土壌の生成は気候・表層地質（母材）・植生・地形および時間因子などによりさまざまなパターンが存在する．

土壌中の無機養分や有機物の一部は降雨や融雪水による下方への浸透水により，土壌より地下水や河川に流入し森林生態系外へと流亡する．河川水質は，川や湖沼などの生態系に影響を及ぼすが，近年は湖や沼ばかりではなく海の生態系にとっても重要であることがわかってきた．例えば，森林から河川に流入する過剰な窒素やリンは湖沼や沿岸海域の富栄養化とも関連するし，土壌中にある難溶性の鉄は腐植物質と結合することにより移動しやすくなり，河川を通過して海に流れ込み海藻類の重要な栄養源となることもある．

これまで，森林と河川，あるいは海との物質循環についての研究は，森林→河川→海という水の移動経路に従ったものが多かった．しかし，最近では，海から森を見るという観点から，母川回帰性を持つサケに焦点をあて，サケや森林の自然同位体を測定することにより海から森への影響を評価しようという試みも行われている．このような海→河川→森林という物質の経路は，水の移動によるものとは逆方向であり，現在もほとんど解明されていない「森と海の循環系」を明らかにするために，今後の研究の発展が期待される分野でもある．

森林生態系と環境については現在もさまざまな視点でフィールド研究が行われている．次節以降に，森林を取り巻く環境に関する最先端の話題をわかりやすく紹介するので，将来森林生態学の研究を志す人達や環境に関心のある方々の参考になれば幸いである．

参 考 文 献

佐久間敏雄（1998）：土は人間・環境系の「要」．土の自然史［食料・生命・環境］（佐久間敏雄，梅田安治編著），北海道大学図書刊行会．

吉野正敏（1984）：グローバルスケールで見た寒冷地域．寒冷地の自然環境（福田正己ほか編），北海道大学図書刊行会．

北方林の土壌環境と形態

松浦陽次郎

さまざまな環境条件に成立している北方林

　中学や高等学校で使用するほとんどの地図帳・教科書には，ケッペンの気候図の解説とともに，北半球の温帯の北に帯状に広がる「針葉樹林とポドゾル」という組み合わせが記載されている．北半球の陸域生態系については，赤道から北に向かって帯状に気候帯が区分され，それらの気候下で適応した植物群落と生成した土壌が帯のように分布する（成帯性を示す）という前提から描かれた図である．大学入試のマークシートであれば，このようなステレオタイプの暗記でかまわないが，北方林を研究には「針葉樹林とポドゾル」だけでは，不十分かつ不正確な内容であると言わざるを得ない．さらに研究者が書いた論文，著名人が書いた教科書であっても，北方林の植生と土壌に関しては，その著者が研究対象としてきた地域や，文献資料が得やすい北アメリカ・北欧での研究成果を基礎にした記述になっているものが多い（例えば Jarvis et al., 2001）．

　北半球の高緯度をぐるりと巻いている地域を，極の周囲という意味から「周極域（circumpolar）」あるいは，「周北方域（circumboreal）」と呼ぶ．この地域に成立する森林群落について，Tuhkanen（1984）は，緯度方向には boreal を北から南に northern, middle, southern, hemi の4つの帯（zones）に分け，経度方向には海洋性（oceanic）から大陸性（continental）の程度に従って7つに区分し（O3, O2, O1, OC, C1, C2, C3 の7つの sectors），ユーラシア大陸と北アメリカ大陸について主要な森林構成種の分布を整理している（表1）．気温の年較差が90℃を超え，年間降水量が200〜300 mm という中央・東シベリアから，年平均気温が0℃を下回らず，降水量も500 mm を超えるスカンジナヴィア諸国まで，北方林が成立している場所の気温と降水量には，地域によって大きな違いがある．

従来の植生図と土壌図の問題点

　生態学・環境科学の研究者にとって，古典的ともいうべき Whittaker（1975）の教科書（邦訳1979）では，陸域生態系の主要なバイオーム（biome）*と，温度-水分2軸の気候条件との対応関係が図示されていて，北方林はタイガ，または亜寒帯-亜高山帯針葉樹林と記述されている（図1）．以後の多くの教科書はそれにならい，北半球の高緯度地域に帯状に広がる針葉樹林帯を北方林（boreal forest）としている．一方，Whittaker はバイオームごとに卓越する土壌タイプを上記の教科書の別の章で論じている．そこには「タイガポドゾル土壌」という区分を設けているが，「すべてのタイガがポドゾルの上に成立しているとは限らない」とも述べている．このような現場観察の重要な記載が，人から人へと引用されているうちに抜け落ちていったようで，バイオーム区分の図だけが一人歩きしたと考えられる．

　2001年に刊行された Aber and Melillo の教科書では，Whittaker の図が基本的には踏襲されてい

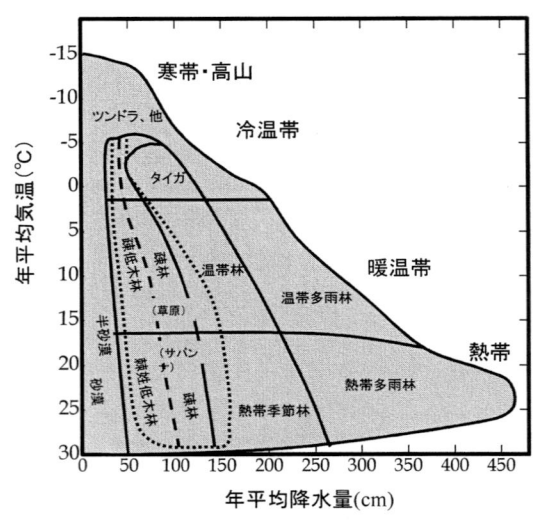

図1　陸域生態系の主要なバイオームと温度-水分2軸の気候条件（Whittaker, 1975 より改変描画）

---

* 主として気候条件によって区分された特定の相観を持つ極相群集によって特徴づけられる生活帯の範囲に存在する生物群集の最も大きな単位．生活帯はツンドラ，夏緑樹林，熱帯多雨林，サバンナなどと分けられた．クレメンツ（Clements, 1916）の造語．

表 1 ユーラシアと北アメリカ大陸の北方林における優占樹種（属レベル）

(a) ユーラシア大陸

zone＼sector	O3	O2	O1	OC	C1	C2	C3	C2	C1	OC	O1	O2
Northern boreal	ヒース林	Betula	Betula Pinus	Pinus Picea	Larix Pinus	Larix	Larix	Larix	Larix Pinus	Larix Pinus	Betula Alnus Pinus	ヒース林
Middle boreal	ヒース林	Betula Pinus	Picea Pinus	Picea Pinus Larix Abies	Picea Pinus Larix Abies	Larix	Larix	Larix	Larix	Picea Abies	Betula Alnus Pinus	ヒース林
Southern boreal	ヒース林	Betula Pinus	Picea Pinus	Picea Pinus Larix	Picea Abies Pinus	Picea Pinus Abies	山岳	Larix Picea	Larix Picea	Picea Abies	Picea Abies	
Hemi-boreal	ヒース林	Betula Pinus	Picea Pinus	Pinus	Pinus Betula Populus	山岳	山岳	Larix Picea	Larix Picea Abies	Picea Abies	Picea Abies	

(b) 北アメリカ大陸

zone＼sector	O3	O2	O1	OC	C1	C2	C1	OC	O1	O2
Northern boreal	ヒース林	ヒース林	ヒース林	Picea	Picea	Picea	Picea	Picea	ヒース林	グリーンランド
Middle boreal		Alnus Picea Tsuga	Picea	Picea	Picea	Picea	Picea	Picea Abies	Abies Picea	
Southern boreal	Tsuga Picea	Tsuga Picea	山岳	Picea Populus	Picea Populus Betula	Picea Abies Pinus	Picea Abies	Abies Picea		
Hemi-boreal	Tsuga Picea	Tsuga Picea	山岳	Populus Betula	Populus Betula	Picea Abies Pinus Acer	Abies Picea Pinus Fagus Acer	Abies Picea		

属名はそれぞれ，*Larix*：カラマツ，*Pinus*：マツ，*Picea*：トウヒ，*Abies*：モミ，*Tsuga*：ツガ，*Populus*：ハコヤナギ，*Alnus*：ハンノキ，*Betula*：カバノキ，*Fagus*：ブナ，*Acer*：カエデ．

る．その間にアメリカでは土壌分類が大きく改訂されたこともあり，この教科書では，北方林に分布する土壌としてはスポドソル（Spodsol）の他にエンティソル（Entisol），インセプティソル（Inceptisol）が分布すると記述している．これらの土壌は WRB（世界土壌資源照合基準）では，それぞれポドゾル（Podzol），レプトソル（Leptosol），カンビソル（Cambisol）に対応する

が，タイガとポドゾルという対応関係は再吟味されていない．

このような植生-土壌の分布図で北方林に関して何が問題になるのか？ それは次の 2 点に絞ることができる．① 多くの植生図で北半球の高緯度が一様にタイガとされているが，北米，スカンジナヴィア〜西シベリアが常緑針葉樹林で，中央・東シベリアは落葉針葉樹（カラマツ）林であ

る．そのことが反映された植生図が教科書にはほとんど載っていない．落葉針葉樹林帯の重要性を半世紀以上前に指摘した吉良による植生図は，明確に北東ユーラシアのカラマツ林を区分している（吉良，2001）．②スポドソルが分布するのは北米東部，スカンジナヴィア，ヨーロッパ北部の限られた地域である．USDA（アメリカ農務省）の"Soil Taxonomy"第2版（1999）では，スポドソルが分布するのは boreal と区分された地域のわずか14%，Histosol は5%となっている．むしろ boreal ではアルフィソル（Alfisol）とモリソル（Mollisol）が卓越し，この2つで boreal の36%を占めている．カナダ北西部準州，アラスカ内陸部，中央・東シベリアには，スポドゾルと分類される土壌はほとんど分布しない．このように，最新の分類結果や現場の実態とはかけ離れた「タイガとポドゾル」というイメージが北方林に対しては根強く残っている．

北方林の分布域と湿原・永久凍土

　北方林の土壌環境を考える際に，湿原の分布と永久凍土の分布は重要な環境条件である．針葉樹林帯と湿原あるいは池沼がセットになって，北方林のイメージとなっているが，針葉樹林とヒストソル（泥炭質土壌，Histosol）に分類される土壌がセットになって分布するのは，北米五大湖北西部からカナダ北西部準州にかけてと，スカンジナヴィアの一部と西シベリアである．しかし前項で述べたように，ヒストソルの要件（WRB では未分解有機物が40 cm より厚く堆積）を満たす地域はそれほど広くない．

　湿地が分布する，これらの地域に共通することは，およそ1万年前まで巨大な氷床が存在し，削剥を受けた岩盤だったり巨大な氷河湖だったりした地域という地史的な履歴を持つことと，現在も500 mm を超える程度の降水量があることである．それ以外の北方針葉樹林帯では，降水量が200〜400 mm 程度しかなく，林床が地衣類で被われるタイプの森林が多い．

　また，北方林と永久凍土の分布の関係は，さらに従来の常識の再考を迫る（松浦，2004）．北米とスカンジナヴィア・西シベリアでは，樹木の生育する北限（樹木限界）が永久凍土の連続分布南限とほぼ一致する．これらの地域では，北方林の大部分は非凍土（季節凍結も含む）地域に成立しており，例外的にアラスカとカナダ北部の永久凍土不連続分布域にトウヒ林が成立している．永久凍土の連続分布域＝ツンドラ植生となっている．ここまでは常識的な成帯性である．しかし，北東ユーラシア・エニセイ川を境にして，永久凍土の連続分布域はバイカル湖付近の北緯55°付近まで南下し（図2），樹木の北限は北緯72°まで達している．この永久凍土の連続分布域には，落葉針葉樹であるカラマツの広大なタイガが成立しており，北米，スカンジナヴィアから西シベリアまでとは大きな違いがある．

常緑針葉樹 vs. 落葉針葉樹

　大陸間，あるいは大陸の西と東（海洋性気候卓越と大陸性気候卓越）における，環境条件や永久凍土分布の違いは，優占種となる樹種の違いにも現れている（表1）．非凍土地帯，不連続分布域には常緑針葉樹林が卓越するが，凍土の連続分布域では，特殊な立地に成立したヨーロッパアカマツ林を除いて大部分が落葉針葉樹であるカラマツ林となっている．凍土の成因は過去の地史（氷床の分布と氷期の気温など）が影響するが，現在の常緑・落葉の分布を決定する要因は何か，という問題がある．1つの仮説として提唱されているのは，凍土地帯のカラマツは，春先に凍土から水が移動・吸水できない時期にも開葉していないので水ストレス回避（stress-avoidance）の戦略を採り，一方，常緑針葉樹は強制的な蒸散に対する水ストレス耐性（stress-tolerant）でしのぐため，大陸性気候が厳しい中央・東シベリアではカラマツ優占となる，という仮説である（Berg and Chapin, 1994）．これは土壌環境が，植物の生理生態特性を介して生態系レベルまで大きな影響を及ぼす例の1つである．

　海洋性気候と大陸性気候，非凍土地帯と永久凍土地帯，常緑針葉樹と落葉針葉樹，これら複数の軸の傾度に沿って，周極域には多様な組み合わせの北方林が成立している．なお，本稿中に出てきた世界の土壌分類と分布，分類体系間の読み替えについては，太田（2003）の概説を参照されたい．

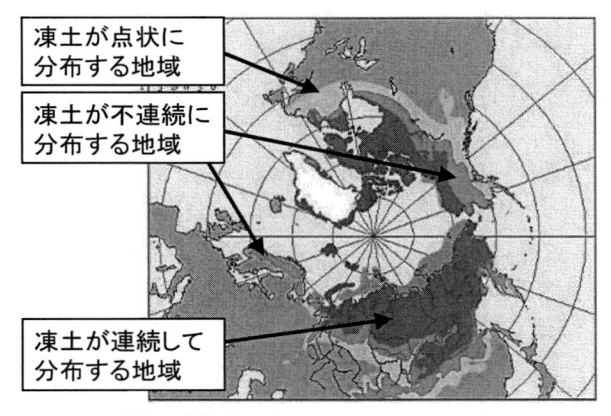

図2　周極域の凍土のタイプとその分布

参考文献

Aber, J.D. and Melillo, J.M. (2001): Terrestrial Ecosystems, 2nd edition, Harcourt Academic Press.
Berg, E.E. and Chapin, F.S. III (1994): *Canadian Journal of Forest Research*, **24**: 1144-1148.
Jarvis, P.G. *et al.* (2001): Productivity of boreal forests. Terrestrial Global Productivity (Roy, J. *et al.* eds.), Academic Press, pp.211-244.
吉良竜夫 (2001)：森林の環境・森林と環境，新思索社．
松浦陽次郎 (2004)：科学, **74**, 335-340.
太田誠一 (2003)：森林と土壌．森林の百科（鈴木和夫ほか編），朝倉書店, pp.98-109.
Soil Survey Staff (1999): Soil Taxonomy, 2nd edition, Agriculture Handbook No.436, USDA, National Resources Conservation Service.
Tuhkanen, S. (1984): *Acta Botanica Fennica*, **127**, 1-50.
Whittaker, R.H. (1975): Communities and Ecosystems, 2nd edition, Macmillan Company.
　（宝月欣二訳 (1979)：ホイッタカー 生態学概説 第二版，培風館）

北方林と気候との相互作用   平野高司

陸上生態系と気候の間には密接な相互関係が存在する．温度や日射（太陽光），降水などの気候は，植生の構造と生理機能に大きな影響を与える．一方，植生の存在および種類は，地表が吸収する日射量，地表面からの蒸発，土壌水分などを変化させることで，気候に影響を与える．

現在，二酸化炭素（CO_2）に代表される温室効果気体の大気中濃度が上昇を続けており，それに伴って地球規模での温暖化が顕在化してきた．温暖化の将来を予測することは容易ではないが，多くのモデル計算は北半球の高緯度地域で気温の上昇が大きいことを示している．北半球の高緯度地域には北極圏を取り巻く形で広大な北方林が分布し，それらは気候変化に対して敏感に反応すると考えられている．ここでは，このような北方林と気候の相互作用，および温暖化との関係について解説する．

北方林の分布と気候

北方林（タイガ）は，北緯 50 ～ 70°の地域に帯状に分布する広大な森林で，その面積は 1200 ～ 1470 万 km^2 といわれている．北半球の高緯度地帯は比較的最近まで氷河に覆われていたため，北方林を構成する樹種は温帯林に比べて少ない．主なものは，落葉広葉樹であるヤマナラシ，カバ，ヤナギ，ハンノキ，常緑針葉樹であるトウヒ，マツ，モミ，ツガ，落葉針葉樹であるカラマツ，である．北方林の北にはツンドラが，南には温帯林，あるいは温帯草原がそれぞれ分布している．北方林の北端は，7 月の平均気温が 10 ～ 13℃ の等温線にほぼ対応している．北方林が発達する地域の気候は，極寒の冬と暖かで乾燥した夏で特徴付けられ，シベリアの内陸部には気温の年較差が 100℃（-70℃ ～ +30℃）に達するところもある．夏期は短く，植物が成長することのできる期間は 1 年のうち 4 ヶ月以下である．また，この地域の降水量は少なく，1 年当たり 200 ～ 600 mm 程度の場所が多い．したがって，北方林における樹木の成長は低温と乾燥によって制限されており，疎林を形成することが多い．なお，冬期に非常に厳しい低温となるシベリアでは，スカンジナビア半島や北米に比べてより低緯度まで永久凍土が発達し，北方林の多くは永久凍土上に分布する．永久凍土の存在は，降水量などと同様に土壌の水分条件に大きな影響を与えている．

北方林が気候に与える影響

太陽からの放射エネルギー（日射）は，大気や地表で吸収されて熱に変わり，地球の気象環境を決定する．森林では，降り注ぐ日射の一部が上部の葉層（キャノピー）で反射され，また一部はキャノピーを透過して内部空間にまで入り込み，林床植生や土壌で吸収される．そして，残りはキャノピーで吸収される．吸収された日射は光合成にも使われるが，大部分は熱に変わる．その熱によって森林が暖まり，さらに周りの空気を暖める（顕熱）．また，熱は樹木や土壌から水を蒸発させるのにも利用される（潜熱）．熱の一部は土壌を暖めるのにも使われるが，森林ではその割合は小さい．植物からの蒸発は気孔による制限を受けるため蒸散とよばれ，土壌などからの蒸発と合わせて蒸発散とよばれる．

北方林における日射の反射率（アルベド）は，常緑針葉樹林の方が落葉針葉樹林よりも小さい．このことは，常緑針葉樹は落葉広葉樹林よりも多くの日射を吸収することを意味する．特に，林床が積雪で覆われる冬期に，両者のアルベドの差が大きくなる．しかし，完全に積雪の下に隠れてしまうツンドラと比較すると，北方林のアルベドは小さい．一方，吸収された日射が潜熱として蒸発散に使われる割合は，着葉の期間が短いにもかかわらず，落葉広葉樹林の方が常緑針葉樹林よりも大きい．そのため常緑針葉樹林では，吸収された日射の多くが顕熱として周囲の空気を暖めるのに使われる．落葉針葉樹（カラマツ）林でも，同様に顕熱の割合が大きいことが報告されている．暖められて浮力を得た空気が大気中を上昇することで大気の鉛直方向の混合（対流）が盛んになり，上空の乾燥した空気が地上に輸送される．空気が乾燥することに反応して葉の気孔が閉じてし

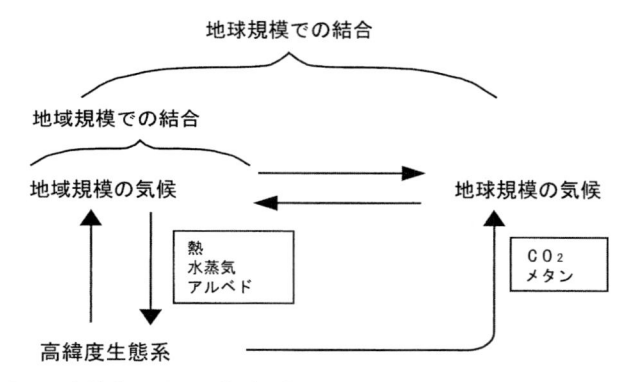

図1 高緯度地域の生態系と気候を結合するプロセス（Chapin et al., 2000）

まうため，針葉樹林の蒸発散がさらに低下する．このようなメカニズムにより，森林を含む陸上生態系による日射の吸収量，および吸収した日射の顕熱と潜熱への分配は，その生態系が立地する地域の気候に直接影響を与える（図1）．

地球温暖化と環境攪乱の影響

地球温暖化によって北方林の分布や構造，生理機能は変化し，北方林と気候との相互作用も影響を受けるが，その過程は複雑である．温暖化によって融雪が早まると，春期のアルベドが低下し日射の吸収量が増加する．このことは顕熱の増加につながり，温暖化を促進する方向に作用する．このようなメカニズムを，温暖化に対する正のフィードバックと呼ぶ．また温暖化は，樹木の光合成を促進するとともに成長期間を長くすることで，北方林のCO_2吸収量を増加させる可能性がある．このことは，大気中の温室効果気体の増加を抑制する方向に作用する（負のフィードバック）．一方，温暖化により地温が上昇し，北方林の土壌中に大量に蓄えられている有機炭素の微生物による分解が促進され，大量のCO_2が大気中に放出される可能性がある．さらに，池や湿原などの嫌気条件の土壌で発生するメタン（CH_4）の量も増大する．メタンはCO_2に次いで強力な温室効果気体である．北方林におけるCO_2やメタンの発生量の変化は，地球規模の気候に大きな影響を与えると考えられている（図1）．次に，長期的な影響として，北方林の分布の変化を考えてみよう．温暖化に伴い北方林の北限が北上し，現在のツンドラが森林になると考えられる．このような分布域の移動は，正のフィードバックとして働く．なぜなら，ツンドラに比べてアルベドが低下し，日射の吸収量が増加するからである．

森林火災や森林伐採などの環境攪乱により，北方林の樹種構成や気候との相互作用は大きな影響を受ける．北米の北方林では，最近の温暖化と並行した形で火災面積が増加し，過去20年間で2倍になった．森林火災による有機物の燃焼により，莫大な量のCO_2が大気に放出され，温暖化を促進する．温暖化は，森林火災の増加をもたらすと考えられている．また，火災や伐採による攪乱によって北方林が消失すると，その後に草地や灌木林が発達する．このような植生の変化により，アルベドは上昇し，顕熱に分配されるエネルギーも変化する．さらに永久凍土地帯では，森林の消失によって土壌に伝導される熱が増加し，永久凍土の融解が進む．その結果，森林の土壌水分条件が変化するとともに，地表面が陥没してシベリアでアラスと呼ばれる池や湿原が形成され，メタンが発生することになる．永久凍土地帯では，森林と永久凍土は繊細な相互関係のもとに共存しており，攪乱の後で元の森林が再生することはほとんどない．

参考文献

Baldocchi, D. (2000): *Global Change Biology*, **6**, 69-83.
Chapin III, F. S. *et al.* (2000): *Global Change Biology*, **6**, 211-223.
McGuire, A. D. *et al.* (2002): *Journal of Vegetation Science*, **13**, 301-314.

森林生態系での無機物質の循環

柴田英昭

樹木の栄養源としての無機物質

樹木は大地に根を張り，土壌から水や栄養物質を吸収している．吸収した栄養はやがて樹木の葉や枝，幹，根になるが，その一部は落葉や落枝として地表へと戻っていくことが知られている．落葉広葉樹林などは秋になると葉の色を変え，美しい紅葉から落葉という自然の移ろいは，私たちの目を楽しませてくれている．土壌にもたらされた落葉などは，昆虫や微生物の働きによって分解され，やがて根から植物へとふたたび吸収されるのである．このような物質の循環は天然のリサイクルシステムともいわれるものであり，限られた栄養を生態系の中で効率的に利用している．

植物が栄養として利用できるのは，土壌中に含まれている水の中に溶けている無機物質である．無機物質というのは有機物（植物体や微生物，土壌腐植など）が分解（無機化）された物質をさしている．したがって，森林での無機物質の動きを調べることによって，樹木が生態系の中でどのように栄養物質を吸収・利用しているのかを考えることができる．そのためには，森林を生態系という1つの系（システム）としてとらえ，その中での無機物質の形態変化や動態，それに及ぼす樹木，微生物，土壌の役割を総合的に調べなくてはならない．

生態系の物質循環と収支

生態系とは生物（動植物や微生物など）と非生物（土壌や岩石など）からなる系をさしている．生態系をめぐる物質循環を調べるためには，物質のプールとフローおよびその収支といった考え方をまず学ぶ必要がある．

図1にはカルシウムなどのミネラル成分の主な循環と収支を示した．図中にある箱で示した植生や土壌などは物質の貯蔵庫（プール）であり，矢印で示したものが物質の流れ（フロー）を意味している．カルシウムなどのミネラル成分の場合，生態系への供給源として，土壌や岩石中に含まれている鉱物の化学的風化による溶解反応が重要である．そのほかに大気沈着として雨や雪，大気エアロゾルに含まれているミネラル成分も生態系への供給源として知られている．矢印で示した各フローを調べることによって，各プールにおける物質の出入りを明らかにすることができる．

例えば，植生への物質流入は大気沈着と養分吸収であり，物質の流出は林内雨・樹幹流と落葉・落枝である．植生への物質流入と流出の差，すなわち収支を計算することによって植生内での物質の増減を量的に求めることができる．土壌についても同様で，物質流入としては林内雨・樹幹流，落葉・落枝，鉱物風化であり，流出としては植生の養分吸収，地下水や河川への溶脱である．この収支を計算すると土壌の物質プール変化を求めることができるが，一般的に鉱物風化を正確に測定することは難しい．また，森林生態系全体の収支を求めることによって，生態系というプールが正味増加しているのか，減少しているのかを量的に調べることができる．この場合は，生態系内の個々のフローを必ずしも調べる必要はなく，流入としての大気沈着，流出として河川からの物質流出を調べ，その収支を求めればよい．

河川への水の流れを考えて，流域という土地空間を単位とした収支を調べる方法もある．流域の物質収支を計算した結果，流出が流入を上回って

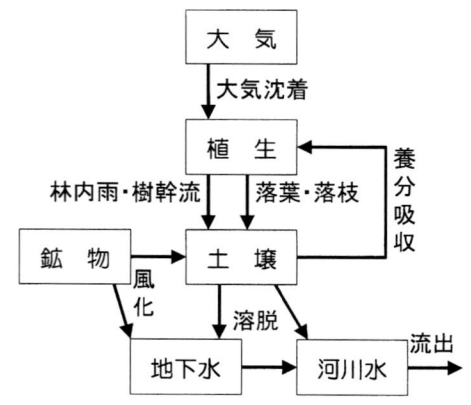

図1 森林生態系におけるカルシウムなどのミネラル成分の主な循環と収支
四角で囲まれている部分が物質プール，矢印が物質フロー．

いれば，物質が生態系外へ正味流出していることを意味するし，流入が流出を上回っているのであれば，生態系がその物質を正味保持していることを意味している．これらの解析は，ちょうど私たちの日常生活で家計簿をつけることで，家計の変動を把握することと類似している．家計全体の変化を明らかにするためには，毎日の財布の中身を調べるよりも，預金口座などを含めてある一定期間にわたる家計の収入と支出を集計し，その差が黒字なのか赤字なのかを知る必要があるのは容易に理解できるであろう．もし家計の収支がマイナス（赤字）なのであれば，その原因は収入が低いからなのか，支出が多いからなのか，あるいはどういった支出が多いのかなどを調べるであろう．生態系の物質収支解析も同様であり，フローの収支から計算されるプールの増減を解析することによって，各プールにおける物質の挙動を考察することができるのである．

ここで述べたフローとプールの研究において，物質の動きを相互に比較するためには，扱っている単位を同一にすることが重要である．一般に，このような研究ではプールとしては単位土地面積当たりの物質量（例えば g/m^2 など）を用い，フローについては単位時間当たり，単位面積当たりの物質の動きを示すフラックスを用いる（例えば $g/m^2/year$ など）．森林生態系をめぐる物質のフローはその性質によって時間変化の大きさが異なっていることから，研究目的やその動態に応じた期間内での収支を解析することが重要であろう．

物質による循環過程の違い

生態系をめぐる物質の循環過程は，その種類によって異なることが知られている．例えば，樹木の必須栄養源の1つである窒素の循環と収支は，カルシウムなどのミネラル成分のプロセスとはいくつかの点で異なっている（図2）．図1と2では矢印の内容が少し違っていることに注意してほしい．図2に示した窒素循環のなかでは，土壌に生息している微生物がきわめて重要な役割を果たしている．ほとんどの鉱物には窒素が含まれていないため，図1に示したような鉱物の化学的風化による供給は窒素の場合ではほとんどないといわれている．その一方で，土壌には大気窒素ガスを直接利用（窒素固定）したり，土壌内の窒素を窒素ガスとして大気へ放出（脱窒）したりできる微生物が生息しており，気体状態での流出や流入があるという点が窒素循環の特色である．しかしながら，現地レベルで窒素固定や脱窒を正確に調べることは難しく，方法論の開発も含めたさまざまな取り組みが行われているのが現状である．

土壌内に存在する窒素の形態は有機態窒素（土壌腐植や落葉・落枝，微生物など）と無機態窒素に大別される．植物が栄養として利用できるのはおもに無機態窒素であり，これにはおもにアンモニウム態窒素（NH_4^+-N）と硝酸態窒素（NO_3^--N）という2つの形態がある．多くの土壌では，表面がマイナスの電荷を帯びているために陽イオン（カチオン）であるアンモニウム態窒素は吸着されやすく，陰イオン（アニオン）である硝酸態窒素は溶脱されやすい．したがって，土壌内での窒素の挙動を調べるためには，単に窒素量全体としての把握のみならず，その形態別の挙動を調べることも重要である．

フィールドでの調査方法

これまで述べてきたような生態系をめぐる物質フローを調べるためには，実際に森林の中で物質のフローを観測する必要がある．図1や2で示したような収支解析を行うためには通年を通じた調査を行うことが必要である．なぜならば，例えば落葉や落枝で土壌に供給された窒素が分解されて土壌から地下水へと流出するためにはある程度の時間がかかるであろうし，雨や雪，河川水に含ま

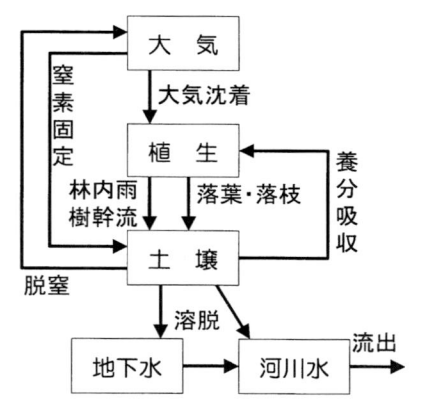

図2 森林生態系における窒素の主な循環と収支
四角で囲まれている部分が物質プール，矢印が物質フロー．

れる成分の濃度や量も季節によって変動するからである．年々の気候変動は植生や微生物の生物活性や河川の流量にも影響することがあるので，より正確に調べるためには複数年にわたる調査が必要であろう．

　調査の具体的な方法は各項目によって異なっており，採集装置や採取間隔，試料の保管，分析方法などは対象とする観測項目や研究目的に沿って決定しなくてはならない．例えば，大気沈着の測定では，雨の場合は直径 30 cm 程度のポリエチレン製漏斗を用いて採集したり，エアロゾルやガス成分の混入を防ぐために降雨時のみカバーが開く自動大気降下物採取装置を利用したりする．雪を採集するためには降雨用採集装置にヒーターを取り付けたものを用いたり，円筒容器に直接採取したりする．森林内に降り注ぐ降雨は，枝や葉を伝って流下する林内雨と，幹を通じて流れてくる樹幹流とに分けられる．樹幹流の採集には幹にさまざまな素材のチューブなどを巻きつけることが多く，研究者によってさまざまな方法が取られている．落葉・落枝（リターフォール）として地表へ還元される物質フローを調べるためには，リタートラップと呼ばれる直径 1 m 程度のネット（漏斗のような形状に加工）を用いて林冠から落下するリターを採集することが多い．また，植生から土壌へのリターフォールの供給は地上部のみならず，地下部でも生じていることが知られている．つまり，枯死した根がリターとして土壌へ供給されるのである．この量を正確に調査することは難しく，定期的に土壌サンプルを採取して，その中に含まれる根量を調べる方法や，土壌内にアクリルチューブを挿入し，その壁面に現れた根の動態をチューブ内部からカメラで連続撮影し，その画像解析をすることによって枯死根量を調べる方法（ミニライゾトロン法）などがある．

　土壌から地下水あるいは河川に溶脱する物質を調べるためには，土壌水や地下水を採取し，そこに含まれている成分の分析を行う必要がある．土壌水はライシメーターと呼ばれる道具を用いることが多く，目的に応じてさまざまな種類のライシメーターが開発されている．土壌内にはいろいろな大きさの空隙が含まれており，空隙の大きさによって保持されている水の性質が異なるといわれている．大きな空隙に保持されている水は，土壌への保持力が小さいために下層へと排水されやすいのに対し，より細かい空隙に保持された水は，土壌へより強く保持されているため，降雨の終了後も土壌内に残存する傾向がある．先端に多孔質（ポーラス）カップが取り付けられているテンションライシメーターは土壌の毛管水を採取するのに便利であり，目的とする深さに埋設することで深さ別に土壌水の化学組成を調べることができる．この方法ではセラミック製のポーラスカップを用いることが多いが，研究の目的によってはテフロン製など，他の材質のものを利用することも必要であろう．地下水位面より深い場所から水を採取する場合にはパイプの周囲に穴を開けた地下水パイプや，特定の深さのみにパイプ穴が開いているピエゾメーターを使用することができる．両者ともに地下水位の深さなどを測定することもできる．

　土壌から試料を採取するためには，上述したような器具をそれぞれ埋設する必要があるため，埋設時の土壌攪乱には十分気をつけなくてはならない．ライシメーターなどを挿入するために土壌に穴を開けることによって，多量の酸素が土壌内に送り込まれたり，植物根が切断されるなどの影響によって，土壌の無機物質濃度が変化してしまう恐れがあるからである．

　河川水の採取は直接行うことができるため，土壌水や地下水に比べて比較的に容易に行うことができる．しかしながら，河川水の流量変化に応じて，その物質フローや濃度は刻々と変化していることもあるので，採取間隔や流量の観測などに注意しなくてはならない．研究の目的によっては，自動採水器などを用いて短い時間間隔での調査を行ったり，流量の精密測定を同時に行ったりする必要がある．

　一般に，森林生態系内での物質フローや濃度は場所によるばらつきが大きいため，観測には十分な空間的反復が必要であるといわれている．また，現地で採取した試料は，化学分析を行うまでに変質してしまわないように，目的に応じた前処理や保管をする必要がある．採取後すぐにろ過をしたり，酸処理を施したりする場合もあるだろうし，物質によっては即座に冷蔵や冷凍保管する必要があるだろう．

環境問題と無機物質循環

　生態系をめぐる無機物質循環の研究は，さまざまな環境問題と関連しながら発展してきた．例えば，大気汚染と生態系の関係で知られている酸性雨問題を挙げよう．1970年代後半から欧米を中心として酸性雨の生態系影響に関心が集まり，その原因究明と問題解決のために生態系をめぐるさまざまな物質循環研究が行われた．それまでの物質循環の研究は，植物の生物生産や養分動態に関わるテーマが主体であったが，酸性雨問題を契機として硫黄酸化物や窒素酸化物，それに関連する酸物質の生成と消費に関する研究が急速に発展したのである．その結果，北東アメリカの山岳地帯では酸性雨の影響によって土壌から多量のカルシウムが溶脱してしまったといわれている（Driscoll et al., 2001 など）．また，欧米の一部の森林では樹木が必要とする以上の窒素養分が大気汚染の結果として大気沈着として供給され，生態系が保持しきれなかった窒素成分が地下水や河川水へと溶脱し，陸水の富栄養化や飲料水質の悪化などを引き起こすことなどが明らかとなった（Dise and Wright, 1995 など）．酸性雨の原因物質である窒素や硫黄の大気汚染は，欧米地域だけの問題ではなく，北東アジアをはじめとした全世界の問題として注目されている（Galloway and Cowling, 2002）．また，地球温暖化に関連する樹木の炭素固定能に関する研究でも，生態系の物質循環研究が必要とされている．そこでは，森林生態系全体の炭素固定能力を正確に評価するために，樹木の光合成速度のみならず，土壌微生物の呼吸や地下水から河川への炭素溶脱など，生態系全体の炭素循環プロセスを調べる必要があるとされている．

おわりに

　生態系の物質循環は，生物と地球の相互作用によって成り立っており，そのような学問領域は生物地球化学（biogeochemistry）として位置づけられている．生物地球化学についてより専門的に学びたい読者には，Schlesinger（1997），オダム（Odum, 1983；邦訳 1991），Chapin et al.（2002），Likens and Bormann（1995）などの専門書をお勧めしたい．生態系の物質循環に関連する学術論文は数多くの学術雑誌に掲載されているが，"*Biogeochemistry*"，"*Ecosystems*"，"*Plant and Soil*"，"*Global Biogeochemical Cycles*" などが挙げられよう．また，フィールド調査や分析方法などについては森林立地調査法編集委員会（1999），柴田ほか（2000），柴田（2002）などを参考にされたい．

参 考 文 献

Chapin III, F.S. et al.（2002）: Principles of Terrestrial Ecosystem Ecology, Springer-Verlag.
Dise, N.B. and Wright, R.F.（1995）: *Forest Ecology and Management*, **71**, 153-161.
Driscoll, C.T. et al.（2001）: *BioScience*, **51**, 180-198.
Galloway, J.N. and Cowling, E.B.（2002）: *Ambio*, **31**, 64-71.
Likens, G.E. and Bormann, F.H.（1995）: Biogeochemistry of a Forested Ecosystem — 2nd ed., Springer-Verlag, p.160.
オダム，E.P.（1991）: オダム 基礎生態学（三島次郎訳），培風館，p.455.
Schlesinger, W.H.（1997）: Biogeochemistry, 2nd edition, An analysis of global change, Academic Press.
柴田英昭（2002）: 酸性雨調査（森林生態系）．地球環境ハンドブック 第2版（不破敬一郎，森田昌敏編），朝倉書店，pp.398-404.
柴田英昭，中尾登志雄，蔵治光一郎（2000）: 林内雨・樹幹流の測定法と問題点．酸性雨研究と環境試料分析（佐竹研一編），愛智出版，pp.115-127.
森林立地調査法編集委員会（1999）: 森林立地調査法，博友社，p.284.

樹木に対する大気汚染の影響を調べる　　　　　　　　伊豆田　猛

森林衰退とその原因仮説

　森林衰退とは，「何らかの原因によって，森林を構成している樹木の衰退が進行している過程とその結果として多数の樹木が枯死し，森林としての構造や機能が保持できない状態」と定義できる．1970年代初頭から，旧西ドイツにおいては，これまでに見られなかった新しいタイプの森林衰退現象がノルウェースプルースやヨーロッパモミの林で観察されるようになった．同様な現象は，1970年代後半から1980年代初頭にかけて中央ヨーロッパのいくつかの国においてさまざまな樹種で観察されるようになった．その後，1990年代においてヨーロッパ各地でさまざまなタイプの森林衰退現象が観察されるようになり，現在では深刻な環境問題となっている．アメリカにおける森林衰退の特徴は，ある特定の地域で限られた樹種が衰退していることである．例えば，シェラネバダ・サンバナディーノ山脈では，ポンデローサマツやジェフリーマツなどのマツ類が衰退している．また，アパラチア山脈北部においては，ルーベンストウヒの衰退が観察されている．アメリカ南東部においては，ストローブマツが衰退している．さらに，1970年代後半から，アメリカ北東部やカナダ南東部において，サトウカエデの衰退が観察されている．

　日本においては，東京などの大都市周辺で，1960年代からスギの枯損や衰退が観察され始めた．1990年代に入ると，スギ以外の樹木の衰退も注目されるようになり，山岳地帯における森林衰退現象が環境問題となった．現在，全国各地で樹木の衰退が観察されている．例えば，神奈川県の丹沢山地においては，モミやブナの大木が衰退している（図1左）．奥日光においては，シラビソ，オオシラビソ，ダケカンバなどが衰退している（図1右）．また，広島県などの山陽地方においては，アカマツの衰退が観察されている．近年，日本海側の地域におけるコナラやミズナラなどのナラ類の衰退や枯死も観察されている．

　現在のところ，欧米や我が国における森林衰退の原因は十分には解明されていないが，これまでに行われてきた現地調査や実験的研究の結果に基づいて，いくつかの原因仮説が出されている．地域別に見ると，北ヨーロッパではオゾンと酸性降下物による土壌酸性化および窒素過剰，西ヨーロッパではオゾン，酸性ミストや酸性霧などの酸性降下物および二酸化硫黄，東ヨーロッパでは二酸化硫黄，二酸化窒素，オゾンおよび酸性ミストや酸性霧などの酸性降下物などが森林衰退の原因として重要視されている．北米の森林衰退に対してもさまざまな原因仮説が出されているが，最も有力視されているのはオゾンである．さらに，水ストレス，マグネシウム欠乏，病虫害なども，欧米における森林衰退の原因として考えられている．一方，測定例は限られているが，我が国の山岳地域においても比較的高濃度のオゾンが観測されており，ダケカンバ，シラビソ，オオシラビソなどの衰退が観察されている奥日光やブナが衰退している神奈川県の檜洞丸山頂付近においても100 ppb以上の比較的高濃度のオゾンが観測されている．このため，これらの樹木に対するオゾンの悪影響が懸念されている（丸田ほか，1999；伊豆田，2001；田村ほか，2002）．

森林における大気・土壌環境測定

　森林を構成する樹木に対する大気汚染ガスや酸性降下物の影響を調べる場合，まずはじめに，ガス濃度と降雨や霧水や土壌の成分を分析する必要がある．調査対象の森林に電源がある場合は，自

図1　丹沢檜洞丸周辺のブナ（左：神奈川県環境科学センター　相原敬次氏　提供）と奥日光前白根山周辺のダケカンバ（右）の衰退

動ガス濃度計で大気汚染ガスの濃度を連続的に測定することができる．一方，電源のない森林で大気汚染ガスの濃度を測定する場合は，分子拡散を原理とする分子拡散サンプラーを用いる．分子拡散とは，ガスが濃度の高い方から低い方へ移動する現象である．具体的には，分子拡散サンプラーのガラス製大気捕集管の底部に，トリエタノールアミンなどのガス吸収液を含浸した濾紙を入れ，数日間にわたって調査対象の森林で野外空気にさらす．その後，ろ紙に蒸留水と発色試薬を加え，発色後の試料溶液の色の濃さから評価期間中の大気汚染ガスの平均濃度を算出する．

降雨は，ロートとポリビンの間にフィルターを取り付けた濾過式採取機で採取する．霧水の捕集は，細線を縦に多数張った捕集用細線ネットが付いた霧水捕集装置で行う．捕集された降雨や霧水を研究室に持ち帰り，それらのpH，電気伝導度および各種イオン濃度などをそれぞれpH計，電気伝導度計およびイオンクロマトグラフィーなどの分析機器で測定する．

酸性雨や酸性霧などの酸性降下物が地表面に沈着すると，土壌が酸性化し，アルミニウムなどが土壌溶液中に溶出し，樹木の根に悪影響を及ぼす可能性がある．森林から採取した土壌を研究室に持ち帰り，それに蒸留水や酢酸アンモニウム溶液などを加えた懸濁液のpHや各種元素濃度をそれぞれpH計と原子吸光光度計やICPなどの分析機器で測定する．また，森林土壌に土壌溶液採取器を埋め込み，それに貯まった土壌溶液を研究室に持ち帰り，pHや元素濃度を同様な機器で分析する．

樹木の成長量の測定

樹木が大気汚染ガスや酸性降下物の影響を受けると，その成長が低下することがある．森林衰退地における現地調査では，まずはじめに毎木調査が行われることが多い．毎木調査とは，林分や一定土地面積の中にある全ての樹木の種類とそれらの高さや幹の直径などを測定することによって，その群落の現存量や生産量などを明らかにする調査である．樹高が10 m以下の低い場合，樹高の測定はグラスファイバー製の目盛付き伸縮ポールを用いて行う．また，樹高が高い場合は，三角法を応用したブルーメライスによって樹高を測定する．胸高直径とは，胸の高さにおける樹木の幹の直径であるが，胸高として地表面から1.2 mまたは1.3 mが採用されている．胸高直径は，スチール製の巻尺で測定する．

調査対象の森林に生育している全ての樹木を伐採して，その葉面積や重量を測定することは事実上不可能である．そこで，測定可能な項目から樹木の葉量や重量を間接的に求める方法が使われることが多い．例えば，樹木の胸高直径からその葉量や重量を推定することができる．いろいろな大きさの樹木を選び，それらの個体当たりの葉の乾重量を Y（kg）とし，胸高直径を X（cm）とすると，両者の関係は $Y=aX^b$ という相対成長式で表すことができる．ここで，a と b は定数である．この式の両辺を対数でとると，$\log Y = \log a + b \log X$ となり，X と Y を両対数グラフにプロットすると直線関係になるので，胸高直径から葉の乾重量を推定することができる．なお，Y には，葉の乾重量のみならず，個体乾重量や幹と根の乾重量なども取ることができる．また，X には，胸高直径（D）だけでなく，胸高直径の2乗（D^2）と樹高（H）の積である D^2H を取ることもある．

樹木の葉面積や各植物器官の重量を定期的に測定し，ある期間における葉や枝の成長パターンや成長速度などを評価することができる．例えば，調査対象の森林で高枝切りハサミを用いて葉や枝を採取し（図2左），それらを乾燥しないようにビニール袋などに詰めて研究室に持ち帰り，葉面積は面積計で，葉重量や幹重量は電子天秤で測定する（図2右）．面積計の上下2枚の透明なベルトコンベアー内に葉を挿入し，入射した光が挿入された葉に遮光される原理を利用して葉面積を自動的に計測する．植物器官の重量には生重量と乾

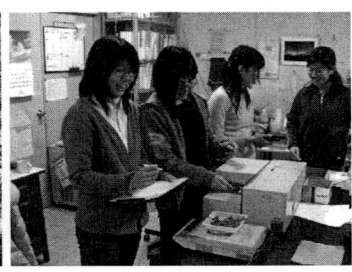

図2 高枝切りハサミによる葉のサンプリングと葉面積および植物器官の乾重量の測定

重量があり，前者は新鮮な状態の植物体の重量であり，後者は熱風乾燥機などで数日間にわたって乾燥させた植物体の重量である．したがって，樹木の生重量は，その水分状態によって変化する．

樹木の葉のガス交換速度の測定

オゾン（O_3）や二酸化硫黄（SO_2）や二酸化窒素（NO_2）のような大気汚染ガスは，葉に存在する気孔から吸収され，葉の生理機能を低下させる（伊豆田ほか，2001a）．また，pHが低い酸性雨や酸性霧とこれらの酸性降下物の沈着による土壌酸性化は，樹木の栄養状態の悪化や生理機能の低下を引き起こす（伊豆田ほか，2001b）．特に，光合成は大気汚染ガスに対する感受性が高く，現在，我が国の山岳地帯で観測されている濃度レベルのオゾンによって樹木の純光合成速度が低下する（伊豆田ほか，2001a）．また，大気汚染ガスによって気孔が閉鎖すると，葉の蒸散速度が低下する．さらに，大気汚染ガスや酸性降下物によって，樹木の葉の暗呼吸速度が増加することがある．大気汚染ガスや酸性降下物による純光合成速度の低下と暗呼吸速度の増大は，樹木の乾物成長を低下させる．したがって，森林を構成する樹木の葉の純光合成速度，蒸散速度および暗呼吸速度などのガス交換速度に対する大気汚染ガスや酸性降下物の影響を詳細に評価する必要がある．

樹木の葉のガス交換能力は，携帯型光合成・蒸散測定装置を使って測定する方法が一般的である．この装置では，空気はリファレンスラインとサンプルラインの2つの経路を流れるが，サンプルラインでは測定葉を収納した同化箱と呼ばれるチャンバー（図3上）を通った空気の二酸化炭素濃度や水蒸気濃度を赤外線ガス分析装置（IRGA）で測定する．この2つのラインにおける二酸化炭素の濃度差や葉温などから，葉の純光合成速度（単位時間および単位葉面積当たりの二酸化炭素の吸収速度）や暗呼吸速度（暗条件下における単位時間および単位葉面積当たりの二酸化炭素の放出速度）を算出する．また，両ラインを通った空気の水蒸気濃度の差などから，蒸散速度（単位時間および単位葉面積当たりの水蒸気の放出速度）が算出できる．さらに，蒸散速度や葉温などに基づいて，気孔開度の指標である気孔拡散コンダクタンスが算出できる．携帯型光合成・蒸散測定装

図3 携帯型光合成・蒸散測定装置のチャンバー部と奥日光の前白根山周辺におけるダケカンバ衰退地における葉のガス交換速度の測定

置では，同化箱内の気温や湿度や二酸化炭素濃度などが制御でき，バッテリーを使えば森林などの野外条件下でも葉のガス交換速度を測定することができる（図3下）．

樹木の葉内成分の測定

大気汚染ガスや酸性降下物による光合成低下の原因などを探るためには，樹木の葉内成分を分析する必要がある．光合成に関与する葉内成分としては，クロロフィルやRuBPカルボキシラーゼ/オキシゲナーゼ（Rubisco）などの酵素がある．また，オゾンなどの大気汚染ガスが葉内に吸収されると，活性酸素を生成し，さまざまな悪影響を発現させることがある．これに対して，樹木などの植物は，葉内に活性酸素を消去するシステムを持っている．このシステムで働く活性酸素消去系酵素にはスーパーオキシドジスムターゼ（SOD）やアスコルビン酸ペルオキシダーゼ（APX）などがあるが，これらの酵素の活性は大気汚染ガスに対して顕著な変化を示すことが多い．

クロロフィルを抽出するために，葉から一定量

の試料をリーフパンチやコルクボーラーを用いて打ち抜く．その後，この葉試料にアセトンを加え，乳鉢で磨砕する．遠心をかけて得られた上清や静置して生じた上清をろ過し，抽出液の645 nm と 663 nm における吸光度を分光光度計で測定する．得られた2つの吸光度からアセトン溶液中のクロロフィル濃度を算出する．一般に，クロロフィル濃度を単位葉面積当たりの濃度などに換算する．

酵素活性の測定法は，それぞれの酵素によって異なるが，まずはじめに酵素に対して悪影響がない抽出方法を検討することが重要である．抽出した酵素に反応液を加え，触媒反応を開始させる．その後，反応生成物の濃度変化を分光光度計で測定した吸光度変化から求め，酵素活性とする．

樹木の元素濃度の測定

酸性降下物などによって酸性化した土壌に生育している樹木においては，その体内の栄養状態が悪化することがある．葉で植物必須元素の濃度が低下すると，光合成などの生理機能が低下し，最終的には樹木の成長が低下する．したがって，森林衰退地などで生育している樹木の栄養状態を評価する必要がある．

森林から採取した葉などの植物器官を研究室に持ち帰り，熱風乾燥した後，サンプルミルなどで粉砕する．この粉砕試料に，濃硝酸，濃塩酸および過酸化水素水を添加し，加熱して湿式分解を行う．ろ過した分解液を塩酸で定容し，試料液とする．この試料液の元素濃度を原子吸光光度計やICP などの分析機器で測定する．一般に，元素濃度は，植物器官の単位乾重量当たりの濃度などに換算する．

オープントップチャンバー

樹木に対するオゾンなどの大気汚染ガスの影響を森林で調べる実験的方法の1つにオープントップチャンバー（OTC）法がある（図4）．OTCとは天蓋部のない透明チャンバーである．野外に2つのOTC を設置し，一方には野外の空気をそのまま導入し（非浄化区），他方には活性炭フィルターによってオゾンなどの大気汚染ガスを除去した空気を導入し（浄化区），これらのチャンバー内で育成した植物の成長量や葉面に発現する可視障害の程度などを比較し，その場所における大気汚染ガスが植物に与える影響を調査する．森林衰退地に OTC を設置し，衰退している樹木の苗木を育て，葉の可視障害の程度，成長量および純光合成速度などのガス交換速度を測定すると，実際の森林における大気汚染が樹木に及ぼす影響を定量的に評価できる．可視障害の程度は，ネクロシスやクロロシスを肉眼によって観察し，1枚の葉の面積に対する障害部分の面積の比などを算出する．なお，OTC 内にファンで空気を導入するため，電源のない森林では OTC 法による調査はできないが，最近では太陽電池を電源とした OTC 法で山岳地域の大気汚染が樹木に及ぼす影響を調査する試みがなされている．

図4 オープントップチャンバー
神奈川県丹沢山地で，ブナに対するオゾンの影響を調べている（神奈川県環境科学センター相原敬次氏 提供）．

自主解答問題
問．森林衰退に大気汚染が関与しているかどうかを明らかにするための調査の実施計画を立てよ．

参 考 文 献
伊豆田 猛 (2001)：森林衰退．大気環境変化と植物の反応（野内 勇編著），養賢堂，pp.168-208.
伊豆田 猛ほか (2001a)：大気環境学会誌，**36**，60-77.
伊豆田 猛ほか (2001b)：大気環境学会誌，**36**，137-155.
丸田恵美子ほか (1999)：環境科学会誌，**12**，241-250.
田村俊樹ほか (2002)：大気環境学会誌，**37**，320-330.

融雪と水の流れ

野村　睦

　モンスーン（＝季節風）帯に位置する我が国は世界でも有数の多雪国である．冬季の自然現象を考える上で雪の問題は避けられない．ここでは，積雪域の水循環，特に融雪に関わる現象について取り上げる．融雪と融雪流出の機構を明らかにすることは，水資源の有効利用，洪水や土砂による災害防止に重要なことである．世界に目を向けると，高緯度域・高地を中心に，積雪の存在するところは広く，その地域の生態系やさらに地球の気候とも大きく関わっている．

山地の積雪分布

　積雪分布を明らかにすることは，積雪域の水循環研究の第1歩である．図1に大学研究林では最北に位置する北海道大学天塩研究林内（幌延町）で測った積雪水量の高度分布を示す（野村ほか，1999）．積雪水量は積雪を融かしたときの水の量で，降水量と同じ単位である．調査地点間の高度差はたかだか300m程度だが，明瞭な高度分布が見られる（図の●）．一般に，山地の積雪量は，吹雪などの影響を受けないところでは，高度ともに直線的に増加する．

　図中の□で示した地点は樹木の生育していない尾根上にある．このため強風で地吹雪が発生し，積もった雪は飛ばされる（吹きはらい）．図には示していないが，逆に雪が貯まる場所もある（吹きだまり）．図1の×で示した地点はアカエゾマツ林内である．ここでは，森林による降雪の遮断のため積雪水量が少ない．事実，針葉樹林内の積雪水量は開放地の半分ほどしかない場所もあった（中井ほか，1989）．樹冠によって遮断された雪の相当量は，融けて地面に吸収されるのではなく，蒸発し直接大気へ戻る．

融雪

　雪面・底面で出入りする熱によって積雪の温度の変化や融雪が起こる．融雪には大きな熱量が必要である（氷の融解熱は334 kJ/kg＝79.7 cal/g）．積雪全体では以下の熱収支（エネルギーの保存）が成り立つ．

$$M + C = R + H + L + r + B$$

ここで，M は融雪熱，C は積雪の温度変化に使われる熱，R は正味放射量，H は顕熱交換量，L は潜熱交換量，r は降水による熱量，B は地中から底面への伝導熱である．R は日射量・反射量・大気放射量・雪面からの放射量の収支であり，H は大気と雪面で交換される熱，L は雪面における蒸発・凝結に伴う熱である．

　春になり日射が増し気温が上昇すると活発な融雪が起こる．この時期には積雪の温度は全層が0℃となっているため C はゼロとみなせ，また r や B はごく小さく，融雪量の多寡は雪面における熱のやりとりで決まる．日射の影響により，融雪は正午ごろ最大，夜間はほぼゼロとなる日変動を示す．1日当たりの融雪量は晴天日であれば30 mmを超えることも珍しくない．積雪の熱収支や融雪量は高度・地形・植生によって異なる．熱収支の基礎も含め文献（前野ほか，1994；塚本ほか，1992；近藤ほか，1994）を参照されたい．

融雪流出

　雪面で生じた融雪水は積雪内を浸透して地表に到達し，その後河川に流出する．さきに述べたように雪面の融雪には日変動があるため，流出も日変動を示す（図2上）．河川流量の時間変化を表した図をハイドログラフという．積雪水量が数

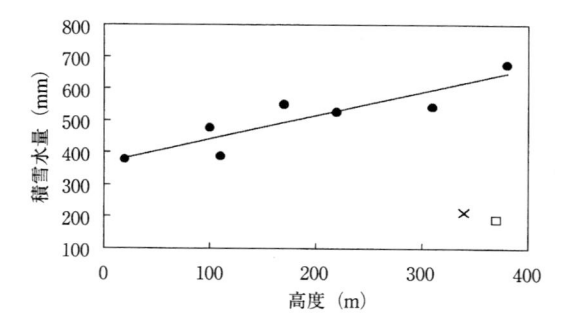

図1　積雪水量の高度分布（天塩研究林内1997年3月）●は森林内の開けた地点，×はアカエゾマツ林内，□は無立木の尾根．

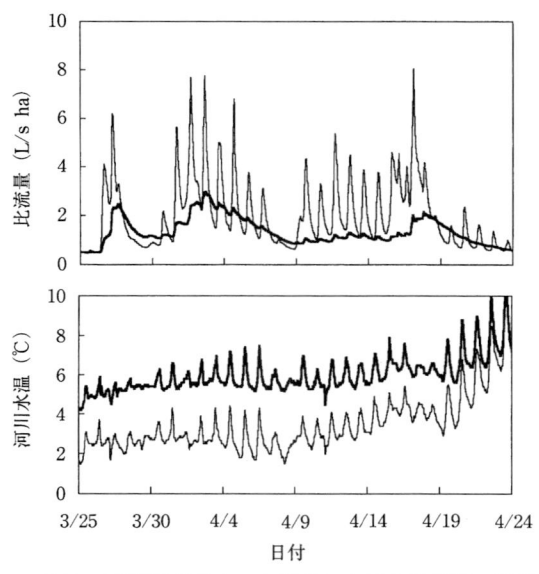

図2 天塩研究林内の2流域における融雪期の流出ハイドログラフと河川水温（2002年）
細線：中の峰試験流域（蛇紋岩土壌），太線：ヌカナン試験流域（褐色森林土）．

100 mm を超えるような多雪域では，日々20～30 mm の融雪が起き，1ヶ月以上にわたって高流量が続き，洪水災害を起こすこともある．特に雨が重なると危険である．

融雪水は地中のどこを通って河川に流出するのか？　これは降雨流出とも共通する課題であり，浸食や物質循環の機構を明らかにするためにも重要である．図2は基岩地質が異なる天塩研究林内の2流域で観測したハイドログラフと水温である．この図から2つの流域で流量の変動が異なることがわかる．一方は変動が大きく，もう一方は緩慢である．同時期の水温（図2下）も大きく違う．流量変動の大きい河川の水温は低く，小さい河川の水温は高い．融雪水の水温は0℃であるから，この水が直接河川に流出しているならば，河川水温は0℃となるはずである．河川水温が0℃より高いということは，流出する過程で昇温したことを意味する．融雪期には土壌が深いほど地温が高いことを考えると，図2の2つの河川は，地中にあまり浸透せずに温度の変化も起こらず大きな変動で流出する河川と，地中深くまで浸透し昇温して緩慢に流出する河川であると考えられる（野村ほか，2001）．なお，河川水温を用いて流出過程を探った研究（Kobayashi, 2001）や流出全般に関しては文献（榧根，1980；塚本，1992）が参考になる．また，積雪寒冷地域の調査一般については『雪氷調査法』（日本雪氷学会北海道支部編，北海道大学図書刊行会）が役立つ．

参考文献

榧根　勇（1980）：自然地理学講座3 水文学，大明堂．
Kobayashi, D.（1985）: *Journal of Hydrology*, **76**, 155–162.
近藤純正編（1994）：水環境の気象学，朝倉書店．
前野紀一，福田正巳編（1994）：基礎雪氷学講座Ⅵ 雪氷水文現象，古今書院．
中井裕一郎ほか（1989）：日本林学会誌，**75**, 191-200.
野村　睦ほか（1999）：気温と降雪深による山地の積雪深と積雪水量の推定，北海道大学農学部演習林研究報告，**56**, 11-19.
野村　睦ほか（2001）：北海道北部の蛇紋岩・第三紀層流域における融雪流出の比較，北海道大学農学部演習林研究報告，**58**, 1-9.
塚本良則編（1992）：現代の林学6 森林水文学，文永堂出版．

炭素・窒素安定同位体比分布から見た森と海の関係　　　　柳井清治

　森林は河川や沿岸域に生息する魚類にとって重要であることが古くから認識され，各地に魚付林，網付林として保護されてきた．昭和50年代になると漁組関係者による植林が始められ，全国的な植林運動へと展開されるようになった．しかし実際に森林が魚に与える影響や，川を通じて森と海の間に発生する物質の流れに関する知見はきわめて乏しく，その因果関係は証明されたとはいいがたいのが現状である．

　こうした森林，河川，海という異なる生態系を解明する上で，「共通の物差し」がないことが研究を進める上で大きな障害であった．しかし最近，安定同位体測定装置が飛躍的に進歩し，これを使って原子レベルからの生態系相互の解析が多く行われるようになってきた．特に炭素や窒素など生物体を構成する元素に含まれるわずかな安定同位体元素を使って，河口域や海洋の食物連鎖構造の解析（和田，1988；Michener and Schell，1994）や，遡上したサケの死骸を通して海由来の栄養分が森林にどれくらい取り込まれているかを定量的に把握する試みがなされている（Bilby et al., 1996；Helfield and Naiman, 2001）．

　本節では安定同位体測定法を用いて，北海道内の森と海で行ってきた，物質の流れに関する研究事例について紹介する．

安定同位体とは？

　自然界の生物体を構成する生元素の中で，水素・炭素・窒素・酸素には，原子番号（陽子数）が同じで質量数（陽子と中性子の数の和）が異なる安定同位体が存在することが知られている．例えば炭素では，通常 ^{12}C が98.9%を占めているが，中性子が1つ多い安定同位体 ^{13}C が1.1%存在し，生物体に取り込まれている．このように安定同位体が存在する割合はきわめてわずかであることから，安定同位体は特定の標準試料からの差の1000分率（‰）（＝安定同位体比）として表されている（表記は $\delta^{13}C$，$\delta^{15}N$ など）．δ値がプラスの場合，標準試料より同位体含有量が多く，マイナスの場合標準試料より少ないことを表している．標準試料として炭素は海水中の HCO_3^- とほぼ等しい矢じり石（PDB），Nは大気中の N_2 が用いられている（和田，2002）．

　炭素安定同位体比（$\delta^{13}C$）は一次生産者（陸上-植物，海洋-植物プランクトンや海藻類）の値を反映しており，その食物に依存する動物類（一次，二次消費者）は基本的にそれらに近い値をとる．したがって消費者群が森・川・海のどの資源に依存しているかを判断できる．また窒素安定同位体比（$\delta^{15}N$）は，生物がより高次の消費者に利用されていく段階で，3‰前後濃縮されることから，食物連鎖系中の栄養段階を知ることができ，

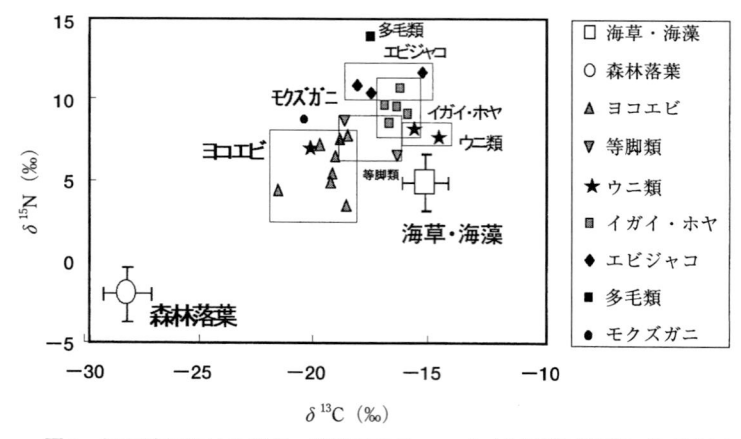

図1　河口域における炭素・窒素同位体マップ（北海道石狩湾に注ぐ小河川河口域の事例）

生態系の構造を解析する上での有効な指標となっている．

森林-河口系の同位体分布

生態系における同位体の分布は，通常横軸に $\delta^{13}C$ 値をとり，縦軸に $\delta^{15}N$ をプロットした同位体マップとして表される．図1は石狩湾に注ぐ小河川の河口で得られた落葉，海藻や底生動物のサンプルを同位体マップとして表したものである．横軸の炭素の値は $-15 \sim -30$‰ の範囲をとり，標準試料よりかなり低い分布を示していた．一方 $\delta^{15}N$ は $-5 \sim 15$‰ と大気中の N_2 と同じか，やや大きい範囲となっていた．

一次生産物として値が高いのが沿岸部に生育するコンブなどの海藻類，スガモなどの海草で，$\delta^{13}C$ が $-17 \sim -14$‰，$\delta^{15}N$ が 5‰ と比較的高い値を示した．次に，河口付近に生息する代表的な底生動物類の同位体比をみると，ウニ類は $\delta^{13}C$ が $-17 \sim -14$‰ で海藻類と同じ範囲にあり，$\delta^{15}N$ が 8‰ と約 3‰ 高かった．河口域の岩場に付着しているイガイ，ホヤについても $\delta^{13}C$ は同様で，$\delta^{15}N$ はやや高い傾向を示した．これらは，植物プランクトンや海藻類に依存した食物連鎖系に属すと考えられた．肉食者で二次消費者のエビジャコや多毛類は $\delta^{13}C$ が海藻類に近いにもかかわらず，$\delta^{15}N$ は 10‰ を超える高い値を示し，食物連鎖の上位に位置するほど $\delta^{15}N$ が高くなる傾向が裏付けられている．

一方，この河川では森林起源の落葉が直接海に注ぎ込んでおり，その一部が海底に厚く堆積している．この落ち葉を利用する動物類も多く存在する．この関係を同位体でみると，落葉の同位体値は $\delta^{13}C$ が -28‰，$\delta^{15}N$ が -2‰ 前後を示している．河口域に広く分布するヨコエビ（トンガリキタヨコエビ）は典型的なデトリタス食者であり，このヨコエビの $\delta^{13}C$ 値は $-22 \sim -20$‰ と海藻類と落葉の中間に位置し，ウニなどの底生動物類と比べて低く，森林起源の落ち葉を食べる傾向が示された．河口から沿岸域に生息する回遊性のモクズガニは河川上流内で成長し産卵のために海に降りてくる性質を持っており，$\delta^{13}C$ が -22‰ と低い値を示し，陸域での餌摂取の影響を強く反映し

図2 落ち葉だまりに集まるカレイ稚魚

ていると考えられた．

河口域は稚魚の生息場としての役割が大きく，さまざまな魚がやってくる．なかでもカレイ類稚魚の密度は高く，まるで蝶々が舞うように海底をヒラヒラ泳いでいる（図2）．人間が泳いでゆくと，その後を追うようにしてついてくる．彼らのねらいは，フィンの攪乱によって舞い上がるヨコエビなどの底生動物である．河口に生育する豊富なヨコエビ類はカレイ類の格好の餌となり，時期によっては胃袋の 6〜9 割を占めることもある（櫻井・柳井，2003）．年間を通してカレイに対する落ち葉の寄与率は 2 割程度と推定され，森の落葉は確かに海のヨコエビを通し魚類につながっているようだ．

参考文献

Bilby, R. E. et al.（1996）: *Canadian Journal of Fisheries and Aquatic Sciences*, **53**, 164-173.
Helfield, J. M. and Naiman. R. J.（2001）: *Ecology*, **82**, 2403-2409.
Michener, R. H. and Schell, D. M.（1994）: Stable isotopes in ecology and environmental science, Blackwell Scientific Publications, pp. 138-157.
櫻井　泉, 柳井清治（2003）: 平成 12〜14 年度重点領域特別研究報告書, 北海道, pp. 88-102.
和田英太郎（1988）: 河口-沿岸域の生態学とエコテクノロジー（栗原　康編）東海大学出版会. pp. 77-84.
和田英太郎（2002）: 環境学入門3 地球生態学, 岩波書店, pp. 109-140.

自主解答問題

問1. 魚つき林とはどのような役割をもつ林で，どんな場所に分布するか調べてみよう．
問2. 森・川・海の物質の流れが遮断された場合，どんな障害や問題が生じてくるか考えてみよう．

環境史のタイムカプセル
——樹木の入皮

野田真人，佐竹研一

過去の環境汚染などの環境史を解明するにあたって，南極の氷床（ice sheet）コア，氷河の氷冠（ice cap）コア，湖底堆積物コア，年輪試料等が用いられている．氷床や氷冠，湖底堆積物は数十万年前の古い時代から現在までの環境変動の推定に適しているが，その試料が採取できる地点は，汚染の発生源に近い都市部などにはなく，遠く離れた極地や高山などに多い．このような偏った遠隔地（僻遠）のデータでは，汚染の深刻な都市や各地域の汚染の歴史を精確に知ることが難しい．一方，年輪試料の場合は，都心部から僻遠の地点まで樹木が生育しており，発生源に近い地点から遠く離れた地点まで空間を埋めるように豊富な試料を得ることができる．しかし，樹木の寿命（樹齢）は樹種にもよるが200～600年程度であり，氷床などに比べて非常に短期である．

しかし，近年，樹木の年輪パターンを過去に遡ってつなぎ合わせる年輪年代学（dendrochronology）の手法を利用することにより，およそ2000年～1万年程度まで遡れることがわかってきた．さらに，樹木の入皮（burk pocket）は，形成される際に触れていた大気成分を含むため，樹木の生育していた時代の汚染状況を調べる素材として注目を浴びている．したがって，年輪年代学の手法と入皮法を活用することにより，樹木が生育していた当時の環境を時系列的に復元することが可能になってきた．

入皮の形成

入皮の形成は，成育過程から主に4つのタイプが考えられている（Satake, 2001）．図1は各タイプを樹幹の横断面で示している．タイプ1は，樹木の形成層に何らかの要因により傷ができ，癒着により内部に樹皮が巻き込まれ，その後正常な組織によって形成された場合．タイプ2は，幹や枝が肥大成長時に合体し，その部分に樹皮が取り込まれて形成された場合．タイプ3は，折れた枝や枯れた枝の樹皮を巻き込んで形成された場合で，入皮の中で最も多く見かける．タイプ4は，幹の凸凹部分の肥大成長過程で凸部間の癒着により生じ，幹の土際付近で多く見かける．

いずれのタイプも，形成層の一部に傷害部ができた初期の段階では，その周辺に新組織の形成・促進が起こり，傷害部を被覆するように張り出してくる．その後，傷害部に癒着が生じ，新たな形成層の繋がりができる．この過程が繰り返されていく中で，傷害部の外側に正常な組織が形成される．入皮は，この癒着過程で，癒合組織が樹皮の一部を包み込んで，形成されると考えられている（島地ほか，1990）．

これらの入皮は，天然林では，珍しくなく比較的頻繁に発生しているようである．山から切り出されて土場に積まれている伐採木の横断面に良く観察される．樹皮は大気と直に触れていることから，樹皮の形成年次の汚染物質を直接蓄積していると考えられる．入皮の形成機構を考えると，入皮の中にはタイプ2やタイプ4のように毎年連続

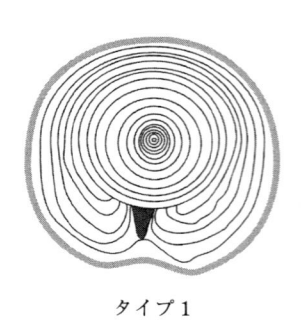

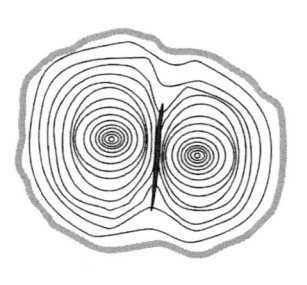

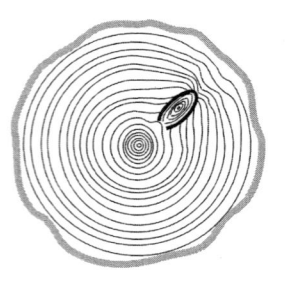

タイプ1　　タイプ2　　タイプ3　　タイプ4

図1 横断面にみられる入皮（黒い部分）形成の種類

して形成されるものと，タイプ1やタイプ3のように不確定な要素を抱えているものの両者が存在している.

年輪情報

年輪は，樹木の年齢を知るだけのものではない．樹木が生育してきた環境の生活史の情報を木部組織や年輪幅，年輪密度に記録されている．この生育環境の生活史を解明する学問が年輪年代学である（野田，1998）．年輪年代学の手法を用いれば，樹木が生きてきた時代の気候の復元や病虫害の履歴，環境汚染の評価，地表変動の歴史，森林動態，生育年代の推定などを1年の精度で明らかにすることができる．この手法は，生きている樹木だけではなく，地表変動などで埋まって枯死した木，湖の底に堆積している木片，古い建物の建築材などにも適用できる．

しかし，木部の年輪に取り込まれた物質は，樹種やその物質にも依存するが，樹幹内を垂直方向に移動することや，横断面上でも移動や拡散することが確認されている．そのため，汚染物質の変動は年輪形成年次の汚染を反映しておらず，汚染の発生時と年輪の形成時と±の時差が見られるという問題点などが指摘（片山，1997）されている.

大気汚染の歴史を樹木の入皮が記録

入皮の環境汚染の評価に関する世界で最初の論文（Satake et al., 1996）は，台風で被害を受けた樹齢約350年の日光街道のスギと，屋久島で伐採された樹齢226年のスギを用いた研究である．両者には共通して約200〜250年前の江戸時代の部分に入皮が巻き込まれていた．入皮には，さまざまな汚染物質が確認されたが，指標として用いた元素は鉛である．鉛は車の有鉛ガソリンとして使用されてきたが，日本では，1975年に規制が始まり1987年に製造販売が禁止された．有鉛ガソリンは，世界的に見れば規制が進んでいるが，途上国をはじめヨーロッパでも未だに使用されており，全ガソリン消費量の約10％も使われている.

解析された結果をみると，日光のスギでは，江戸時代の汚染レベルを1とすると，現在の外樹皮の汚染レベルは約1000〜1500になっていた．比較的汚染の影響が小さいと思われた屋久島のスギの場合も，江戸時代の汚染レベルを1とすると，現在の汚染レベルは約10〜30であった．この入皮研究は，英国で高く評価され，各国で成果（Satake, 2001）を挙げつつある.

タイムカプセルの森

西暦2000年6月20日に北緯44°44′44″，東経142°15′00″に位置する北海道大学中川研究林で，「ミレニアム植樹」が行われ，世界に先駆けたタイムカプセルの森の創生計画がスタートした．タイムカプセルの森とは，樹木の木部内の入皮を環境汚染のタイムカプセルと見なし，樹木の生活環境史を過去にさかのぼって解明する森林を人工的に作り，遠い将来の研究に役立ててもらおうという新しい概念の植栽計画である.

日本で始まった「タイムカプセルの森」創成計画は佐竹の発案により，北海道大学中川研究林が具体的な計画を立て，アカエゾマツ（$Picea\ glehnii$）を植栽した．樹木が木部に巻き込まれた「入皮」には，形成される際に触れていた多種類の大気の微量成分を含んでいると考えられる．将来，現在の技術では検出困難な微量元素も技術の進歩により，その分析が可能になると思われる．"タイムカプセルの森"は，過去の環境汚染の歴史を明らかにできるだけではなく，未来の地球環境を考えるための新しい素材として期待されている.

参 考 文 献

片山幸士（1997）: $Radioisotopes$, **48**, 65-66.
野田真人（1998）: 森林科学, **23**, 20-25,
Satake, K. et al.（1996）: $The\ Science\ of\ the\ Total\ Environment$, **181**, 25-30.
Satake, K.（2001）: $Water,\ Air,\ and\ Soil\ Pollution$, **130**, 31-42.
島地 謙ほか（1990）: 木材の構造, 文永堂出版.

年輪の持つ環境情報

安江　恒

年輪年代学

　樹木は形成層活動によって樹幹の外側へ細胞を積み重ねゆく肥大成長を行う．季節変化が明瞭でない一部の熱帯を除き，樹木は肥大成長によって1年に1層の年輪を形成し，時に数百～数千年に渡って生き続ける．つまり，年輪は樹木が受けた環境からの影響を1年の精度で記録したレコードといえる．年輪が形成された年を決定し，年輪幅や年輪内密度値などの時系列変動を解析することにより過去の環境の変遷を解明する学問を年輪年代学（dendrochronology）と呼び，生態学，気候学，地形学，考古学などの分野で活用されている（Fritts, 1976; Schweingruber, 1996）．

年輪から得られる指標

　樹木の年輪は木部細胞で構成されており，年輪の広狭だけでなく，組織構造や細胞壁からも重要な情報を得られる．例えば，1年輪内の密度変動は木部細胞の種類や大きさ，細胞壁厚の変動を反映しており，木材の軟X線撮影フィルムから測定することができる（図1）．なかでも針葉樹の年輪内最大密度は，夏期の気温を敏感に反映する指標として過去の気候変動を復元する上で重要である（Yasue et al., 2000）．細胞壁の主成分である炭素，酸素，水素の安定同位体の比率も，これら物質を取り込んだときの気温や水ストレスなどを反映する指標として用いることができる．

　肥大成長時に何らかの傷害やストレスを受けたときに形成される組織構造も生育環境変動を反映する指標となる．アテ材は樹幹が傾いたときに形成され，通常，針葉樹では下側に，広葉樹では上側に形成される．山火事，洪水，土石流などにより形成層が傷害を受けた場合にはその部分が壊死し，その後周囲の形成層で生産される木部によって再び被われる「巻き込み」が生ずる．巻き込みの開始年代から，形成層に傷害を与えたイベントの発生年代を（形成層活動期間中であればその季節まで）特定することができる（図2）．また，樹幹と根で形成される木部細胞の構造が異なることを利用し，樹幹の地中への埋没や根の洗掘の年代を特定することも可能である．

クロノロジーの構築

　通常，年輪幅や年輪内密度値の変動には個体間に同時性が認められる（図3）．個体間に共通する変動は気候変動など広域的な環境変動を反映している．そこで，多数の個体を用いて生育地を代表する年輪幅などの時系列であるクロノロジー（chronology）を作成することで，年輪情報と環境要素との関係を統計的に解析することが可能となる．

　クロノロジーは，①クロスデイティング，②標準化，③標準化時系列の平均値の算出，の3つの過程を経て作成される．クロスデイティング

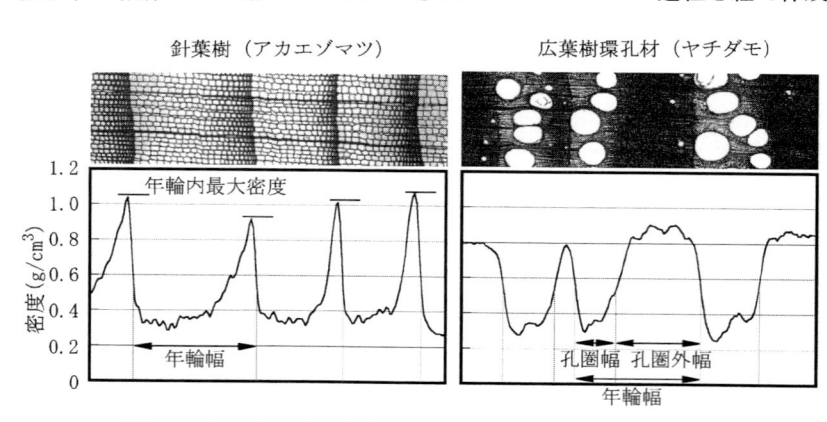

図1　木材の木口断面（上）と対応する年輪内の密度変動（下）軟X線デンシトメトリにより計測した．

図2　洪水による傷害痕（flood scars）
樹幹が傷害を受けた年を明らかにすることができる．

とは，個体間の年輪幅変動パターンを照合することにより，偽年輪や不連続年輪，欠損輪，測定ミスを検出し，全ての年輪が形成された年を正確に決定する重要な過程である．クロスデイティングを行わない場合には年輪年代学的研究と見なさない．標準化とは，年輪幅や年輪内密度値の時系列と，その時系列を近似する傾向曲線の比を算出する過程である（図4）．年輪幅などの変動には，加齢や周囲の個体との競争などに起因する変動も含まれる．標準化により，これら個体に特有な変動を減衰するとともに，年輪幅などを実測値の大きさに左右されない相対的な値とすることができる．標準化に用いられる傾向曲線には，指数関数，回帰直線，スプライン関数などがあり，その性質や周期成分が異なるので，研究目的に応じて用いる関数を選択する必要がある．

年輪から読みとる環境情報

長期にわたるクロノロジーをあらかじめ作成することで，遺跡や地中から出土する木材の生育していた正確な年代をクロスデイティングにより特定することができる．このような手法は考古学分野において大きな成果を上げている（奈良国立文化財研究所，1990）．また，火山噴火や土石流などによる樹幹埋没の正確な年代特定にも用いられている．

年輪幅や年輪内密度値のクロノロジーと気温や降水量との関係を統計的に解析することで，樹木の気候応答を明らかにすることができる．中部シベリアの永久凍土地帯に生育するカラマツの年輪幅と気温との関係を解析したところ，夏期ではなく成長開始期の限られた期間の気温が肥大成長量に大きな影響を及ぼしていることが明らかになった（図5）．クロノロジーが特定の気候要素の影響を強く反映している場合には，気象観測開始以前の過去数百〜数千年にわたる気候変動を1年の分解能で復元することも可能である．

参考文献

Fritts, H.C. (1976): Tree Rings and Climate, Academic Press, p.567.
奈良国立文化財研究所（1990）：年輪に歴史を読む―日本における古年輪学の成立―，同朋舎，p.195.
Schweingruber, F.H. (1996): Tree Rings and Environment Dendroecology, Paul Haupt Publishers, p.609.
Yasue, K. et al. (2000): Trees, **14**, 223–229.

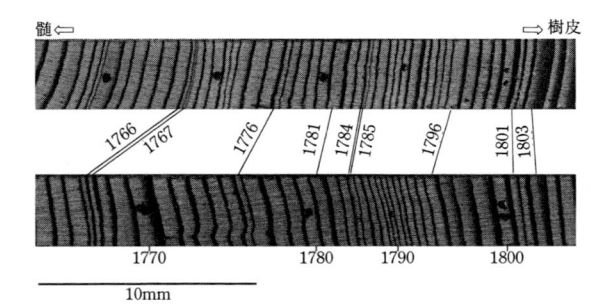

図3 カラマツの異なる個体間に認められる年輪幅変動の同時性（試料採取地：シベリア）

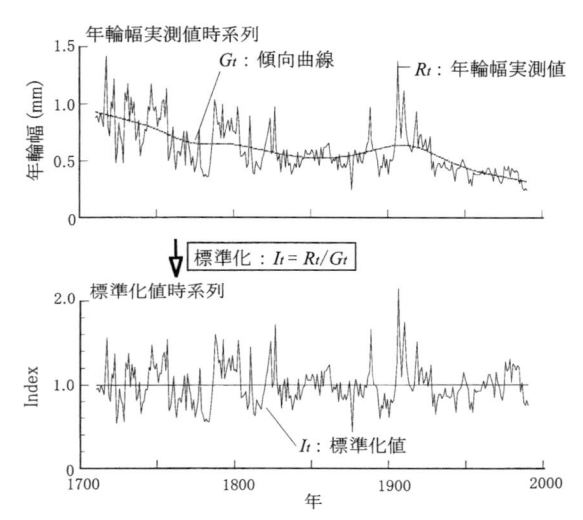

図4 標準化の方法
加齢や周囲の個体との競争などによる個体に特有な変動を減衰するとともに，実測値の大きさに左右されない相対的な値とする．

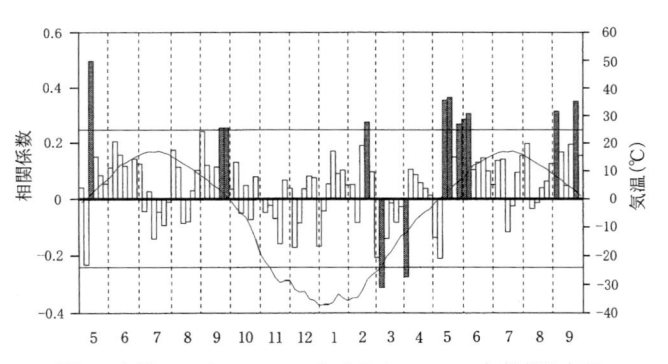

図5 中部シベリア Tura におけるカラマツの年輪幅と気温（5日間平均気温）との相関関係
1928〜1995年（68年間）を対象に算出した．棒グラフは単相関係数を，塗りつぶしは5%水準で有意であることを示す．折れ線は68年間の平均日平均気温．成長開始前後の5月中旬から6月上旬にかけての気温と年輪幅との間に正の相関が認められる．

アテ材から見た地すべり斜面の傾動

菊池俊一

地すべりの痕跡

　急峻な地形に多量の降雨という自然条件を抱える我が国では，地すべり・崩壊等の斜面変動や，土石流や洪水等の河床変動が発生する領域が国土の多くを占めている．そのため，地下数mまでの地表層に根系を分布させる樹木は，それら地表が移動あるいは変形する現象に大きな影響を受けつつ生育している．

　一例を挙げてみる．斜面変動現象の1つである地すべりは，マスムーブメントの1種で，斜面を構成する物質が，何らかの原因によって斜面上でのバランスを失い，塊状を保ちながら，重力の作用によって下方または外方へ滑動する現象である（古谷，1996）．地すべり斜面が緩勾配を呈することから，その地表は森林植生に覆われている場合がほとんどである．したがって，根系圏である地表層が破砕・移動するような地すべりが発生すると，その地表変動の痕跡が植物体に残されることとなる．

樹幹傾斜とアテ材

　地すべりの影響が強く及んだ場合には，樹木は地面に倒伏したり，斜面下方に抜け落ちたりするが，それより弱い場合には樹幹の傾斜が生じる．傾斜した樹幹の形成層は与えられた重力刺激に対して反応し，その傾きを修復するための特殊な細胞を作りながら，重力と反対の方向に伸びるような屈性を示す．この特殊な細胞からなる部分がアテ材と呼ばれる．樹幹傾斜とアテ材形成との関連は，東・酒井（1970）や深澤（1973）による幼齢木を用いた実験で証明されている．

　針葉樹では，傾斜樹幹の下側にあたる圧縮側に形成されるため，圧縮アテ材と呼ばれる．針葉樹のアテ材は赤褐色で肉眼的に識別しやすく（図1），その細胞にはリグニンが多く含まれている（深澤，1974）．

　一方，広葉樹のアテ材は傾斜樹幹の上側に形成され，引張アテ材と呼ばれる．引張アテ材では，セルロースだけのゼラチン層が存在する繊維細胞の比率が高く，断面の色は白っぽく，肉眼で識別できるほど目立たない．

　樹幹の傾斜とアテ材形成は，これまで，多くの地すべり地において観察されてきた．なかでも東ほか（1971）は，針葉樹のアテ材が肉眼で識別しやすいことに着目し，そのアテ材の年代解析から地すべり変動の履歴を探る手法を開発した．つまり，樹幹傾斜の外力となった地盤変化の起こった年代と，外力が消滅し樹木が固有の回復力を示した年代とを区別することで，樹幹傾斜を引き起こした外力の作用年代をアテ形成履歴から取り出す方法を考案したのである．

　ここでは，地すべり地の緩斜面に植えられた樹木を，植栽後に発生した地すべり変動を記録した生物計と位置づけ，そのアテ材形成状況の時間的・空間的解析から地すべり土塊の運動様式を検討した事例（菊池ほか，1992）を，アテ材解析の実例として紹介する．

　研究対象となった地すべり地は北海道胆振支庁白老町森野に位置し，調査当時の地すべり地の大きさは，最大長750m，最大幅450m，面積約20haであった．滑落崖に囲まれた平均傾斜約7°の緩斜面は，1944年および1959年植栽のトドマツ造林地となっていたことから，植栽当時は，どの個体も一定の間隔で直立位を保ち植栽されたと考えられる．しかし，植栽後30年あるいは45年が経過した調査時点では，その樹幹のほとんど

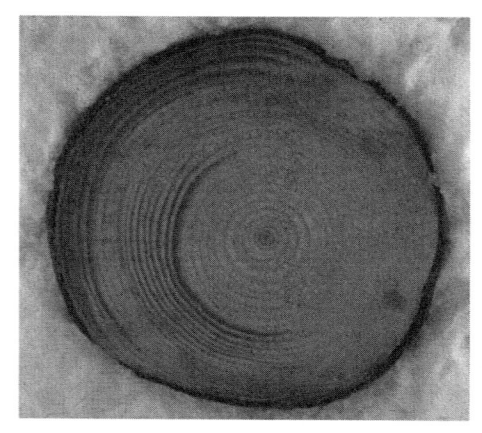

図1 トドマツ樹幹断面に観察されたアテ材
　　　（色の濃い部分）

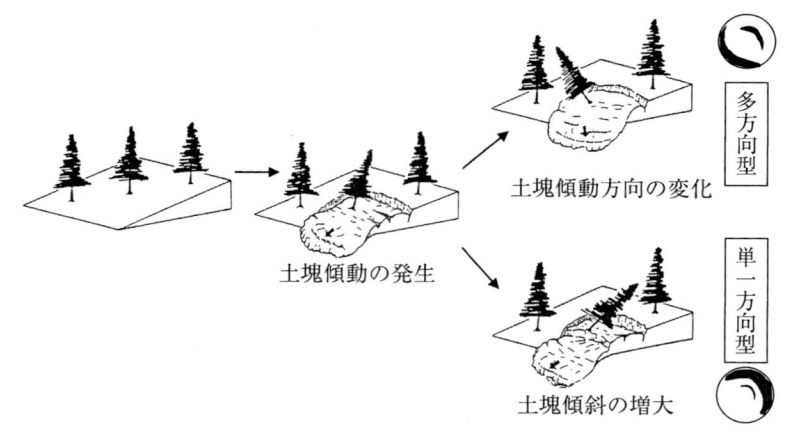

図2 アテ材から見た地すべり土塊傾動様式

全てが多様な傾度と方向をもって傾斜していたことから，植栽後に樹幹傾斜を引き起こすような地すべり変動が発生したことが考えられた．

そこで，同様の傾斜状態にある樹木群から代表的な1個体を選出し，地すべり地全域で計25個体の樹幹のアテ材解析を行った．アテ材解析の際には，① アテ材が形成され始めた年，② アテ材の形成方向がそれ以前とは異なる方向に大きく変化した年，③ アテ材形成が継続する期間内で，その面積が前年と比較して明らかに増大した年の3点に着目して解析を進めた．

土塊の傾動様式

解析の結果，対象期間内では，地すべり地全域において同時に，同規模の，そして一様な地すべり変動が生じることはまれで，地すべり土塊は，傾動方向と活動時期の異なる小ブロック単位で滑動してきた履歴が推察された．また，アテ材解析の際に着目した指標①②③はそれぞれ，土塊傾動の発生，土塊傾動方向の変化，土塊傾斜の増大に対する応答であり，傾動方向変化と傾斜増大が出現した地点が異なっていたことから，半径2〜3 m，深さ2〜3 m程度の根系圏を単位とした地すべり土塊傾動様式は，多方向型と単一方向型に整理された（図2）．

すなわち，多方向型は，地すべり土塊がある一定の方向ではなく，さまざまな方向へ傾動する様式を表している．このタイプは，地すべり土塊の頭部と末端部に挟まれた中央部に分布していたことから，地すべり土塊の中央部ほど，微地形スケールの圧縮や引っ張り等の複合変形を受けやすいことが考えられる．一方，単一方向型は，地すべり土塊が傾きを増大させながら単一方向へ滑動する様式で，大きな亀裂の周辺に分布していた．それらの亀裂走向に直交する方向に滑動が繰り返されることで，地すべり土塊に蓄積された歪みが解放されていると考えられる．

以上のように，樹木群の樹幹断面に形成されたアテ材から得られる時空間情報から，斜面変動という物理現象の発生履歴を1年単位の時間的分解能で解析することが可能となる．

参 考 文 献

深澤和三（1973）：北海道大学農学部演習林研究報告，**30**（1），103-123.

深澤和三（1974）：北海道大学農学部演習林研究報告，**31**（1），87-114.

古谷尊彦（1996）地すべりと山崩れの概念．ランドスライド―地すべり災害の諸相―，古今書院，pp.1-9.

東 三郎，酒井一裕（1970）：日本木材学会北海道支部講演集，**2**，27-30.

東 三郎ほか（1971）：北海道大学農学部演習林研究報告，**28**（2），339-420.

菊池俊一ほか（1992）：地すべり学会誌，**29**（3），1-9.

放射性物質から見た土砂移動現象　　　　　　　　　　水垣　滋

　日本に残されている森林は，そのほとんどが山地に位置しており，森林が荒廃したり開発を受けると表土が侵食され，微細土砂が流出しやすくなる．微細土砂は降雨や融雪などによって河川に供給されると，湖沼や氾濫原，海といった静水環境で沈降堆積するまで一気に運搬される．近年，微細土砂による水質汚濁やダム湖の埋積，水生生物への影響などが指摘されており，流域一貫した対策が求められている．そのためには，森林や流域が持つ水・土砂流出特性を把握することが重要となってくる．しかし，降雨期間中の観測にはかなりの労力が必要となり，さらにそれを長期間継続するとなると現実的ではない．ここでは，森林や流域の微細土砂流出プロセスを把握する有効な手段である，放射性物質セシウム-137（^{137}Cs）を用いた調査事例について紹介する．

^{137}Cs を用いた土砂流出プロセスの推定

　^{137}Cs は，大気中の核爆発により生じた人工放射性物質で，1950 年代後半〜1960 年代前半までに実施された大気核実験によって世界中の地表面に降雨や浮遊塵とともに降下した（Eisenbud, 1979）．日本では 1963 年に ^{137}Cs の年間降下量の最大値を記録し，その後 1966 年には 10 分の 1 に激減，旧ソ連チェルノブイリ原発事故により一時的に増加した 1986 年を除いて，現在ではほとんど検出されないレベルにまで低下した．地表面に降下した ^{137}Cs は微細な土壌粒子に特異吸着されるため，土壌中では容易に脱着せず，溶脱や植物への吸収が少なく，ほとんど土壌粒子とともに移動する．そのため，平坦な森林土壌といった 1960 年代以降侵食や堆積作用を受けていない安定な場所では地表面に高濃度の ^{137}Cs が検出され，深くなるにしたがって指数関数的に減少することが知られている（図1）．一方，崩壊地や川沿いの裸地斜面では，表面が侵食されやすく，^{137}Cs を吸着した土壌粒子がすぐに流出してしまうため，^{137}Cs はほとんど検出されない（図1；水垣，2002）．

　1960 年代以降，河川に流出した土砂の ^{137}Cs 濃度は侵食場所によって異なり，氾濫原や湿地，湖沼や海底における堆積土砂の ^{137}Cs 濃度深度分布形状に反映される（図2）．例えば，森林表土からの流出土砂は ^{137}Cs 濃度が高く，堆積土砂の ^{137}Cs 濃度深度分布は表面からほぼ一定の値で推移し，ある深さから指数関数的に激減する（図2 (a)）．裸地斜面からの侵食が卓越する場合，1963 年の堆積土層にピークが見られる（図2 (b)）．この場合，表土から ^{137}Cs 濃度ピークまでの深さを経過年数で除すことにより 1963 年以降の年平均堆積速度を算出できる．

1）降雨による森林斜面の侵食プロセス

　森林土壌での土砂流出プロセスを把握するために，恩田ほか（1997）は，三重県のヒノキ林において人工降雨実験を行い，実際に森林土壌に表面流を発生させ流出土砂の ^{137}Cs 濃度を分析した．その結果，流出土砂の ^{137}Cs 濃度は徐々に減少していくことがわかった．このヒノキ林の土壌表面から

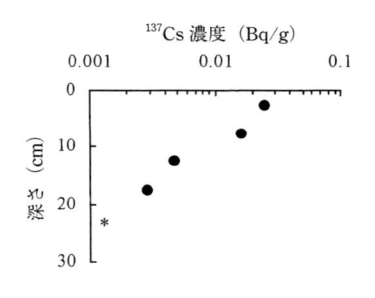

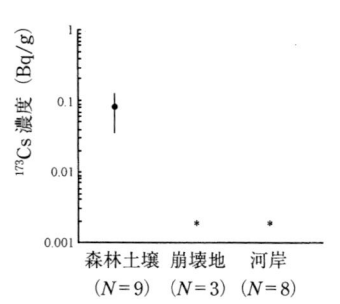

図1　森林土壌の ^{137}Cs 濃度深度分布（上）と表層土壌別 ^{137}Cs 濃度（下）（水垣，2002 を改変）
図中の＊は検出限界（0.002 Bq/g）以下．

10 cm以内に高い濃度の^{137}Csが蓄積されており，それ以深では^{137}Csが激減することから，侵食される場所が表面近くから徐々に深い部分へと移行していることを明らかにした．

ヒノキ林は広葉樹林に比べて降雨が土壌に浸透しにくく，表面流が発生しやすいので，一旦地表面に小さな溝（リル）が形成されると，そこに水が集中して徐々に深くなっていくことが知られている．流出土砂の^{137}Csを調べることによって，森林斜面の土砂流出プロセスを推定することができるのである．

2）長期間の土砂流出プロセス 恩田ほか（1997）と同じヒノキ林の下流域に位置する貯水池では，堆積物の^{137}Cs濃度は比較的高い状態で深部まで続き，急激に減少していた（福山ほか，2001；図3（a））．これは，^{137}Cs降下量がほとんど認められない近年でも堆積土砂の^{137}Cs濃度が比較的高い状態で継続していることを示している．このことから，貯水池周辺の斜面において地表面近くの^{137}Cs濃度の高い土壌が少しずつ侵食されていることが推察される．

一方，釧路湿原に氾濫堆積した土砂について^{137}Cs濃度深度分布を調べたところ，いずれも深部に明瞭なピークがみられ，それより上部では比較的濃度の低い土砂堆積していた（図3（b）；水垣，2002）．また，ピークより下方では濃度が激減しているのがみてとれる．これは，^{137}Cs降下量の経年変動とほぼ一致していることから，^{137}Cs濃度が低い河岸・河床裸地斜面の侵食が卓越していると考えられる．

3）長期間の土砂堆積速度の推定 堆積土砂の^{137}Cs濃度深度分布にピークがはっきりと現れる場合，その層を^{137}Cs降下量が最大であった1963年の表土とみなすことができる．ちなみに，図3（b）の場合，年平均堆積速度は1.3 cm/yearとなった（水垣，2002）．久著呂川の釧路湿原流入部において土砂サンプルを採取し，^{137}Cs濃度を流路から100 m離れた地点まで約25 m間隔で調べたところ，1963年以降の年平均堆積速度は1.3〜6.2 cm/yearと算出された．これらは他の湿原における堆積速度と比較してもかなり大きな値であり，流域の土砂流出が激しいことを示唆している．

以上のように，微細土砂に吸着して移動する^{137}Csを指標にした土砂移動現象の把握について簡単に紹介した．^{137}Csの測定法や様々な調査事例，問題点についてはスペースの関係上十分に紹介できなかった．必要に応じて他書（Ritchie and McHenry, 1990）を参考にしてほしい．

自主解答問題

問．^{137}Cs以外の放射性物質を用いた年代測定法や土砂移動現象の把握手法について調べてみよう．

参考文献

Eisenbud, M.（1979）：環境放射能: 環境科学特論 第2版（阪上正信監訳），産業図書，p.294.
福山泰治郎ほか（2001）：砂防学会誌，**54**，4–11.
水垣　滋（2002）：北海道大学学位論文，p.127.
恩田裕一ほか（1997）：砂防学会誌，**50**，19–24.
Ritchie, J. C. and McHenry, J.R.（1990）：*Journal of Environmental Quality*, **19**, 215–233.

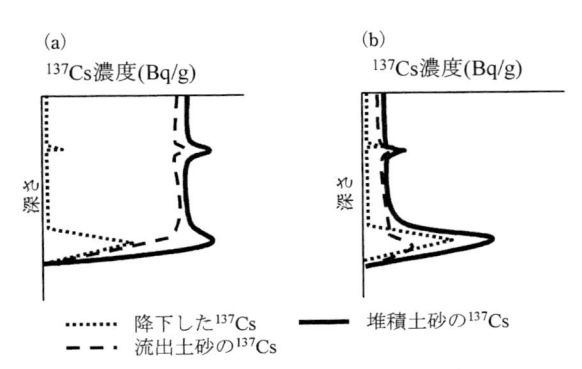

図2 堆積土層における^{137}Cs深度分布モデル（水垣，2002を改変）

(a) ^{137}Cs濃度の高い流出土砂が堆積した場合，(b) ^{137}Cs濃度の低い流出土砂が堆積した場合．

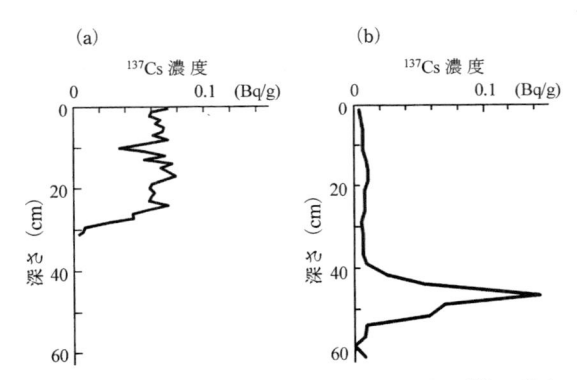

図3 貯水池および湿原における堆積土砂の^{137}Cs濃度深度分布

(a) 三重県ヒノキ林内の貯水池（福山ほか，2001を改変），
(b) 釧路湿原河川流入部の氾濫湿地（水垣，2002を改変）．

サケの遡上と窒素運搬

長坂晶子

サケと陸域生態系とのつながり

秋が深まる頃，北国の川ではサケの遡上が始まったという便りが聞かれるようになる．サケの実物を見たことはなくとも，テレビ映像や写真などを通じて遡上シーンはよく紹介されており，最後の力を振り絞って産卵する姿は感動的である．生まれた川に帰る「母川回帰」という習性の謎とともに，サケのこうした行動はある種のロマンを感じさせるものだ．サケ科魚類（Salmonidae）は世界で10属が知られており，日本では移入種を含めると4属が生息する．このうち，サケ属（Oncorhynchus）の仲間（シロザケ，カラフトマス，サクラマス，ベニザケなど）がこの話の主人公である．

産卵を終えたサケは，オス，メス全て死亡するが，この十数年ほどの間に北米太平洋岸地域を中心に進められた研究から，サケの死体が水生昆虫や，クマ・キツネなどの哺乳動物，ワシなどの餌となったり，死体由来の溶存物質を藻類が利用したりといった過程を経て，河川の生産力を増大（水生昆虫のバイオマスや落葉の分解速度を増加）させ，さらには養分として陸上植物にまで利用されることが報告されている．すなわちサケは，海洋由来の栄養分（C，N，Pなど）を蓄えた自らの体を上流域に運搬することにより，直接的・間接的に陸域生態系に働きかけ，海から森への物質循環の担い手として重要な役割を果たしているというのである．

海洋由来の栄養分を追跡する

海洋由来の栄養分の利用を確認する方法として，窒素安定同位体値（$\delta^{15}N$）を測定する方法が頻繁に使用されている．一般的に，海洋系の$\delta^{15}N$値は陸域系ないし淡水系のものより高く，例えばサケ科魚類の$\delta^{15}N$は+10～+14‰の値をとる．自然植生の$\delta^{15}N$値を測定した例はそれほど多くないが，低緯度＞高緯度，低標高＞高標高となる傾向があり，サケの遡上が見られる北半球高緯度地帯の森林土壌や植物の$\delta^{15}N$値はおおむねマイナスの値をとるため，採取した試料の$\delta^{15}N$値が高ければ，海洋由来のNを含むと判断できる．なお，空中窒素を固定するマメ科植物は，同一地域に生育する他植物に比べ$\delta^{15}N$値が低くなるので試料には適さない．また，植物体内では窒素の代謝や転流の際に同位体分別が起こり，葉や根，果実など，同一植物でも部位が異なると$\delta^{15}N$値も異なるため，試料とする植物の種類や部位は統一する必要がある．一般的には葉が用いられる．

さて，北米や北海道（および北方領土）における河畔性樹木の葉の$\delta^{15}N$値を分析した例では，非遡上河川のものが-3～-1‰の値をとるのに対し，サケ遡上・産卵河川では+0.5～+4‰ほどの値をとることが報告されており，サケによる河畔林への養分添加が環太平洋地域で共通して見られる現象であることを示している．この養分添加により，アラスカでは，産卵河川においてシトカトウヒ（Picea sitchensis）の成長率が大きかったという報告もある．

自然再生とサケの「これから」

現在，日本におけるサケ漁業の主力は北海道である．北海道では1890年代以降サケ資源量は激減し，人工孵化技術が確立する1970年代まで資源量の回復をみることはなかった．しかし，現在も河口でほとんど全てのサケを捕獲しており，上流に遡上できるサケの量がこの100年間で劇的に減少したのは間違いない．最近では，「自然再生」への関心の高まりとともに，サケを海−川−森の物質循環再生の象徴として捉えようという考え方も出てきており，水産資源管理の課題も含めて今後の動向が注目される．サケによる養分運搬の実態と陸域生態系への貢献度がさらに明らかになれば，自然遡上の意義がより深く理解されるだけでなく，現在は産業廃棄物として処理される採卵後のサケの扱いにも再考が迫られるだろう．

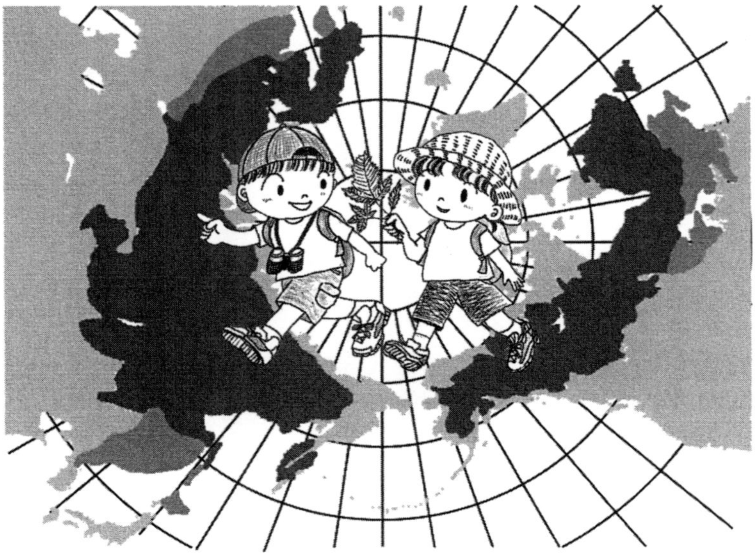

森林の役割：バイオマス利用

森林バイオマスの利用　　　　　　　　　　　　　玉井　裕，寺沢　実

木質バイオマス

　森林生態系が生み出す木材は，人類にとって古くから欠かすことのできない資源であり，森林に対するニーズが多様化する今日においても，その重要性は変わらない．森林の環境保全機能が重要視される一方で，木材をはじめとする資源生産機能も軽視されてはならない．バイオマスとは再生産可能な生物資源を指し，樹木を主体とする木質バイオマスはその主要部分といえよう．人間の時間スケールでは再生を期待できない化石資源に代わり，木質バイオマスは地球規模でのエネルギー事情に大きく関わってくることであろう．

CO_2 固定能

　地球温暖化対策として京都議定書の発効を迎え，いよいよ二酸化炭素放出量削減の具体目標を達成するために，種々の削減プランが実施されることになるであろうが，一方で森林（人工林）での二酸化炭素吸収固定能力も一層強化される必要がある．森林の二酸化炭素固定効果は常に安定して期待できるわけではなく，林相の加齢，過密化により生産量（二酸化炭素固定量）は漸次減少し，いずれ固定・放出の収支はマイナスに転ずることもあり得る．樹木が固定した二酸化炭素は永久的なものではなく，火災や燃料消費によらずもリターや枯死部分は微生物による分解を受け，いずれ二酸化炭素に戻ってゆくのである．

人工材の役割

　したがって，森林（人工林）に二酸化炭素固定を永続的に期待するには，適宜人的に管理保全されなければならない．つまり樹木としての生産量を最大限に維持した森林を保持することが必要なのである．そのためには，除間伐などを行い，生産量を最大に維持することに努め，成長（固定）が飽和したものについては適宜収穫（伐採）し，さらに植栽することにより新陳代謝を促す．そして収穫物（木材）は，その成長（生産）に要した時間より少しでも永く，廃棄されることなく利用されるべきである．そうすることにより，森林（および木材）は二酸化炭素の固定・貯蔵庫として評価されうるものとなる．

ワイズユース

　木材が二酸化炭素貯蔵庫として，環境にやさしい資源として十分に機能するためには，さらなる賢明な利用（ワイズユース）についての理解と努力が求められる．環境保全を踏まえた資源利用に関する諸問題は，単に現場に関わる者だけに科されたものではなく，ユーザーレベルでの理解と実践が不可欠である．そのためにも森林生産と木材利用の現状について実際的根拠に基づいた環境教育も重要である．

菌類の役割

　森林バイオマスの主たる生産者は当然ながら植物（特に樹木）であるが，菌類も直接的ではないにしろ，森林のバイオマス生産に大きく貢献している．その働きとは大きく2つに区分することができるであろう．

菌根菌

　その内の1つは，共生者すなわち菌根菌としての役割である．全ての木本植物は菌根菌との共生関係を持っているといっても過言ではない．その共生関係とは，菌根菌が植物の根の替わりに地中に張り巡らした，菌糸のネットワークによって無機栄養分（特に植物が摂取しにくい形態のリン分や微量元素）や水分を確保する替わりに，植物は光合成によって得た有機栄養分を菌根菌に提供するというものである．この共生関係によって，樹木は乾燥や貧栄養の環境においても生育することが可能となる．

担子菌

　また，もう1つの菌類の重要な役割としては，分解者としての役割である．植物が膨大な炭素とともに固定した窒素その他の栄養素は，植物体の死後に分解されないと再び栄養として植物が再度利用することはできない．その重要な役割を担っ

ているのがやはり菌類なのである．主に担子菌を中心とする菌類は，木材を分解する能力を獲得しながら進化してきた．それらは難分解成分であるセルロース・リグニン複合体（木材）を効率的に分解資化することができる．そして生態系内に窒素，リン，他のミネラルを還元，供給しているのである．菌根共生と分解還元は必ずしも分業化されているわけではなく，分解，共生の両方をこなすものもある．もし菌類のような還元者（分解者）がいなければ，植物により地中から吸い上げられた養分は一方通行で再び生態系に戻ることはなくなり，物質循環系は機能しなくなってしまうであろう．

キノコ（白色腐朽菌）

分解者の中には目に見える大型の胞子形成器官（子実体）を形成するものもある．これがいわゆるキノコであり，現在食用として栽培されるキノコの大半は木材腐朽菌である．木材腐朽菌であるシイタケやヒラタケ，エノキタケなどは，元来枯死した倒木上に発生する．つまり木材を分解して栄養源としているのであるが，食用とされる木材腐朽菌の大部分は，白色腐朽菌であり，リグニンとセルロースをほぼ等比率で分解し，セルロースを分解して得た糖分を栄養としている．木材腐朽型のきのこ類はほだ木や菌床を用いた人工栽培が比較的容易であるため，特用林産物としても大いに生産利用されている．

キノコ（褐色腐朽菌）

しかしながら，木材腐朽菌による木材の分解は，「家屋の腐朽害」や「立木の腐朽病害」として人間にとって好まざる現象として顕在化することもある．木材を利用する立場からすると，木材分解を防ぐ（または遅延させる）方策が必要となる．

倒木更新

倒木更新とは，枯死倒伏し腐朽しつつある木の上において，樹木種子が発芽，生長する現象であり，特にエゾマツの天然更新には重要であると考えられている．この際に木材腐朽菌は実生に生育の場を提供し，さらに病害菌と拮抗することにより実生を枯死から守っているようである．

木材の利用

かつて北海道には近代に至るまで天然の大径木資源に恵まれ，古くから樹木はその材質特性からさまざまな固有名称や愛称で呼ばれ利用されてきた．例えばミズナラ（コナラ）であれば，成長が早く重硬な（早材部が大きく曲げにくい）材質のものを「イシナラ」と呼んだり，成長の速いハリギリを「オニ（タランボ）セン」（年輪幅が広く，重硬，曲げにくい，樹皮が粗い），逆に遅いものを「ヌカセン」（年輪幅が狭く，軽軟，曲げやすい，樹皮が比較的平滑）と呼び区別していた．また，ウダイカンバは赤みの強い心材率の高いものを「マカバ」，白みが強く心材率の低いものを「メジロ」と称し，材価も大きく異なる．生物学的には異なる樹種であるが，シナノキを「アカシナ」（材に赤みが多く，不整年輪が多く，割れやすいため合板に不適），オオバボダイジュを樹皮

図1　カラマツ間伐木

表1　アイヌの人々の森林資源利用（『アイヌと植物　樹木編』より引用）

キハダ	実：食用，内樹皮：薬用，材：柱材，枝：魔除け，外樹皮：蓑
ミズキ	祭礼用，木幣
ナナカマド	実，葉，材：薬用，魔除け
エンジュ	枝：魔除け，木幣，材：臼杵
ウダイカンバ	樹皮：桶，籠，松明
	マカンバ：赤味の強い心材率の高いもの（高価）
	メジロ：白味の強い心材率の低いもの
シラカンバ	樹液：飲料
エゾヤマザクラ	樹皮：刀鞘，矢筒の装飾
シナノキ	内樹皮：繊維
	アカシナ：材に赤味が多く不整年輪があり割れやすい
	アオシナ：オオバボダイジュ，樹皮が青味がかる，合板に適す
トドマツ	樹皮：屋根葺き，敷物，樹脂：接着剤
オヒョウ	内樹皮：繊維
ハルニレ	材：焚き付け，内樹皮：繊維
	アカダモ：ヤチダモに似た材
キタコブシ	樹皮，枝条：薬用
イタヤカエデ	材：箸，器具，樹液：飲用，酒
イチイ	実：食用，材：弓，小刀柄，酒箸，器具，柱，染料（心材）
ミズナラ	実：食用
	コナラ，イシナラ：生長が早く，重硬，早材部が大きく曲げにくい
オニグルミ	実：食用，樹皮：染料
カシワ	実：食用
クリ	実：食用，葉，イガ：薬用，材：舟，家材，家具
カツラ	材：盆，杓子，小刀柄，蓑，臼，杵，丸木舟
ハリギリ	材：梁，臼（軽くて丈夫），盆，木彫品，木鉢，丸木舟，臼，杵
	オニセン：オニタランボ，年輪幅が広く重硬
	ヌカセン：年輪幅が狭く軽軟，曲げやすい
ホオノキ	実：薬用
ヤチダモ	材：家柱，積木，物干し竿，梁，舟，櫂，薪，樹皮：薬用

図2　タモギタケ

図3　ベニテングタケ

が青みがかっていることから「アオシナ」（合板，木工民芸品に向く）と呼んだり，ハルニレは木目と生育環境がタモ類（ヤチダモなど）に似ていることから「アカダモ」と呼ばれることもある．

アイヌの人々の利用法

また先人であるアイヌの人々は，北海道に産する樹木資源をその特性に応じて木材のみならず多様に利用してきた（表1）．我々の生活にとって木材をはじめとする森林資源は，今なお不可欠であり，また単なる無機的な資源ではなく，その利用は文化でもある．森林資源の保続的な生産利用に際しては，個々の樹種特性に根ざした管理が必要である．

都市の中のもう1つの森林　　　　　　　　　　平井卓郎

木材利用と大気中の炭素増加緩和

1) 木材利用と炭素収支　森林は，適切な管理保全と持続的利用によって，大気中の炭素増加を緩和する機能を向上できると考えられている．この緩和機能に過度な期待をかけ，本来取り組むべき人間活動の多くの課題から視線をそらすことは危険であるが，この点を十分理解した上で，森林とその適切な利用のもたらす効果を，客観的に評価・活用して行くことには大きな意義があろう．

気候変動に関する政府間パネル（IPCC）は，森林その他の陸上生態系システムによる炭素増加緩和機能を「生物的緩和」と呼び，この機能を積極的に活用するために，表1のような3つの方法と戦略を提示している（小林，2004）．表1に示されるように，森林の炭素増加緩和戦略には，森林の保護・保全・造成等の他に，適切な木材利用も含まれている．

炭素収支の面から見ると，適切な木材利用は次のような効果を持つといわれている（有馬ほか，2001）．

① 樹木が固定した炭素を，木材が木材として利用されている期間，貯蔵し続ける．

② 生産，加工，利用，解体，廃棄等におけるエネルギー消費（その多くは化石燃料消費による炭素放出と連動）が他の材料に比べて少ない．

これらの評価例として，表2のような試算結果が報告されている（有馬ほか，2001）．また，各種の建築構造（木造，鉄筋コンクリート（RC）造，鉄骨（S）造，鉄骨鉄筋コンクリート（SRC）造）における，建設資材全体の炭素収支については，図1のような試算例が示されている．表2，図1からわかるように，炭素収支の点で中立ないし正の効果を与え得る建設材料は，現在のところ，唯一，木材のみである．木材が「都市の中のもう1つの森林」と呼ばれるのは，このような理由による．

表1　「生物的緩和」の方法，戦略，オプション
（小林，2004）

方法	緩和戦略	緩和オプション（戦略例）
保護	既存炭素の保全	森林伐採の遅延または中止，自然林管理方法の改善，防火管理，防虫管理，森林保全
吸収	炭素プールの規模拡大による隔離	森林管理の改善，新規植林，再植林，早生林の樹立，都市部での植林，廃棄物管理の変更，木材製品内の炭素貯留量増加
代替	持続可能に生産できる生物起源の製品への転換	エネルギー集約度の高い建設資材を木材に転換，化石燃料をバイオマスに転換

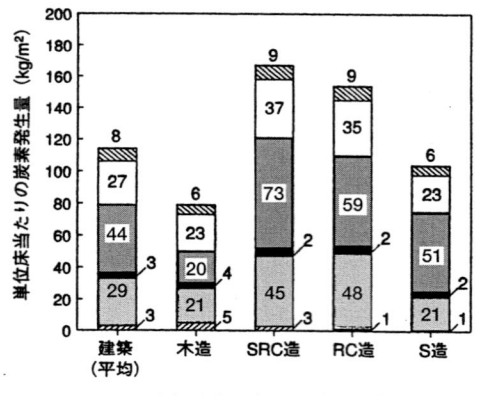

(a) 炭素固定量を0とした場合

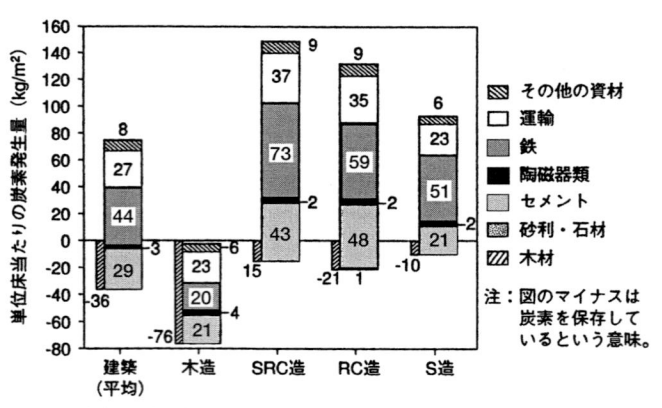

(b) 炭素固定量をマイナスの排出量とした場合

図1　床面積1m^{2}当たりの炭素放出量（有馬ほか編，2001）

表2 各種材料製造における消費エネルギーと炭素放出量（有馬ほか編，2001）

材料	化石燃料エネルギー		製造時炭素放出量		製品中の炭素貯蔵量 (kg C/m³)	±炭素量 (kg C/m³)
	(MJ/kg)	(MJ/m³)	(kg C/t)	(kg C/m³)		
天然乾燥製材 (比重：0.50)	1.5	750	30 (32)	15 (16)	250[*1]	−235 −234
人工乾燥製材 (比重：0.50)	2.8	1,390	56 (201)	28 (100)	250[*1]	−222 −150
合　　板 (比重：0.55)	12	6,000	218 (283)	120 (156)	248[*2]	−128 −92
パーティクルボード (比重：0.65)	20	10,000	308 (345)	200 (224)	260[*3]	−60 −36
鋼　　材	35	266,000	700	5,320	0	5,320
アルミニウム	435	1,100,000	8,700	22,000	0	22,000
コンクリート	2.0	4,800	50	120	0	120
紙	26	18,000		360		

（　）内は廃材燃焼による熱エネルギーの利用を考慮した場合．
廃材からの調達エネルギーを天乾材20MJ，人乾材1820MJ，また合板は人乾材の1/2，パーティクルボードは1/3とした．
[*1]，[*2]，[*3]：炭素含有率をそれぞれ50，45，40％とした．
±炭素量：製造時に放出された炭素量−製品中に蓄えられた炭素量（木材が生育時に大気中から吸収して固定した炭素量）

2）木材中の炭素量　実際の木材中に蓄積される炭素量は，次のように概算できる．

　　材積（体積）×容積密度×炭素含有率（0.5）

木材にはつねにある程度の水分が含まれ，それによって質量が増減する．この水分は細胞壁中の結合水と空隙中の自由水からなる（今村ほか，1999）．結合水が飽和状態となる含水率は25〜30％程度で，これを繊維飽和点と呼んでいる．樹木の水分は通常これ以上であるが，伐採された木材は徐々に乾燥し，空気中の湿度と釣り合う含水率に近づいていく．木材は繊維飽和点以下では，乾燥に伴って体積も減少する．このため，木材の密度や比重は一義的に定義できず，各種の計算法が併用されている．容積密度もその1つで，木材が繊維飽和点以上のときの体積と水分を含まない木材実質部分の質量から計算される．

木材の容積密度は，樹種によって大きく異なり，0.2 t/m³に満たないものから1.0 t/m³を超えるものまで多様であるが，普通に使用される木材はおおむね0.3〜0.7 t/m³程度と考えてよい．木材の容積密度にはこのように幅があるが，炭素量を計算する場合は，0.45 t/m³程度と仮定することが多いようである（小林，2004）．

3）木材中の炭素蓄積に対する評価　京都議定書の運用ルールによると，第一約束期間（2008〜2012年）は，森林内にある炭素のみに注目して，炭素の吸収・排出を評価することになっている（小林，2004）．現在は，この方法（IPCCデフォルト法）の他，大気フロー法，ストックチェンジ法，プロダクション法など，木材中の炭素蓄積も考慮した各種の考え方が提案され，検討が進められている．現在議論されている取り扱い方法の概要は，表3に示すとおりであるが，まだ国際的な共通認識が得られるには至っていない（小林，2004）．

木材中の炭素評価の最も難しい点は，国際的な流通過程のどの時点で，吸収・排出を評価するかにある．例えば，森林生育過程で炭素を吸収し，木材廃棄の時点で炭素を排出する（大気フロー法）と考えると，木材輸入国では，輸入木材を廃棄する時点で炭素収支がマイナスとなる．一方，木材の輸入出と同時に炭素も輸出入される（ストックチェンジ法）と考えると，輸入木材の炭素収

表3 伐採木材中の貯蔵炭素の取り扱い方法

名　称	取り扱い方法	木材の輸出入に関する考え方と長短所
IPCC デフォルト法 （IPCC default）	樹木を伐採した時点で炭素が排出されるとみなす方法	木材輸入時にはすでに炭素排出済みとみなされているので，木材廃棄時には CO_2 排出を計上する必要がない．木材輸入国にとって有利に見えるが，木材製品中に貯蔵される炭素が評価されないという問題点を含んでいる．
大気フロー法 （atmospheric flow approach）	森林による CO_2 吸収と木材の廃棄による CO_2 排出の差を評価する方法	木材産出国（輸出国）では，森林の単年度成長量から CO_2 吸収量が計上され，消費国（輸入国）では，木材の廃棄時に CO_2 排出量が計上される．木材輸入国は輸入時に，将来の CO_2 排出源を抱え込むことになる．
ストックチェンジ法 （stock-change approach）	地球上の総炭素蓄積量の変化に注目し，木材と同時に蓄積炭素も輸出入されるとみなす方法	木材輸入国では当面炭素蓄積量が増えることになり，輸入材を利用すると有利になる．反面，自国産材の利用促進には結びつきにくい．木材を廃棄する時点では，当然 CO_2 排出量が計上される．
プロダクション法 （production approach）	国内で生産される木材のみに対し，炭素の吸収・排出を評価する方法	輸出木材は輸入国で廃棄された時点で，輸出国の CO_2 排出として計上される．輸入国は輸入木材の炭素収支に関しては評価対象とならない．

支は廃棄の時点で差し引きゼロとなる．このため，木材輸出入の取り扱いは，各国の利害に直接結びつくことになる．

日本は木材の大量輸入国であり，この点では輸入国に有利な取り扱いを期待する立場にある．しかし同時に，国内に大量の造林木蓄積を抱えており，その利用促進が大きな課題となっている．日本の造林地の大半は，木材需要の低迷から間伐，枝打ち等の育林作業がきわめて不十分な状態にある．このことが，森林としての活性低下やそこで生産される木材の低質化を助長し，さらに国内造林木需要の低迷を招くという悪循環を生じさせている．この点では，国内産材の利用促進に有利な取り扱いを期待するという立場にもある．

炭素収支の問題は，日本の社会・産業界全体の利害，また全ての産業を包括した国際的利害と密接に結びついており，森林や木材に直接関わる部分だけを切り離して考えることはできない．したがって，森林や伐採木材の取り扱いに関しても，総合的な視点からの判断が求められているといえる．

木材利用の課題

木材中に蓄積される炭素は，木材の燃焼や腐朽菌類などによる生物分解により最終的には大気中に放出され，その炭素を樹木が固定するというサイクルを繰り返すことになる．したがって，木材中の炭素蓄積は一時的なものに過ぎず，この一時的蓄積に炭素増加緩和機能を期待するには，その使用期間中に，伐採したと同等以上の森林が確実に生育することが前提となる．

逆に言えば，木材にこの機能を期待するには，伐採対象，伐採量，伐採時期，伐採方法等を適切に設定するとともに，伐採した木材をできるだけ有効に，長期間使用し続けることが重要だということになる．そのためのいくつかの要点を示すと，次のようになろう．

① 木材の最終用途における要求寸法や要求性能を適切に把握し，伐採，加工，製品化の過程における木材廃棄率を低減し，最終製品ベースでの原木利用率（歩留まり）を向上させる．

② 木造建築の構造計画は，できる限り耐久性を考えたものとし，長寿命化を図る（平井ほか，2004）．耐久性の点で有利な構造計画は，結果的に建物の熱効率や構造安全性，使用木材の歩留まりの点でも有利となり，相乗的な環境負荷低減につながることが多い．

③ 木造建築の適切な維持管理と補改修の実行を定着させ，長寿命化を図る．また，維持管理を想定した初期設計を定着させる．

④ 優れた平面計画や意匠，住機能や居住性の実現により，使いやすく美しい木造建築を提供し，その建物を積極的に使い続けようとする動機を与える．

⑤ 中程度の地震や台風では損傷を生じない，高耐力の木造建築を提供する．耐力に余裕のある構造躯体は，要求性能の変化に応じた改築も容易にする．

⑥ 日本における中古建築物の不動産価値評価の転換を図り，上記②～⑤が経済的にも効果を発揮できるような「社会的土壌」を作る．

⑦ 中古家具・木製品の流通が定着するような「社会的土壌」を作る．また，それに耐える耐用性と意匠性を持つ製品を提供する．

⑧ 木材・木製品の加工工程整備や木造建築の適切なプレハブ化により，加工時廃材，建設時廃材の集中化と利用効率化を図る．

⑨ 施工時廃材や建築解体材，廃棄木製品など，個別散在する廃材を，効率的に回収・運搬・集結するための産業的・社会的システムを構築する．

⑩ 上記⑧，⑨を基盤とし，効率的な廃材利用技術の開発・普及を行う．

木造建築や家具，木製品の長寿命化を図ったとしても，いずれは解体・廃棄が必要となるので，廃材のリサイクル利用による伐採木材の延命は重要な課題の1つである．ただし，その効果については冷静に判断する必要があり，リサイクルという観念的なイメージのみに惑わされるべきではない．なぜなら，リサイクルには必ず新たなエネルギー投入（炭素放出）が伴うからである．この中には，製造加工に直接関係するものだけではなく，廃材の運搬や出来上がった商品の流通など，さまざまな局面における炭素放出も含まれる．したがって，木材や紙の安易な廃棄とそのリサイクル利用を繰り返すことは，環境負荷を効果的に低減することにはならない．

上記の各種課題を克服し，木材の持続的利用を進めるには，森林，木材，建築に直接関係する分野だけではなく，社会を構成するさまざまな分野での取り組みが必要である．人間が森林に支えられて生きる生き物の1つとして，しかし，森林に対して他の生き物とは比較にならない潜在的破壊力を持つ存在として，今後も生き続けていくためには，それぞれがそれぞれの場面において，可能な努力を積み重ねて行く必要があろう．森林の直接生産物である木材や紙，森林と間接的に繋がった，多くのエネルギー依存製品を無造作に浪費しながら，日常生活とは切り離された世界で，森林の保全や再生を訴えても，それは空しく響くだけである．

参 考 文 献

有馬孝禮ほか（2001）：木材科学講座9 木質構造，海青社，pp.231-244.
平井卓郎ほか（2004）：木質構造，東洋書店，pp.136-150.
今村祐嗣ほか編（1999）：建築に役立つ木材・木質材料学，東洋書店，pp.29-32.
小林紀之（2004）：地球温暖化と森林ビジネス，日本林業調査会，pp.24-26, 37-41.

木質バイオマスのエネルギー利用　　　　　　　　　　　　　小島康夫

　人類は火を使うことを知り，飛躍的に文明が発達した．以来，木材は暖房用燃料や炊事用燃料，鋳造用（農耕器具や武器）燃料として人類文明の発展を支えてきた．また化石資源（石炭・石油・天然ガス）が使われてからは工業的な発展が加速してきた．エネルギーは文明の発展を根底で支えるものであり，家庭用から車両，発電などさまざまな形で利用されている．エネルギー源としての燃料が恒久的にかつ安全に利用され続けることが可能なら，人類の将来は安泰であるが，化石燃料は安全でもなく，また恒久的でもないことがわかってきたのである．何故だろうか？　1つは地球温暖化などを引き起こすこと，もう1つは化石資源の枯渇である．すなわち，現在のエネルギー問題は環境と資源の両方にまたがっている問題なのである．そしてこの両方に深く関わっているのが森林である．この節ではその問題を取り上げ，考えてみる．

エネルギー資源としての木質バイオマス

　前述したように，木質資源を燃料として使用することは有史以来行われてきたことで，薪や炭など広く用いられてきた．何故また木質バイオマスが注目されてきたのだろうか？　この大きな理由は化石資源と呼ばれる石油や天然ガス，石炭の資源埋蔵量と関係する．

　石油，天然ガスは今世紀中頃になくなり，石炭は200年後に枯渇という計算が関係機関から示されている．近い将来，このような資源の問題に直面することから，全世界の政府機関，国連などが新エネルギーの開発に力を注いでいるのである．木質系バイオマスはこの新エネルギーの重要な資源となる．表1に化石資源と比較して森林の蓄積量と年間採取量（伐採量）を示しているが，森林の場合，化石資源と異なって再生可能であり，利用した分だけを植林し，全体として，森林の機能を損なわないように利用し続ければ，森林を維持しながらエネルギー源として永久に使用していくことが可能である．

　しかしながら，伐採した木材を全てエネルギー源に利用するわけにはいかないのである．伐採した木材から派生する未利用部や使用済み木質材料などを燃料として利用することが基本である．これをカスケード型リサイクルといい，他に利用方法がなくなる最下層での資源をエネルギーとして利用することが上手な利用法となる．また，利用されていない木質資源を無理に利用することで逆に大きなエネルギーを失う場合もある．例えば，奥深い山奥に残された枝などを町に運んで取り出すエネルギーよりも，この枝を集めて運搬するエネルギーの方が大きくなれば意味がない．日本でこの考え方に基づいて計算される利用可能な木質残廃材は600万t（発熱量120PJ）程度と見積もられている．この木質資源は石油に換算して約300万tに相当する熱量を保有している．この量は日本が1年間で使用する石油のおよそ1%に相当する．

　残廃材の集約化，運搬方法の改良，建築廃材などでさらに2～3倍の利用可能な資源が増加する可能性があり，可能な限り木質資源を無駄にしないでエネルギー利用することが望まれている．なお，廃棄物系バイオマスとしては他に農水産業からの廃棄物，各種工業からの有機系廃棄物，都市部からの生ゴミなどをエネルギー利用する方法もあり，こうしたものを全て合わせて，石油使用量の7%に相当するエネルギー源として利用していく方針がバイオマスニッポン総合戦略（2002年末に閣議決定）で提示されている．

表1　木質バイオマスエネルギーストックと発熱量

	世界	日本
蓄積量	4220億t	18億t
（発熱量）	8500EJ	34.5EJ
間伐材・林地残材	14億t	600万t
（発熱量）	2万8391PJ	120PJ
製材廃材	3.1億t	800万t
（発熱量）	6299PJ	160PJ
建築・家具廃材	4.4億t	1350万t
（発熱量）	8793PJ	270PJ

注）　E：10^{18}，P：10^{15}．

地球温暖化と木質バイオマス

　地球温暖化は地球表面の温室効果ガス（水蒸気，メタン，二酸化炭素）による平均気温の上昇が原因となるもので，あるレベルの温室効果ガスは地球上に生物が生存するために必要であるが，人間のさまざまな生産活動により二酸化炭素やメタンが過剰に放出されると，地球表面温度が少しずつ上昇していくことになる．地球の平均気温は過去1世紀で0.6 ± 0.2℃の増加が認められ，2100年には$1.4 \sim 5.8$℃の上昇が予想されている．この結果，海面は$0.1 \sim 1.0$mの上昇が見込まれ，世界中の平野部の多くが水没することにより食料生産の衰退や生態系の破壊が危惧されている．この温暖化に最も大きな影響を及ぼしているのは二酸化炭素（CO_2）で，現在大気中の濃度は350 ppm前後であるが，2050年には700 ppmにまで増加すると予想されている．このために第3回気候変動枠組み条約締約国会議（COP3，京都）でCO_2排出量の規制を先進国で分担し，日本は1990年を基準として6％の削減を求められている．この計算では木質バイオマスのエネルギー利用で排出されるCO_2はカウントされない．また植林など森林を育成することで，その森林が吸収する二酸化炭素が排出量から差し引くことが認められ，二酸化炭素排出削減目標を達成できない国は他国の削減量を買い取ることや，植林事業への投資で削減量を取得することも可能になっている．

木質バイオマスの利用例

　表2にエネルギー化の方法と得られるエネルギー形態・利用分野を示すが，これらは，木質バイオマスに限定された方法ではなく，バイオマス一般について実用化もしくは研究されている方法である．

表2　木質バイオマスのエネルギー化法

エネルギー化方法	取得エネルギー源	利用分野
直接燃焼		発電，熱供給
メタン発酵	メタンガス	発電，熱供給
エタノール発酵	エタノール	車燃料，工業原料
ガス化	燃焼性ガス ガス変換でジメチルエーテル，メタノール	発電，熱供給 燃料電池

木質バイオマス利用の経済性

　木質バイオマスのエネルギー化は上述したように閣議決定された「バイオマス日本」の基本戦略であり，各研究機関でプロジェクト化されてきている．技術的な問題，経済性など国内はもとより各国の実情も含めて，日本のエネルギー政策の方向が検討されている．しかし，木質バイオマスのエネルギー化は経済性に関して非常に厳しい状況にあり，EC各国で計画されているようなエネルギープランテーションは日本では成立しない．これはインセンティブ（化石資源の使用に対する課税によりバイオマスエネルギーの市場競争力の確保など）が，日本では未だ確立されていないことも要因であるが，現在ではカスケード型利用形態に準じて，製材廃材，建設廃材，未利用間伐材，樹皮などがエネルギー利用の対象とならざるを得ない．ただし，現在炭素税導入（化石資源を使用する場合にかける税金）の早期導入が検討され，今後バイオマスの経済性は改善する方向にはある．

木質バイオマスの展望

　木質バイオマスについて，その背景，利用法などを概要したが，世界的な動向からみてバイオマス利用に関して日本はまだ後進国である．欧米では，エネルギー源をできるだけ多様な原料から得られるように工夫してきた．これは石油などの化石資源の流通が不安定であり，またその資源量も限界があることから，化石資源の供給が停止しても大きなダメージを受けないように政策的に推進されてきた．先進国のなかで，日本は化石資源への依存度が飛び抜けて高い．このような状況は大きなリスクを背負うことになる．今後，経済的だけではなく，環境保全やエネルギー供給の安定性からも木質バイオマスを効果的に利用する技術をさらに進めていかなければならない．

自主解答問題

問1．日本の未利用森林資源はどのくらいあるのか？　林地残材は？　廃材は？
問2．木質バイオマスを利用することで地球環境の改善にどのくらい効果があるのか？

バイオマス成分の利用

浦木康光

バイオマスとは？

バイオマス（biomass）とは，「生物現存量」または「生物量」と訳され，生体活動に伴って生成する動物，植物および微生物体を物量換算した有機物を意味する．したがって，樹木は代表的な植物バイオマス（phytomass）であるが，材料として切り出された木材や廃材，生ゴミ，家畜の屎尿などは厳密にはこの定義にあてはまらなくなる．しかし，広義にバイオマスとして認識されている．現在では，バイオマスを量と云うより資源として見なすのが一般的となっている．広義の解釈では，動植物由来のモノは全てバイオマスとなり，石油などの化石資源も化石バイオマスと呼ばれることがある．しかし，バイオマスという認識には「再生可能な資源」という概念も内包しており，再生期間が 10^4 年以上という化石資源は区別して考えることが一般的になっている．

1）バイオマスの利用 バイオマスの利用は有機資源としての潜在性に基づき，大きく2つの形態がある．1つはエネルギー資源としての利用であり，他方はケミカルスを製造するための有機資源としての活用である．ここでは，後者のケミカルス原料としての木質バイオマスを概説するが，本論でのケミカルスとは試薬や工業原料となるファインケミカルスばかりでなく，機能性高分子への変換も含める．

木質バイオマスをケミカルスに変換する方法も，大きく2つに分類できる．1つは，木材（木粉も含む）全体をケミカルスに変換する方法で，他方はバイオマスの構成成分を個々に有用ケミカルスに変換する方法である．

2）木質バイオマス全体をケミカルスへ この代表的な手法は木材を液化し，その後，種々の高分子材料や炭素繊維へ変換するものである．木粉をフェノールやポリエチレングリコールなどの有機溶媒中で約250℃に加熱すると，溶解・液化する．硫酸などの触媒を添加すると150℃で液化する．樹脂への変換は，例えば，液化木材中の遊離フェノールを除去後，硬化剤であるヘキサメチレンテトラミンと充填剤である木粉を加え，180℃で熱圧成型するとフェノール樹脂様の板が作成できる．硬化剤を添加した液化木材は紡糸も可能であり，炭素繊維への変換も可能である．

木質バイオマス成分

木質バイオマスの主な構成成分は，グルコースの多糖類であるセルロース（全体の40～50％），他の単糖類をも含んで形成されるヘミセルロース（20～30％）および，フェノール骨格を持つリグニン（20～30％）である．1975年Goldsteinは *Science*（189巻，4206頁）誌に，当時製造されているプラスチックの95％が木質バイオマス成分から製造可能であることを示唆している．現在でも，汎用プラスチックのほとんどは，木質バイオマスから理論的には製造可能である．図1に，木質バイオマス成分から製造可能なケミカルスを要約する．

1）木質バイオマス成分の分離 木質バイオマスの構成成分を利用するには，まず，共存している構成成分を個々の成分に分離しなければならない．代表的な成分分離法は化学パルプ化である．世界的に主流のクラフトパルプ化法では，セルロースを単離し，他の成分はエネルギー回収のために，燃焼されている．図1に示すように，他の成分もケミカルス原料としての潜在性は高いので，主要3成分を変質が少なく効率的に分離する方法も提案されている．それは，有機溶媒を用いて木材チップをパルプ化する方法で，オルガノソルブパルプ化と呼ばれている．この方法では，多種の有機溶媒を用いることが可能で，さまざまなパルプ化条件が示されている．その他，木材チップを高温・高圧の水蒸気にさらし，その後低圧下に放出することで解繊（木材の細胞をばらばらにすること）を行う蒸煮爆砕法も木質バイオマスの簡易成分分離法として世界的に研究が進行している．

2）木質バイオマス成分の利用

①セルロース：セルロースは紙の重要な原料である．「紙は文化のバロメーター」とも言われ，世界的な文化レベルの向上に伴い，セルロース不足に対する危惧が叫ばれている．セルロースは最古のプラスチック原料とも見なされ，現在でも多様な高分子材料が製造されている．これらはセルロース誘導体といった化合物に変換されてから利

```
                              ┌─────────────────────────────────────┐
                              │         セルロース誘導体              │
                              │  セルロースエステル  セルロースエーテル │
                       ┌──────│  ・セルロースアセテート ・メチルセルロース│
                       │      │  ・ニトロセルロース等  ・ヒドロキシプロピルセルロース│
                       │      │                    ・CM-セルロースなど│
              ┌─セルロース─┤      └─────────────────────────────────────┘
              │        │      ┌──────────────┐              ┌──────────────┐
              │        │      │   ケミカルス   │              │  高分子材料   │
              │        └─グルコース─┤・ソルビトール ・エチレン│──────│・ポリエチレン │
              │               │・フラクトース ・アセトアルデヒド│      │・ポリアクリル酸│
木質        成              │・エタノール  ・アセトンなど │      │・ポリメタクリル酸メチル│
バイオマス─分──ヘミセルロース─┬─マンノース─エタノール──────────│・ブタジエンゴム│
              離              │                                    │・ポリアクリロニトリル│
              │               └─キシロース─┤ケミカルス │              │・ポリ塩化ビニル│
              │                           │・キシリトール│              │・ポリエチレングリコールなど│
              │                           │・フルフラールなど│          └──────────────┘
              │              ┌──ケミカルス──┐          ┌──高分子材料──┐
              └─リグニン─────│・バニリン    │──────────│・フェノール樹脂 ・ポリエステル│
                            │・フェノール  │          │・ポリウレタン  ・炭素繊維など│
                            │・クレゾールなど│          └────────────┘
                            └──────────┘
```

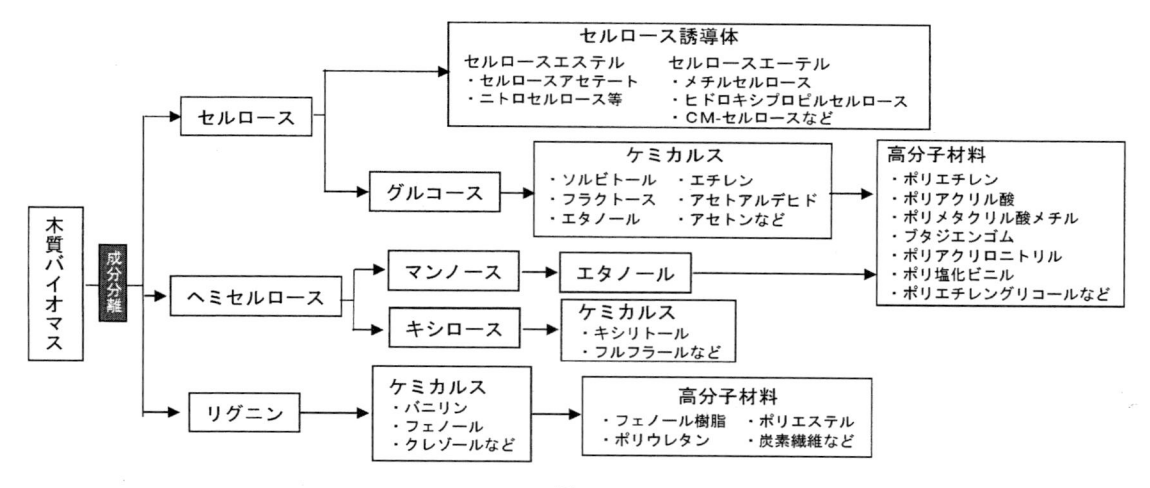

図1

用されるが，誘導体の調製方法も従来からのエステル化やエーテル化に加え，現在でもTEMPO酸化法など新規な誘導体化法が開発され，新規誘導体も種々報告されている．セルロース誘導体を含むセルロースは，繊維，フィルムやフィルターをはじめ人工透析膜など，医療，食品，塗料など非常に幅広い分野で利用されている．

一方，セルロースからエタノールを作り，燃料やファインケミカルス原料として利用する研究も進められている．

②ヘミセルロース：ヘミセルロースはフルフラールなどの工業原料を作るための成分として期待されているが，最近では，オリゴ糖や糖アルコールに変換して利用されている．広葉樹の主なヘミセルロースはグルクロノキシランであり，これを部分的に加水分解することでキシロオリゴ糖が得られる．この糖類はビフィズス菌の増殖を促進することより，食品添加物としての利用が期待されている．また，単糖類であるキシロースを還元するとキシリトールが得られ，抗齲蝕性の甘味料として広く利用されている．その他，抗ガン活性のあるヘミセルロースも見出され，今後の利用が期待される．

③リグニン：現行のパルプ産業では，リグニンは燃焼されているが，フェノール骨格を持つことからフェノール代替物としての利用が期待されており，1930年頃からフェノール樹脂や接着剤に変換する方法が提案されてきた．現在でも，ベンゼン核の特性を活かし，高強度・高耐熱性のエンジニアリングプラスチックへの変換が提唱されている．これらの利用研究はクラフトパルプ化で得られるリグニンを中心に始められたが，現在はオルガノソルブパルプ化法によって得られる変質の少ないリグニンが対象となっている．リグニン系樹脂としては，ポリウレタン樹脂が最も研究例が多く，実証試験も進んでいる．その他，ポリエステル系樹脂への変換や，水を浄化するためのイオン交換樹脂への変換も検討されている．

リグニンを炭素源と見なす観点から炭素繊維へ変換する研究も1960年代から行われている．当初はリグニンのみの繊維が得にくいために，他の合成高分子との混合物が原料となったが，1980年代になりリグニン単独で繊維を調製する技術が報告されるようになり，現在数種のリグニンに対し紡糸法が確立され炭素繊維への変換が可能となった．さらに，炭素繊維を賦活化して活性炭素繊維を製造する方法も示唆され，環境浄化資材としての利用も期待できる．

リグニンの利用が長年の課題であり，これが達成できれば，木質バイオマスを総合的かつ高度に利用できるシステムが構築できる．循環型社会を構築するには，あらゆる木質バイオマスを効率的に無駄なく利用するシステムを創成しなければならない．

参考文献

坂　志朗編（2001）：バイオマス・エネルギー・環境，アイピーシー．
鈴木正治ほか編（1999）：木質資源材料（改訂増補），海青社．
飯塚堯介監修（2000）：ウッドケミカルスの最新技術，シーエムシー．

森林の持つソフトに学び，人類の役にたつモノを創る　　生方　信

　木質資源化学分野では，木本系植物，草本系植物のみならず，木本，草本植物とかかわりあいの深い微生物等の生産する低分子や高分子の天然有機化合物に関する研究をしている．バイオマス資源をより広く捉えて，医薬や医療材料の開発に向けて基礎研究や応用研究を行っている．扱う生物材料は植物，微生物，動物細胞など多岐にわたり，研究を進めていくにあたって有機化学をベースに，化学・生物学・物理学に基づく最先端技術を用いている．何故，農学部の森林学科に，このような研究を行っている研究室があるのだろうか？

　農学は，「人間がよりよく生きるための知恵を紡ぎだす学問だ」と私は考えている．生きるために必須であったものは食料だから，食料生産に関する学問が農学の中心となったのだ．味噌・醬油・酒などの醸造工業から発展した微生物学や分析技術は，遺伝子工学と結びつくことにより，特徴的なバイオテクノロジーを生み出し，農学の1分野に成長した．文化のバロメーターであった紙や住むための家屋を作り，それらの資源を育て守ることから始まった森林科学もまた農学の重要な分野であり，地球環境問題と結びつき新たな学問分野に成長しつつある．

樹木成分・医薬・微生物

　主に微生物分野の農学的アプローチからは，いわゆる「ピカ新」と言われる医薬や生命の秘密を探るバイオプローブが誕生している．ゼロから一を生む研究が生まれるのは，このようなヘテロな環境と日本の農学研究の中から生まれた東洋的な考え方があるからだとも言える．日本人の発見ではないが，樹木由来で有名な医薬がある．卵巣癌（がん），乳癌，肺癌，さらに頭部や首にできる癌の治療に臨床的に用いられているタキソールがそれで，1971年にタイヘイヨウイチイ（*Taxus brevifolia*）から単離された．このタキソールを微生物の培養により生産しようとする新しい試みもある．すなわち，タイヘイヨウイチイの内皮から単離された真菌の一種 *Taxomyces adreanae* は，この樹木からタキソール生合成に必要な遺伝子を受け継いでいるらしい（あるいはこの真菌がタイヘイヨウイチイに遺伝子を受け渡した）．微生物培養により，この貴重なクスリを生産することが将来可能になるかもしれない．

　この例に見られるように，樹木と微生物の相性は実はとてもよいことが次第に明らかになってきた．我々人類にとって，今ではなくてはならない医薬に抗生物質がある．これらも真菌や放線菌といった微生物により生産されるものだ．この放線菌を単離するときにフミン酸という物質を使うことがある．これは，植物が微生物分解を受けて生成した分子量数百から数十万の天然有機物質のうち，アルカリやアルコールで抽出した後の不溶性成分である．詳細な構造は不明だが，木本系植物その他のリグニンが関与していると考えられる．リグニンは疎水性かつ，酸性の性質を示す天然高分子で，よく天然のプラスチックや鉄筋コンクリートにおけるコンクリートに例えられる．リグニンの全くない樹木を遺伝子工学で創ったとしたら，恐らく健全に育たないだろう．実際に紙パルプ産業において，邪魔者のリグニン除去を目的として，リグニンの生合成を抑制した遺伝子組換えポプラなどが作出されているが，生育の遅延，花粉の捻性や種子の発芽率の低下，病害抵抗性の低下，樹木強度の低下なども確認されているものもあり，図らずも樹木におけるリグニンの重要性を示す結果となった．これらを克服して，リグニン含量を落とさず，パルプ化しやすい成分比に変えたものもでてきており，今後の展開が楽しみである．

セレンディビティー

　森林浴という言葉を聞いたことがあると思う．林野庁が1982年に打ち出した言葉だが，森の持つ不思議なパワーが少しずつ解明されている．最もよく認識されているのが，樹木の葉や幹から発散されるフィトンチッドだ．アロマテラピーに使われる精油もこの一種で，殺菌や殺虫作用などの生理活性が知られている．最近，私たちは揮発性

フィトンチッドの主成分であるテルペンの中に，皮膚の老化などを効率よく阻害すると見られる成分を特定した．まだ研究の途中だが，古くから経験的に知られ，言い伝えられてきた現象を分子のレベルで明確に説明できるようになるかもしれない．このように基礎的に現象を掘り下げ，限りない応用につながるテーマが君たちを待っているかもしれないし，君たち自身で，思いがけない宝（新しい知）を発見できるかもしれない．セレンディピティーという言葉は，1954年にホレイス・ウォルポールがつくり出した言葉で「偶然に，思いがけない幸せな発見をする能力」を示す．セレンディピティーはオリジナリティーを発揮するための能力の1つだが，この才能を引き出すにはどうしたらよいだろうか．大事なことは，恐らく何かを自分の意志で求め続けていく意思と実行力，そして明敏な観察力だろうと思われる．パスツールの格言に「偶然は準備をしているものだけに味方する」というのがある．"仮説-実証"のサイクルの中での献身的な努力と新しいものを見出したいという渇望，そして柔軟なものの見方が，そのような幸運を呼び寄せるのだろう．世紀の大発見でなくとも，小さなセレンディピティーを積み重ねていけることこそ，研究の楽しみであり醍醐味といえよう．

学問のすすめ

クラーク博士が札幌農学校の基礎を築いたとき，当時最先端の技術や考え方を導入したのみならず，狭い意味での農学という字句に捉われない校風を創ったために，多くの魅力的な人材が育ったものと思われる．木質資源化学研究室では，自然が好きで化学や生物あるいは物理学のいずれかに興味があり将来人類の役に立つ研究を，基礎的段階から学ぶ意欲のある学生を求めている．冒頭に述べたように，研究テーマは多岐にわたる．2003年10月から，私は研究室の第4代教授として教室運営にあたっている．過去の教室の歴史を調べてみると，初期の頃の10年間，毎年のように博士後期課程に進む学生がいたことがわかった．これらの先輩方は全員，大学や公的研究機関などのアカデミアや企業の研究所などを経て活躍されている．夢をあきらめずに努力すれば，必ずその夢は叶うだろう．木質資源化学研究室では，研究者としての基礎が鍛えられ，学問が面白くなり，研究がわくわくするほど楽しくなる至福の瞬間を味わえると確信する．

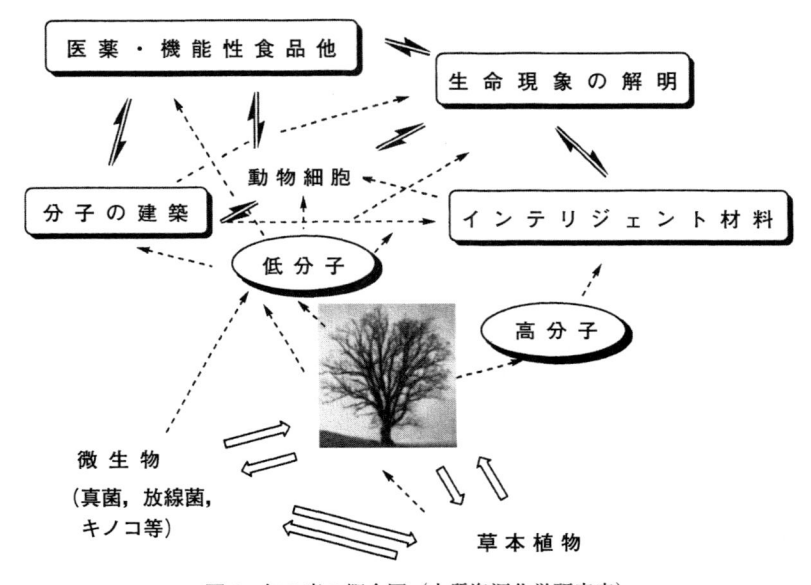

図1 知の森の概念図（木質資源化学研究室）

リグニンを調べる

幸田圭一

　リグニンは樹木などの高等植物に幅広く存在し，地球上で最も豊富に存在するバイオマス資源の1つである．樹木細胞が死期を迎える直前の段階で，細胞壁の骨格をなすセルロースやその他の多糖成分（ヘミセルロース）の間隙にリグニンが沈着して力学的な強度を付与し，耐水性を高め，微生物，紫外線，その他の外的刺激から樹木を保護する役割を果たしていると考えられている．リグニンは図1に示すような芳香核成分を構成単位とし，これらが種々の割合で，またさまざまな結合様式で不規則に結びついている．リグニン化学構造の「不規則性」は多糖やタンパク，核酸といった他の生体高分子ときわめて異なる特徴である．リグニン化学構造の多様性は，植物の進化の過程（維管束系の発達）を反映していると考えられている．こうした化学構造の形成が生合成過程でどのような制御を受けているのか，興味が持たれる．さらに，学術的な観点からのみならず，応用的な観点からも，リグニンの化学分析は欠かせないものとなっている．例えば，製紙産業分野などではリグニンの効率的な分離法の開発や有効利用，リグニン含有量の少ない樹木の開発を目指す上で，リグニンの化学分析法は重要な基礎的知見を提供する．本稿ではその代表例を簡潔に紹介する（詳しくは末尾の成書を参照のこと）．

リグニン定量法

① クラーソン法：リグニンが多糖成分よりも酸加水分解を受けにくい性質を利用した定量法．
② アセチルブロマイド法：溶媒可溶状態にした試料中のリグニンを分光学的手法で定量する方法．
③ 酸化剤による方法：リグニンが多糖成分よりも迅速に酸化剤を消費する性質を利用した定量法．

リグニン化学構造分析法

① ニトロベンゼン酸化法：リグニンの酸化分解物であるベンズアルデヒド誘導体の種類と量から，構成単位の量や縮合度に関する情報を得る方法．
② アシドリシス，チオアシドリシス：酸触媒存在下でリグニンを加溶媒分解して得られる低分子生成物を定量し，構成単位や各結合様式の頻度に関する情報を得る方法．
③ オゾン酸化法：リグニンをオゾン処理して得られるヒドロキシカルボン酸の種類と量から，リグニン側鎖の立体構造に関する情報を得る方法．

　森林生態系における腐植の形成過程では，落葉などの植物遺体が微生物分解を受けるが，分解抵抗性を示すリグニンは，自然界での炭素循環において大きな役割を果たしている．他方，従来の定量法でリグニンとして扱われてきた成分，例えば，樹木の葉の高分子成分の中には，リグニン本来の構造的特徴を示さない物質が多く存在することが明らかにされている．こうした「リグニン様物質」の研究も今後の展開が期待されよう．

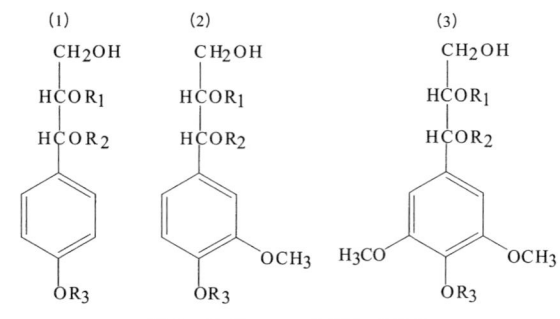

図1　リグニンの主要構成単位
側鎖部分は一例を示した：R_1 =フェニル基．R_2, R_3 =アルキル基または H．(1) パラヒドロキシフェニルプロパン構造，(2) グアイアシルプロパン構造，(3) シリンギルプロパン構造．

参考文献

福島和彦ほか編（2003）：木質の形成—バイオマス化学への招待，海青社．
片山義博ほか（2002）：木材科学講座11 バイオテクノロジー，海青社．
中野準三ほか編（1990）：リグニンの化学 増補改訂版，ユニ出版．
中野準三，飯塚堯介翻訳・監修（1994）：リグニン化学研究法，ユニ出版．
バーグ，B., マクラルティ，C.（大園享司訳）（2004）：森林生態系の落葉分解と腐植形成，シュプリンガーフェアラーク東京．

樹木成分の魅力

岸本崇生

　森林浴という言葉があるように，森の中に入っていくと，すがすがしい気分になり安らぎを覚える人も多いだろう．それは，空気が新鮮である，風景や新緑などが目に和むといったことが理由であろう．しかし，それらに加え，森の中に広がっているフィトンチッドとよばれる植物由来の成分が作用していると考えられている．「フィトン」は「植物」を，「チッド」は「殺す」を意味する．植物が出す，微生物などを殺す作用のある物質のことである．テルペンをはじめ，樹木の葉などに含まれる揮発成分などの香りの成分を指すことも多い．それらの成分には芳香・抗菌・消臭作用などがあり，日常生活にも利用されている．アロマテラピーとして知られる，ひのきオイルなどのエッセンシャルオイル（精油）もその1つといえる．

　抽出成分と呼ばれる樹木由来の成分には，人の役に立つものも多い．香りのもとになるだけではなく，医薬品やその原料となるものもある．イチイの木に含まれるタキソールは，抗がん作用が高いことから20世紀最高の抗がん剤ともいわれている．国内でも，乳がんなどの治療に用いられ，大きな成果を上げている．シラカンバの外樹皮に大量に含まれるベチュリンもテルペンの1種であるが，香りはない．ベチュリンを原料とした物質は，エイズの治療薬としての可能性などが検討されている．

　それから，忘れてはならないのは，樹木の細胞壁の3大成分である．樹木の細胞には厚く発達した細胞壁がある．パイプ状の細胞が連なり，時には数十mにも及ぶ巨大な体を支えている．その細胞壁を形作っている成分が，セルロース，ヘミセルロース，リグニンである．そのいずれもが，高分子化合物（ポリマー）である．セルロースは，鉄筋コンクリートの鉄筋に，リグニンはその周りを固めているコンクリートに例えられる．

　セルロースはグルコースが数多く連なった構造をした，多糖類の1種である．デンプンと似ているが，セルロースは水に溶けない．セルロースはさまざまな工業原料にも使われている．セルロイドとよばれるプラスチックもセルロースを原料に作られる．タバコのフィルターもセルロース由来である．紙もセルロースが主成分であり，パルプを漉いて作られる．樹木のチップをアルカリなどで煮ることにより，リグニンを溶かし出し，細胞をバラバラにすることにより，化学パルプが作られる．

　ヘミセルロースは，大まかにいえば，樹木に含まれるセルロース以外の多糖類のことをいう．広葉樹に多く含まれるキシランも，ヘミセルロースの一種である．フィンランドではシラカンバのキシランを原料に，虫歯の予防に効果のあるキシリトールを工業生産している．キシリトール入りのガムがはやっていることから，名前を聞いたことがある人も多いだろう．

　リグニンは，フェニルプロパンを基本骨格とした複雑な構造をしている．リグニンという名前の由来はLignumという樹木を表すラテン語である．細胞壁へのリグニンの沈着を，木質化（木化）というように，樹木が最も樹木らしいのはリグニンがあるからであるといえる．植物は進化の過程でリグニンを獲得し，水中から陸上での生活を可能にした．このような樹木になくてはならないリグニンを有用なものに活用するため，数多くの試みが続けられている．

　森が生み出す樹木は，人の生活に役に立つ，あるいはなくてはならない成分の宝庫である．人の生活にどれだけ役に立っているかは，測り知れない．森を育て，樹木を育てていくことは，とりもなおさず人の生活の質を高め，人の生活を守っていくことに他ならない．

森林の管理と利用

森林の利用・管理　　　　　　　　　　　　　　　　　　　　　柿澤宏昭

あなたと森林の関わりは？

　この章を読むにあたって，まずあなたと森林との関係を考えてみてほしい．

　まず身近なところから考えれば，あなたの周りは森林の恵みである木材製品に囲まれているだろう．あなたが手にとっているこの本自体，木材からつくられた紙でできている．あなたが住んでいるのが木造住宅なら文字通り，木に囲まれている生活をしているし，アパートやマンションに住んでいても，見渡せばドアや家具など木でできたさまざまな「もの」があるだろう．

　森林はまた，水源の涵養に大きな役割を果たしていると言われている．そうであるなら，あなたは蛇口をひねるたびに森林の恩恵を受けているともいえる．あるいは，ピクニックやハイキングなどの場として直接的に森林を利用している人も多いだろうし，利用しないまでも「緑」に潤いや心のやすらぎを感じる人はもっと多いだろう．日常生活の中で私たちは，意識するしないにかかわらず，森林とさまざまな関わりを持っている．

　ここでもう一歩進んで考えてほしいのは，あなた以外の人も当然ながら森林と関わりを持って生活していることである．住んでいる場所や社会的・経済条件が異なれば当然ながらその森林との付き合い方も変わってくる．山村に住む人にとっては，森林は木材生産など経済的な基盤として欠かせない．一方，野生生物の保護に関心を持つ人は，その生息域としての森林の保全に大きな関心を持っているし，地球温暖化を憂える人のなかには二酸化炭素の吸収源としての森林に期待をかける人もいるだろう．

　このように，人々は森林に対してさまざまな要求を持っている．この要求を基に社会と森林の関係が創られているのであり，森林の利用や管理というのは，この関係性が具体化したものといえる．木材が大量に必要とされれば森林を開発し，また木材生産を効率的に行える人工林を造ってきたし，レクリエーション利用の要求が高くなれば優れた景観を持つ森林の開発を規制してきた．人々の関心は多様で時には対立するものであるがゆえ，木材生産と自然の保護など利用をめぐって大きな紛争を引き起こす場合もしばしばある．いずれにせよ，さまざまな人がさまざまな森林とのかかわりをもっており，その中で森林の利用と管理が営まれているのである．

　それゆえ，「農山村の活力をはかる」で議論されているように，今そこにある森林の状態，景観は，これまでの人間の森林への関わりの反映として存在している．だから森林を利用・管理するといっても，白紙のキャンバスの上に自由に絵を書くように利用・管理できるわけではない．今ある森林はこれまでの人々との関わりの中で存在しているのであり，それを無視して森林の今後を考えることはできない．普段何気なく見ている景色も，よく観察すれば，そこから地域の歴史や状態を探ることができる．景観の裏側にある地域の姿，人間と社会の関係を読み取ることのできる能力をぜひ磨いてほしい．

　さらに科学的な手法を使うことによって，時代を遡って，人々の生活を浮かび上がらせることも可能である．「埋もれ木の出所を調べる」で述べられているように，電子顕微鏡を用いることによって遺跡から出土した材の樹種を判別することが可能となっており，これを通じて有史以前の人と木材の関わりを浮かび上がらせ，また当時の植生を推測することができる．このように新たな研究手法の開発により，土の下に埋もれてしまった木々から人々と森林の関係を明らかにすることもできるのである．

森林利用の歴史の簡単なおさらい

　森林の利用や管理について論じる前に，簡単に森林利用の歴史的な流れを説明しておこう．

　現在皆さんの家では暖房や調理は石油やガスなど化石燃料を使って行っているだろう（電気もその多くは化石燃料で発電されている）．しかし，1950年代くらいまでは家庭用燃料のほとんどは薪・炭でまかなわれていた．また，紙や建築のために使われる木材もほとんど国内で自給していた．この当時までは今以上に家庭生活は木材に依

存しており，そのほとんどは国内で生産されたものだったのである．

ところが，1950年代から家庭用の燃料が薪や炭などからガス・石油などに急速に転換するにつれ，薪炭供給源としての森林の役割が急速に減退した．

一方，高度成長のもとで，住宅建築や紙の生産のために産業用木材需要が急速に増大してきた．これに応えるため，天然林の開発などによる木材生産の増大，生産性が低いと考えられた二次林を針葉樹人工林へ転換することが積極的に進められた．しかし，需要に国内の供給が追いつかなくなり，木材輸入の自由化が進むにつれて，安価な木材が海外から大量に流入するようになった．国内の木材生産はこの価格競争に耐えることができず，また資源的にも劣化してきたことから，急速に生産量を減少させ，そのシェアを減らしてきた（図1）．また上述の天然林開発の過程で，林業は「自然破壊の元凶」というありがたくないレッテルを貼られ，また人工林化を進めすぎたことが批判されるようになったのである．

このような森林の生産的な役割の低下と相反するように，森林の多面的な機能に人々の関心が移ってきた．水源の涵養，レクリエーションの場，野生生物の生息地，生物多様性の保全など，さまざまな機能が森林に求められるようになってきた．

以下，このような人間と森林の関係をみるなかで，これからの森林の管理と利用のあり方を考えてみたい．

人と森林のかかわりの変化

人々の森林に対する要求を基に人と森林はさまざまな関わりを切り結び，この関わりの中で人々は森林を利用・管理していることを最初に述べた．森林がさまざまな役割を果たしているといわれるが，この「役割」というのは社会との関係で規定されるものであり，社会の要求の変化に応じてその期待される役割は大きく変化してきている．

例えば野生生物の生息場所としての森林の役割が近年注目されている．しかしそもそも森林は人間が認識するしないにかかわらず，ずっと野生生物の生息場所としての機能を果たしてきた．たまたま，森林を含めた環境の劣化により，絶滅の危機に瀕する種が出てきたり，あるいは生息域としての森林の重要性が研究でわかるようになって，社会が森林の野生生物生息域としての役割を重視するようになり，その役割を発揮させるために森林を保護するようになったのである．

「石狩平野の防風林の特性と多面的機能」では，そもそもは農地を強風から保護するために残された，あるいは造られた防風林が，現在では失われてしまった植生を今日に残すものとして貴重であることが述べられている．ここでは身近な自然を改めて見直し，その意義を認め，保全していくことの重要性が指摘されている．

このような森林の見直しという点では，「里山」も近年大きな注目を集めている．里山といわれるのは，かつて農村を営むために維持されていた森林である．草を刈ったり落ち葉や枝などを集めてきて堆肥にして農業に使ったり，薪や木材を採取したりして農業や人々の日常生活を支えてきた．ところが，農業が化学肥料に全面的に依存するようになり，また燃料も化石燃料が普及することによって，里山は無用の長物となってしまった．里

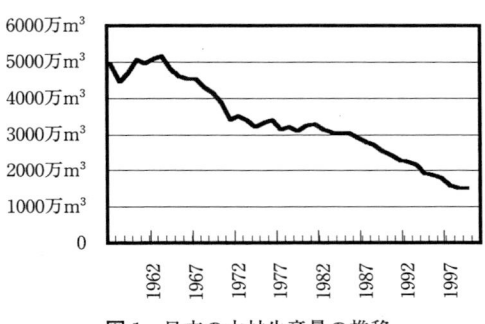

図1　日本の木材生産量の推移

山は，人間が手を入れている間は，林床がきれいに刈り払われており，ある種の生物に重要な生息場所を提供していたが，人間の手が入らなくなることによって生息環境が大きく変化してしまい，これら生物が生息できなくなってきた．例えば，里山を生息域としてきたギフチョウなどは絶滅が危惧されるようになってしまったのである．人間が長い歴史の中で創ってきた里山では，人間と自然の相互作用のなかで独自の生物相を維持してきたのである．こうした里山を巡る人と自然の関係の重要性が改めて見直され，いったんは見捨てられた里山を現在の中に改めて蘇らせようという動きが大きく広がってきている．

　森林はまた水との関わりでもその重要性が見直されてきた．例えば都市人口が増大し，渇水問題が生じるようになると，上流域の森林保全が大きな課題とされるようになったし，森林開発などによる水質悪化が懸念されるようになると漁業関係者から河畔林や上流域の森林の保全・再生が求められるようになってきた．

　さらに，近年では地球規模での環境問題との関わりで森林が注目されるようになってきた．そのひとつが温暖化ガスとされる二酸化炭素の吸収源としての森林の役割である．地球温暖化が人類にとって大きな問題であり，温暖化ガスの削減に国際的に共同して取り組む必要が認識され，温暖化対策のための京都議定書が結ばれた．議定書の基本は，化石燃料の利用による温暖化ガスの発生を削減することにあるが，森林の吸収源としての役割も認められた．これに関わって，「北海道の天然生林の炭素吸収と便益評価」で議論されているように，森林の吸収源としての役割を把握し，炭素吸収に貢献できる森林管理をどのように行うのかが大きな注目を集めるようになってきている．

　このように，社会の要求の変化・多様化に伴って森林に対してさまざまな役割が期待されるようになってきているのである．

森林に期待することは責任を伴う

　しかし，ここであらためて考えなければならないのは，こうした社会の要求というのはしばしば，森林への一方的かつ勝手な要求という面を持っていることである．例えば，先に都市に渇水問題が生じて森林の水源涵養の役割が求められるようになったことを述べた．しかし，この問題の根本にあるのは，水供給のことを全く考えずに都市を膨張させてきた都市政策の貧困である．また，地球温暖化の問題も，そもそもは化石燃料の大量使用が問題であるが，その削減は，産業活動や自動車の利用など，われわれの生活を縛ることになるがゆえに難しく，森林の吸収源としての機能が期待されるようになっている．このように，問題の根本に手をつけず，安易に森林に対して勝手な期待をかけることがしばしば生じており，それは環境問題がより複雑化・深化するにつれて増えてきている．

　森林の機能についてはまだわかっていないことも多く，森林に対して過度の期待をすることは，取り返しのつかない事態を引き起こす可能性もある．例えば，温暖化ガス削減に関わって吸収源としての森林に過度の役割を押し付け，産業活動やわれわれの日常生活における温暖化ガス排出削減に真剣に取り組まないなら，人類生存そのものを危機に陥れる可能性が高い．

　ここで求められていることは，第1に問題の根本にきちんと目を向け，その解決に正面から取り組むことであり，第2には森林が果たす機能について科学的な根拠を持った議論を行うことである．

　次に指摘しておきたいのは，そもそも人間の森林に対するさまざまな要求を全て森林に押し付けることは困難だということである．例えば，ある1つの森林に木材を生産する要求と厳正に自然を保護する要求が同時に行われても双方の要求を満足させるのは不可能である．レクリエーション利用と野生生物の生息地保護など細かい調整が必要な場合もある．

　また森林の育成には長い年月がかかるが，社会は短期的に大きく変動するため森林への要求もそれに合わせて変動する場合が多い．こうした要求の短期的変化をそのまま森林の利用に反映させようとすれば大きな混乱が生じ，取り返しのつかない失敗をする可能性もある．

　ここでは，人々の森林への要求をいかに調整し，持続的な森林管理をどう保障するかが問題となる．多様な利害関係者の真摯な議論を通してさまざまな期待を調整し，最善の科学的な知識を用いて森林をどのような目的で利用するのかを定

め，その目的を達成するための適切な管理を行うことが求められているのである．そうした意味で人間が森林にある役割を期待するということは，逆に大きな責任を背負い込むことを意味することを認識してほしい．

山村と森林

上に述べたように人々は森林と多様な関係を切り結んでいるが，特に考えてほしいのは，山村地域での人々と森林との関係である．

山がちな地形をもつ日本では，森林の多くは人口密度が希薄な山地に存在し，こうした地域は『山村』と呼ばれ，かつては木材や，炭・薪の生産地として重要な役割を果たしてきた．しかし，上述のように薪炭需要の消滅，安価な海外からの林産物流入によって，これら生産活動は大きな打撃を受けた．さらに，経済成長に伴い，山村から都市への人口流出が続き，過疎化と呼ばれる現象が生じた．かつては木材生産で栄えた山村は，見る影もなく寂れていったのである．西日本では挙家離村といって，集落の全戸丸ごと引っ越して集落そのものが消え去るといった事態も生じたし，集落が残っても高齢化が進み，日常の生活を維持することさえ困難となってきた．

そこで，寂れゆく山村を活性化するためにさまざまな努力が行われてきている．1980年代くらいまでは工場やリゾート施設を誘致するなど，都市の企業の力に依存した活性化が試みられる場合が多かった．しかし，これら企業は収益を度外視して山村のために貢献するわけではない．海外で安価な労働力が使えるようになると，山村の工場には用がなくなり撤退してしまう．また，経済状況が悪化してリゾート企業自体が破産してしまうといった事態も生じた．結局，後には翻弄され疲弊した山村が残されることとなった．

これに対して，「地域発展を考える」で議論されているような内発的発展という考え方が注目を集めている．これは地域の環境・資源を基礎とし，地域住民の創造的な資源利用によって，環境を保全しつつ，ゆとりを持った地域づくりを行うという考え方であり，各地でこうした試みが始まっている．こうした発展を模索する上で重要な役割を果たすのが住民自治である．山村を巡る厳しい経済的・社会的条件を克服しつつ，地域が自立した発展の道を実現するためには，地域に住む人々がさまざまな人々が協力し，知恵を出し合うことが必要なのである．

森林の多くが山村に存在する以上，山村を抜きにして今後の森林の維持管理を考えることはできない．森林を学ぶ人々の圧倒的な多数は都市の出身だと思うが，ぜひ山村の問題にも目を向けて真剣に考えてほしい．

新たな森林との付き合い方の創造

森林を利用・管理するための目標が設定された次に出てくる問題は，誰がどのようにその利用・管理を行うかである．

山村にとって木材生産は重要な産業のひとつであり，また森林資源を有効利用する上で木材生産にかける期待は大きい．しかし，林業はきわめて厳しい状況に置かれており，また山村は過疎化で担い手そのものがいなくなっているという状況にある．それでは林業を活性化するといっても誰がどうやって行えばよいのだろうか？

外材との競争を真正面に受けて，流通の合理化やコスト削減，市場開拓などを工夫するなど，正攻法で日本の林業活性化の途を探ろうという試みが行われるようになっている．いくつかの地域では，こうした試みによって林業活性化に成功しているが，優良な資源が蓄積されていたり，長年にわたって努力が積み重ねられているなどの条件があってはじめて可能となっており，他の地域に同様な取り組みを広げることはなかなか難しい．

これに対して，市場経済の論理では林業の活性化はおぼつかないとして，別の道を求める動きもある．「みなみ北海道に里山をつくる」で論じられているように，市場経済化の中で忘れ去られた技術を見直したり，森林を生産の場として有効に活用することによって林業を活性化することが行われている．

また現在，森林認証といって，持続的な管理を行っている森林に第三者機関がお墨付きを与え，この森林から生産された木材を環境に配慮した製品として流通させるシステムがつくられている．このシステムを導入して，環境に関心のある消費者に働きかけ，積極的に利用してもらおうという試みも各地で始まっている．

都市民が森林に関心を持って，その管理に積極

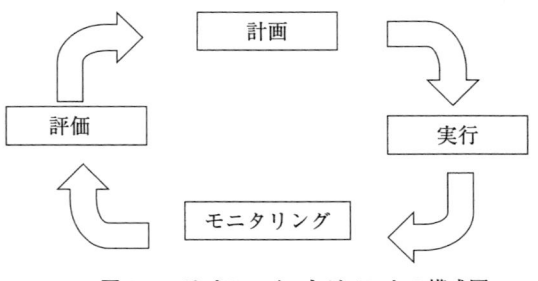

図2　アダプティブマネジメントの模式図

的にかかわろうという動きもある．里山や人工林の荒廃を懸念し，荒廃から少しでも森林を救うため，ボランティアとして森林作業に汗をかく人々の輪が急速に広がっている．もちろん，その多くは素人作業であるから，プロの林業作業員の仕事を代替することは無理であるし，また期待すべきでもない．しかし，こうしたボランティア活動への参加によって，人々の森林や山村への知識がより深まり，森林所有者や山村住民との交流が活発化することによって，さらに積極的に森林を支える運動に関与しようとする動きも起こっている．例えば，外材ではなく，自分の住んでいる近くにある森林の木を使って家を建てる運動や，ボランティア活動で培ってきた知識を基に政策提言を行うなどの活動も起こってきている．

先に述べた山村活性化の試みも，山村内部だけではなく，都市民との交流の中でその活路を見出そうとしているところが多い．水資源の涵養にかかわって下流の自治体が上流の自治体に森林保全のための資金を負担したり，上下流の人々の相互理解を深めるための交流事業を行ったりする試みも始まっている．

このように，かつてのように木材生産を中心とした狭い人々のつながりではなく，多様な社会と森林との関係を反映して，森林管理を支える多様な試みが生まれ始めてきている．ただしその多くはまだまだ「試み」の段階を出るものではなく，これをどう育て，つないでいくかが問われている．

森林を取り扱う技術

さて，具体的な目標と担うべき人々が決まったら，目標が厳正な保護を行う，あるいは放置するということでない限り，どのように森林に手を入れてその目標を達成していくのかが次の課題となる．

具体的な森林の取り扱い，すなわちどのように調査し，立木を伐採し，手入れをし，木を植栽するかということ—これを施業と称する—に関しては，古くから実践とその理論化が試みられてきた．その中で今日でも重要な意義を持つのが「合自然的な森林施業」で議論されている照査法である．照査法は実行しつつ，その結果をきちんと評価し，誤りを正していくという点で，アダプティブマネジメントに通じる施業の考え方といえるだろう．

アダプティブマネジメントは，一般に適応型管理あるいは順応型管理と訳されている．これまで森林を含めて自然資源管理では策定された計画に対して柔軟に修正を加えたり，実行結果をモニタリングして評価するということはほとんど行ってこなかった．これに対してアダプティブマネジメントは，図2に示したように，実行した結果をきちんとモニタリングし，そのモニタリングの結果を最新の科学的知識をもって分析し，当初立てた計画に誤りがあれば，これを迅速に修正するというサイクルを常に繰り返していくものである．複雑な森林生態系に関わってわれわれが持っている知識は限定されている．限定された知識をもとに計画を立てると誤りを犯すことがどうしても避けられない．そこでアダプティブマネジメントという新しい資源管理の考え方を導入して，誤りをできるだけ早く発見し，これに対処することによって，より良い管理を達成しようとしているのである．

ここで指摘しておかなければならないのは，こうした管理を行うためには，当該地域の森林を知悉した専門家・技術者集団がきちんとその森林の面倒を見る仕組みが保障される必要があることである．特に，モニタリングを継続的に行うために

は，十分な人的・財政的な資源が確保されていなければならない．優れた技術は，それを担うことができる優れた，そして地域に根ざした技術者がいてはじめて発揮できることを忘れてはならない．

また，先にも述べたように，単に森林だけを対象とするのではなく，生物多様性の保全，水と森林の関係など，さまざまな生態系や自然のつながりの中で森林を取り扱うことが求められるようになっている．こうした手法の開発はまだ手が付けられたばかりであり，さまざまな分野の専門化との共同作業が必要とされている．

「森林作業と林業機械について知る」で詳細に説明されているように，施業はさまざまな機械・道具を使った作業によって行われており，機械化も積極的に進められている．また近年では森林の調査・計画や作業に当たって地理情報システム（GIS）などの技術も積極的に使われるようになってきている．森林を扱う仕事というと汗臭いイメージがあり，現にそのような側面もあるが，一方で最先端の技術も積極的に導入されてきているのである．

大きく目を広げて

これまで主として日本を中心として森林の利用と管理を論じてきた．森林の状態も，森林を取り巻く社会経済条件も地域によって大きく異なっており，森林の管理と利用は地域に根ざして進められる必要がある．

一方で，われわれは世界に広く目を広げて森林のことを考える必要がある．「世界の森林政策」においては，森林の利用の秩序付けの重要性を国際比較の中で議論するとともに，森林にかかわる国際的な取り組みが展開されるなかで，国際的視野を持って森林政策を学ぶことの重要性が強調されている．

さらに広く目を向け，国際的な視野を持つことの重要性を述べると，まず第1に世界でさまざまな利用と管理が行われており，ユニークな取り組みも行われており，こうした取り組みを学ぶことがわれわれの森林の利用・管理を考える上でも重要なヒントを与えてくれることが挙げられる．第2には日本は大量の木材を海外から輸入しており，これらの国々の森林や森林をめぐる状況を知ることは，木材供給の安定性という実利的な面からも，日本の木材輸入がこれらの国の自然と社会に与えているインパクトを知る上でも重要である．

このように，われわれは国際的な視野を持つことが強く求められている．地に足を付けつつ，国際的な視野を持って勉強してほしい．

世界の森林政策   石井 寛

世界には森林の多い国，少ない国，また木材の輸出国，輸入国などさまざまな国があるが，多くの国で森林の維持と森林利用の秩序付けを課題とする森林政策を実行している．その理由は，森林を破壊することは容易であるが，森林を育てるのには大変長い時間がかかるとともに，森林には水源涵養をはじめとしたさまざまな公益的機能があるので，国が関与して公益的機能の一定水準を確保する必要があるからである．

森林面積と森林機能の維持

1) 世界の森林面積　表1は2000年時点の世界の森林面積をみたものである．国連食糧農業機関（FAO）は世界の森林面積を把握するために，森林を樹冠のうっ閉度が10%以上で，0.5 ha以上の広がりを持つ土地と定義した．同表はその結果を示したものである．

表1からは世界の森林面積は38億6900万haであり，森林率は30%であること，1990～2000年に世界全体で1年間で940万haの森林が減少していることなどがわかる．ここで森林面積の増減を地域別にみると，ヨーロッパやロシア連邦では森林面積が増えているのに対し，アフリカ，南米，北米・中米，アジアでは依然として森林減少が続いている．換言すると，森林面積を維持するという森林政策の課題がヨーロッパやロシア連邦では実現しているが，アフリカ，南米，北米・中米，アジアでは達成されていないのである．

2) 指標としての森林率の重要性　総土地面積に占める森林の割合を森林率といい，森林を確保する指標として重要である．その理由は，国土に森林が最低限存在しなければ森林に期待されるさまざまな機能が充たされないからである．

適切な森林率については国の自然条件や発展段階によって異なるが，ヨーロッパの長い経験から，30%程度の森林率が必要であるとされており，その確保が1つの政策目標となっている．ドイツの森林率は30.7%，フランスの森林率は27.9%である．一方，イギリスの森林率は11.6%であり，森林の一層の拡大が課題である．

中国についてみると，森林率は17.5%である．この森林率は歴史的に森林を荒廃させてきた中国では，中華人民共和国成立以来の国土緑化政策の成果といえる．さらに，1998年に発生した黄河，揚子江両流域の大水害被害を契機に，中央政府は封山育林，退耕還林，天然林禁伐などの強い政策を採用して，森林率のさらなる向上に努めている．

3) 森林に関するU字型仮説　永田 信は経済発展と森林資源の関係をU字型仮説として1994年に提示した．その内容は「横軸に経済発展の段階をある尺度，たとえば1人当たりのGNPをとり，縦軸に森林資源量，たとえば1人当たりの森林面積をとると，歴史の流れにつれて，U字型が書ける」というものである（永田ほか，1994）．このことを言い換えると，人口増加のなかで生活を維持するためには農地面積を増やさざるを得ず，農地面積の増大は森林減少に結果する．しかし農業の集約化，森林の重要性の認識の深まりと森林政策の実行などによって，発展のある時点において反転が起こり，農地面積の減少，森林面積の増加が生じるというものである．

ここでフランスの森林面積の推移をみる（図1）．森林利用に関するさまざまな規制が解除された1789年のフランス革命以降，森林面積の減少が続いたが，1840年を境に，森林面積は増加に転じ，1860年以降は明確に森林面積が増加している．その理由として，燃料が薪から石炭に変わったこと，森林への家畜の放牧が減り，家畜が専用の牧草地を活用して飼育されるようになったこ

表1　世界の森林面積（2000年）

	総土地面積	森林面積	森林率	1990～2000の森林面積の年変化
アフリカ	2978	650	22	-5.3
アジア	3085	548	18	-0.4
ヨーロッパ	572	188	33	0.8
ロシア連邦	1688	851	50	0.1
北米・中米	2137	549	26	-0.6
オセアニア	849	198	5	-0.4
南米	1755	886	51	-3.7
計	13064	3869	30	-9.4

注）森林率とは森林面積を総土地面積で割り，100をかけたものである．単位：百万ha，%．
（資料：FAO, Global Forest Resources Assessment 2000（2001））

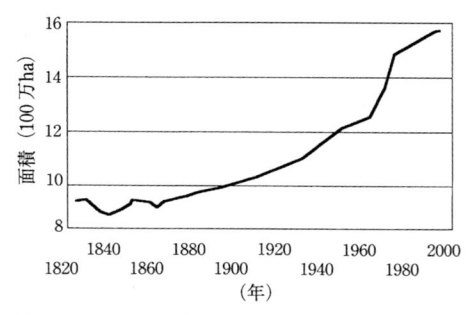

図1 フランスの森林面積の推移（Cinotti, 1996：Evolution des surfaces biosees en France）

と，1827年に森林法が制定されて森林政策が実行されたこと，1860年から山岳地を対象とする治山造林が開始されたことなどが挙げられる．

現在なお減少が続いている熱帯林において，こうした反転が生じるのかどうか，生じるとしたらいつ頃なのかという問いはきわめて重要である．表1にみるように，今なお1年間に940万haの森林がアフリカ，南米を中心に減少しており，それらの地域では反転への兆しがみられない点に，事態の深刻さをみるべきである．

森林利用の秩序付け

先進国では森林所有者が森林を売買したり，伐採したり，また農地などへの転換を行うことは原則的には自由である．しかしながら所有者の自由にのみ委ねると，伐採しても造林を行わない，大規模に農地やゴルフ場などに転換を行うなど，さまざまな問題が生じる．そこで多くの国では森林法を制定して，森林利用の秩序付けを行っている．古くは1827年のフランス森林法では，国有林と公有林は中央政府が雇用した森林官が森林管理の責任を持ち，経営計画を立てて計画的に森林を管理することとし，私有林については農地などへの転用は森林官の許可を必要とすると規定した．森林官による森林管理はもっとも容易に国公有林の森林利用を秩序付けるものであり，現在なお継承されている森林政策の主要な方法である．

1975年に制定されたドイツ連邦森林法では森林官による転用許可制を規定するとともに，森林は秩序立って持続的に管理されなければならないとした．さらに伐採の後には造林が行われるべきであること，自然に生育した立木の数が少ない場合には補植を行うべきであることを明記した．

この他にも森林利用を秩序付ける方法として，森林経営計画を立案して，計画的に森林管理を行うこと，一定面積以上の皆伐を禁止するなどの方法がある．いずれにしろ，これらの方法は所有権に対する制限を伴うので，森林所有者の了解を得て立法せざるをえず，どのような規定が森林法に盛り込まれるかはその国が直面している森林問題の深刻さや森林政策の歴史などに依存する．

1992年の地球サミットの森林政策上の影響

1992年にブラジルのリオ・デ・ジャネイロで開かれた地球サミットではアジェンダ21や森林原則宣言が採択され，世界の森林政策に大きな影響を与えることとなった．影響の第1は，地球サミットを契機に，森林政策が国際的場面で議論されるようになるとともに，各国の首相や閣僚レベルで取り上げられるようになったことである．

第2に，持続的森林管理の概念が明確化・拡大したことである．それは生物多様性の確保，住民や婦人の参加，少数民族の権利保障を含む幅広い概念として定義され，森林の経済機能，環境保全機能，社会機能の重要性が強調された．これを踏まえて持続的森林管理の基準と指標づくりが行われ，森林認証への取り組みが世界的に進んでいる．

第3に生物多様性や気候変動枠組み条約など直接，森林を対象としない国際環境条約が森林政策にさまざまな影響を与え始めていることである．2002年4月，オランダのハーグで開かれた生物多様性第6回締結国会合では，森林の生物多様性を確保することを目的に新たな森林行動計画が採択された．今後，生物多様性を組み入れた森林管理が住民参加・協働の拡大とともに推進される．

世界の森林政策はますます国際的な場面で議論されることが必至なので，国際的視野を持って，森林政策について学ぶことが期待される．

参考文献

村嶌由直編著（1998）：アメリカ林業と環境問題，日本経済評論社．
永田　信ほか（1994）：森林資源の利用と再生，農山漁村文化協会，p.21．
日本林業調査会編（1999）：諸外国の森林・林業，日本林業調査会．
堺　正紘編著（2004）：森林政策学，日本林業調査会．

自主解答問題

問．　人口が増加し，経済発展するなかで，どういう条件ができると，森林の維持・増加が可能になるのかを図1を見ながら，考えなさい．

合自然的な森林施業
——照査法の考え方

小鹿勝利

　人間の歴史が始まって以来，森林は人間の生活と密接に結びつき，その生活を維持するため利用されてきた．例えば，住居の建築材料，暖をとるためや食べ物を調理するための燃料，果実・キノコ・山菜などの食料，衣服を作るための繊維材料，生活上のさまざまな道具類の材料採取などが行われ，さらには家畜の飼料採取，放牧や田畑の肥料として落葉の採取なども行われてきた．

　このような森林の機能は経済的機能といわれ，なかでも木材生産機能は最近の工業化社会まで最も重要視されてきた．そのため，効率よく大量の木材を生産するための技術が求められてきた．その結果，森林の持つ自然法則—土地，土壌，気象条件などに適応した森林の成立や推移—を無視した取り扱いが行われ，森林の荒廃や消失が進行し，現在でも発展途上国といわれる地域などではその状態が継続するなど，地球規模の問題となっている．

　現在，森林は経済的機能とともに，環境保全機能，生物多様性保全機能，保健・レクリエーション機能，文化機能などの公益的機能といわれる諸機能が，持続的に発揮できるよう管理することが求められている．また，地球温暖化問題に関連して二酸化炭素の吸収源として森林への期待が高まっている．

　以上のような多様な機能を持つ森林を維持・造成するための伐採，造林，保育などの諸作業を適正に組み合わせ，目的に応じた森林取扱をするための技術体系を森林施業という．本節では，森林施業のなかでも最も合自然的な—自然法則に則した—方法といわれている「照査法」について，説明する．

森林施業

　森林施業には伐採方法と更新方法の組み合わせにより，さまざまな種類がある．代表的なものに皆伐作業，漸伐（傘伐）作業，択伐作業がある．

　皆伐作業は，ある一定面積の森林内の全木をまとめて伐採し，その跡に苗木を植栽して，一斉林（樹高のほぼ揃った森林）を造成する方法である．この作業法は技術的には他より容易で，効率よく木材生産が可能である．しかし，森林環境の急激な変化や林地の裸地化のため，土壌の流失や地力の減退が起きたり，植栽木が気象害や病虫害などの被害を受けやすい．

　漸伐（傘伐）作業は伐採を数回に分けて実施し（一般的に予備伐，下種伐，後伐），その間に天然更新により後継樹を成立させる方法で，成立する森林はほぼ一斉林となる．母樹となる林木からの種子落下により更新を図るため，比較的耐陰性の強い樹種に採用される．

　択伐作業は比較的短い一定の間隔で，成長の衰えたものや材質的に欠点のあるものを単木や群状に伐採し，伐採で生じたギャップには天然更新（時には植栽）により後継樹の成立を図る方法で，森林はつねに稚樹から成熟木までを含む異齢不斉林となる．この作業法は林地をつねに林木の生育に適した状態や諸被害にも強い立木構成を保ち，さらに森林空間を合理的に利用するため成長量が大きいなど，持続的な森林経営にふさわしい方法といわれている．しかし，集約な作業実行や高度な技術を要するため実際に実施されている事例は少ない．

照査法が提唱された時代背景

　18世紀後半から19世紀のヨーロッパでは，毎年一定の木材生産を実現できる理想的な森林状態として，同年齢で同面積の森林が適正に配置され，理想的な蓄積内容を持ち，理想的な成長量を維持できる森林に導くことを森林経営の理念とする思想（法正林思想）が広がり，さらに収益性を追求するために大面積の針葉樹人工林が造成され，皆伐作業が行われていた．しかし，この大面積針葉樹単純林は，さまざまな被害が多発し，理想どおりの木材生産は不可能であり，逆に森林が著しく荒廃する結果となった．

　このような状況の中で提唱されたのが「自然に帰れ」という主張である．すなわち，森林取扱は法正林のように森林の管理計画を林齢を基準に組み立て，現実の森林状態や生産技術とかけ離れた

状態のまま机上で考えた理想林を実現しようとすべきでないとした．例えば，森林は林地と林木を合わせた総合的な永遠の有機体（恒続林）と考え，その特質を生かして施業すべきであるという「恒続林思想」や，森林の正確な観察に基づき，森林のあらゆる部分が持続的に最高の生産力を発揮する状態に導く集約な施業を実行すべきという「照査法」が提唱され，それまでの基本理念とされた法正林思想と真っ向から対決した．

照査法の基本

照査法は19世紀後半，フランスの国有林技術者ギュルノーがスイスと境を接するフランス東部地方ジュラの村有林で自らの考えを実地に試みたことに始まる．その価値を認めたビオレイが19世紀末，スイスのトゥラヴェール谷にあるクヴェの森林に導入し，その実践を基に1920年「経験法による森林経理，とくに照査法」を発表し，その施業方法を発展させた．

ビオレイは森林取扱は経験に基づき，経験の積み重ねにより変化すべきもの，すなわち，森林状態に順応し森林の姿が変化するにつれて森林取扱も変化するという帰納法的な対応，合自然的な森林施業の重要性を主張し，林業の任務は「自然力を変形せしめ，無償で提供されている資源を林業に最も有効になるように最高度に利用すること」と表現した．

「照査」とは，対照をおいて当該の事物に対してとられた方法が適正であったかどうか，照合することであり，照査法では照査する基準を成長量とする．その理由は林木の成長は自然条件の影響を受け，あるいは利用した結果であり，同時に人間が働きかけた結果である．言い換えると林木の成長はある程度，施業の仕方により左右することができると考えた．成長を判断する方法は定期的な蓄積調査とそれに基づき成長量を把握し，過去の施業の適否を判断し次にとるべき方法を検討し，目標とする森林状態に導く．目標とする森林状態は単に推定に基づくものでなく，経験的に明確になっているもの，例えば，対象森林の周辺で最高の状態になっている部分に近づけることを目標とするなど，つねに具体的なものを前提とする実証的な対応を重視した．

また，施業方法は特定の具体的方法は定めていない．計画-実行-照査の繰り返しのなかで目標に近づいているか検討し，もし正しくなければ修正し，正しければいかに持続させるか考える．さらに森林型も特定のものを定めておらず，一斉林より不斉林のほうが合理的であり，施業の結果として択伐林型に近づくと考えている．

照査法は目標として，① できるだけ多量の木材を生産する，② できるだけ少額の資源によって生産する，③ できるだけ価値のある木材を生産することを掲げている．②の内容は原則として成長が減少しない限度の大きさの蓄積で施業するということである．照査法はこのように木材生産を目標に掲げているが，本質的には木材生産と森林の有する諸機能間には密接な関連があり，森林の保全があって初めて木材生産の持続が可能であることを前提にしている．

照査法の方法

照査法は次のような方法を採用している．

1) 森林区画　森林の面積を小さな林班に区画する．これは森林調査を実施するための区画であり，同時に施業の単位である．面積の基準はないが森林観察・調査などの関係から5～10 ha（最大12～15 ha）がのぞましい．

2) 経理期（経理期間）　各林班の蓄積調査および伐採の繰返しの期間．伐採効果や成長経過を早く知り，より成長を促進させる方策をとるため短期間が良いとされ，普通5～7年，長くても10年である．

3) 材積計算の単位　立木はsv（シルブ），伐採木（丸太）はm^3を採用．svは施業上の単位，m^3は利用上（木材取引）の単位で，1svは約1 m^3．異なる単位を用いる理由は，双方をm^3で表すと立木と丸太の区分ができないこと，立木材積は樹皮の厚さや樹高を直接測定することが不可能で材積は樹皮着き直径からの間接測定に対し，丸太材積は樹皮部分を除き，材長も実測した直接測定が可能なことによる．

4) 蓄積調査　照査法で最も基本となる調査で，一定径級以上の全林木（主木，それ以下は副木と称する）の胸高直径のみを測定して，シルブ単位の立木材積表により林班内の蓄積を求める．測定は林木に印付けして，毎回同一個所を測定する．立木測定は5 cm括約が一般的．

表1 クヴェの照査法1林班における93年間の林分材積成長量，収穫量の推移

蓄積および直径級・樹種構成

調査年	1890	1896	1902	1908	1914	1920	1926	1932	1939	1946	1953	1960	1967	1975	1983
蓄積（sv/ha）	392	380	371	368	364	353	343	337	362	348	364	361	364	365	357
平均立木材積（sv）	1.1	1.1	1.2	1.3	1.4	1.5	1.6	1.6	1.6	1.6	1.6	1.5	1.5	1.4	1.4
直径級構成（％）															
小径木	24	22	20	17	14	12	12	12	12	14	15	16	16	17	18
中径木	49	48	47	45	42	40	38	35	31	28	26	24	24	25	27
大径木	27	30	33	38	44	48	50	53	57	58	59	60	60	58	55
樹種本数比（％）															
モミ	58	59	60	59	59	59	58	57	56	54	55	54	55	56	56
トウヒ	42	41	40	38	37	36	35	35	34	32	29	27	25	24	24
ブナ	−	−	−	3	4	5	7	8	10	14	16	19	20	20	20
樹種材積比（％）															
モミ											62	62	62	61	60
トウヒ											32	30	30	31	31
ブナ											6	8	8	9	9

成長量および収穫量

経理期	I	II	III	IV	V	VI	VII	VIII	IX	X	XI	XII	XIII	XIV
成長量（sv/ha・年）														
小径木（20〜30cm）	2.4	2.5	2.7	3.0	2.0	2.0	1.8	2.4	1.7	2.3	2.1	2.3	2.3	2.3
中径木（35〜50cm）	2.7	3.3	4.0	4.8	3.9	3.3	3.3	4.4	2.2	3.0	2.6	2.5	2.5	2.7
大径木（55〜 cm）	0.9	1.1	1.8	2.3	2.1	1.8	2.5	4.0	2.1	3.7	3.3	3.1	2.9	3.4
計	6.0	6.9	8.5	10.1	8.0	7.1	7.6	10.8	6.0	9.0	8.0	7.9	7.7	8.4
成長率（％）	1.6	1.8	2.3	2.7	2.2	2.0	2.2	3.2	1.7	2.7	2.2	2.2	2.1	2.3
主木への進級木（sv/ha・年）	2.3	1.2	1.2	1.2	1.0	1.2	1.1	1.2	1.3	1.7	1.7	1.4	1.4	1.1
総成長量（sv）	8.3	8.1	9.7	11.3	9.0	8.3	8.7	12.0	7.3	10.7	9.7	9.3	9.1	9.5
収穫予定量（sv）	7.3	8.2	7.9	9.6	10.5	9.7	10.2	8.8	9.1	9.7	9.1	10.6	10.6	10.6
実際の収穫量（sv）	10.5	9.4	10.3	11.7	11.0	10.2	9.8	8.3	9.4	8.5	10.0	9.0	8.9	10.5

注）赤井龍男：多様化森林造成技術開発調査（平成3年度報告書）より引用．

なお，直径階の区分のほか，大・中・小の3つの径級に区分して，蓄積の内容や林分構成の状態を判断する．これにより成長量計算の結果の解釈や伐採木選定に示唆が与えられる．

5）成長量計算 経理期のはじめにおける蓄積を m（原蓄積），その経理期の終わりにおける蓄積を M（終蓄積），その期間内に伐採収穫した立木材積を E とすれば，その期間内の成長量 Z は次式で表される．

$$Z = M - m + E$$

成長量の計算では直径級区分別，副木から主木への進級分を明らかにする．求めたある経理期の成長量を次の経理期の収穫見込み量とする．

6）伐採 伐採は単に収穫を実現するだけでなく，先々の成長や更新に影響を与える．特に蓄積調査や成長量計算を詳細に行うのは，伐採の実行内容を判断するためであり，照査法では伐採を森林取扱上，最も重視する．

伐採量は施業実行者の調整に任され，先の成長量計算の結果を森林状態により適当に加減する．すなわち，量的には成長率により，質的には直径級分配とその移動状態により検討し，同時に稚樹発生状態や各林木の生育状態などを観察し，これらを総合して将来最も理想的な質と量をそなえた健全な森林に誘導することを目標として，最終的な伐採量を決定する．

7）更新・保育 森林が持続する条件は更新の連続が前提となる．そのため伐採方法により天然更新を促進するとともに，更新が不足な個所に

ついては植栽で補う．なお，ビオレイはモミ，トウヒ主体の森林で施業を実行したが，地力の維持や林分改良のため広葉樹の混交も積極的に評価した．

8) **林分の目安** ビオレイはその経験から，蓄積は ha 300 ～ 400 sv，小径木，中径木，大径木の本数比は 5 : 3 : 2，蓄積比は 2 : 3 : 5 が当面の目標としている．しかし，これは絶対的なものでなく各森林状態により変わるものである．

以上のように照査法は単なる推定のもとに組み立てられたものでなく，森林の調査を定期的に繰り返し，客観的判断に基づくものである．すなわち，森林取扱は急激な干渉を避け，森林の生態系を安定させつつ林木の質・量を向上させることを具体的経験に基づき実行する—施業者の森林取扱に対する技術の過大評価を戒め，良かれと思っておこなった行為が果たして正しかったのかどうかを現実の森林について検討し，もしそれが満足すべきものでないとわかれば直ちに修正する，きわめて謙虚な施業方法である．そして「林業経営はAが始めたものを，Bが敷衍し，さらにCが継続して実行するという無限のリレーであり，一定の目標にむかって継続されて初めて成果があがるものである」（ビオレイ）．

照査法の現代的意義

1890 年クヴェでビオレイにより開始された照査法は現在も継続され，森林はモミとトウヒとブナの混交林で，平均樹高約 35 m，最大樹高 50 m に達している．その林分材積成長量や収穫量の推移を示すと表 1 のようになるが，持続的にほぼ一定の蓄積，収穫量を実現している．また，このような長期間の記録は林分の成長過程を明らかにする上で非常に貴重な資料である．

照査法は蓄積調査・成長量計算や集約的施業実行を要し，施業実行者も高度の技術的熟練を要するため，全ての森林に適用することは困難である．

わが国では北海道有林，北海道大学中川研究林などで試験林として実行されているほか，東京大学北海道演習林では照査法の考えを応用した「林分施業法」が実施され，わが国を代表する天然林施業が行われている．照査法は森林観察を重視し，さらに成長解析結果から最適の生産技術体系を追求する合自然的な森林取扱の方法である．現在，森林は多様な機能の充実・発揮のため，持続可能な森林経営の実現が課題となっているが，照査法による森林取扱の基本的な考えは今後の森林施業にとっても重要な指針となるだろう．

参 考 文 献

クヌッヒェル，H.（岡崎文彬訳）(1960)：森林経営の計画と照査，北海道造林振興協会．
クヌッヒェル，H.（山畑一善訳）(1986)：照査法，都市文化社．
岡崎文彬(1951)：照査法の実態，日本林業技術協会．
高橋延清(2001)：林分施業法—その考えと実践— 改訂版，ログ・ビー．

北海道の天然生林の炭素吸収と便益評価　　　　　　　　　　秋林幸男

炭素の森林吸収対策と天然生林の役割

我が国は 2008〜2012 年の 5 年間に 1990 年の温暖化ガス（以下，二酸化炭素について述べる）の排出量の 6% を削減しなければならないが，このうち 3.9% を森林吸収に期待している．だが，人工造林化の進んだ日本の森林の現状では京都議定書（COP3）の 3 条 3 項の「新規造林」と「再造林」には期待できない．結局，議定書の 3 条 4 項の追加的人為活動の 1 つである「森林経営」に多くを期待しなければならないと考えられている．

森林経営の内容は各国の判断に委ねられており，日本では林野庁と環境省の設置した「吸収源対策合同委員会」が森林経営についての考え方を 2001 年 12 月に発表した．森林経営の対象は，国際機関での説明と検証の必要を考慮し，「1990 年以降，適切な森林施業（植栽，下刈，除伐・間伐等の行為）が行われている森林」と「法令などに基づき伐採・転用規制等の保護・保全措置がとられている森林」としている．2001 年に樹立された「森林・林業の基本計画」では 1995 年の実績で人工林が 1040 万 ha，天然林が 1470 万 ha であるが，2010 年には育成林が 1160 万 ha，天然生林が 1350 万 ha になると予測した．森林経営には，人工林のほかに天然生林から育成天然林に移行する 120 万 ha を含めた育成林と，残された天然生林のうち保安林，保護林，自然公園などの 590 万 ha が該当するという．

森林の炭素吸収では，該当する森林の毎年の成長量から伐採量を差し引いた森林蓄積の増加分を炭素換算し，育成林では 1.77 tC/ha，天然生林では 0.90 tC/ha と見積もり，森林経営が計画どおりであれば目標が達成されるとした．だが，外材が主導し，国産材価格が低迷する木材市場では林業の生産活動が縮小・停止して森林経営が計画通りに進まず，このままでは森林による炭素吸収は 2.9% に留まると危惧されている．このため環境省を中心に環境税の導入とその財源をもとに森林管理への投入によるポリシー・ミックスが検討されている．上述の森林経営の考え方によれば，北海道で広く行われてきた天然林施業の対象であった天然生林の大部分は京都議定書にいう森林経営に含まれないと考えられる．だが，北海道の天然生林は炭素吸収に貢献する可能性はないと考えてよいのであろうか？

北海道の天然生林の管理と炭素吸収

北大天塩研究林は，過去択伐（＝抜き伐り）してきた疎の混交林（151 林班）13.7 ha を伐採し，グイマツ雑種 F_1（北海道庁の名称ではグリーム；green＋dream）を造成して，炭素フラックスを観測する拠点（CC-Lag サイト）を 2001 年に国立環境研究所と（株）北海道電力との共同で設定した．観測タワーを建設し，グリーム植栽地での二酸化炭素フラックスとバイオマスの変化，そして，炭素の土壌への集積と水による物質循環の長期的観測を計画した．グリームを造成する前の施業林においてバイオマス（現存量）と炭素収支の 2 年間の変化を測定した．この観測結果（北大研究林 高木健太郎計測例）では，2002 年の光合成による炭素吸収は 11.66 tC/ha であったが，地上部現存量の呼吸による排出が 4.98 tC/ha で，土壌（樹木根，ササ地下茎，微生物）呼吸による排出量が 5.85 tC/ha であるから，森林生態系と大気圏との収支では 0.83 tC/ha が森林生態系に吸収された．このうち河川による炭素流出と地下部への炭素蓄積はそれぞれ 0.09 tC/ha であったから，木部による炭素固定量は 0.65 tC/ha と推定している．この CC-Lag サイト内に設定した 50 m×50 m の標準地（蓄積は 161 m³/ha，樹冠面積率 54.35%）では，年間の材積成長量は 2.62 m³/ha で，地下部の根を含めた炭素換算で 1.08 tC/ha と推定したが，材積測定の精度や林内での樹木の配置の不均質性を考慮し，以下の評価では木部の炭素固定を 0.65 tC/ha とする．

標準地での樹冠で被覆された林地の炭素の現存量は，根を含む木部で 148.54 tC/ha，樹冠下の林床のササは地下茎も含めて 9.46 tC/ha，合計で 157.99 tC/ha であり，樹冠で覆われていないササ地では根・地下茎を含めて 20.54 tC/ha であった

表1 天然林掻き起こしの便益

		ササ地	天然林
費用（掻き起こし単価）		10万円	2.6万円
軽油による炭素排出		0.24 tC	0.06 tC
固定量（10年目まで）		−1.05 tC	0.37 tC
固定量（11年目以降）		0.99 tC	0.91 tC
便益−費用	15500 円/tC	−2.9万円	20.9万円
	8000 円	−6.3万円	9.9万円
	5300 円	−7.5万円	5.7万円
便益・費用の分岐点		19647 円	1654 円

単位：ha^{-1}, tC^{-1}.

（ササの炭素量は北大農学研究科大学院生 福沢加里部の調査データ）．ちなみに，天塩研究林で山火事跡地，人工造林地，保安林を除いた天然生林（被覆率70%以上：密林，70〜40%：中林，40〜10%：疎林，10〜4%：散生林）7307.61 ha の中林，疎林，散生林を被覆率70%の密林に変えれば，1947 ha（26.6%）が樹冠で覆われ，7倍以上の炭素が集積される林地に変わる．育成林を含まない北海道の天然生林は平成13年度「北海道林業統計」では338万 ha であるから，少なくとも約90万 ha がササ地から樹冠による被覆地に変えることができる．

天然生林の炭素吸収の便益評価

ササ地の掻き起こしの炭素吸収と，点在するササ地の掻き起こしを伴う天然生林の炭素吸収の便益評価を表1に示した．重機の軽油による炭素排出量は0.24 tC/ha で，1年目の炭素固定量に負に作用する．ササ地の掻き起こし地では50年後に幹材積100 m^3/ha のダケカンバ林に変わり，炭素蓄積量は40.5 tC/ha（= 100 m^3 × 1.8 ［広葉樹の拡大係数］× 0.453 ［ダケカンバの容積密度］× 0.50 ［乾燥有機物の炭素換算係数］）で，炭素固定量は0.81 tC/ha 年である．ダケカンバ（星ほか，1971）の林床に50年後に樹冠下の林床に等しい炭素蓄積量9.46 tC/ha にササが回復するとすれば，ササの固定量では0.18 tC/ha 年であるから，掻き起こし地の炭素固定量は合計で0.99 tC/ha 年と考えてよい．だが，林地に残されたバイオマスの腐食による炭素の放出期間は政府間パネル（IPCC）の既定値が10年であるから（IPCC, 1996），処理されたササの腐食で炭素 2.05 tC/ha 年を10年目まで放出し，掻き起こし当初の10年間では1.05 tC/ha 年の排出になるが，11年目から0.99 tC/ha 年の吸収に変わる．林内のササ地の掻き起こしでは，天然生林の炭素固定量は0.65 tC/年から0.91 tC/ha 年に増加する．処理されたササの腐食による炭素の放出量は0.54 tC/年になるから，天然生林の炭素固定量は掻き起こし当初の10年間では0.37 tC/ha 年になり，11年目からは0.91 tC/ha 年に変わる．炭素固定量の便益は，割引率4%で現在価に還元し，炭素価格をIPPC 第3次報告書で予測された最高，中央，最低値のドル表示を円換算し，直近のきりのよい単価で評価した．林内の掻き起こしでは炭素の削減価格が1654 円以上で便益≧費用であり，ササ地の掻き起こしのそれは19647 円以上でしか便益≧費用にならないものの，過去の伐採利用などで生産力の低下した天然生林の改良を考慮すれば，林内での掻き起こし作業による更新促進によって炭素吸収に大きく貢献できる．

参考文献

星 司郎ほか（1971）：造林樹種の特性後編 カンバ類の経営・利用，北方林業叢書，pp.47-72.
Revised 1996 IPCC Guidelines for National Greenhouse Gas Inventories: Reference Manual, p.5. 31.

森林作業と林業機械について知る　　　　　　　　　　　　　　　尾張敏章

「植林すれば，あとは自然と木は育つ」．そう思っている人はいないだろうか．実際にはそうはいかない．木を植えてからも長い期間，林業を営む人々が手間ひまをかけ，木を育てている．

「木はチェーンソーで切っている」．そう思っている人はいないだろうか．これは間違いではないが，チェーンソーにかわる新たな林業機械も使われるようになってきた．木を切る機械ばかりではなく，木を植える機械の開発も進んでいる．

住宅の柱や梁，フローリングの床，家具，新聞や雑誌，コピー用紙——私たちは日々の暮らしのなかで，森林から生産された木材由来の製品を大量に消費している．にもかかわらず，それらがどのような過程を経て生産されているのか，ほとんど気にもかけずに過ごしてはいないだろうか．

木を植え，育て，収穫する．一連の森林作業は，実際どのように行われているのか．また，森林作業にはどのような機械が使われているのか．森林科学の門をたたいた君たちに，森のなかで一体どのような仕事が行われているのか，ぜひ知ってもらいたい．さらに，広く世界にも目を向けてみよう．森林作業の機械化が進む北欧でどのような機械が使われているのか，写真とともに紹介する．

森林作業の種類と方法

1）人工林における造林・保育作業　人工林を造成し保育するためには，表1に示したような，さまざまな作業を実行していかなければならない．

伐出作業後，植栽に先立って行われるのが**地ごしらえ**である．地ごしらえの方法には，植栽対象地の低木類やササをすべて切る全刈り地ごしらえと，部分的に切る筋刈り地ごしらえ，坪刈り地ごしらえがある．作業には鎌や鉈，チェーンソー，刈払機などが使われるほか，地形が比較的緩やかな北海道ではレーキドーザやブルドーザといった大形機械も多く使われている．

植え付けは，植栽，新植などとも呼ばれ，鍬で植え穴を掘って苗木を植える作業である．苗木の主な樹種はスギとヒノキであるが，北海道ではアカエゾマツやトドマツ，カラマツが植えられている．植え付け本数は1 ha当たり3000本程度（苗間1.8 m）が標準的であるものの，地域によってもっと多く植えたり（密植）少なめに植えたり（疎植）とさまざまである．

雑草木の繁茂が著しい日本では，植え付け後の**下刈り**が不可欠な作業となる．植栽後下刈りをせずに放っておくと，植栽木の成長が妨げられ，枯死してしまうケースも多い．下刈りの期間は植栽木の成長速度にもよるが，おおむね植栽後5～6年程度である．作業には下刈り鎌や刈払機が用いられる．

植栽木が雑草木の影響を受けない大きさにまで成長し，下刈りが不要になってからも，**つる切り**や**除伐**などの保育作業が必要となる．これらの作業には，鉈や刈払機，チェーンソーが使われる．

枝打ちは，無節で良質な木材を生産し，また林分の健全性を向上させるために行われる作業であ

表1　造林・保育作業の種類

作業種別	内容
地ごしらえ	伐出後に林地に残された幹の先端部（末木）や枝（枝条），刈り払われた低木や草本などを，植栽しやすいように整理，配列する作業
植え付け	苗木を林地に植える作業
下刈り	植栽した苗木の生育を妨げる雑草木を刈り払う作業
つる切り	造林木に巻きついたつる植物を取り除く作業
除伐	林分の混みすぎを緩和し，形質の良い将来性のある木の生育条件をよくするために，目的樹種以外の侵入樹種を中心に形質の悪い木を除去する作業
枝打ち	無節の良質材の生産を主目的として，枯れ枝やある高さまでの生き枝を，その付け根付近から除去する作業
間伐	混みすぎた林分を適正な密度で健全な森林に導くため，また利用できる大きさに達した立木を徐々に収穫するために行う間引き作業

る．作業には鉈（なた）や鋸（のこぎり）が使われるほか，近年では自動枝打ち機の導入も進んでいる．

間伐は，育成過程の林分で林冠がうっ閉し，林木相互間の競合が開始した後に行う．目的樹種を主体に，その一部を伐採して林分密度を調節することで，種内競合を緩和し，林木の利用価値の向上と森林の有する諸機能の維持増進を図ることを目的としている．間伐の方法には，成長の劣る木を中心に伐採して間引く下層間伐や，成長上層を占める木を伐採して残存木の成長を促進する上層間伐などがある．また近年では作業効率を高めるため，植栽列を基準として機械的に間伐していく列状間伐も広く行われるようになっている．

2) 伐出作業　上で述べた間伐作業，さらに収穫期に達した林分を伐採する主伐作業は，表2に示した一連の工程によって実行される．

立木の**伐倒**は，主にチェーンソーを使って行う．伐倒木が割れて跳ねたり，思わぬ方向へ倒れたりすることもあり，たいへん危険を伴う作業である．

伐倒木の**造材**（枝払いと玉切り）は，伐倒後ただちに林内で行われることもあれば，伐倒木をいったん土場や林道端に搬出して行うこともある．林内で造材された丸太は，その後集材しやすいように**木寄せ**をしておく．

集材の方法には，大きく架線集材と車両集材の2つがある．架線集材は地形の急峻な日本で広く行われている方法であり，空中にワイヤーロープを張り，材を吊り下げて搬出する．地形の比較的緩やかな北海道などでは車両集材が一般的であり，集材専用車両が林内に入って材を積載または牽引して搬出する．

造材，集材された丸太は，土場や林道端で**巻き立て**された後，トラックに積み込まれ，貯木場などへと**運材**される．

伐出作業の機械化

伐出作業では従来，伐倒と造材にはチェーンソーが，集材にはトラクタや集材機が主に用いられてきた．1980年代の後半以降，欧米の林業先進国で開発された林業用機械を日本の森林作業へ導入する試みが一部で始まり，国産機械の開発と相俟って急速に普及が広まった．これらの新しい機械は高性能林業機械と呼ばれ，伐出作業における労働生産性の向上，労働強度の軽減などに貢献している．

表3は，高性能林業機械を機種別に示したものである．2003年度末時点で，全国に2554台の高性能林業機械が保有されている（林野庁調べ）．

高性能林業機械のなかで最も普及している機種はプロセッサ（図1）である．この機械は造材作業専用であり，土場や林道上で使われる．材をつかむグラップルと枝払い用の刃，材送り装置，玉

表2　伐出作業の種類

作業種別	内容
伐倒	立っている木（立木）を切り倒す作業
造材	伐倒した木の枝と梢を切り落とし（枝払い），決められた長さの丸太にする（玉切り）作業
木寄せ	伐倒・造材された丸太を，集材に都合がいいように林内の1か所にまとめる作業
集材	伐倒された材または伐倒・造材された丸太を，土場や林道端などへ集める作業
巻き立て	集材した丸太を同じ樹種や同じ長さごとに仕分けして，はい積みする作業
運材	伐倒・集材された丸太をトラックに積み込み，林道や公道を通って運搬し，木材市場や貯木場などの目的地まで運ぶ作業

表3　高性能林業機械の種類

機種	機能
フェラーバンチャ	立木を伐採し，切った木をそのまま掴んで集材に便利な場所へ集積する自走式機械
スキッダ	丸太の一端を吊り上げて土場まで地引集材する集材専用の自走式機械
プロセッサ	林道や土場などで，全木集材されてきた材の枝払い，測尺，玉切りを連続して行う自走式機械
ハーベスタ	立木の伐倒，枝払い，玉切りの各作業と玉切りした材の集積作業を一貫して行う自走式機械
フォワーダ	玉切りした丸太をグラップルクレーンで荷台に積んで運ぶ集材専用の自走式機械
タワーヤーダ	簡便に架線集材できる人工支柱を装備した移動可能な集材機
スイングヤーダ	主索を用いない簡易索張方式に対応し，かつ作業中に旋回可能なブームを装備する集材機

図1 プロセッサ（イワフジ工業）

図2 スイングヤーダ（コマツ）

図3 ハーベスタによる伐倒造材（スウェーデン）

図4 フォワーダによる集材（スウェーデン）

切り用のチェーンソーからなっている．伐倒機能はついていない．グラップルローダのかわりとして，巻き立て作業にも利用できる．

最近では**スイングヤーダ**（図2）の普及も著しい．この機械は，建設用ベースマシンに集材用ウィンチを搭載したものであり，アームを架線集材用のタワーとして使用する．タワーヤーダと同様の機能を持つが，機体を旋回させることで引き上げた材の仕分けを行うことができる．アームの先にグラップルやバケットを取り付けることによって，巻き立てや林道開設など別の作業に利用することもできる．

北欧における森林作業の機械化

1）**伐出作業** 北欧における主要な伐出作業方法は，短幹集材システム（cut-to-length method）という名で知られている．この作業システムでは，ハーベスタとフォワーダの2種類の林業機械が用いられる．平坦地での作業に適用可能な作業システムであり，日本では北海道の一部などで用いられている．

作業ではまず，**ハーベスタ**（図3）によって立木の伐倒から枝払い，玉切りまでの工程を一度に行う．アームの先についたヘッドで立木の幹をつかむと，数秒もしないうちに木は切断されて地面から離れる．つかんだ状態のまま，フィードローラ（材送り装置）で材を元口方向に送ると，枝が次々にヘッド先端のナイフに当たって落ちていく．あらかじめ指定された長さで材送りは自動的に止まり，材を切断して丸太にする．

ハーベスタが林内に残していった丸太は，**フォワーダ**（図4）によって林道端まで集材される．林内を自走しながら，グラップルを使って丸太を荷台に積み込んでいく．

2）**造林作業** 北欧では，地ごしらえ作業は100%が機械化されている．地ごしらえ用の機械には2つのタイプがあり，ディスクトレンチャーとマウンダーと呼ばれている．ディスクトレンチャー（図5）は，周囲に爪のついた2つの円盤を回転させ，表土を列状に掻き起こしていく機械である．最新型の機械では円盤の回転速度や掻き起こす深さなどをコンピュータによって制御でき，

図5 地ごしらえ機械（スウェーデン）

図6 植栽機械（スウェーデン）

図7 学生実習での森林作業見学（北大）

土壌条件に応じた作業の最適化が図れるようになっている．

また，植え付け用の機械もすでに実用化している．図6は，建設用ベースマシンに装着するよう設計された植栽機械である．地面を掘削するようにして地ごしらえを行い，苗木を植え付けると同時に土壌の締め固めを行う．

森林作業をもっと知るために

1) ウェブサイト（ホームページ） 森林作業に関する情報を集めるには，インターネットを活用するのが手っ取り早い．例えば，全国林業労働力確保支援センター協議会のウェブサイト「N.W. 森林（もり）いきいき」にあるインターネットガイドスクールでは，林業の基礎知識をオンラインで学ぶことができる．また，林業機械については，森林利用学会のウェブサイトに詳しく紹介されているのでアクセスしてみよう．

2) 作業見学 百聞は一見にしかず，森林作業の現場を訪ねてみよう．大学によっては，学生実習などで森林作業を見学できるかもしれない（図7）．また，フィールド調査や見学会その他の機会があるかもしれないので，関連分野の先生に相談してみよう．

3) 作業体験 最近は，実際に森林作業を体験できるイベントも各地で行われている．ウェブサイト「N.W. 森林いきいき」では，体験林業の情報も提供されているので，チェックしてみよう．また，それぞれの地域で森林作業を行っている森林ボランティア活動に参加するのもいい方法だろう．ただし，作業には危険が伴うので，事故のないよう十分に注意してほしい．

自主解答問題

問1．それぞれの森林作業は1年のうちどの季節に行うのか．
問2．地域によって森林作業の方法，使われている林業機械にどのような違いがみられるか．

参考文献，ウェブサイト

尾張敏章（2001）：北海道大学演習林研究報告，**58**，11-62.
尾張敏章（2001）：森公弘済会調査研究報告書，**9**，99-157.
GPSの森：bg66.soc.i.kyoto-u.ac.jp/forestgps/
N.W. 森林いきいき：www.nw-mori.or.jp
林野庁：www.rinya.maff.go.jp
森林利用学会：jfes.ac.affrc.go.jp

地域発展を考える　　　　　　　　　　　　　　　　　　　　　　神沼公三郎

地域発展とは何か

　地域発展とは何かと問われれば，多くの人が，地域が豊かになることだと答えるだろう．では，地域が豊かになるとはいったいどういうことか．これに対する回答はさまざまだと思われる．過疎地域を念頭に置くと，予想される答えとしては，① 地域の基幹産業の発展，② 新産業の開発，③ 公共事業の拡大，④ 外部プロジェクトの誘致，⑤ 必要なインフラの整備，⑥ 住民の所得増大，⑦ 人口増加，⑧ 環境保全，⑨ 福祉・保健・医療・教育の充実，⑩ 文化の向上，⑪ スポーツ・遊戯施設の充実，⑫ 住民自治の発展，⑬ 精神的ゆとりの拡大などが挙げられる．

　後述のとおり筆者は内発的発展論の立場に立つので，④ 外部プロジェクトの誘致には基本的に反対である．また ③ 公共事業の拡大や ⑪ スポーツ・遊戯施設の充実も過度のものには賛成できないし，② 新産業の開発はそうたやすいことではない．この4点を除いた上記の各項目は過疎地域における内発的発展の尺度として非常に重要であるが，それらを総合して次のように述べることができる．すなわち，基幹産業の発展を基礎にして地域住民の所得・生活水準が向上し，同時に地域の環境が保全されて地域資源がよく維持・管理され，また福祉・文化面が充実して住民が精神的ゆとりを持てるような状態——これが真の豊かさであり，地域発展である，と．

地域経済学の対象

　地域経済学の主要な論点は伝統的に，地域の産業（経済）をいかにして発展させるかということだったが，これは，わが国が工業化社会として展開していく過程と軌を一にしていた．しかし，物質万能の工業化社会からポスト工業化社会に転換したいま，人間生活における非物質面の充実が重視されるようになり，その動きとともに地域経済学の対象は産業だけではなく，人間の生産と生活に関するあらゆる側面に拡大されている．自然環境，政治，文化，社会（福祉，保健，医療等），教育，交通など，地域を構成する要因の総体を対象とし，これらの構成要因の一環に産業を位置づけて地域問題を考えていこうとしている．その意味で，地域の豊かさ，地域発展のとらえ方として上に示した理解と同じ問題意識が，近年の地域経済学で議論されているのである．

内発的発展—地域の多様な自然と資源が基礎

　地域発展の概念と地域経済学の課題を上のように整理した上で，さらに地域における産業発展のあり方を考えてみよう．地域にはさまざまな人間が住んで，独特の諸関係を形づくっている．また地域の自然環境はその地域に固有のものである．人間どうしの諸関係は自然環境の特性と結びついている場合が多く，こうして人間社会と自然環境の2つが折り重なってその地域は特有の地域個性を形成する．

　地域個性の1つである自然環境に目を向けると，それは間違いなく多様な要因からなっている．過疎地域の基幹産業たる農林業はこうした性質の自然環境，したがってさまざまな種類の地域資源を管理，利用して成り立つので，本来的には農林業の生産物もまた多岐にわたる．こうして地域個性の一方の担い手である地域住民によって多彩な種類の成果が生産される事態が内発的発展の道であり，外部プロジェクトを誘致するなどして地域発展を志向する外来型開発とは対照的である．

住民自治に基づく内発的発展

　地域は内発的発展を志向すべきであるが，しかしそれは決して他地域と遮断され，孤立することを意味しない．むしろ，意図した地域づくりを実現するために積極的に各地域と交流し，さらには広く外国との交流も行って広い視野で物事を考える必要がある．"Think globally, act locally !" である．その際大切なのは，他地域との競争に勝つことではなく，関係する地域どうしがネットワークを形成し，必要な情報を交換して互いに学び合い，ともに発展しようとする姿勢である．このような国内・国際ネットワークの基礎にあるのは，

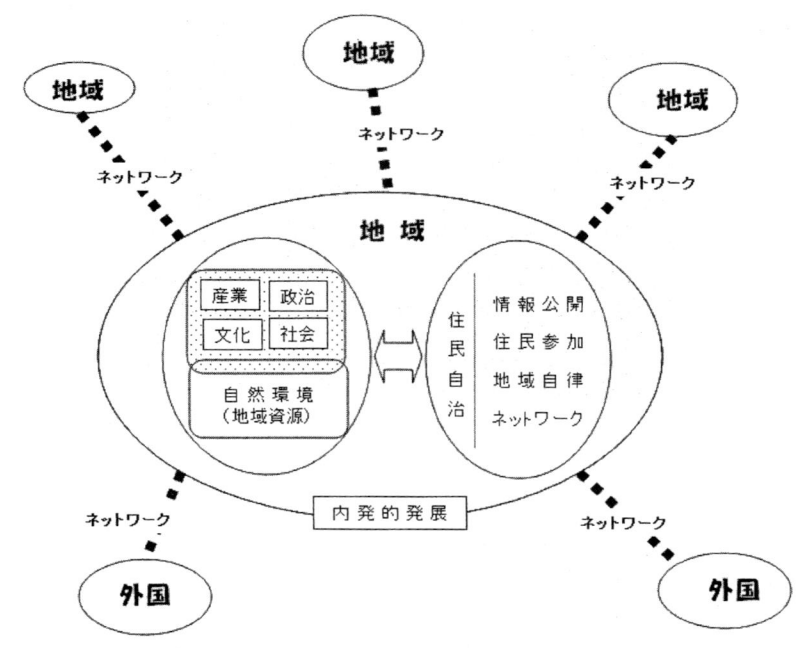

図1 地域発展の概念図

地域内の同業種間はもちろん，異業種間および地域住民相互間におけるさまざまな種類の地域内ネットワークである．

ネットワークを重視する考え方は地域づくりの基本方針に関わっている．地域づくりにおいては明確な目標を設定し，その目標に向かって多くの地域住民が英知を結集する住民参加方式が大切であるといわれている．そのためにも，多数の地域住民が多くの，有効な情報を得て物事を考える情報公開のシステムが構築されているか，住民が自主的に判断して地域の将来像を決定する地域自律の道がどの程度，実現されているかという，地域づくりにおける民主主義の成熟度が地域発展の分かれ道になる．筆者は以上にみたような情報公開，住民参加，地域自律，ネットワークの総体を住民自治と呼ぶことにするが，住民自治に裏づけられた内発的発展が本物の地域発展であると考える．

自主解答問題

問．住民自治の成熟と地域の内発的発展との多面的な関係をさらに考えよ．

参考文献

保母武彦（1996）：内発的発展論と日本の農山村，岩波書店．
神沼公三郎（2004）：まちづくりにおける情報公開と住民参加の意義．地域経済学研究，**14**．
宮本憲一ほか（1990）：地域経済学，有斐閣ブックス．
永田恵十郎（1988）：地域資源の国民的利用，農山漁村文化協会．

農山村の活力をはかる
——社会科学の調査における空間理解

山本美穂

森林と他の土地利用との境界

　森林と他の土地利用の境界は，土地への社会的・経済的要求を背景として絶えず変動してきた．人間活動が森林へ強いインパクトを持ち劣化のスピードが高まる局面は，農村経済構造の変化とそれに伴う土地利用の変化が観察しやすく，研究もさかんに行われたが，逆に伐境後退＝森林回復の局面においては，関心の対象は土地利用そのものよりも村落の定住条件全体に関わるものに集中しがちである．農林業生産力の向上が最も必要とされた時期に利用された土地は，粗放化もしくは放棄され，社会的に空白な地域として広がりつつある．このような土地は，里地保全活動や自然再生事業の舞台として戦略的に利用される一方で，真っ先に不法投棄や処分場建設などマイナスの利用に供される危険性もはらむ．

　上記の経済的メカニズムについて，例えば北米の森林経済学の教科書（Pearse，1995）は基礎理論として扱っているが，日本においては，伐境が絶えず拡大局面にあった1950年代に，経済地理学および林業地代論によって理論的解釈が与えられて以降，藤田（1995）の論考に至るまで関連研究は休眠状態であった．このことは，限られた国土の利用を総括的に調整する手段が未熟であること，土地利用に関わる案件が依然として各部局によって縦割りに扱われていることを示唆する．土地利用と土地利用がせめぎ合う接触面＝インターフェースは，社会的・経済的諸矛盾が集中する最もホットな場所であり，その定義および摘出と地理的把握は，今後の具体的な施策を考える上で重要な基礎情報となる．

経済地理学的解釈

　図1は，横軸に土地等級，縦軸に生産物価額をとる．横軸は市場からの距離で代替され土地等級は原点に近いほど高く，縦軸は各産物の価額（生産費＋収益）を示し，原点に近いほど低くなる．農産物の価額が林産物の価額よりも高い地点では，農産物が生産され，運搬コストや土地生産力などの面から林産物価額のほうが高くなる点Aより右側では，林産物が生産されるのが各経済主体にとって合理的である．いま，点BからCの間で，何らかの経済的要因で農業収益 b_2 ＜林業収益 b_1 である状況が生じると，土地は農地であるよりも林地として利用された方が経済的価値を生むと判断され，農地上に植林が進みうる．実際，北海道網走地方で1960年代に見られた農廃地造林は，畑作地帯を中心とした膨大な離農農家の輩出と一方での人工林集積の進展により，農地に植林して転売するという投機的土地取引の現象

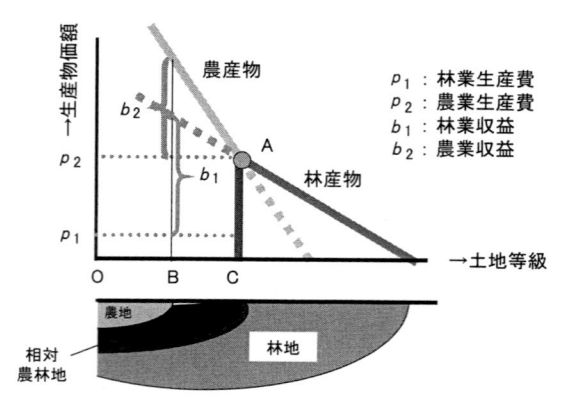

図1　土地等級と相対農林地（阪本，1956；Pearse，1990に加筆）

p_1：林業生産費
p_2：農業生産費
b_1：林業収益
b_2：農業収益

であった．さらに，この同じ土地で1970年代後半以降，まだ若年のカラマツ小径木が皆伐されて再び農地に転用されるという現象がおきた（すなわち $b_2 > b_1$）．この背景には，離農が一段落し，転作体系が整い生産力の向上と農産物価格の上昇が見られたことによる（柳幸・土屋，1987）．

農業生産と林業生産との間でこのような土地利用転換を経験した土地（図中の「相対農林地」）は，生態学ではエコトーンとして扱われている場所とほぼ重なると考えられる．北海道では，生産条件のよい平地と傾斜地の山岳森林との間に位置する丘陵地等が該当し，飼料用の草地や放牧地となっているケース，放棄されてカンバ類やヤナギ類が茂る意味不明の土地となっているケースが多い．

農村調査における景観理解力

さて，景観生態学（ランドスケープ・エコロジー）という研究分野が，生態学を空間的視野で捉えるものとして，その意義を深めている．同じように，人文景観を理解する解釈学として，景観保全の実践的な取り組みとして，「景観社会学」とでもいうべきアプローチの潮流が生まれつつある．例えば，環境学習やまちづくりにおけるワークショップ形式のマッピングや，途上国の農村調査で用いられるPRA（participatory rural appraisal：参加型農村調査法）などは，各人の環境認識や互いの位置関係を知る手っ取り早い手法で，1種の景観社会学的アプローチといってもよい．

一昔前の農村調査では，小高いところに上って集落を囲む田畑・山林を眺め，軒先や農地を歩いてその村の豊かさを理解したと聞くが，農林業の生産構造，農山村の生活様式が大きく変わった今，このような景観への認識・理解力は，調査・研究を行う者の感覚からも薄れている．社会科学の調査・研究では，下手をすると統計や文献レベルである程度の基礎調査ができるし，極端な話をすれば現地へ行かずとも目指す人物に電話やメールでやり取りが済む場合すらある．地域事情が景観に反映されないということとも関係しようが，空間的視野を持たずに地域研究などは決してできない．

森林科学を学ぶ学生には，感性豊かな若いうちに森林を越えて広がる景観の成り立ちに興味を持ってもらいたい．北海道の場合，農山村の景観は車窓から追えるほどのスケールで，先に述べたようなダイナミックな土地利用変動を目の当たりにできる格好の材料を提供している．景観理解力を高めることは，フィールド調査での生命線でもある．雄大な自然景観の裾野に広がる人文的スケールの景観の背景や意味を知ることによって，点と点を結ぶ線の移動が，その間の土地利用・生態系管理を面的に理解するトレーニングとなる．

森林と農地，森林と河川，森林と都市…突き詰めていけば，気が遠くなるほど複雑に輪切りされた制度にぶつかるだろう．その縦割りをまたぐ部分に今後必要とされる調査・研究が残されているし，細分化され切り身となったフィールドを越境するエネルギーは，このような景観理解力によって大いに培われると思われる．

参考文献

Pearse, P.H. (1990): Forestry Economics, University of British Columbia Press.
藤田佳久（1995）：日本・育成林業地域形成論，古今書院．
阪本楠彦（1956）：日本農業の経済法則，東京大学出版会．
柳幸広登，土屋俊幸（1987）：網走地域における林地転用の実態とその構造（II），第98回日本林学会論文集．

埋もれ木の出所を調べる — 電子顕微鏡によるアプローチ

佐野雄三

多くの現代人が暮らす沖積平野には，火山活動や河川によって運ばれた土砂が幾層にも積み重なっている．そこに埋没した動植物のなかには，朽ちずに地表にあったときとほとんど変わらない状態で，あるいは化石のようになって，埋没後も長年にわたって残るものがある．土木工事や建築工事に伴う掘削の際，これらの地中に埋蔵された遺物が出土することがある．そのなかには，しばしば木材も含まれる．

それら出土木材の樹種を明らかにすることは，埋没当時の森林の樹種構成や気候，人間の生活の様相を推定する手掛かりになる．出土材の樹種同定は，木材利用史に限らず，考古学や歴史学，植生学，気候学などの他の学問分野にも関連する興味深い問題である．

筆者は木材の組織学（相互に有機的関連を持つ細胞の機能的・構造的な集団すなわち組織を対象とし，機能学的にもまた生物化学的にもその細胞間の相互依存性を解明する体系）を専門としている関係上，国内外の遺跡出土材の樹種同定に関わる機会に恵まれた．そこで，出土木材の樹種識別のおもしろさや意義を理解してもらえることを願って，出土材の中でも特に炭化した木片の樹種同定をどのように行うのかについて紹介し，2002年頃から携わった北海道大学構内の遺跡調査の経験談を紹介する．

炭化木材の樹種同定

木材の樹種識別には，かつては組織の解剖学的特徴を顕微鏡的に調べるのが唯一の方法であった．木材（二次木部）の解剖学的な違いは一般に属，亜属，あるいは節レベルで現れるため，この方法では基本的に属～節レベルの識別が可能である．種レベルの同定は，1属1種の樹種（スギなど）やある地域内に分布するのが1種のみであることが明らかな属（日本のトチノキなど）など，特別な場合に限られる（島地・伊東，1988）．

もう1つの有力な識別方法は，ここ15年くらいの間にめざましく発達した分子生物学的方法である．最近，二次木部から抽出した葉緑体DNAの部分塩基配列の違いにより，本邦産のアカガシ亜属（ブナ科，コナラ属）6種を3群に識別することが可能になった（Ohyama et al., 2001）．まだ基礎データが不十分で，出土木材の樹種識別に活用されるには至っていないが，この方法では木材を種レベルで識別できる可能性がある．将来的に，木材から抽出したDNAの塩基配列の種間差に関する情報が蓄積し，データベース化されれば，このような高精度方法が木材の樹種識別に導入されていくに違いない．

炭化材の場合，DNAが変性せずに残存していることは望めない．したがって，樹種識別を行うのには，解剖学的特徴を顕微鏡的に調べるほかない．木材は炭化によって数十％（体積比）の収縮を起こし，細胞壁にはシワや歪みが生じるが，識別の拠点となる各構成要素の配置や相対的な寸法比，細胞壁の微細構造物の形態はかなり保存されるため，未炭化材と同等の精度で樹種を同定することは可能である．この場合，炭化材は硬くて薄片を作製することが無理なため，透過型の顕微鏡による組織観察は難しい．炭化材の組織観察には，走査電子顕微鏡が有効な手段である．

走査電子顕微鏡とは

走査電子顕微鏡（scanning electron microscope: SEM）とは，細く収束させた電子線（一次電子）で個体試料表面の特定の範囲をまんべんなく走査したとき，各瞬間において試料のごく表層から発した電子（二次電子）の強さを肉眼的な濃淡に変換する装置である．一次電子の電子銃と同調して動くもう1つの電子銃が，二次電子の発生量に応じた強さの電子線を放出しながら蛍光板を走査することにより，濃淡差のある画像を可視化する仕組みになっている．倍率は2つの電子銃の走査範囲の比で決まる．蛍光板の大きさは一定なので，試料表面上の走査範囲を小さくするほど倍率が高くなる．

図1にSEMの二次電子像の一例を示す．エネルギーの一定した電子線（一次電子）を照射した場合，発生する二次電子の量は試料表面の形状に

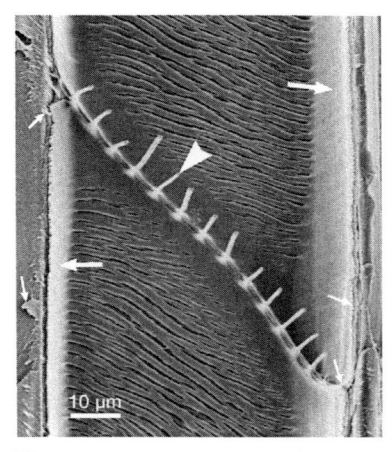

図1 シラカンバの道管のSEM写真
（板目面）
大矢印，小矢印は，それぞれ傾斜効果，エッジ効果によって明るく見える箇所を示す．階段せん孔板のバー（矢尻）は，2つの効果が重なって明るく見える．

より異なる．例えばこのSEM写真の場合，くぼみの底やフラットな部分が暗く，傾斜の強い箇所（大矢印）ほど明るい（傾斜効果）．また，微細な突起物や鋭い稜上（小矢印）も輝度が高い（エッジ効果）．このようにSEMの二次電子像では，日常的に感じるような1方向から光を照射してできる陰影とは異なる原則で生じる濃淡によって立体感を生み出している（なお，SEMの原理や仕組み，機能について詳しく知りたい読者は，電子顕微鏡学の専門書を参照されたい）．

SEM試料作製法

まず組織観察に適した状態に断面を露出させるが，出土材ならではの厄介さがある．観察の成否は，この工程にかかっているといっても過言ではない．出土材には，数多くの微細な亀裂が生じていることが多い（図2）．割ったり削ったりして観察面を仕上げる際，粉々に砕けやすいので細心の注意が必要である．また，亀裂のなかには鉱物質や有機物が染み込んでいる．出土材を割断するとき，このような亀裂に沿って割れやすいが，そうして容易に露出した面にはそれら有機物や鉱物質の汚れがひどく覆い，解剖学的特徴をうまく捉えることができないことが多い．そのような亀裂の目立つ箇所を避けて，刃物で割断したり，細長

に整形したのちに折るなどして，基本3断面（木口面，柾目面，板目面）のフレッシュな割断面をなるべく完全な一年輪を含むように露出させる必要がある．

残りの工程はSEM試料作製の一般的な方法で問題なく処理できる．観察に適した破片を実体顕微鏡やルーペで確かめながら選び，導電性接着剤でSEM用の試料台に貼り付ける．これでそのまま観察することもできるが，真空蒸着などの方法で二次電子の発生効率の高い貴金属（金や金・パラジウム合金が常用される）をコーティングした方が，S/N（信号/ノイズ）比が向上し，鮮明な画像を得ることができるのに加えて，試料の電子線損傷などのトラブルも軽減できる．

同定の実際

識別には，木材組織学の専門知識が必要である．針葉樹材の場合には，構成要素（細胞）の種類，早晩材の移行の緩急，放射組織の構成，分野壁孔のタイプ，いぼ状層やらせん肥厚の存否などが識別拠点である．広葉樹材の場合には，管孔性，道管の配列や集合状態，道管せん孔のタイプ，軸方向柔組織のタイプ，放射組織の構成や大きさ，壁孔の構造や配列，らせん肥厚の有無や形状など，針葉樹よりもずっと多くの項目が識別拠点として使われる．なお，これら組織構造上の各項目の内容は，木材の組織構造について書かれた専門書（例えば福島ほか，2003）を参照されたい．

観察では基本3断面それぞれで識別の指標となる特徴をチェックし，この結果と木材の解剖学的特徴を多くの樹種について網羅的に記載した既往の文献（例えば伊東，1995-1999），あるいは標本と比較・対照して同定する．この手順を北大になじみの深いニレ属の出土炭化材のSEM写真をもとに紹介する（図2）．まず木口面の観察で環孔波状材であることが確認でき，数グループに絞り込むことができる．柾目面では道管せん孔の形状や孔圏外の小道管にらせん肥厚が存在することが確認され，さらに少数のグループに絞られる．最終的に板目面で放射組織の幅や高さ，鞘細胞を欠くことが確認され，ニレ属と同定される．

ニレ属はわかりやすい例である．あまり劣化せず解剖学的特徴がよく残った試料でも，一致する

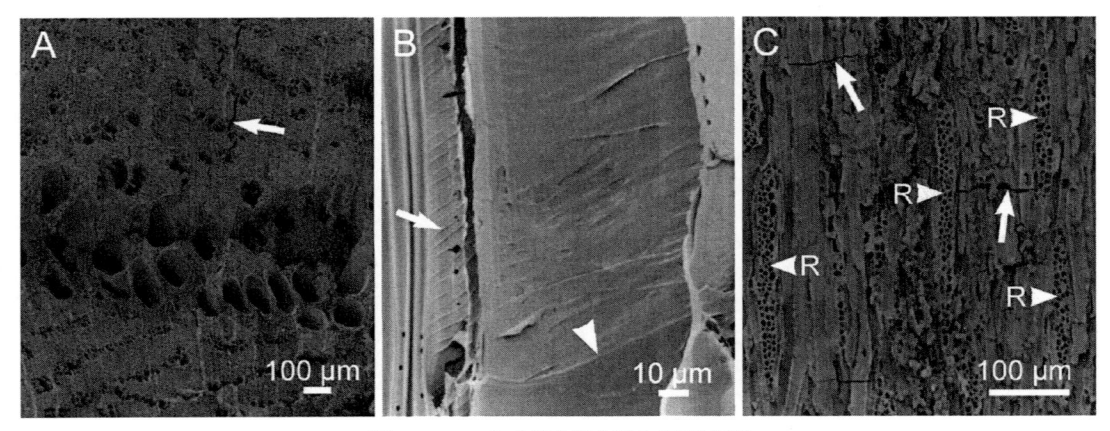

図2 ハルニレの出土炭化材のSEM写真
A：木口面．矢印，亀裂．B：柾目面．矢印，小道管のらせん肥厚．矢尻，単せん孔のせん孔縁．C：板目面．矢印，亀裂．R矢尻，多列放射組織．

特徴を備えた樹種が文献に見あたらず，すんなりと同定できないことはまれではない．このような場合に，出所のはっきりした基準となる標本との比較が必要になる．森林総合研究所や京都大学生存圏研究所には木材プレパラートの大きなコレクションが収蔵されており，場合によってはそのような機関からそれら標本を借用して調査中の試料との比較を行うことも必要である．

北大構内の遺跡出土材

北大のキャンパスは豊平川によりつくられた扇状地の末端部に位置し，地表から深さ数mまでの地中には数千年にわたって何度も繰り返されてきた河川の氾濫による土砂が堆積している．この深さ数mまでの地中からは，これまでに続縄文時代や擦文時代の遺跡が出土している．キャンパス北部はK435遺跡，同南部はK39遺跡として，遺跡認定を受けている．

2001年に始まった北大文系総合教育・研究棟の工事の際には，深さ約3mの地中から続縄文時代前半（約2000年前）の集落跡が新たに出土し，竪穴住居の炭化した遺構が見つかった．筆者らは，それら出土炭化材約250点の樹種同定に関わる機会を得た．その結果の詳細は報告書として公表済みであるが，概略を述べると，ここではヤナギ属やハンノキ属，ニレ属，トネリコ属の小径木が多用されており，河畔林において身近で容易に調達できる樹木をうまく活用していた古代人の生活の一端が浮かび上がりつつある．

この調査結果で1つ特筆したいことは，針葉樹材がまったく出土しなかったことである．その理由は不明であるが，可能性の1つとして当時は針葉樹類が近隣に全くあるいはごくわずかしか生育していなかったことが挙げられるだろう．花粉分析をはじめとする他の研究手法での北海道の植生史の研究によれば，現在見られる汎針広混交林（北大の故 館脇 操の命名による．温帯林と亜寒帯林の移行帯森林を指す）は8000年前頃からの温暖化によって原型ができ，約3000年前には現在とほぼ同じ植生が定着したという．したがって，これらの遺跡が地表に存在した約2000年前の森林の樹種構成は，現在と同様であったはずである．汎針広混交林帯においては，山地では亜寒帯性の針葉樹が優占するが，標高が低くなるほど冷温帯性の落葉広葉樹が優占する．平野部では広葉樹と比べて針葉樹がかなり少なく，遺跡の周辺では針葉樹を入手できなかった可能性がある．

別の可能性として，針葉樹類は使われていたが，何らかの理由で残存しなかったことが挙げられる．例えば，道南の遺跡調査において，住居周辺の花粉分析ではモミやマツ，ブナが検出されているのにもかかわらず，住居の炉内からはそれらの炭化材が全く検出されない理由として，それら3種が燃え尽きて灰化しやすく炭化物として残存しなかった可能性がある（島地・伊東，1988）．今回調査した遺構の場合にも，これと同じように考えることもできる．つまり，針葉樹は竪穴住居の材料として使われてはいたが，その住居が火災

や埋葬で焼かれたときに針葉樹だけが燃え尽きて残存しなかったのかも知れない．しかし，今回の北大構内の遺構の場合，トドマツやエゾマツと同程度に軽軟で，わりあい燃え尽きやすいヤナギ類やハンノキ類は少なからず出土している．したがって，少なくとも筆者らが調査した竪穴住居の構造材には針葉樹類が使われなかったと考えるのが妥当であろう．

仮に針葉樹が身近に存在するのにもかかわらず用いられなかったとすると，その要因として，当時の人々の信仰心は考えられないか．天を突く円錐状の端正な樹形を呈し，冬でも葉を落とさない針葉樹類を人々は神木として崇拝し，仰ぎ見る対象にこそすれ，伐り倒して使う対象とは見なかったということはないのであろうか．門外漢の当て推量と考古学の専門家からは叱られそうであるが，電子工学の産物といえる装置のモニターを眺めながら，そんなテクノロジーとは全く無縁の古代のことに思いをめぐらせるのも，このような樹種識別の仕事を引き受けるようになって知った楽しみの1つである．

今後の展望

出土材の樹種識別は，手間のかかる作業である．多くの手間と時間を費やして，顕微鏡で木材組織の特徴をうまく捉えることができたからといって，必ず同定できるとも限らない．このような地道な作業の積み重ねが，考古学や歴史学などの他の学問分野の新たな研究課題を提示することもある．

他の学問分野への貢献ばかりでない．地味な樹種識別の作業が，逆にその基盤としている学問分野に新たな研究課題を提示したり，既存の知識体系の見直しの契機となることもある．例えば，幹と根では材組織の構造に違いがあることは一般論として従来から指摘されていた．だが，その違いが実証的に研究され，樹種ごとに具体的な記載として残されるようになったのはかなり最近のことである．その発端は，木材組織に関する既往の樹種別記載には見あたらない特徴を備えた出土材が大量に発掘されたことにあったという（鈴木, 2002）．

木材組織に関する知識体系は，おもに利用の対象となる地上の樹幹部について調べた知見に基づいている．樹体の部位や生育環境による解剖学的特徴の変化についても解明し，知識体系を整備することは，今後進めるべき木材組織学上の課題の1つであると思う．それによって，出土材の樹種識別の精度がさらに向上し，木材の利用様式を通じて古代の自然環境や人々の暮らしの様相の解明に役立つ情報をより多く引き出すことができるようになるはずである．また将来，現代人には思いもよらないことにその知識が活用されるようになるかもしれない．

自主解答問題

問．木材の樹種識別の方法や精度，限界についてまとめなさい．

参 考 文 献

福島和彦ほか編著（2003）：木質の形成―バイオマス科学への招待―，海青社．
伊東隆夫（1995-1999）：木材研究・資料，**31**, 81-181；**32**, 66-176；**33**, 83-201；**34**, 30-166；**35**, 47-216.
Ohyama, M. et al. (2001): *Journal of Wood Science*, **47**, 81-86.
島地 謙，伊東隆夫（1988）：日本の遺跡出土木製品総覧，雄山閣．
鈴木三男（2002）：日本人と木の文化，八坂書房．

石狩平野の防風林の特性と多面的機能　　　　　　　　　石川幸男

　近年，森林の多面的機能を重視する気運が高まるとともに，農業に対しても総合的な環境保全機能が求められる時代になった（竹内，1991）．こうした情勢下では，農村景観の中の防風林に対しても，多面的な意義付けが求められる．北海道の平野部には由来や組成・構造の異なるさまざまな防風林が存在していることから，その中身によって意義や価値も異なると予測される．しかし，植物群落としての防風林の実態は，従来はあまり知られてこなかった．石狩平野の防風林，特に幅が広くて規模の大きい幹線防風林の分布，組成と構造を調査した結果を基に，群落そのものとしての防風林の現状と調査結果が持つ意味を考える．

防風林成立の経緯とそこに生育する植物

　開拓以前の石狩平野には湿地と湿地林が広がっていた．歴代の五万分の一地形図から，石狩平野の湿地や湿地林の消失と農地や防風林の整備の推移を追跡できる（石川，印刷中）．1890年代までは手つかずの湿地や湿地林が広く分布し，農地はわずかだったが，1910年代から1950年代には徐々に農地整備が進行した（図1）．その後，急速に農地と防風林の整備が進行するとともに湿地はほぼすべてなくなり，1970年代には現在の「幹線防風林網」が完成された．

　現在，石狩平野の幹線防風林の総延長は約290 kmであり，もともと低湿地であることを反映して，ヤチダモやハンノキなど湿性の落葉広葉樹の天然生林が残存している（石川，1993）．林帯幅は広いものでは50 mを超える．一方，新たに造成された林分としては落葉広葉樹植林，針葉樹植林，針葉樹と広葉樹の混植林が見られる．造成された落葉広葉樹林でもヤチダモが最も多く，その他にシラカンバやヤマナラシ類なども植えられている．針葉樹では本州中部から持ち込まれたカラマツと欧州原産のドイツトウヒが主体である．針葉樹と広葉樹との混植の組み合わせは，2種から最大5種までと幅広い（石川，1993）．

　天然生林，人工林を込みにした場合，湿性の落葉広葉樹防風林が最も長くて153.1 km（52%）を占め，針広混植防風林（69.8 km，24%），針葉樹防風林（46.7 km，16%）が続いていた．耕地面積あたりの防風林延長は全体で0.34 km/km^{2}であった（石川，印刷中）．

　下層を含めると，天然性防風林と人工防風林の出現種数は40.8と21.7種であり，天然性防風林はより多様な群落ということができる（表1）．また前者には，環境省（2000）と北海道（2000）が定める絶滅危惧種も多く生育していたのに対して外来種は少なく，また，樹木はより大きかった．

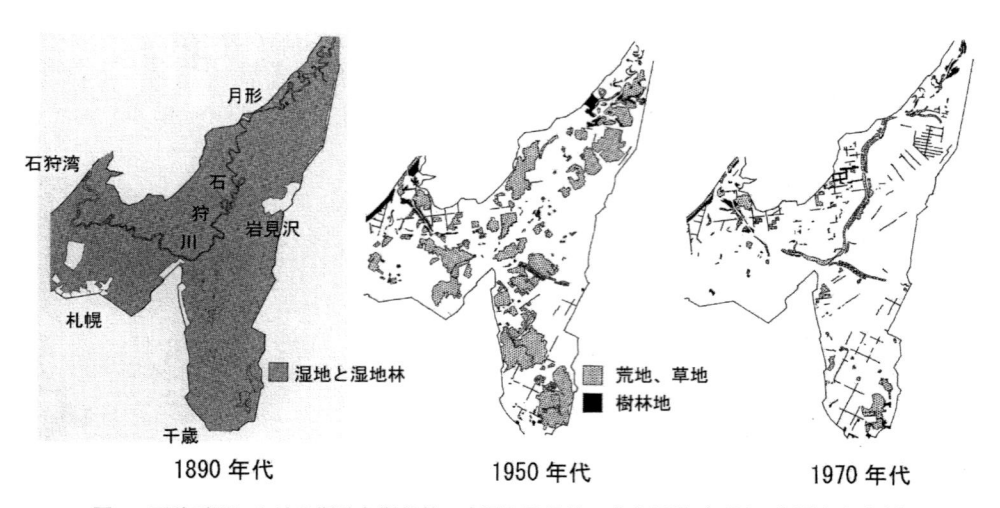

図1　石狩平野における湿地と湿地林の変遷と防風林の成立経過（石川，印刷中を改変）
1950年代と1970年代の荒地と草地は湿地を意味する．

表1 天然性防風林と人工防風林の特性の比較（石川，印刷中を改変）

	天然性防風林	人工防風林
地点数	23	35
平均出現種数	40.8	21.7
平均胸高直径（cm）	29.4	18.7
優占種（地点数）	ヤチダモ(12)，ハンノキ(2)，ミズナラ(3)，コナラ(2)，カシワ(1)，アサダ(1)，イタヤカエデ(2)	ヤチダモ(11)，ハンノキ(4)，カラマツ(7)，シラカンバ(4)，ドイツトウヒ(6)，ヨーロッパアカマツ(3)
希少種*（地点数）	エゾハリスゲ(2)，サルメンエビネ(1)，トケンラン(1)，エゾエノキ(3)，クロバナハンショウヅル(1)，ヤマシャクヤク(1)，ホザキシモツケ(2)，クロミサンザシ(3)，クロビイタヤ(3)	オオバタチツボスミレ(1)，クロバナハンショウヅル(3)，クロビイタヤ(1)，クロミノハリスグリ(1)，ホザキシモツケ(1)
外来種**	4	19

* 環境省（2000）および北海道（2000）の植物レッドリストより抽出した指定種．

** 帰化植物の他に，カラマツやドイツトウヒのような植栽樹木，さらにソバのような栽培種が野生化した逸出植物を含む．

群落組成と構造調査が示す防風林の価値と問題

石狩平野の天然性防風林は，現在でも開拓以前の姿を残していた．動物を含めた野生生物のハビタット（生育地，生息地）としての機能は，立体的な構造が発達する森林の重要な機能であり，都市地域や農村地域に断片化して残っている森林は孤立林と呼ばれ，そのハビタットとしての機能が評価されている（Burgess and Sharpe, 1981）．この意味で，天然性防風林の意義は大きい．さらに並川・奥山（2001）は，石狩低地帯の南部から北部，すなわち太平洋側から日本海側への気候変化に応じて，湿性林の群落組成が変化することを明らかにした．人間活動の影響が皆無ではないものの，種組成と気候条件との本来の対応関係が維持されているこれらの天然性防風林は，環境指標の役割も果たしているといえる．

しかし，以上の調査結果は，これらの防風林がかかえる問題も示唆している．天然性防風林のうち，湿性の立地に分布するとされるヤチダモとハンノキが優占する14地点で林床の種を検討すると，主に湿性立地に生育する種（ザゼンソウ，トクサ）が優占している防風林は2地点に過ぎず，中湿から乾性立地に生育するクマイザサやツタウルシなどに占有されている林が6地点と多かった．これは，上層を構成する樹木は寿命が長いために古い時代の湿っていた立地条件を反映しているのに対して，林床に生育する草本植物やツル植物は最近の乾燥しつつある立地条件を示しているのだろう．また，天然性ヤチダモ防風林の下層でも，次世代のヤチダモがまず見られない．この理由は明らかではないが，防風林として区画されて河川の影響から切り離されたことから，定着に適した立地が形成されないことが原因と考えている．世代交代が保証されない石狩平野の天然生ヤチダモ防風林は，絶滅危惧群落といわなければならない．

農業の作物生産性だけを考えるならば，防風林は防風機能のみを考えればよく，樹種は何でもよいし，極論すれば人工の壁でもよい．しかしそれでは，防風機能以外の多様な機能を果たせない．農業に総合的な環境保全機能を期待するのであれば，農業が備えていた地域本来の自然と調和した姿に防風林も総合的に貢献することが重要である．この場合，自然性の高い防風林は地域の自然の目標値としての機能を果たすことができる．

ここで述べたような，生育する種をすべて記載して構成樹木のサイズや樹齢を測る単純な調査には，大きな意義がある．遺伝子レベルのハイテク調査や実験・研究はもちろん20世紀生物学の最大の進歩だが，その進歩の横で，各地の森林は組成と構造の調査がないままに変質してゆく．生物多様性保全の重要性が叫ばれる現在，防風林に限らず，身近な自然を丹念に見ることがいかに重要か，防風林の調査によって気づかされる．

参考文献

石川幸男（1993）：石狩低地帯における幹線防風林の種類とその分布．農村緑地整備に関する調査（地域農業研究会編），pp.110-130．空知支庁．

石川幸男（印刷中）：石狩平野の農村景観における防風林の実態とその意義．森への働きかけ（湊 克之ほか編），海青社．

環境省編（2000）：改訂・日本の絶滅のおそれのある野生生物植物I 維管束植物，財団法人自然環境研究センター，p.660．

竹内和彦（1991）：地域の生態学，朝倉書店，p.254．

並川寛司，奥山妙子（2001）：植生学会誌，**18**, 107-117．

Burgess, R.L. and Sharpe, D.M. (1981): Forest Island Dynamics in Man-Dominated Landscapes, Springer-Verlag.

北海道（2000）：北海道レッドリスト（http://www.pref.hokkaido.jp/kseikatu/ks-kskky/yasei/yasei/redlist.plant.html）（2000年5月10日アクセス）

みなみ北海道に里山をつくる
——林業の再生をめざして

夏目俊二

たおやかな森

このところ，Sさんは父親から受け継いだ山林の手入れに余念がない．「この春に会社を引退したからね．」という彼に案内されたのは，樹齢63年，平均胸高直径38 cm，樹高はゆうに25 mを超えるスギの壮齢林だ．ヒノキアスナロ（ヒバ）だろうか．初夏の渓流に深い影を映す樹冠の下に，植林されたばかりの苗が息づいている．その傍らでは，ミズナラ，ハリギリ，ハルニレ，ホオノキといった若木の群れが，限られた陽光を奪い合うように新緑の力強さを競っている．ここは確かに人間が仕立てた経済の森だ．でも，その梢には自然と人間の織りなす「共生」の時間がゆっくりと流れていた．

森を暮らしに

近頃，道南産スギ丸太の市況が少しずつ伸びているという．右肩上がりの経済成長を続ける中国に世界各地から木材が流れ込んでいる影響で，外材の舟運コストが2～3割近くも跳ね上がったのが原因らしい．でも，それは製材歩止りの良い直径18～22 cm程度の小径材に限ってのこと．材価の低迷に喘ぐ中，大径丸太に好転の兆しはない．これではSさん親子ならずとも，森づくりが無意味に思えてしまうだろう．なぜなら，間伐材が多少の収入に結びつくことはあれ，子供や孫に託すべき主林木には夢さえ乗せることもできないのだから．

思えば1980年代以降，わが国の林業は「円高基調」，「林産物の関税引き下げ」といった市場経済の波に翻弄され続けてきた．だが，その20年間は森林生産技術がいかに科学的合理的な装いを凝らしても，圧倒的な市場支配の前には無力に等しいことを知るに十分な年月でもあった．そして21世紀，私たちは日本の林業を根本から再構築すべき時代を迎えた．めざすところは，Sさん親子のような「森を守り，人と森のかかわりを維持していく働きを市場経済とは別の方法で保障していくシステム…農山村に暮らす人々が森を労働，生活圏として暮らすことを保障する非市場経済的な仕組み」（内山ほか，2001）の創造だ．

みなみ北海道の里山づくり

とはいっても，やはり創造の世界である．どこかに100点満点の解答が用意されているといった性質のものではない．そのことが戦後の学校教育に染まり切った我々を臆病にする．それでも勇気をふるって答えの用意されていない課題に踏み込むことができるのは，そこに地域の暮らし，風土あるいは歴史という優れた羅針盤があるからだ．まるで，ひと昔まえの子供たちが，自然をさまざまに利用する大人たちの仕事を模倣しながら，「アソビ」という名の生活文化を工夫していったように．

西に日本海を望み，三方をヒバやブナなどの天然林に囲まれた「みなみ北海道」のまち檜山郡上ノ国町．私たちの実践フィールドである北海道大学の檜山研究林は，人口8000人に満たないこの町の中心地から車で10分ほど奥に入った里山にある．里山とはいっても，あたり一面は戦後の拡大造林時代に植林されたスギやカラマツの人工林だ．もちろんブナやナラなどの天然生林も少なくない．だが，そのほとんどは，かつて炭焼きに利用された二次林で，今では春の山菜シーズン以外に訪れる人は少ない．

現在，檜山地域には，スギやカラマツにトドマツを加えた約3万 haの若い人工林が，主には中小農家林家の持ち山として存在している．静岡県の天竜林業地にほぼ匹敵するという広大な経済林が，長びく木材不況下で間伐実行時期の遅れ，育林放棄，他用途への転用伐採といった危機に直面しているというのだから，その再生は道南経済の将来に関わる資源問題である．こうした地域の森林事情を踏まえながら，私たちが手探りで始めた林業再生への取り組みを2, 3紹介しておきたい．

1）カラマツの不成績人工林における自然薯の林内栽培　檜山地域の里山には，わが国でも有数な強風地域であるために成長を著しく阻害され，間伐の対象にすらならないカラマツ人工林が多い．また健全な育成途上にある人工林も，生産コストの削減をねらった農地拡大の犠牲にされた

図1　育成中の北海道産野生自然薯（北大札幌実験苗畑）

図2　スギ人工林内におけるワサビの林床栽培（北大檜山研究林）

事例が増加し，このことが輸出用梱包材を専門とする製材業界の先行きを著しく不安定なものにしている．こうした現状を踏まえながら，1997年から檜山研究林のカラマツ風衝造林地において，高級食材である自然薯（ジネンジョ；ヤマノイモ）の林内栽培に取り組んでいる．適度に密度管理されたカラマツ林は，年間を通して林内の光環境が良好に維持されること，自然薯は未分解の落葉を含んだ酸性土壌でも十分に成長し得るといった2つの条件を利用した試みといえる．1998年には多型アロザイムによる遺伝解析によって道南産野生ヤマノイモの存在を確認し，これらの産地化に向けて優良品種の開発を進めている（図1）．

2）**スギ不成績人工林内におけるワサビの林床栽培**　夏季，東北および北海道を中心に吹き込む偏東風（やませ）は，しばしば渡島半島の日本海域沿岸域でも農作物や林木に冷害をもたらす．檜山研究林では，2000年から「やませ」によって成長を阻害された林齢35年のスギ人工林内で，ワサビの林床栽培に取り組んでいる．むしろ低温条件を好むワサビの性質を応用した試みだ．使用しているワサビは，「真妻」，「天城にしき」，「グリーンサム」の3品種だが，いずれも適正間伐を施した試験区（林内照度50％）においてよい成長経過を示した（図2）．栽培が比較的容易であることから，主に高齢者の森林利用に適していると考えられるし，スギ人工林の間伐促進効果も期待できよう．当面は「わさび漬け」向け加工原料としての育成試験を進めるが，地域に暮らす人々が，自家消費，贈答，交換などに広く活用するだけでも，その社会的意義は十分に果たされよう．

3）**馬に木を曳かせる**　つい最近まで，道南のK森林組合は，沿岸海域の漁場を保全するため直営生産事業量の約80％を馬力集材作業に託していた．ブルドーザなどによる機械集材作業による土砂の河川流出を最小限に抑えるためだ．私たちも，1997年に上ノ国町内の28年生スギ人工林を対象にして農耕馬を用いた集材作業を試みた．集材路や搬出道の作設が困難と思われた狭隘な林地であったが，ほとんど森を傷めることなく定性間伐を終えることができた．施業面積がきわめて小さい道南地域における森林利用のあり方のみならず，「海と森の共生」を考える上でも，いま一度その「今日的意義」に着目すべき伝統技能である．

過去から未来へ

私たちの取り組みには，なぜかいつも古くさいイメージが付きまとってしまう．どうしてそれが新しい実践なのかと問われても論理だてて説明できない．実際，懐古趣味，ノスタルジアといったご批判もたくさん戴いた．だが，少し目先を変えてみよう．超一流のプロ野球選手でも，不調になれば過去のフォームを収めたビデオテープを擦り切れるまで分析するというし，小学生でも今日の成績の良し悪しを，昨日のそれと比べて判断するであろう．そう考えると案外，私たちも，森林・林業が人間の暮らしの場へと回帰していくための正しい道筋を，今まさに忘れ去られようとしている過去の中に求めているのかもしれない．未来を切望する人間なら，ごくあたりまえの行為として．

参考文献

内山　節編著（2001）：森の列島に暮らす．コモンズ．

流域と景観

流域景観の変化と保全　　　　　　　　　　　　　　　中村太士

「流域」もしくは「集水域」という言葉がよく使われるようになってきた．後述する自然再生においても，基本的には流域の視点から議論すべきであることが，海外を含めて日本における解説本で述べられている．流域は，分水嶺によって囲まれた区域を意味し，降った雨が渓流や河川によって排出される領域をいう．しかし，ここで述べようとする流域は，単なる水の排出区域という意味だけではない．流域には森があり，人間が生産活動を行うための農地や都市があり，さらに土地利用できない湿地がある．そして流域を網目のようにつないでいる河川は，自然が生み出す土砂や栄養やエネルギーばかりか，土地開発の結果生み出される汚水や懸濁物質を下流へと運搬する．ここで解説する流域とは，これら自然と人の営み全てが歴史とともに変化する，いわば生きている流域である．

「景観」という言葉も近年，よく用いられるようになってきた．1つの意味としては「風致」「風景」と同義的に用いられているが，もう1つの意味としては，流域を構成する森林生態系や農地生態系，さらに湿地や干潟生態系など，さまざまな生態系が集まって互いに影響を及ぼし合っている地域全体を指す．後者が landscape ecology，すなわち景観生態学が定義するところの「景観」である．本論で使う景観も生態系のモザイク状の集まりを意味する．これまでの生態学研究の多くが，特定の生態系における物質循環や生物間相互作用を議論してきたのに対し，景観生態学では物質や生物の移動を介して生態系間の相互作用を議論することに特徴がある．これによって景観構造が持つ生態学的機能を評価することも可能になる．

したがって，景観生態学とは「景観（生態系の集まり）の構造と機能，そしてその変化に焦点をあてる学問分野」（Forman and Godron, 1986）と定義でき，流域生態系に当てはめると，「自然攪乱，土地利用等によって形成される景観の不均質性が，物質や生物そしてエネルギーの流れにいかなる影響を与え，結果として景観の構造と機能が時系列的にどのように変化するかを明らかにする分野」と解釈できる．ここで「景観の不均質性」とは，山火事や農地利用などによって，ササ地や草原のなかに，森林がパッチ状に残され，遠方から見るとモザイク状になっている光景を意味する．したがって，この景観の不均質性は先の定義に従えば，「景観の構造」を意味する．さらに「物質や生物そしてエネルギーの流れ」とは，農地や森林から栄養塩や落葉リターが流出したり，野生動物が森林から草原へ移動したりすることを意味する．ある湿地帯が栄養塩や落葉リターを貯留したり，タンチョウの生息場を提供したりする事例からわかるように，こうした物質や生物の出入りを観測することにより，ある景観単位の「機能」を明らかにすることができる．渓流や河川内の生態系は，こうしたさまざまな周辺生態系から生産流出される物質によって維持されており，周辺生態系も水系によって運ばれる物質によって滋養されていると捉えることができる．

流域景観の変化

流域景観は，土地利用の進展とともにさまざまな形に改変されてきた．その多くは，森林や氾濫原，湿原，河川などの自然景観の分断化（fragmentation）であり，付加された人為景観による単純化（simplification）である．ここで流域における土地開発が，末端に構える湿原生態系に影響を与えている事例として，日本最大の湿原である釧路湿原を取り上げ，流域景観の変化が生態系間の相互作用に及ぼす影響について述べてみたい．

釧路湿原は，1980年に「特に水鳥の生息地として国際的に重要な湿地に関する条約」，通称ラムサール条約という国際条約に制定されたことでも注目を集め，1987年に国立公園に指定された．釧路湿原の面積は2万ha程度であるが，その集水域は10倍以上の25万haにのぼる．さらに，湿原周辺ならびに流域は，すでに明治時代から入植が始まっており，特に1960年代に拡大した農地開発（酪農）によって，自然林や氾濫原湿地は，農地に改変された（図1）．その結果，農地

から流入する肥料・糞尿などにより河川水質の汚濁が確認されている．また，河川の直線化に伴う河床低下と河岸崩壊，河畔林消失に伴う河岸侵食の拡大，さらに草地開発に伴う浮遊砂流出が顕著であり，濁水が湿原内に氾濫している．これによって，細粒土砂とそれに吸着されている栄養塩が湿原内のスゲ・ヨシ群落内に沈殿堆積しているおり，土砂堆積が顕著な河川周辺や湿原の縁辺部からハンノキを主体とした木本群落に遷移している．

釧路湿原の変化をリモートセンシング技術によってモニタリングするとさまざまなことがわかってくる．ミクセル分解という技術を使うと湿原内に氾濫している濁水の濃度（WTI）を知ることができる．その技術を駆使して釧路川支流の久著呂川周辺において，1984年以降の濁水分布域とその濃度変化を調べた結果が図2である（Nakamura et al., 2004）．WTIの濃淡分布を比較

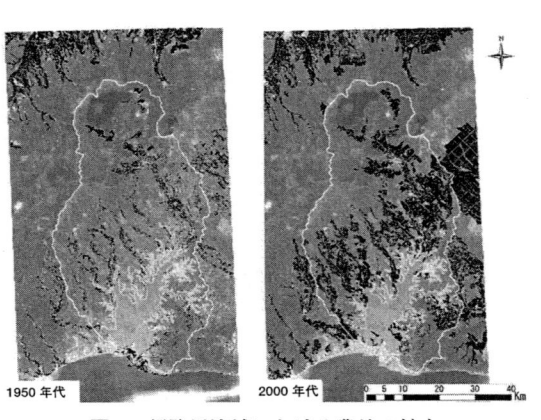

図1 釧路川流域における農地の拡大
白い実線が流域界，黒いエリアが農地．

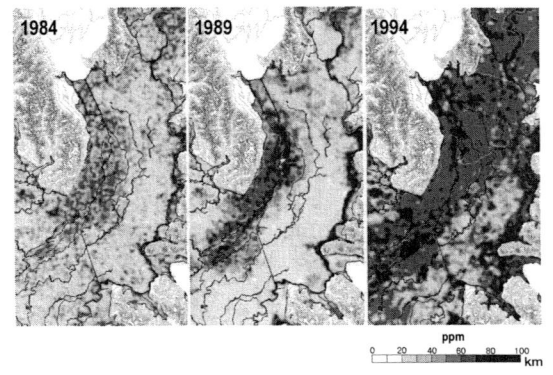

図2 濁水指標WTIによる濁水氾濫域の推定（Nakamura et al., 2004）

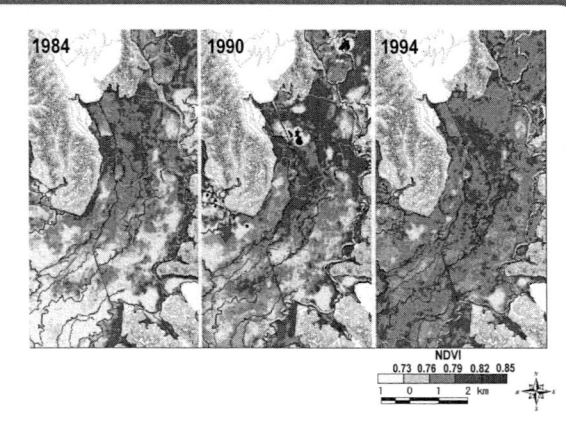

図3 植生指標NDVIによる樹木分布域の推定（Nakamura et al., 2004）

すると1984年にはまばらで一様に濃度の低い濁水が広がっているのに対し，1989年以降は高濃度の濁水が流路の西側に集中し岬下流域まで拡がっている．特に，1994年の画像ではこの傾向が一層強く示されている．全体的には，年代を経るに従って高い濃度の濁水が広範囲に拡がっているのが読み取れる．

さらに植物の光合成活性を表すと考えられている植生指数（NDVI）の変化を図3に示した．NDVI値で0.82以上のパッチの時系列変化を比較する．1984年には小さなパッチが分布しているのが特徴的であったのに対し，1990年には河川の東側に集中し大きく連続的な1つのパッチへと変化している．全体的には，年代を経るに従って高いNDVIを示す領域が増え，樹林化が進行していることを裏付ける結果となった．

WTIならびにNDVIによるモニター結果を総合すると，スゲ・ヨシ群落に代表される低層湿原は，上流域からの汚濁負荷の生産，明渠排水路末端における氾濫堆積の影響を受けながら周辺域から縮小しており，国土交通省の調べでは，1947年に246 km^{2}あった湿原域が1996年には194 km^{2}まで減少していることが明らかになっている．

流域景観の保全と再生

流域景観の保全を実施し，失った構造や機能を回復するために必要な点を，以下の2つのスケールに分けて述べ，最後に釧路湿原流域における保全と再生の現状について述べる．

1）**広域スケール**（10^2 km^2 ～ 10^3 km^2 単位）
日本の環境アセスメントや復元事業が，未だ初歩

的段階にある原因の1つがこのスケールにおける解析がきわめて遅れていることに起因する．また，現存する自然生態系が，その重要性も認識されずに安易に改変を受けているのも，このスケールの解析に基づいた結果が地図化されていないことによる．地域スケールの解析はいわば「生態系」の評価と保全を目的に実施されるものであり，「種」の保全とともに，自然保護を進める上での車の両輪を形成する．日本の保護論の多くは「絶滅に瀕する種（endangered species）」には向けられるが「絶滅に瀕する生態系（endangered ecosystem）」に対する配慮はきわめて弱い．米国では1990年代の初めから生態系管理（ecosystem management）が台頭し，生態系プロセスを模倣することによって，生物多様性を保全しようとする動きが顕著になった（Franklin, 1993）のに対して，日本では種や遺伝的なレベルにおける多様性保全にとどまっている．

現状の生態系の評価ができないならば，保護や保全・再生の検討はできないといっても過言ではない．このプロセスはいわばスクリーニングの段階であり，医学でいえば集団検診に当たる．手法的には広域をカバーする必要があるため，既存の地図データ（植生図や森林区分図，地形図，地質図，土地利用図等），環境影響評価等の調査事例，各機関の報告書，空中写真，衛星画像などによって把握することを主眼に置くべきであり，現地調査による情報収集は最小限にならざるを得ない．

こうしたスクリーニングの手法ならびにデータの基準化については，欧米ではすでに検討され，国土全体にわたって実施されている．実施されている河川生態系に関する診断内容を整理すると，以下の基準が見えてくる．

① 主として生物指標（水生昆虫，魚類等）からの評価であるか，物理指標（水質，流速，流量，河川構造等）からの評価であるか．

② リファレンス（基準地：手本）との比較によるものか，点数積算による評価か．

③ 解析の対象となる空間スケールはどの程度の大きさか．

遅れている日本の現状を考えると，植物データと物理環境である程度の診断を実施し，既存の動物データはその評価として使うことが考えられる．診断も細かく細分化する必要はほとんどない

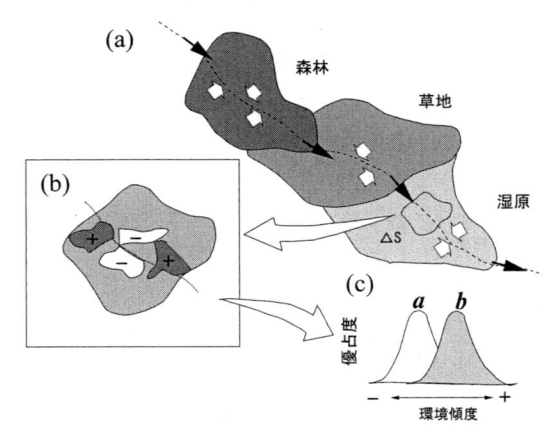

図4　物質の流れと生物の生息場環境

だろう．EU全体で実施されている評価を見ても，たとえば生態系の健全度を5段階程度に区分して，健全度1（劣化した生態系を指す）の生態系の30%を，今後10年間に健全度3（中程度の健全度）の生態系に回復させるといった「目標」を設定して実施している．

2）小集水域スケール（$1\,km^2 \sim 10\,km^2$単位）
仮に広域スケールのスクリーニングが終わり，劣化した生態系が抽出でき，その分布からプロセスが類推することができれば，次に重要なことは現地における精査であろう．これは，精密検査に当たる原因解明に向けた中小流域レベルの調査である．流域スケールでは，集水域からの物質生産と流出が，生物生息場環境にいかなる影響を与えているかを明らかにすることが重要である．人間の生産活動が水や土砂，栄養塩の流れを変化させて生物生息場環境を劣化させてきた歴史を考えると，物質の流れとハビタットの関係を科学的に解明し，劣化原因にもとづいた復元手法，対策案まで提言したい．

解析方法としては，直接環境傾度分析が重要となる．HEP（habitat evaluation procedure）や河川でよく使われるPHABSIM（physical habitat simulation system）などで議論されるHSI（habitat suitability index）などは，直接環境傾度に基づいた分析手法である．特徴は，地域スケールの分析方法の多くが，群集や生態系全体の診断・評価を目的としているのに対して，傾度分析は対象とする植物種もしくは動物種のハビタット環境評価として使われている．

留・堆積が一方的に進んだ場合，b種によって優占されることが予想できる．釧路湿原の樹林化はこのシナリオを証明している．土地開発によって崩れた物質収支バランスと攪乱体制を修復することが，流域スケールの再生事業を成功に導くカギである．

3) 釧路湿原における保全と再生

釧路湿原の東部3湖沼では，夏季にアオコの発生が確認されており，水質も急激に悪化している．その結果，水生植物，マリモ，水生昆虫の現存量ならびに種数ともに，急激に減少している．ここでも流域からの負荷の増大と堆積に伴って，湖沼水質と水生生物の多様性が劣化傾向にあることはほぼ明らかである．

達古武沼を取り囲む複数の集水域約 42 km² を対象として，① 優先的に保全すべき自然植生，② 湿原ならびに湖沼生態系に影響を与えている可能性のある非自然林植生，③ 土砂流出の可能性がある貧植生の3つを GIS（地理情報システム）解析により抽出している．抽出には，裸地を含む詳細な植生図のみならず，斜面傾斜，河川に隣接するパッチか否かなどの条件が含まれている（図5）．① で抽出された区域は貴重な生態系というほど質が高いわけではないが現状を維持することが望ましく，② の区域は今後人工林については樹種転換，二次草原や耕作放棄地については植林・湿原再生といった方向性が求められる．③ の区域は土砂流出を防止するための樹林帯整備が求められる．

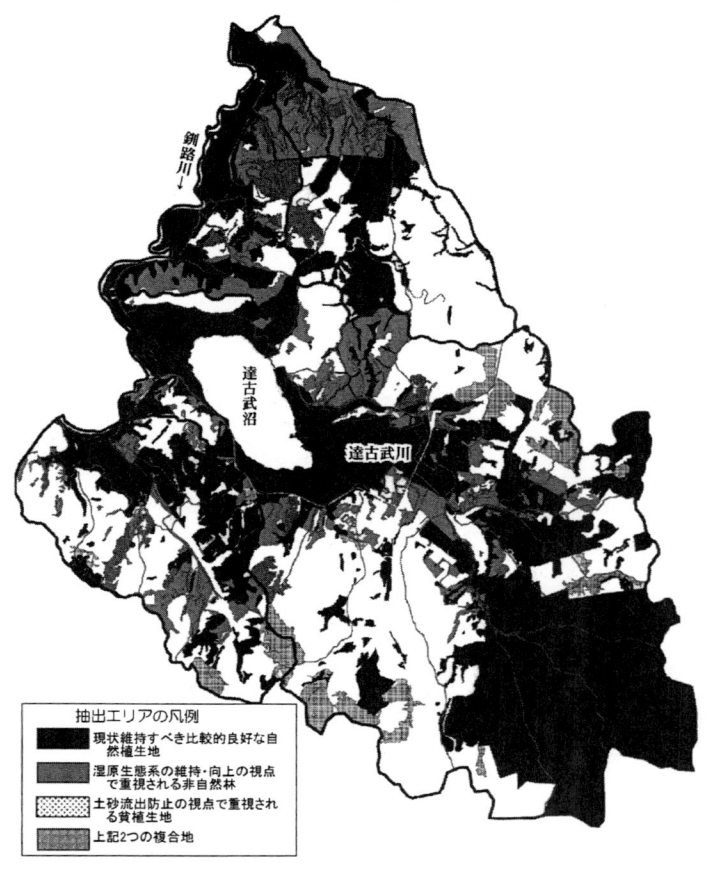

図5 達古武地域における保全地域と再生優先地域（環境省自然環境局東北海道地区自然保護事務所・特定非営利活動法人トラストサルン釧路, 2003）
対象集水域内の植生・林相・地形データを基に再生事業を優先的に行うべきエリアを抽出した．

物質の流れと生物の生息場環境を一般化して議論するために，ある河川区間における物質の流れを考えたい．たとえば，森林，草地，そして湿原生態系に至る流域の一連の過程を考える（図4）．先に述べたように，釧路湿原の事例では，森林や牧草地生態系で生産された物質が湿原生態系に堆積し，スゲやヨシの低層湿原群落がヤナギ類やハンノキを中心とした木本群落に変わろうとしている．

仮にある種 b は ΔS がプラスになる（貯留・堆積）生息場環境を好み，ある種 a は，ΔS がマイナスになる（流出・洗掘）生息場環境を好むことにする．流域物質収支のバランスが崩れて，貯

参考文献

Forman, R.T.T. and Godron, M. (1986): Landscape Ecology. John Wiley & Sons.
Franklin, J. F. (1993): *Ecological Application*, **3**, 202-205.
中村太士ほか (2003)：保全生態学研究，**8**, 129-143.
Nakamura, F. *et al.* (2004): *Catena*, **55**, 213-229.

流域における水環境の保全

笹 賀一郎

森林の水環境保全機能への期待と現状

　世界の水需要は，この100年間で10倍以上に増加している．また，21世紀においては，さらなる人口増と生活水準の向上が予想されるため，水不足や水質汚染がいっそう深刻化すると考えられている．日本や北海道においても，つねに，安定した水資源の確保が課題となっている．また，大気汚染や酸性降下物の影響が強まっているとの新たな報告もあり，水質汚染防止の課題も改めて注目されるようになっている．これらの課題がクローズアップすることにより，森林の水源涵養機能や水質浄化機能に対する期待もいっそう大きなものとなっている．また，森林生態系の持つ水環境保全機能の解明や森林利用方法の体系化は，洪水や土砂害などの災害防止や，河川環境の保全と河川工事や河川管理のあり方とも関連することから，環境保全の重要課題としても位置づけられることになる．

　これらの課題への対応のためには，森林生態系の水環境への影響が正確に把握される必要がある．さらに，それらの知見を基に，流域における土地利用のあり方や森林利用のあり方などが，多様な流域レベルにおける流域管理のあり方として体系立てられていくことが必要である．しかし，森林と水環境保全との関係は，森林の水源涵養機能や水質浄化機能などとして信じられていながら，数量的把握にはいまだに明確なデータとして示せない状態にある．たとえば，どのような森林をどのような形態に誘導すれば，またはどのように森林が変化したら，どれだけ水源涵養や洪水緩和への影響が期待できるかなどについては，まだ明確なデータとして示せるまでには研究成果が整っていない．また，これらのこととも関連して，河川の改修・管理や洪水調節を期待したダムの建設などにおいても，ハードで過大な工作物の導入回避や自然環境保全の期待に対しても，森林利用を中心とした効果的対応は難しい状況にある．

森林生態系と水文観測

　森林と水環境の保全に関する研究（森林水文学）は，主に流域を単位とした観測や，森林の各部分を対象とした観測およびそれらの総合化によって行われている．流域を対象とする観測は，植生などの異なった流域での比較観測や，「対象流域法」などとして取り組まれてきた．「対象流域法」とは，2つの森林流域を設定し，一定期間の流出量観測の後に一方の流域で伐採等の処理を行い，非処理流域との比較により，森林の影響を把握しようとするものである．流域の観測においては，渓流の流出量と流域内の降水量（雨量）が主な観測項目となる．また，図1のように，森林の樹冠空間においては降水の樹冠遮断や蒸発散量，樹幹空間（trunk space）においては林内雨や樹幹流，地表空間においては地表流や林床からの蒸発散量，土壌空間においては浸透量や貯留量などが観測され，これらの総合により森林の影響が検討される．

　ただし，これらの研究はフィールド観測を中心に進められるが，それぞれの流域は個別的であり，森林影響の普遍的事項を抽出することには困難を伴う．森林は，それぞれの樹種や年齢構成・樹高や密度などが異なっている．降水もまた，イベントごとに異なる．さらに，森林の各部分についての観測成果や小流域での観測成果を，森林全

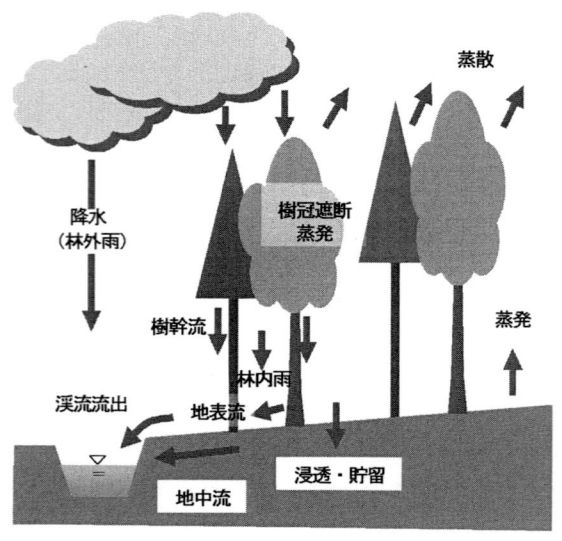

図1　森林生態系における水分フロー

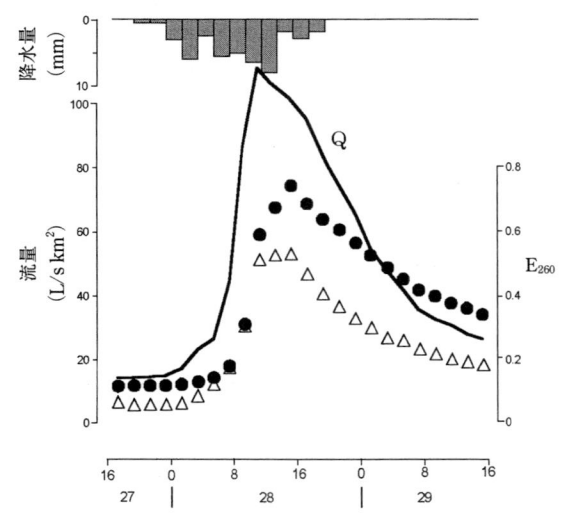

図2 台風19号による降雨時の水質の経時変化
（1991年9月27～29日）
Q：流量，△：A流域のE_{260}，●：B流域のE_{260}．

体や大流域に広げるためのスケーリングアップ手法の確立も課題となっている．

特に，流域の水環境には，森林よりも，流域の地形や地質・土壌形態といった山体の影響が大きいと考えられる．図2は，北海道北部の蛇紋岩流域における，台風時の流出量と水質の事例である．A流域は山火事後のササ地流域であり，B流域は隣接するアカエゾマツ流域である．この際の単位面積当たりの流出量は，A・B流域ともほとんど同様であった．それにもかかわらず，水質は，図中にE_{260}（260 nmにおける紫外線の吸光度）の値で示したように，森林流域の方が高い値を示し，有機物を多く含んで濁るという結果になっている．北海道北部の蛇紋岩山地は水分の浸透性が悪く，森林の存在によっても大きな変化は起こらないようである．このような流域では，森林の有無にかかわらず，降水のほとんどは地表付近を通過して流出してしまう．このような流出形態では，有機物が多く存在する森林流域の渓流水のほうが，かえって濁ってしまうということのようである．なお，蛇紋岩流域では，夏期や厳冬期の渇水期においても，両流域の流出量にはほとんど相違がみられない．

寒冷地の水文観測から

北海道北部やサハリンの季節凍土流域における水文観測から，強風寒冷地の森林は雪を貯留し，そのことで土壌凍結を防ぎ，厳冬期流量の確保につながることが明らかになってきた．また，冬季の水文観測から，積雪下においては植生の影響を排除でき，山体影響の把握がしやすくなる可能性が見出されている．山体の影響が整理できれば，森林の影響の検討もしやすくなるものと思われる．

また，中緯度地帯や北方圏は温暖化などの環境変化の影響が顕著に現れると想定されており，環境変化が森林や水環境に及ぼす影響や，環境変化と森林や水環境との相互作用は，早急に解決されなければならない課題となっている．寒冷地域における森林と水環境の保全に関する研究は，環境保全への対応策とともに，水環境に対する森林の影響を解明するための重要な手がかりを提供してくれるものと考えている．

河川地形と流域での土砂流出管理

丸谷知己

流域と河川の流れ

　一見乱雑な凹凸に見える地表面も，実は全て分水界という壁で区切られている（図1）．分水界で囲まれた大小の空間を流域と呼ぶ．流域は降った雨や雪を集めるため，集水域とも呼ばれている．雨や雪どけ水の一部は地表面や地下の浅い土層を流れ，やがて流域の中に水流を生じる．水流は地表面を深く浸食し，河川となる．河川には，降雨によって洗い流された細かい土砂や有機物，山崩れで押し出された土砂礫など，流域内の全ての物質が集まる．河川は山地に始まり合流を繰り返しながら海までつながっている．山地から流出した土砂は，上流から下流に長い時間をかけて運ばれ一部は海にまで達する．河川地形は，これらの物質の量や振る舞いによって，上流から下流へさまざまに変化する．また，時間経過に伴っても刻々と変化していく．

　さて，河川地形をかたち作る水や土砂の流量 Q （m³/sec）は，次のように表すことができる．

$$Q = S \cdot V$$

ここで，S （m²）は流れの断面積（流下断面積），V （m/sec）は流れの速さ（流速）を示す．一般に，流量は面積の大きな流域ほど多くなる．また，1つの河川での上流から下流への流量変化は，合流点で急激に増加する．合流点が，流域と流域の出会う地点であるからだ．大きな流域どうしが合流しなければ流量はあまり変化しない．仮に流量 Q が変化しないとすると，1つの河川では，流れの断面積の小さな場所ほど流速が速く，断面積の大きな場所ほど流速が緩やかになることがわかる（図2）．前者では（早）瀬や狭窄部，後者では淵が形成されることがある．このような瀬や淵の形状や分布の仕方は，水生生物の生息環境として重要な要素となる．

　河川上流では両岸が急斜面をなし，また支流が頻繁に合流する．そのため，斜面や支流から多量の土砂が河川に流入する．流入した土砂は，直ちに流れ下る場合もあるが，長い時間その付近に滞留し続ける場合もある．河川上流では，流速が速く，流入する土砂も多いため，滞留する土砂の移動規模も移動頻度も大きくなる．土砂が激しく動くことにより河川地形も激しく変動することになり，ひいては水生・水辺生物の生息環境も大きく変動する．

河川地形と土砂流出

　土砂流出は河川地形と表裏の関係にある．われわれは，土砂の流出する様子を現地で見ることはできないが，その痕跡を河川地形として見ることができる．河川地形を調べることにより土砂流出を再現することができる．河川地形は縦断形と横断形とで表現することができる（図3）．

　河川の縦断形は，薄目で見ると上流から下流に

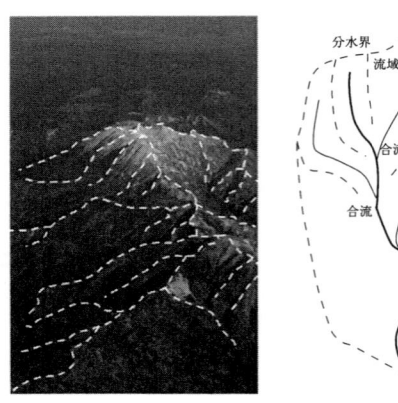

図1 分水界に区切られた流域（日高山地）
白い破線が分水界，破線で囲まれた範囲がそれぞれ流域を示す．

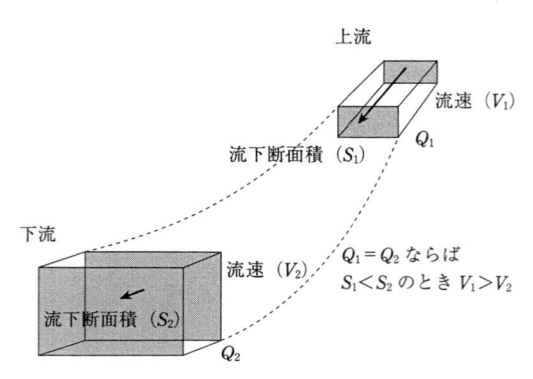

図2 河川の流下断面積，流速の変化と流量との関係

$Q_1 = Q_2$ ならば
$S_1 < S_2$ のとき $V_1 > V_2$

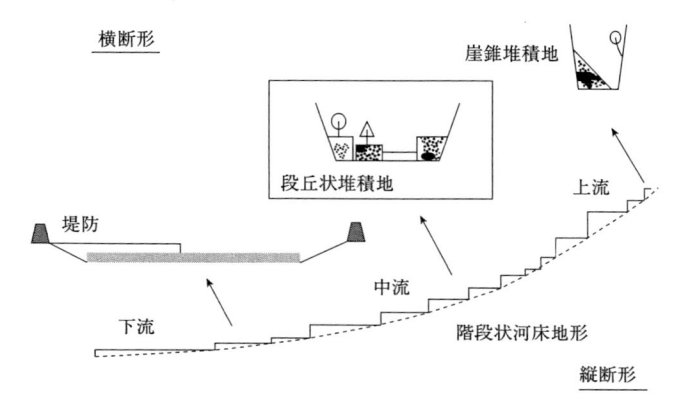

図3 河川の縦断形と横断形の模式的表現

向かって徐々に緩やかになる．しかし，詳しく見ると急勾配区間（前述の瀬）と緩勾配または逆勾配区間（前述の淵）とが交互に繰り返される階段状河床地形が見られる．また，河川の横断形は源流の近くでは幅が狭く，両岸は山腹斜面となっている．斜面からの崩落土砂によって形成された崖錐堆積地も見られる．土砂の流入が少ないと，岩盤の露出する河床も見られる．上流から中流では幅が徐々に広くなり，洪水流で運搬されてきた土砂が堆積と侵食を繰り返して段丘状堆積地を形成する．段丘状堆積地は，何段かのひな壇のような堆積地からなる．それぞれの段丘面には，洪水の後いっせいに定着した樹種が生育している．さらに，下流平野の沖積河川に入ると幅は著しく広くなり，川幅いっぱいに土砂が堆積する．堆積土砂の粒径は，上流では粘土や砂から直径数 m の岩塊まで含んでおり，形も角ばっている．しかし，下流に行くほど破砕や磨耗によって徐々に角が取れて細かくなり，粒径のばらつきも小さくなり，粒ぞろいの砂や粘土になっていく．

河川横断形のうちで最も重要な地形が段丘状堆積地形である．段丘状堆積地形では，段丘の幅（奥行き），段丘の高さ，段丘の形成年代，段丘堆積土砂の粒度組成などを計測する．段丘の形成年代は，段丘面に一斉に定着した樹木群すなわち天然生同齢林（しばしば同じ種類で同じ樹齢を示す）の樹齢から推定できる．それぞれの段丘面はかつて一時的に上昇した川底なのである．そこで，同じ高さで同じ年代の段丘面を横断方向と縦断方向につなぐことによって，川底の高さの変動を知ることができる．この川底の変動履歴は土砂の流出履歴でもあるので，これより過去の土砂の堆積や侵食について，その規模と頻度を知ることができる．

土砂流出管理

河川を流れる水や土砂は，河川の中だけでなく湾曲部や川幅の狭いところでしばしば溢れて河畔域にまで氾濫する．段丘面や河畔域では，氾濫堆積した水や土砂により森林生態系が攪乱され，ひどい場合には斑状に破壊されてしまう．しかし，これは森林生態系にとって必ずしもマイナスではない．攪乱や破壊は，新たな樹木群の更新の場を提供し，生態系全体としてみれば若返りのための重要なイベントともなる．ヒトの皮膚が自然に剝げ落ちて新陳代謝するようなものである．このように水や土砂の振る舞いは段丘面や河畔域の森林生態系の構造と密接な関係にある．最初に述べたように，流域の上流で河川に流入した土砂は，長い年月をかけて下流にまで運ばれる．その間に繰り返される地形変化と土砂氾濫によって，水生生物や河畔域の森林生態系もさまざまに攪乱される．流域の土砂管理において大切なことは，ある場所で土砂が氾濫したかどうかではなく，流域全体での地形や土砂の動き把握することなのである．それによって，はじめて生態系との関係を読み取ることができる．

森林管理と土石移動　　　　　　　　　　　　　　　　　　　　　　　　　山田　孝

流域の主に中・上流域を占める森林区域では，豪雨，地震などによって，突発的に山腹斜面の崩壊やそれによる土砂，流木流出（土石流など）が生じることがある．また，2000年の三宅島や有珠山の噴火のように，火山活動により大規模に森林区域が破壊され，その後の降雨によって泥流などの土砂流出が生じやすくなる場合もある．

突発的に流出した土砂，流木が，下流の集落などで氾濫・堆積した場合は，人命や財産を奪うなどの甚大な土砂災害を引き起こす．また，山腹崩壊などで発生した土砂が渓流や本川の河道に流入して河積を減少させ（河床上昇），洪水を招きやすくするなどの悪影響をもたらす場合もある．さらに，山腹斜面の崩壊や渓岸の侵食によって，粘土やシルト（ウォッシュロード成分）が流出し，河道内を容易に通過して，河川や海域での水質汚染（濁水），貯水ダムの堆砂，河床礫間への堆積による産卵床へのダメージなどをもたらす場合がある．森林区域からの土砂流出は，流域においてこのようなさまざまな問題を引き起こす．

ここでは，主に，豪雨による山腹崩壊，土石流に焦点をあて，2003年8月9日〜10日にかけて北海道日高地方に来襲した台風10号（流域平均雨量：327.7 mm）による厚別川流域での災害実態と，災害に強い森林造りの基本的な考え方について述べる．

厚別川では，森林区域において，山腹崩壊，土石流が多発し（図1,2），その下流では洪水が氾濫して流域スケールの災害が発生した．

台風10号による土砂・流木流出の実態

① 主要な土砂生産源となった山腹崩壊地は，上流域に多数分布し，その数は約3100箇所，流域全体での崩壊土砂量は約180万 m^3 と推測される．

② 山腹崩壊の形態は，急勾配（30〜40°程度）の流盤の上に存在する厚さ数10〜50 cm程度の森林土壌が滑落した表層崩壊（浅いすべりの山崩れ）が多かった．

③ 崩壊地は降雨量が約250 mm以上の地域に多く分布し，森林の状態（天然林，人工林など）との関連性は認められなかった．

④ 山腹崩壊によって生産された土砂量のうち，谷出口から流出した土砂量の割合を調べた結果，崩壊土砂量が多いほど，また谷出口から崩壊地までの距離が長いほど，その割合は減少した．崩壊土砂量の計が数万〜数10万 m^3 と大きい流域では，沢出口への流出土砂量の割合は約1〜2割であった．このような流域は，河道も長く，約50〜200 m幅の谷底地が発達しており，渓流の出口の扇状地や渓流と谷底地との合流点付近の段丘上部，谷底地の蛇行河道での曲流部などで土砂・流木が氾濫・堆積していた．

⑤ 生産土砂量（V_r）と発生流木幹材積（V_g）との関係は，過去の研究（建設省，1990）で得られた両者の関係（$V_g = 0.02 V_r$）によって近似できた（北海道（2004）のデータを使用）．

⑥ 崩壊地近傍の地山の粒度分布試験結果をもとに，厚別川流域全体のウォッシュロードの流出量を概算すると約40万〜70万 m^3 であった．

⑦ 住民からの聞き取りから，支川の水位がピークに近い時間帯，本川ピーク水位の3〜4時間前の8月9日午後9〜11時頃にかけて，表層崩壊とその崩土の流動化による土石流が発生したと推察された．ちなみに，表層崩壊がこの時間帯に発生したとすると，それまでの降雨量は約200〜250 mmとなる．土壌の空隙率の調査結果によれば，森林表

図1 山腹崩壊と河道への土砂，流木の流出（厚別川本川）

図2 土石流の氾濫，堆積による家屋への被害（厚別川支川比宇川流域）

層土壌の飽和度が100%に近い状態であったと考えられる．

災害に強い森林づくりの基本的な考え方

前述の土砂，流木の流出実態でも述べたように，「森林だから山崩れは発生しない」というのは幻想で，天然林であろうと人工林であろうと，大雨が降れば，山は崩れるのが実態である．人工林のほうが天然林よりも崩れやすいという科学的根拠は今のところない．樹木の根系は森林土壌をいくらか緊縛しているが，その力は豪雨時に斜面の土層が崩れようとする力よりも小さく，また，樹木の根系が発達する深さは，せいぜい地表面下数m程度以内なので，樹木の根系が山崩れに対して抵抗できる力には限界がある．したがって森林の状態よりも，降雨，地質，地形の方が崩壊の発生にとって重要な要因となる．

ただし，山腹斜面や沢沿いでの伐木や腐朽木，倒木などの適切な処理という意味での森林施業管理は重要で，これらをそのまま放置したり，沢筋に埋めたり，沢内に投棄すると，将来の土砂移動時にそれらが突発的に流出し，流木災害をもたらす危険がある．

災害に強い森林造りのためには，森林づくりの一環としての治山，砂防による土砂・流木対策施設の整備が不可欠となる．これらの施設は点（単体でという意味）で整備するのではなく，さまざまな工法（山腹工，谷止め工，治山ダム，砂防ダム，遊砂地，渓流保全工など）の組み合わせによる面的整備が必要となる．

将来崩壊する箇所を事前に的確に予測することは現在の科学技術では非常に困難なため，土砂の発生源対策は不十分とならざるを得ない．しかし，山腹崩壊による土石流が発生した場合，それをいかに減勢させるか，いかに捕捉するかという観点から土砂災害を防止・軽減することは技術的に可能である．例えば，渓流の渓床侵食軽減のための床固工群の施工や，谷の出口に土石流捕捉用の堰堤を施工する事はできる．土砂の移動とともに，流木も流出し，下流に大きな被害をもたらす危険が高い場合は，流木止めを施工する．沢出口上流の施設で土石流を十分に捕捉できない場合は，谷出口直下流に遊砂地を設け，そこに堰堤を乗り越える土砂や流木を氾濫・堆積させ，残りの土砂流は，流路工で安全な場所へ誘導する．ただし，上流域が荒廃しているために頻繁に土砂，流木が流出する場合には，これらの施設の容量が減少し，いざというときの土砂，流木の流出に対応できないことが懸念される．堆積状況をみて，土砂，流木を取り除くなどの維持管理（除石工）が必要となる．

近年，全国的に施工されている「透過型堰堤」は，開口部を持つ構造の堰堤で，中小規模の土砂移動では堰堤内に土砂が貯まらず，下流へ土砂を無害に供給し，大規模な土砂移動のときには，土砂・流木を捕捉する機能がある．もちろん，「透過型堰堤」でも，土石流によって，一度，土砂，流木で閉塞して満砂すれば，堰堤の機能は失われるので，早急にそれらを取り除く必要がある．透過型堰堤は，普段は渓流を完全には遮断しないので，魚や水生昆虫の移動，下流の河川環境の保全に必要な物質，土砂の移動への支障も少ないと考えられる．

治山，砂防施設などを面的に整備するとともに，流域スケールで，森林施業管理，治山，砂防，河川，ダム，海岸事業が連携していく必要がある．施設の整備前，整備中，整備後の土砂・流木などの流出による下流への影響予測，施設の効果評価，さらなる施設機能の向上のための技術開発，これらについての住民へのわかりやすい説明・住民の防災意識の高揚と実践的な警戒・避難技術の向上などが必要である．そのためにも，森林立地の状態，流域スケールでの土砂・流木などの継続的なモニタリングが重要となる．行政と住民，研究機関が連携し，共通言語を使って現象の本質を認識し合い，災害に強い森づくりを推進するためのシステム構築が求められている．

参考文献

北海道（2004）：台風10号による山地災害対策検討委員会報告書．
建設省砂防課（1990）：流木対策指針（案）．
山田　孝（2004）：平成15年台風10号北海道豪雨災害調査団報告書，土木学会水工学委員会．

リモートセンシング技術と森林環境モニター　　　布和敖斯尔，金子正美

リモートセンシングとは

　リモートセンシング（英語でremote sensing，また中国語では「遥感」，すなわち遠いところから感じるということ）とは，人工衛星や航空機などに搭載されたセンサーによって，地表にある物体（地物），大気成分や大気中のいろいろな物質などの太陽光に対する反射や散乱，または放射などを電磁波の特性を利用して，広い範囲にわたって直接触れずに調査する方法の総称である．1972年にアメリカが世界最初の地球観測衛星（ランドサット（Landsat）1号）を打ち上げて以来，宇宙から地球を観測するリモートセンシングの技術が重視され，その利用は気象観測，環境監視，農業，林業，水産業などのさまざまな分野に及んでいる．

リモートセンシングによる森林分布の解析

　リモートセンシングは，ほぼリアルタイムで広域における地物それぞれの反射と放射の特徴を記録することが可能である．
　図1は，地物の分光特性を示したものである．植物（植生）の分光特性は，0.5〜0.6μm（赤）の波長帯で吸収を示す．これはクロロフィルやカロチノイドなどの光合成色素によるものである．また0.75〜1.3μm（近赤外）では高い反射率を示す．この反射率の違いを利用して，いくつかの植生指数（NDVI）が考案され，これらは葉面積，純一次性生産力（NPP），現存量，植被率などを表す指標として扱われている．

　よく使われている正規化植生指数（normalized difference vegetation index, NDVI）の計算式は次のとおりである（Rouse, 1973, 1974; Faraklioti and Petrou, 2001）．

$$植生指数 (NDVI) = \frac{(NIR-RED)}{(NIR+RED)} \quad (1)$$

（NIR：近赤外波長，RED：赤波長）
　一方，人工衛星から純粋な植生だけの反射情報を取得することは難しい．なぜなら，植生とともに分布する土壌や岩石などの影響を受けるためである．このため，できるだけ植生の反射を多く取得するため，土壌からの反射の影響（canopy background variability）を除かなければならない．
　近年，Huete らは，Terra衛星に搭載されたMODISセンサーのバンド1（赤），バンド2（近赤外）およびバンド3（青）を用いて，植生分布信号を増強した新たな植生指数植 enhanced vegetation index（EVI）を提案している．

$$EVI = G \times \frac{(NIR-RED)}{NIR + C_1 \times RED - C_2 \times BLUE - L} \quad (2)$$

ここで，NIRは近赤外バンド反射率，REDは赤バンド反射率，C_1は大気抵抗赤バンド訂正係数，C_2は大気抵抗青バンド訂正係数，Lはキャノピバックグラウンド輝度訂正パラメーター，Gは衛星センサゲインパラメーター（gain factor）であり，値はそれぞれ$C_1 = 6$，$C_2 = 7.5$，$L = 1$，$G = $

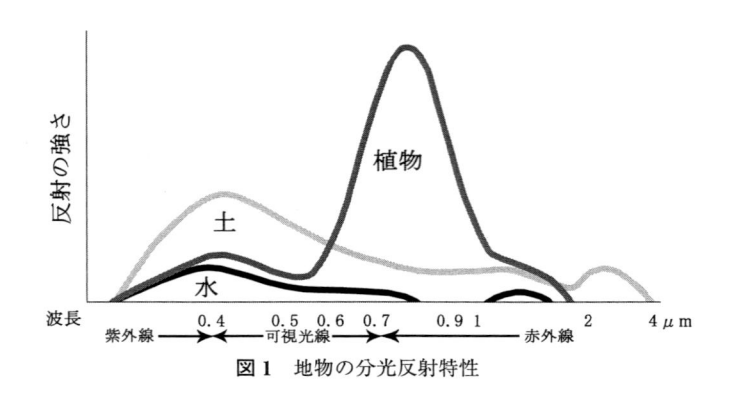

図1　地物の分光反射特性

流域と景観

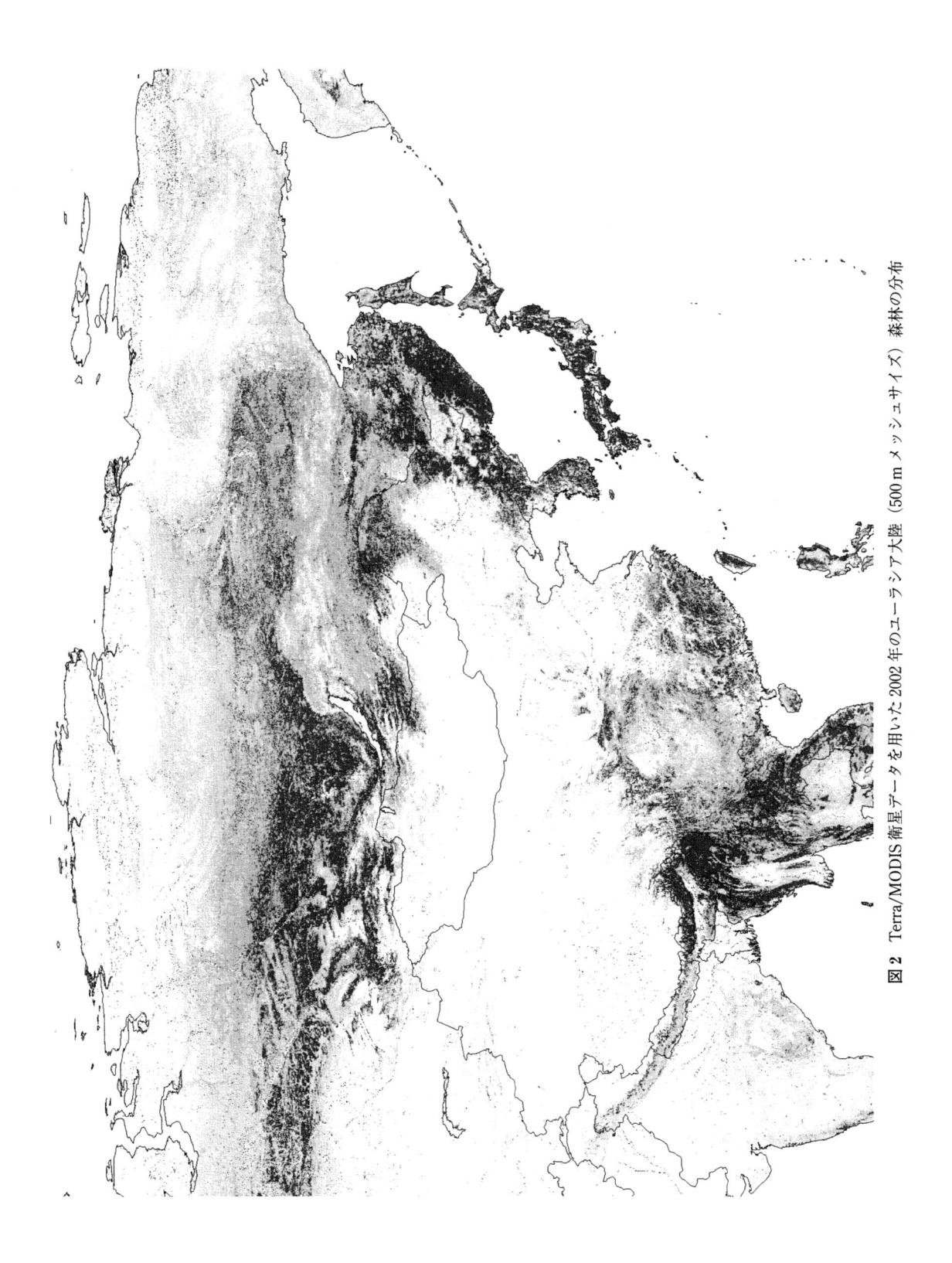

図2 Terra/MODIS衛星データを用いた2002年のユーラシア大陸（500mメッシュサイズ）森林の分布

2.5である.

式（2）で計算したEVIはNDVIと比べると大気の影響，土壌の影響を同時に考慮されているため，より現実に近い植生の分布を示している．(Huete et al., 1996, 2000; Tsuchiya, 2000)．図2は，Terra/MODIS衛星データにより作成されたアジアの森林分布である．

森林分布が，500mのメッシュサイズで正確に抽出されている．この図から，日本がいかに森林に恵まれた国であるかがわかる．

地球と生物多様性のモニタリングに向けて

このようなリモートセンシング技術から得られたデータやさまざまな統計資料を収集整理して，森林や野生生物のモニタリングを行っている国際的なデータセンターの1つが，イギリスのケンブリッジにあるUNEP世界動植物保全監視センター（UNEP-WCMC : UNEP-World Conservation Monitoring Centre）である．このセンターは，国際自然保護連合（IUCN）の保全監視センターを前身として，1988年にIUCN，世界自然保護基金（WWF）および国連環境計画（UNEP）によりWCMCとして新たに組織され，さらに，2000年にはIUCN，WWF，英国政府の支援により，生物界の保存のために政策と行動に関する情報を提供するため，UNEPの世界生物多様性情報評価センターとなった．現在，UNEP-WCMCでは，情報サービス，早期警戒・評価，条約と政策支援の3部署が設置され，森林，海洋等における地球生物多様性のモニタリング分析，その傾向分析を行い，新たな脅威への早期警戒システムを構築している（国立環境研究所国際研究計画・機関情報データベースより）．

図3は，WWFとUNEP-WCMCの報告による地球の主な森林の分布である．

UNEPとWCMCの報告によると，地球上の森林総面積は4538万2296.4 km^2 であり，地球陸域のほぼ34.7%が森林で覆われている（UNEP-WCMC, 2002）．そのうち，北半球の針葉樹林は1166万1871.6 km^2（常緑針葉樹林804万5880.3 km^2，落葉針葉樹林361万5991.3 km^2），針広混合林は202万162.5 km^2，広葉樹林は421万9175.9 km^2（常緑広葉樹林34万5776.8 km^2，落葉広葉樹林387万3399.1 km^2）となっている．

UNEP-WCMCでは，リモートセンシング技術から得られた情報を基に，生物多様性アトラスも作成しており，これらの情報は，さらにGIS情報に加工され，IMAPSというシステムにより，インターネットを通じて公開されている．

このように，リモートセンシングを利用して，森林のスペクトル特性を基に森林の分布と面積を地球規模で正確にモニタリングすることが可能となってきた．また，年ごとに森林面積を比較することにより，地球上のどこの地域で，どの程度の森林が消失したかを知ることができ，CO_2吸収量の測定など地球温暖化の基礎データを得るためにも，リモートセンシング技術は必要不可欠のものとなっている．

参考文献，ウェブサイト

Faraklioti, M. and Petrou, M.（2001）: *IEEE Transactions of Geoscience and Remote Sensing*, **39**, 2227-2234.
Gao, X. et al.（2000）: *Remote Sensing of Environment*, **74**, 609-620.
Huete, A. R.（1996）: *Photointerpretation*, **2**, 101-118.
国立環境研究所 国際研究計画・機関情報データベース : http://www.cger.nies.go.jp/cger-j/db/info/index.html
Rouse, J.W. et al.（1974）: Monitoring the vernal advancement and retro gradation（green wave effect）of natural vegetation. NASA/GSFC Type III Report, NASA/GSF.
Rouse, J.W.（1973）: Monitoring the vernal advancement and retro gradation of natural vegetation. NASA/GSFC TYPE II Report, NASA/GSF.
Tsuchiya, K.（2000）: *Journal of. Arid Land Studies*, **10**, 137-145.
UNEP世界動植物保全監視センター（UNEP-WCMC）: http://www.unep-wcmc.org/

図 3 地球の主な森林の分布（WWF and UNEP-WCMC, 2001）

凡例
湿潤熱帯林
マングローブ林
熱帯サバンナ林
温帯広葉・混交林
温帯針葉樹林

宇宙からの地球環境モニタリング

亀山　哲

――環境問題解決のためのリモートセンシング技術

「地球環境」と「モニタリング」，ともに最近頻繁に使われるキーワードである．ここでは，初めに「なぜ地球規模のスケールで環境をモニタリングする必要性があるのか？（課題の整理と現状）」次に，「何をどのように用いて宇宙からモニタリングを行うのか？（技術と応用）」に関して解説する．特に，モニタリングに関しては環境保全という立場から，また技術と応用についてはリモートセンシングを中心に説明する．

環境保全のためのモニタリング

近年，人間活動の範囲・規模は地球上の各地で急激に拡大している．この結果，環境へ付加される影響は地域スケールからグローバルスケールへと変化し，その形態も多様化・複雑化しているのが現状である．現在我々が直面している環境問題は，局所的な課題（河川・沿岸の汚染，公害，ヒートアイランド現象，身近な森林の減少など）から，地球規模の環境問題（気候変動・オゾン層破壊・地球規模の水不足など）へと空間スケールが一気に拡大している．そして広範囲に拡大された環境問題は，特定の国や地域の単独の活動では解決困難なのが実情である．現在では「環境問題は人類に共通した脅威である」という認識が広く一般化している．この結果，国際的に協調しつつ，速やかに問題解決に取り組むべきであるという合意がなされている．

広範囲かつ多様で複雑な環境問題に対し，我々はどう立ち向かうべきか？　この問いに向き合ったとき，各国の環境監視機関が採った行動が「国際的に協調し，広範囲，また長期的に環境変化を見守る体制作り」である．つまりこれが地球環境モニタリングの基本姿勢といえる．では，このモニタリングを行った結果，我々の目指すところは何か？　それは，環境保全と社会・経済開発のバランスを取り得る持続可能型社会を未来に残すことである．この目的を達成するために，関連分野の研究者には，「地球環境の実態把握」，「環境変動機構の原因解明」，「科学的知見に基づいた信頼性の高い将来予測」などが求められている．

リモートセンシング技術の導入

次に「宇宙から」という言葉の意味を技術的に説明する．これは1970年代以降登場したリモートセンシング（日本語では遠隔探査または隔測）という技術を意味している．リモートセンシングとは，人工衛星や航空機などのプラットフォームに搭載されたセンサを用い，地表にある物体や空間・流体などのさまざまな現象を電磁波の特性を利用して，広い範囲にわたって直接触れずに調査する方法の総称である．一般に物質から反射，放射される電磁波の特性は，物質の種類や状態によって異なることが知られている．すなわち，物質から反射，放射される電磁波の特性を把握し，それらの特性とセンサでとらえた観測結果とを照らし合わせることで，対象物の大きさ，形，性質を検出することが可能となる．定義の上では少し難しい印象を持つかもしれない．しかし一言でいえば，空を飛ぶデジタルカメラで地上の写真を写し，その画像に記録された光の情報を基に，目的となる現象を抽出することである．

衛星には静止衛星と地球周回衛星がある．天気予報などによく使われる雲の画像を取得しているGMS（ひまわり）等は赤道上約3万6000 kmを地球の自転と同じ速度で回っている（2005年2月26日にはMTSAT-IR（ひまわり6号）が打ち上げられ，翌3月より運用が開始されている）．この結果地球上からは止まっているように見えるため，静止衛星と呼ばれている．一方，この他の地球周回衛星の主なものは地球観測衛星（LandsatやSPOTなど）であり，地上約500～900 kmの軌道を持ち，ほぼ南北方向に地球1周を約1.5時間で周回している．

リモートセンシングの利用効果

次に，リモートセンシングをモニタリングに用いることの長所について以下に列挙する．

①Remotely（遠隔性）：飛行機や人工衛星に搭載されたセンサで画像を取得するために，非接触で対象物の観測が可能となる．これは，湿原の中心部や熱帯林の奥地，また砂漠や珊瑚礁など，人

が簡単に踏み込めない（または，脆弱でありインパクトを与えない方がよい）地域を観測することもできるなど，リモートセンシングが持つ最も重要な長所である．

② Widely（広域性）：衛星画像に一度に記録される地上の範囲は，現在の運用システムで約数10 km四方から数1000 km四方である．この面積の大きさは，衛星の飛行高度やセンサの構造に依存している．これだけの広範囲を瞬時にモニタリングする方法はリモートセンシング技術以外には存在しない．この広域性のおかげで我々は，森林火災，大規模洪水，砂漠化などのさまざまな現象の空間分布を広く把握することが可能となる．

③ Equally（均一性）：衛星センサで受信されるスペクトルは，個々の均質な特性を持つCCD（charge-coupled device：電荷結合素子）によってデジタル値に変更され，それらが1つ1つの画素となって画像が作成される．このために衛星画像は全ての受信範囲で地表面からの放射量を同等に比較することが可能である．これは観測範囲を均一な検出制度で測定できるということを意味している．この結果，海洋の海水表面温度や大気中のフラックスの分布など，地域間の物理量の差は小さくても広範囲に正確な分布状況を把握したい場合には非常に有効に使用される．

④ Periodically（定期性・周期性）：地球の周りを周回している人工衛星は，周期的に地上の同じ地点の上空を通過する．このために，同じ場所の画像を定期的に取得することが可能である．これは同じセンサが運用され続ける限り継続的にモニタリングが行えるということを意味している．つまり，時代別の画像を取得すれば時間的変化を捉えることは比較的容易に行える．オホーツク海に広がる流氷の経年的分布状況や中国西部の砂漠化の進行，また都市域の拡大など時系列データが順次作成されるのはこの定期性がその理由である．

これらのモニタリング分野における非常に優れた優位性と，衛星データという客観性のために，リモートセンシングは地球観測を必要とする人類にとって不可欠の技術として現在位置付けられている．

最近では，各国のモニタリング体制の確立と並行して，取得データの蓄積（アーカイブシステム）と利用（データ提供ネットワーク）が促進されつつある．リモートセンシング技術の恩恵を得られる人たちは，これまでの一部の専門家から一般研究者や環境意識の高い人々にまで広まっているのである．特に学際的研究は高く評価されており，国や組織を超えた衛星データの相互利用がリモートセンシング研究の基本スタイルとなりつつある．

ここで，リモートセンシングを用いた環境モニタリングに携わる利用者に，若干意識し続けてもらいたいことを述べる．それは，リモートセンシングは離れたところから現象を観測するという1つの手段に過ぎないという認識である．有効であっても技術である以上，問題の本質を突き止めるためのアプローチの1つとみなすべきであろう．

基本的に衛星画像は各画素にデジタル値が付けられた単純な画像である．基礎知識もなくただそれを鑑賞していただけでは，衛星データといえども地球の一部が撮影された「デジタルの絵」でしかない．しかし，解析者が，生物物理学，水文学，気象学などの基礎原理や，放射伝達理論に基づいた自然のシステムを創造的に単純化する技（研究の中でいうモデル化）を自在に扱い，さらに現地観測データを用いて結果を検証することができれば，リモートセンシングデータはその研究者にとって宝の山のようなものである．

例えば1つの例を示そう．我々はいかに高精度な測定機器を「現在」保有しているとしても，過去の現地の状態を実際に測定することは不可能である．しかし，リモートセンシングの分野においては，研究者が画像解析の独創的な技術を開発できれば，過去の画像データから時間を遡って情報を抽出することができる．いわば失ってしまった環境を再度調査するような「タイムトリップ・モニタリング」が可能なのである．

地理情報を利用して広域空間をはかる　　　　　　　　　　池上佳志

国土利用の方針

　これからの日本における国土利用の方針として，今までのように経済性や利便性だけではなく，環境保全の視点が不可欠である．①対象地だけでなく周辺地域も含めて全体として捉える必要があること，②主たる現象や生物種だけでなくそれに関係する環境要素や生態系としての位置づけを全体として把握すること，③それらの空間の広がりや諸要素の関係性に十分に配慮することが重要である．このような視点から土地を評価する際には，一定のまとまりを持った景観域や流域を土地単位として捉え，景観生態学や保全生態学の概念や手法によって分析することが有効であると考えられている（環境庁，1998）．

広域空間をはかるテクニック

　景観域や流域などの広域空間における環境情報の集積と分析のためにはGIS（地理情報システム，geographic information system）の利用が有効である．GISは，幾何学的な地図とそこに示された土地の属性をリレーショナルデータベースによって管理するコンピュータ・ソフトウェアである．またGISには，マップ・オーバーレイやバッファー解析，ネットワーク解析などの高度な空間解析の機能がある．

　景観生態学は，空間の構造と機能，その変化に注目し（Forman and Godron, 1986），空間利用における一般性や特殊性を科学的に解明しようとする学問分野であり，最終的には広域空間の管理への貢献を目的としている（Golley, 1996）．空間の構造とは，その空間を地図で表現した場合に現れる土地区画やその属性，配置などのことである．機能とは，その空間における物質やエネルギーの収容力，あるいは収支や流れなどを指す．そして，その構造と機能の間には対応関係が見られ，構造の変化に伴って機能も変化する場合が多い．

ケーススタディ

1) 立地環境に基づく松枯れ現象の動態予測（池上・中越，1998）　アカマツ林の分布とその立地（構造），松枯れ現象の有無（機能）の対応関係を分析することから，進行する松枯れ現象の動態を予測した事例である．瀬戸内海島嶼の広島県瀬戸田地区（約36 km^2）を対象とした．アカマツ林の分布を地図上に示し，そのうちの松枯れの見られる林分と松枯れの見られない健全な林分の立地環境を比較した結果，それぞれの立地条件に差異が認められた（図1）．立地条件ごとに松枯れ率を算出し，健全アカマツ林地の立地条件に基づいて松枯れ率を積算し，4段階の松枯れ危険度を求め，地図化した（図2）．このような予測図は，その地域でアカマツ林を保全したり，放棄したりする際の判断材料となるであろう．

2) 流域におけるセンサーカメラを利用した動物の生息地推定（池上ほか，2004）　対象流域

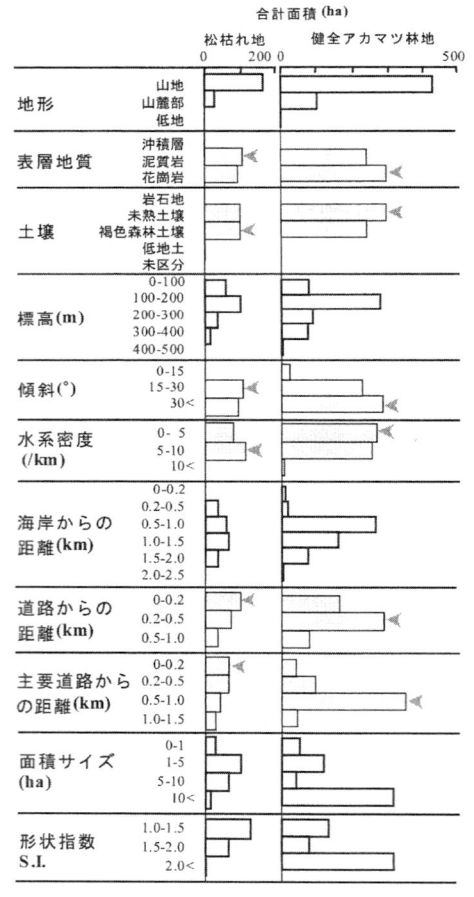

図1　健全アカマツ林と松枯れ地の立地環境
白抜きのグラフは両方の林地の立地がほぼ同じだったもの．矢印は最大値を示す．

の環境タイプ（構造）ごとに動物の生息状況（機能）を整理し，流域全体における動物生息地を推定した事例である．北海道北部において国道バイパス建設が予定されている琴平川流域（約19 km^2）で行った．まず地理情報を利用して，動物の生息に関係する地形と植生を考慮し，対象流域を5つの環境タイプに区分した．それぞれの環境タイプごとに調査地点を選出し赤外線センサー内蔵カメラを設置して，動物の出現頻度を調べた．環境タイプごとに出現した動物種，その出現頻度を整理した結果，8種の動物について利用環境の傾向が明らかになった（表1）．その傾向に基づいて，流域内において動物の利用頻度が高い場所を図化し，生息地を推定した（図3）．このような推定図は，道路建設を行う際に動物生息地の保全対策を考える資料となるであろう．

おわりに

広域空間を対象とした科学研究は，環境情報の整備と解析システムの発展によって可能になってきた．従来の研究で得られていた知見がより広域で検証されたり，新しい知見が得られる可能性がある．また実践的な土地管理においては，開発や保全の事業に関して，広域における分析に基づいて事業候補地を選出できる．また，候補地の選出根拠を明らかにするとともに，広域での環境保全を考えることができるようになる．このように広域空間の分析は，新しい科学的知見を発見していくとともに，その成果や技術が現実の環境保全の問題に大きく貢献するものと期待される．

参考文献

Forman, R.T.T. and Godron, M. (1986): Landscape ecology, John Wiley and Sons, pp.619 + 19 図版.
Golley, F. B. (1996): *Landscape Ecology*, **11**, 321-323.
池上佳志，中越信和（1998）：日本林学会論文集，**109**, 227-230.
池上佳志ほか（2004）：中川研究林における自然環境調査2001-2002年度報告, pp.27-38. 北海道大学北方生物圏フィールドサイエンスセンター中川研究林.
環境庁編（1998）：平成10年版 環境白書総説.

表1 カメラで撮影された動物の出現傾向

動物種	地理情報	詳細環境
エゾシカ	**谷底幅の大きい支流谷底／草地**	樹冠植被率の低い場所（草地，沢）
ウサギ	**草地**	下層にイネ科草本が優占
ヒグマ	**支流谷底部**	
キツネ	**谷底幅の大きな支流谷底／河原**	樹冠植被率の低い場所（河原，沢）／水場
タヌキ	**谷底幅の大きな支流谷底／河畔林（広葉樹林）**／《河原》	下層に高茎草本が優占
クロテン	**河畔林（広葉樹林）／谷底幅の小さい支流谷底**（全出現）	下層に高茎草本が優占
エゾリス	《支流谷底》	《ミズナラの木のある場所》
コウモリ	草地／《河畔林（広葉樹林）》	樹冠植被率の低い場所（草地）

太字は特に関係が強いと考えられるもの．《 》は特殊であると考えられるもの．

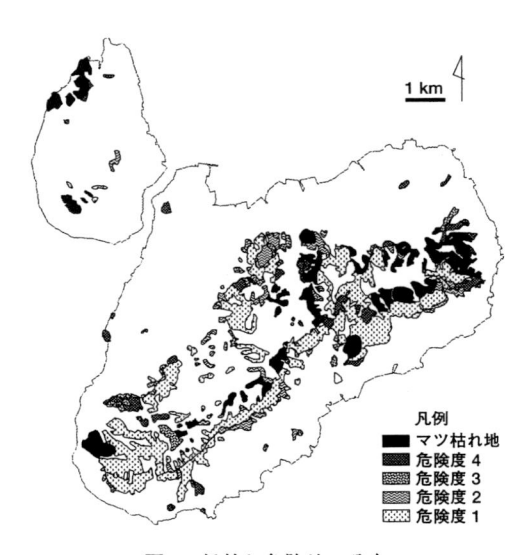

図2 松枯れ危険地の分布
黒はすでに松枯れ現象が確認された場所．

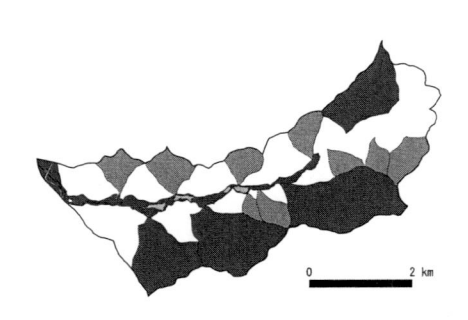

図3 推定された生息地（エゾシカの例）
色の濃い順に利用頻度が高いと推定される．

環境の価値をはかる

栗山浩一

森林には木材を生産する役割だけではなく，景観保全，国土保全，水源保全，生態系保全などのさまざまな役割がある．しかし，こうした森林の多面的機能については市場価格が存在しないため，市場価格を機軸とする市場メカニズムのもとでは森林の環境価値はいわば「タダ」として見なされる．すなわち，価格の存在しない森林の多面的機能に対しては市場メカニズムが十分に機能せず，いわゆる「市場の失敗」が発生しているのである．そこで，環境経済学の分野では，環境の持っている価値を金銭単位で評価する手法として「環境評価手法」と呼ばれる評価手法が開発されている（図1）．

環境評価手法とは

環境評価手法とは，環境の持っている価値を金銭単位で評価するさまざまな手法の総称である．環境評価手法は，大別すると，市場データを用いて間接的に評価する「顕示選好法」と，人々の表明したデータを用いて直接的に評価する「表明選好法」に分類される．顕示選好法の中には，森林を別の人工物に置換するときに必要な費用を用いて評価する「代替法」，訪問地までの旅費を用いて森林レクリエーションの価値を評価する「トラベルコスト法」，緑地の存在が地代に及ぼす影響を分析することで森林アメニティ価値を評価する「ヘドニック法」などが含まれる．一方の表明選好法には，森林を守るためにいくら支払うかをたずねることで森林の環境価値を評価する仮想評価法（CVM）や森林保全の代替案を示して好ましさをたずねることで森林の環境価値を評価するコンジョイント分析が含まれる．これらの評価手法の中で，国内で森林の多面的機能の評価に使われることが多いのは，代替法と仮想評価法である．

代表的な評価事例

1）代替法による評価 代替法は環境財を私的財に置き換えたときの費用を基に評価する方法である．例えば，水源涵養機能の場合はそれに相当するダムを建設したときの費用によって評価する．国内で実施された初期の環境評価は代替法を用いたものが多い．表2は国内で実施された代表的な評価事例を示したものである．例えば，林野庁は1972年に全国の森林の多面的機能を代替法により13兆円と評価し，1991年には39兆円としている．また日本学術会議は農林水産大臣の諮問を受けて2001年に全国の森林および農地の多面的機能の評価を行っている．

代替法は代替財の費用に関するデータのみで評価できることから比較的容易に評価できるものの，代替法の評価にはこれまでに多数の批判が存在する．たとえば1972年に林野庁が実施した事

表1 代表的な環境評価手法（栗山，1997を基に作成）

分類	顕示選好法（市場データを用いて評価）			表明選好法（表明データを用いて評価）	
手法名	代替法	トラベルコスト法	ヘドニック法	仮想評価法（CVM）	コンジョイント分析
評価方法	人工物の置換費用を用いて評価	訪問地までの旅費を用いて評価	地代への影響を用いて評価	支払意志額をたずねて評価	代替案の好ましさをたずねて評価
評価可能な範囲	水源保全，国土保全など	レクリエーション価値	アメニティ価値など	非常に幅広い（温暖化防止，生態系保全なども可能）	非常に幅広い（温暖化防止，生態系保全なども可能）
欠点	代替財の存在しない機能は評価できない	レクリエーションに関係しないものは評価できない	地域的な環境問題しか評価できない	アンケートを用いるのでバイアスが生じやすい	アンケートを用いるのでバイアスが生じやすい

表2 代表的な評価事例（栗山，2000および栗山ほか，2000を基に作成）

年	評価対象	評価手法	評価結果
1972	全国森林の多面的機能	代替法	13兆円
1991	全国森林の多面的機能	代替法	39兆円
1996	全国農地の多面的機能	CVM	4.1兆円
1996	全国中山間地域の多面的機能	CVM	3.5兆円
1997	屋久島の世界遺産価値	CVM	2483億円

例では，森林の大気浄化機能をガスボンベで置き換えるなど代替財が不適切であったことや，森林の水源涵養機能などについての自然科学的なデータが不足しているなどの問題点が見られた．また，野生動物の生息地保全，生態系保全，生物多様性の保全などは，私的財で置き換えることが不可能であることから，代替法による評価は困難である．

　2）仮想評価法による評価事例　　近年は，仮想評価法（CVM）による農林業の多面的機能評価が多数実施されている．CVMは人々に評価対象の現状と保護策を示した上で，環境を守るためにいくら支払うかをたずねて環境の価値を評価する．CVMは表明データを用いることから，生態系価値などの非利用価値でも評価可能である．1990年代に入って地球環境問題に対する社会の関心が高まったことを背景に，森林に対する社会の要求も多様化し，従来の木材生産，水源保全，国土保全などに加えて，景観保全や生態系保全などにまで広がっている．このため，生態系価値を評価可能なCVMを用いた調査が多数行われるようになったのである．例えば，農林水産省は1996年に全国農地の多面的機能をCVMで評価し，国民1世帯当たりの平均支払意志額は年間10万円，集計額年間4.1兆円とした．また，1998年には全国の中山間地域の多面的機能を評価し，平均支払意志額7.5万円，集計額3.5兆円とした．一方，林野庁は1997年に屋久島の世界遺産価値をCVMにより評価しているが，生態系保全を目的としたシナリオでは平均支払意志額5655円，集計額2483億円であった．

　CVMは評価可能な範囲が広く，とりわけ生態系などの非利用価値を評価できるという利点を持っている．ただし，CVMはアンケートを用いて人々に支払意志額をたずねるため，アンケートに特有のさまざまなバイアスが生じる危険性がある．例えば，農林水産省が実施した全国農地の多面的機能を評価した調査では，10年後に日本全国の農地の多面的機能のかなりの部分が失われるという説明が行われているが，「かなりの部分」という曖昧な表現では回答者が誤認する可能性がある．また，条件不利地域などでは耕作放棄地が増加して多面的機能が失われる地域も発生するであろうが，必ずしも全ての農地で多面的機能が失われるとは限らないため，このような極端なシナリオは非現実的であると回答者が考える可能性もある．CVMを用いて評価する場合は，このようなバイアスが生じる危険性があることを念頭に置いた上で，できるかぎりバイアスを少なくするような工夫が必要である．

環境政策と環境評価手法

　国内で環境評価手法の研究が本格的に開始されたのは1990年代に入ってからであり，研究の蓄積はまだ十分とはいえない状況にある．しかし，1990年代後半に入ってからさまざまな省庁が環境評価手法を政策に用いるようになり，研究は劇的に進んでいる．前述のように農林水産省や林野庁は早くから農林地の多面的機能を評価する手法として環境評価手法を導入している．また，1997年頃からは公共事業の費用対効果分析の評価手法としても環境評価手法が用いられている．今後，国内でも環境評価手法の研究成果がさまざまな環境政策に適用されていくことが予想されるが，今後はさらに評価結果の蓄積と評価精度の改善が必要とされている．

参考文献

栗山浩一（1997）：公共事業と環境の価値—CVMガイドブック—，築地書館．
栗山浩一（2000）：林業経済研究，46，69-74．
栗山浩一ほか編著（2000）：世界遺産の経済学—屋久島の環境価値とその評価，勁草書房．

索　引

欧　文

C4 植物　5
CAM 植物　5
^{137}Cs　144
CVM　213
EVI　204
GIS　197, 210
IPCC デフォルト法　153
MS 理論　2
NDVI　204
Rubisco　132
RuBP カルボキシラーゼ/オキシゲナーゼ　132
sv（単位）　173

あ　行

アダプティブマネジメント　168
圧縮アテ材　142
アメマス　110
アルベド　124
安定同位体　116, 136

イェンセン, B.　2
維管束延長部　5
異形葉型シュート　10
移行帯　2
維持管理　154
一次消費者　80
一次遷移　54
一斉開花　62
遺伝的多様性　111
遺伝的浮動　111

羽状複葉　4
渦相関法　6
ウダイカンバ　89

永久凍土　3, 122, 124
永久凍土地帯　74
エイズ特効薬　20
栄養塩類　114
エコトーン　109
エネルギー化　157

応力波　49
オガ屑　20
オショロコマ　110
オゾン　130

オープントップチャンバー　133
温室効果ガス　110
温量指数　2

か　行

外生菌根菌　27, 107
階段状河床地形　201
皆伐　60
化学的防御　4, 88
攪乱　36, 60
攪乱体制　30
河口域　136
過酸化脂質量　19
カシワ　36
仮想評価法　213
過疎化　167
褐色腐朽　98
仮道管　5
カバノアナタケ　18
カバノキ属　89
河畔林　109, 112, 146, 188
花粉媒介様式　41
花粉分析　188
カラマツ　3
芽鱗原基　11
環境汚染の評価　139
環境収容力　95
環境適応　38
環境評価手法　212
環境負荷　118
環境保全機能　191
環境問題　129
環孔材　5
間接効果　82
間接的相互作用　89
寒帯前線　116

器官外凍結　17
器官量配分　13
危険分散　70
危険木　22
気孔コンダクタンス　27
寄生　98
北半球　36
機能（捕食者の）　82
木の治療　24
木の病　22
ギャップ　35, 55
　季節的な――　56

ギャップ依存　3
キャビテイション　5
究極要因　14, 70
吸汁性昆虫　91
休眠　68
休眠打破　71
共進化　82
共生　83, 98
競争　80
競争排除　63
共存　63
京都議定書　166, 176
協同　83
近交弱勢　50, 51
近親交配　50, 51, 111

グイマツ雑種 F$_1$　53
釧路湿原　194
クラフトパルプ化　158
クロスデイティング　140
クロノロジー　140
クロロフィル a 量　115

景観　xi, 194
　　――の構造と機能　194
景観生態学　xiv, 210
蛍光反応　27
形成層　8
茎頂　11
経理期　173
外科治療　24
現存量　12

光合成　39
光合成器官　88
光合成作用　2
交雑育種　53
抗酸化能　19
高山植物群落　43
高山生態系　42
恒常的防御　89
抗ヒスタミン能　20
抗ストレス能　19
高性能林業機械　179
構造計画　154
構造的防御　88
鉱物風化　126
広葉樹　36
呼吸消費量　2

個体群　vii
　　——の増加率　58
個体群動態　85
個体識別　69
個体数管理　85
個体数変動　92
固定成長型　3
コナラ　36
個葉面積　38
昆虫食性鳥類　86

さ　行

材質育種　48
再生可能な資源　158
細胞外凍結　16
細胞壁　9
細胞壁成分　26
魚つき林　112
柵状組織　4
サケ科魚類　113
ササ　55
雑種強勢　53
雑草の種子　21
里山　165, 192
砂防　203
砂礫堆　114
散孔材　5
酸性雨　129
酸性降下物　130
酸性融雪　118
山村　167
傘伐　172
山腹斜面　202
散布様式　41

シカ　92
シキミ酸合成経路　4
施業　168
至近要因　14, 70
地ごしらえ機械　181
自殖　50, 51
地すべり　142
自然環境　116
湿原　44
質的防御物質　88
自然薯　→ヤマノイモ
シベリアタイガ　74
シミュレーション　29
ジャンゼン-コンネル仮説　57
周極域　120
柔細胞　5
自由成長　3
周氷河現象　117
住民参加　183

住民自治　183
樹液　19
縮合タンニン　4
種子サイズ　54
種子散布　83
樹勢回復　24
種多様性　31, 36, 57, 82
シュート　3, 10
樹木診断　23
純光合成速度　132
純生産量　2
生涯収入　19
照査法　172
蒸散速度　132
掌状葉　4
蒸発散　124
情報公開　183
植栽機械　181
植食者　4, 57, 80, 89
植生指数値　204
植物機能群　40
植物バイオマス　8
食物網　80
食物連鎖　136
食葉性昆虫　88, 90
初産齢　2
シラカンバ　18, 68, 89
シルブ　173
人為攪乱　36
深過冷却　17
針広混交林　34, 65
人工土壌マトリックス　20
人工林　61
侵食プロセス　144
伸長成長　8
人文景観　185
針葉樹　188
森林火災　74, 125
森林構造仮説　28
森林作業　178
森林衰退　130
森林生態系　vii, xi, xiv
森林認証　167
森林の動態　64
GPSシステム　97

水生昆虫　108
水文観測　198
水力学的制限　5
スイングヤーダ　180
スクリーニング　196
ストックチェンジ法　153

精英樹　52

生活史　59
生活組織　18
正規化植生指数　204
生産構造図　2
生産材　64
生産者　80
静止衛星　208
生食連鎖　84
生息地推定　210
生息適地モデル　93
生息場環境　197
生態の保護　84
成長変化率　36
成長量計算　174
生物間相互作用　80
生物指標　196
生物多様性　87, 191
生物地球化学　129
赤外線ガス分析器　6
積雪　134
セシウム-137　144
摂食機能群　108
雪田　42
絶滅危惧種　190
セルロース　158, 163
セルロース分解　99
セルロース・ミクロフィブリル　9
セレンディピティー　161
遷移後期　3
遷移前期　3
先駆　3
先駆樹種　20
穿孔性昆虫　91
センサーカメラ　210
前年形成型シュート　10
漸伐　172
選抜育種　52

走査電子顕微鏡　186
総生産量　2
相対休眠　71
相対成長関係　12
増加率　94
造林・保育作業　178
組織化学的分析　26

た　行

耐陰性　3
大気汚染　129
大気汚染ガス　131
大気沈着　126
大気フロー法　153
大山（鳥取県）　36
代替法　212

索　引

タイムカプセルの森　139
耐用性　155
タキソール　160
択伐　60, 65, 172
多種共存　29
炭化材　186
段丘状堆積地　201
担子菌類　101
炭水化物　15
炭素吸収　176
炭素収支　152
炭素増加緩和機能　152
タンニン　86

地域自律　183
地域発展　182
地下水位　44
地球温暖化　110, 125, 157
地球周回衛星　208
蓄積調査　173
治山　203
窒素　45
窒素安定同位体　146
窒素循環　127
着葉フェノロジー　40
中規模攪乱仮説　31
超音波風向風速計　6
長寿命化　154
直接環境傾度分析　196
貯蔵物質　15
貯蔵養分　3
地理情報システム　197, 210
チロース　5

通過重量百分率　115
積み上げ法　2

低温湿層処理　69
泥炭質土壌　122
テルペン　163
テレメトリー法　96
天然酵母　19
展葉タイミング　55
デンプン　3

冬季乾燥害　3, 117
等級区分　48
同所的混交　34
透水係数　115
土砂災害　202
土砂流出プロセス　145
土壌生成作用　117
土壌凍結　3
土壌バクテリア　19

土壌理化学性　34
土石流　202
土地利用変動　185
トップダウン効果　81
トリコーム　4
トレードオフ　88

な　行

内発的発展　167, 182
鉛　139

肉食者　80
二次師部　8
二次消費者　80
二次遷移　54
二次木部　8
二次林　xiii, 3, 36
日長　2
入皮　138

根返り　48
ネットワーク　183
年平均堆積速度　145
年輪解析　64
年輪年代学　139, 140
年輪幅　36

濃度勾配　4
農用地備蓄林　21
飲む森林浴　19

は　行

バイオマス　158, 160, 162
白色腐朽　98
爆発的増加　92
発芽　68
発眼卵　115
伐境　184
伐採　36
伐出作業　179
葉の寿命　54
ハーベスタ　180
馬力集材作業　193
汎針広混交林帯　2, 188

被圧年数　66
火入れ　36
微細土砂　144
被食　80
被食防御　82
ヒストソル　122
肥大成長　8
引張アテ材　142
ヒノキ林　144

病原菌　57
肥沃度　35
蒜山（岡山県）　36

fire-oak仮説　36
ファイトクロム　2
フィトンチッド　160, 163
風衝地　42
フェニールアラニン　4
フェノール　4
フェノロジー　43
フェノロジカルギャップ　56
フェン　44
フォワーダ　180
腐植　162
腐食連鎖　84
腐生　98
淵　114
物質再生産　62
物質収支　127
物質循環　126
ブナ　36, 38
負の密度依存性　58
部分個体群　58
腐葉土の形成　21
フラックス　2, 6, 127
ブレーシング　24
プロセッサ　179
プロダクション法　153
分解者　80
分子拡散サンプラー　131
分布　92
分布制限要因　93
分離培養　98

ベチュリン　20
pH　44
ヘミセルロース　159, 163
便益評価　177

防衛戦略　88
放射柔細胞　4
法正林思想　172
防風林　190
防腐剤の添加　19
捕食　80
捕食圧　83
捕食者排除実験　81
捕食者飽和仮説　62
ボッグ　44
北方林　74, 124
ボトムアップ効果　81
ボランティア　168

217

ま行

マクロモザイク的混交　34
マスティング　14
松枯れ現象　210

水吸い上げポンプ　21
水ストレス　5
ミズナラ　36
密度（木材の）　49
密度効果　95
みなみ北海道　192
ミネラル　126

メタン放出　75
メバロン酸　4

毛状体　4
木材生産　164
木材組織学　187
木材腐朽　98
木材輸入　165
木質バイオマス　156
モニタリング　208

や行

ヤマノイモ　193
ヤング率　48

融雪　134
融雪流出　134
誘導（的）防御　84, 89

葉原基　11
容積密度　153

ら行

ライシメーター　128
落葉広葉樹　188
落葉広葉樹林　36
落葉樹　88
ランドスケープ　vii

リグニン　9, 26, 100, 159, 160, 162, 163
リグニン分解　99
リサイクル利用　155
リター　100, 119
リターバッグ　100
リターフォール　128
リファレンス　196
リモートセンシング　204, 208
流域　vii, 194, 200
粒度試験　115
流量　200
量的防御物質　88
隣花受粉　50
林冠エンクロージャー　87
林冠ギャップ　29, 30
林業機械　178
林業の再生　192
鱗翅目　86
林床植生　40

冷温帯　36
劣性有害遺伝子　51

労働容量増大能　19

わ行

ワサビ　193
割引率　177

編著者略歴

中村太士

1958年　愛知県に生まれる
1983年　北海道大学大学院農学研究科
　　　　博士後期課程中途退学
現　在　北海道大学大学院農学研究院
　　　　教授
　　　　農学博士

小池孝良

1953年　兵庫県に生まれる
1978年　名古屋大学大学院農学研究科
　　　　博士後期課程中途退学
現　在　北海道大学大学院農学研究院
　　　　教授
　　　　農学博士

森林の科学　森林生態系科学入門　　　　定価はカバーに表示

2005年9月20日　初版第1刷
2016年4月25日　　　第6刷

編著者　中　村　太　士
　　　　小　池　孝　良
発行者　朝　倉　誠　造
発行所　株式会社　朝倉書店

東京都新宿区新小川町6-29
郵便番号　162-8707
電話　03(3260)0141
FAX　03(3260)0180
http://www.asakura.co.jp

〈検印省略〉

© 2005 〈無断複写・転載を禁ず〉　　　　シナノ・渡辺製本

ISBN 978-4-254-47038-3　C3061　　Printed in Japan

JCOPY　〈(社)出版者著作権管理機構　委託出版物〉
本書の無断複写は著作権法上での例外を除き禁じられています．複写される場合は，そのつど事前に，(社)出版者著作権管理機構（電話 03-3513-6969, FAX 03-3513-6979, e-mail: info@jcopy.or.jp）の許諾を得てください．

好評の事典・辞典・ハンドブック

火山の事典（第2版）	下鶴大輔ほか 編　B5判 592頁
津波の事典	首藤伸夫ほか 編　A5判 368頁
気象ハンドブック（第3版）	新田 尚ほか 編　B5判 1032頁
恐竜イラスト百科事典	小畠郁生 監訳　A4判 260頁
古生物学事典（第2版）	日本古生物学会 編　B5判 584頁
地理情報技術ハンドブック	高阪宏行 著　A5判 512頁
地理情報科学事典	地理情報システム学会 編　A5判 548頁
微生物の事典	渡邉 信ほか 編　B5判 752頁
植物の百科事典	石井龍一ほか 編　B5判 560頁
生物の事典	石原勝敏ほか 編　B5判 560頁
環境緑化の事典	日本緑化工学会 編　B5判 496頁
環境化学の事典	指宿堯嗣ほか 編　A5判 468頁
野生動物保護の事典	野生生物保護学会 編　B5判 792頁
昆虫学大事典	三橋 淳 編　B5判 1220頁
植物栄養・肥料の事典	植物栄養・肥料の事典編集委員会 編　A5判 720頁
農芸化学の事典	鈴木昭憲ほか 編　B5判 904頁
木の大百科［解説編］・［写真編］	平井信二 著　B5判 1208頁
果実の事典	杉浦 明ほか 編　A5判 636頁
きのこハンドブック	衣川堅二郎ほか 編　A5判 472頁
森林の百科	鈴木和夫ほか 編　A5判 756頁
水産大百科事典	水産総合研究センター 編　B5判 808頁

価格・概要等は小社ホームページをご覧ください．